干扰对抗环境中的动态博弈理论
——设计与分析

袁　源　郭　雷　袁欢欢　著

科 学 出 版 社
北　京

内 容 简 介

复杂干扰对抗环境中的动态博弈策略设计与分析问题是人工智能、自动控制、系统科学等领域国家重大研究课题的共性基础问题。本书从多源干扰和恶意攻击等极端环境对博弈过程的影响出发，面向动态博弈策略的设计与分析开展了深入研究。提出具有“干扰观测器+前馈策略+反馈策略”形式的一系列复合博弈方法。该方法突破了传统动态博弈只依赖于状态反馈信息的局限，弥补了传统动态博弈方法的脆弱性。提出一系列基于嵌套式博弈的防御与控制策略耦合设计与联合优化方法。该方法对传统仅依赖控制算法设计来提升控制系统安全性的方案进行了有效拓展，通过网络层防御和物理层控制的联合设计以使得控制系统容忍攻击诱导现象，减轻了单一依赖控制设计算法设计的压力。

本书可供控制理论及应用、系统科学、决策与优化，以及人工智能领域的高年级本科生、研究生及科研人员使用。

图书在版编目(CIP)数据

干扰对抗环境中的动态博弈理论：设计与分析/袁源，郭雷，袁欢欢著. —北京：科学出版社，2021.9

ISBN 978-7-03-068100-3

Ⅰ. ①干… Ⅱ. ①袁…②郭…③袁… Ⅲ. ①工业自动控制-研究 Ⅳ. ①TB114.2

中国版本图书馆 CIP 数据核字(2021)第 030774 号

责任编辑：闫 悦 / 责任校对：胡小洁
责任印制：吴兆东 / 封面设计：迷底书装

科学出版社出版
北京东黄城根北街 16 号
邮政编码：100717
http://www.sciencep.com
北京中石油彩色印刷有限责任公司 印刷
科学出版社发行 各地新华书店经销
*
2021 年 9 月第 一 版 开本：720×1 000 1/16
2022 年 8 月第二次印刷 印张：15 3/4
字数：302 000

定价：128.00 元

(如有印装质量问题，我社负责调换)

前　言

本书从控制系统在实际运行过程中面临干扰和网络攻击问题出发，分析不同类型干扰和攻击对系统性能造成的影响。利用博弈方法建立系统中存在的对抗问题，研究如何在多源干扰和网络攻击环境中为博弈参与者提供最优策略，并使得博弈输出结果满足预先设定的性能指标是亟待解决的关键科学问题。本书从多源干扰和恶意攻击等极端环境对博弈过程的影响出发，面向动态博弈策略的设计与分析开展了深入研究。

本书的主要内容包括以下两部分。

第一部分，利用“干扰观测器+前馈策略+反馈策略”思想，补偿匹配、非匹配等多源扰动对不同类型系统的性能影响，突破传统仅采用状态反馈控制动态博弈理论控制方法的脆弱性。

该部分主要包括第 2 章到第 7 章的内容。研究模型由简单到复杂，研究问题由浅入深。

第二部分，利用嵌套式博弈的防御与控制策略耦合设计与联合优化方法，补偿网络攻击对控制系统造成的影响。同时实现主动防御和被动补偿，有效弥补采用单一补偿的缺陷。

该部分主要包括第 8 章到第 14 章的内容。研究覆盖多种网络攻击类型，主要通过采用不同博弈论方法刻画攻防以及系统性能关系，完成抗攻击策略设计。

本书重点从复杂干扰和对抗环境中的博弈策略设计与分析问题出发，介绍控制系统面临的多源干扰和恶意攻击极端环境的现状，以及系统中参与者非合作关系的本质，突出本书通过动态博弈理论研究干扰对抗环境下鲁棒弹性策略的重要意义。描述了面向博弈决策动态系统的干扰模型和网络攻击模型的研究现状与发展趋势，系统性地分析了多源干扰和对抗攻击等极端环境中博弈过程所遭受的不利影响，提出解决方案，并验证所提方法能够在上述极端环境中保证博弈和控制过程的安全性，以达到预期的任务要求，并对现有博弈优化方法进行了总结与展望。

本书研究内容面向控制理论学科与计算机、人工智能、系统论深度融合的发展需求，针对系统易受多源干扰和恶意攻击等极端复杂环境面临的共性关键问题，深入全面地分析了上述不利因素对系统性能造成的影响，针对不同场景提出了基于动态博弈理论的被动补偿和主动防御方案，利用优化、控制理论、强化学习等分析方法得到了保证系统安全和预定控制性能的系列有效策略。可为此方面的研究学者提供研究思路，为解决系统抗干扰和攻击防御问题研究提供参考方案。书中研究内容是控制科学领域的国际学术前沿问题，是国家发展的重大需求。保证极端复杂环境下的系统性能在工业生产、社会生活，甚至保证人类生命财产安全中具有重要意义。本书研究内容可推动工业智能制造生产水平、提升工业互联网的安全性能，为我国工业制造产业转型提供技术保障，可极大提升企业效益，促进国民经济发展，提升国民生活水平。此外，书中研究的技术可应用于军事作战和航空航天领域，为应对信息化战争和构建安全可靠的空间网络、完成空间任务提供技术支撑。

干扰和攻击环境中动态系统的博弈策略设计与分析理论是基于人工智能、控制论及系统论来保证动态系统运行安全的重要手段，其研究成果直接面向国计民生与国家安全的若干重要需求，希望能为工业生产、国防安全提供思路。

感谢西北工业大学精品学术著作培育项目的支持。由于作者水平有限，书中难免有不足之处，恳请广大专家读者批评指正。

作　者

2021 年 2 月

目　录

第 1 章　动态博弈理论概述

1.1　研究背景与研究意义

随着网络通信技术、自动控制技术，以及计算机技术在近十年的迅速发展衍生了一种新型的复杂控制系统，包括网络化控制系统（networked control system，NCS）[1]、信息物理系统（cyber-physical system，CPS）[2,3]，物联网（internet of things，IoT）等。现有复杂控制系统信号经过网络传输后实现对被控对象的控制，呈现大规模、分布式特性，易受多源干扰和恶意攻击影响。控制系统可以看作是对多个智能设备的设计问题，可以借助博弈论方法研究控制系统的相互作用。博弈论研究的是决策者间的相互作用过程，即某个参与者的行为决策过程受到其他参与者的影响[4]。控制系统中常见的一种博弈方式为零和博弈，也称作 minimax 博弈，即系统中一方是有利因素，一方是不利因素。在控制系统中，一方为控制器，另一方为敌对环境，即扰动。控制器以优化特定的系统性能为目标，而恶意环境以破坏达到该性能为目标。在控制系统安全研究领域也可以将系统建模为零和博弈问题。通过设计安全措施来抵御试图入侵系统并破坏系统性能的恶意攻击。在分布式和网络化控制系统，如电网系统、交通网络、多智能体系统中存在多个决策者，且不存在可以得到全局信息或具有参与者和环境全部权限的参与者，由此将系统构建为非合作博弈模型。例如，在典型的智能电网控制中，分布式的网络中的决策者根据不断变化的需求和环境条件做出相应消耗或存储能源的决策。大规模复杂控制系统易受到多源干扰和恶意攻击等极端环境影响，研究控制系统中干扰对抗环境对动态博弈性能的影响是亟待解决的关键科学问题。

近几十年来，博弈论已经广泛应用于社会学、经济学、军事国防、通信工程等多个领域当中，已经成为最为活跃的研究领域之一。博弈论起源于一套用于建模自私决策者交互的工具。一个博弈由以下四个要素构成。

①参与者或代理：这些是决策者，如证券交易市场中的交易者或者能够做出决定的智能体。

②策略或操作集：这些是每个参与者可以用的操作，如交易员可以购买/出售哪些金融产品、金额和时间或者智能体能够选择的行为。

③效用或成本函数：一种量化每个参与者的目标是否已实现以及达到何种程度的度量。这通常是用关于行为的代价函数表征。

④均衡概念：参与者 i 旨在最小化其成本函数 J_i 。该函数既取决于其自己的行为，又取决于所有其他参与者的行为。因此，有必要定义什么是博弈的表征结果。其中，最著名的就是纳什均衡，即没有任何代理人能够通过单方面改变其行动来降低其成本。

在多智能体的博弈问题中，每个智能体都是把自身利益放在首要位置的自私个体，都会通过优化自身的成本函数以最大化自身的利益，但是由于多智能体之间存在攻防关系或者资源平衡等因素的限制，不同智能体之间的代价函数相互关联，存在耦合关系。博弈论中的纳什均衡理论为解决此类问题提供了很好的方法。事实上博弈论的一个重要的贡献就是为研究智能体之间的各种冲突和耦合以及带来的影响提供理论支撑，实现对这类问题的有效分析和预测，进而设计出能够达到均衡的算法。

另外，在实际的工程问题中，由于能量或者信号功率的限制，博弈中的参与者可能无法获得其余所有参与者的信息，只能得到附近邻居的信息。在此情况下，每个参与者可视为一个节点，参与者之间的信息交互关系可视为边，进而参与者通过信息拓扑图进行博弈。为获得所有参与者的信息，参与者 i 可以通过信息拓扑图对其余参与者的信息进行估计。

值得注意的是，关于多智能体博弈的研究，已有的大多数研究都是在没有考虑干扰的情况下进行的。但是在博弈的过程中，每个参与者都不可避免地受到干扰的影响，如传感器噪声、通信延迟和丢包、外源扰动等。另外，参与者的模型可能存在不确定性，这些都可视为干扰。受未知干扰影响的博弈系统会出现在许多情况下，如光信噪比(optical signal noise ratio，OSNR)的功率控制、智能电网管理和网络控制系统。在理想情况下，即扰动不存在时，博弈的结果可以准确求解。但是在干扰存在的情况下，由于扰动会参与到博弈的过程中，博弈的结果将很难求解。显然，直接忽略干扰的影响是不合理的，因为干扰会影响博弈的最终结果，在实际的控制系统中，通常需要考虑干扰的影响，否则，控制系统可能会不稳定。为实现对干扰的抑制，通常有如下三种控制方法。

①自适应控制方法：控制器增益随着干扰的变化而改变。这种方法已经成功应用于很多领域，如轮船在波浪中行驶。但是自适应方法通常会增加非线性系统的复杂性。但是，干扰的变化会影响整个闭环系统，进而影响整个系统的稳定性。

②前馈控制方法：干扰在进入控制回路前被测量并补偿，这种方法已经成功应用于飞机对湍流的测量，但是需要确保干扰测量的准确性和实时性。

③鲁棒控制方法：一个固定的控制器需要实现对给定的一系列干扰模型的期望控制效果。鲁棒控制的目的是系统的控制性能在不确定集中所有不确定性条件下仍能满足。其局限在于，所有的不确定均被视为同等的可能性，并且在可能事件和不太可能发生的事件之间没有任何区别。所以鲁棒控制方法具有较大的保守性。

如何对具有博弈行为的被控对象进行调控研究是非常有意义的问题。现实社会管理中因忽视对象的自主性和博弈性而导致了某些异化现象。博弈控制系统是研究被控对象具有博弈行为的框架[5,6]，这个框架将博弈论与控制论结合为具有层级结构的调控系统，上层为宏观调控变量，下层为相互关联且功能不尽相同的多个主体，每个主体都有自己的追求目标[7]。

在现有的抗干扰方法中，干扰观测器可以实现准确地估计未知干扰，并提供前馈补偿项对未知干扰进行抑制和消除，同时具有良好的动态响应。干扰观测器可以与其他控制方法相结合，如自抗扰控制和滑模控制等。

自抗扰控制将系统受到的所有干扰视为“总扰动”，使用扩张状态观测器对“总扰动”进行观测并在其进入控制回路前进行补偿。因此自抗扰控制不仅能消除未知的外部干扰，也可以处理系统模型自身的不确定性。同时值得注意的是，异常干扰(野值)会对系统造成较大的冲击，甚至造成系统的不稳定。因此，在实际的控制系统中需要考虑野值的影响。

滑模控制不仅克服了系统的不确定性，而且对干扰和非建模动力学具有很强的鲁棒性，并且对非线性系统也具有良好的控制效果。基于滑模控制理论设计的观测器也显示出显著的特征，特别是超扭曲算法。但是，关于超扭曲算法的大多数研究都是在连续时间条件下进行的，而对于离散时间系统的研究则很少。但是，随着计算机和数字通信电路的广泛使用，在许多情况下信号不是连续的，而是离散的，数字信号和连续的系统是不合适的，因此对于离散时间系统的研究具有很重要的工程意义。

现在我们回到理论问题，尽管干扰观测器广泛应用于工程实践，并取得了良好的效果，如机械的精确控制、飞行器的控制系统等，但是，现有的研究对于博弈过程中的干扰关注较少，多数的研究忽略干扰以简化问题，即便考虑干扰，也是已知干扰模型或者干扰随时间递减。这些假设通常与实际不符，因为多数扰动并不能精确建模，如摩擦力、阵风等。同时，干扰的存在对博弈的表征提出了新的挑战。因此考虑干扰下的博弈具有重要的理论和实际意义。

由网络连接的复杂控制系统较原有本地的点对点控制具有减少布线、节约成本、实现信息共享、增加系统灵活性和可靠性、使系统易于扩展和维护等诸多优点。但由于网络的接入，打破了原有控制系统的封闭性，给控制系统带来了很多问题和挑战。控制系统由使用专用网络对信号进行传输，变为使用公共网络进行传输来减少其成本。系统中标准化协议和商业化操作系统的使用，使得控制系统遭受攻击的可能性大大增加。对于控制系统的安全防护就尤为重要，所以在控制系统的设计中要权衡控制系统的实时性、可用性和安全性问题。由于利益驱使，网络攻击者在不断增强自己的攻击手段和攻击技术，对于工业控制系统的攻击事件层出不穷。下面给出几个控制系统遭受攻击的著名案例。

①2010 年，伊朗的布什尔核电站遭受“震网”病毒的攻击。该攻击是通过恶意修改发送给可编程逻辑控制器的控制指令实现的，可使离心机受损，该病毒使核电站推迟发电，严重损害了伊朗的工业设施[8, 9, 10]。

②2015 年 9 月 1 日，阿里云出现了故障，众多用户运行在阿里云上的系统命令和可执行的文件被删除。然后，阿里云发表声明，称此事件是在查杀功能升级过程中因云盾安骑士服务器组件中的恶意文件触发了故障，导致了部分服务器的一些可执行文件被错误隔离[11]。

③2016 年 1 月，俄罗斯发动网络攻击导致乌克兰发生大规模停电。此事件是由恶意攻击软件“黑色能量 3”导致的，此软件即为 2014 年感染了某些美国关键基础设施运营商的恶意软件一个变种。工业控制系统的安全问题将成工业 4.0 下的研究重点。

④2018 年 1 月，荷兰三大银行网络系统遭受近一周的分布式拒绝服务(distributed denial-of-service，DDoS)攻击，导致网站和互联网银行服务瘫痪，此外，荷兰税务局也遭受了类似攻击。

网络安全事件增多，严重影响国民生产生活，其安全形势面临严峻挑战。各国已分别采取行动，在工业控制安全领域制定研究计划，并开展相关工作。欧洲信息安全局于 2013 年发布了关于网络安全工业控制系统白皮书。美国制定并实施国家监控和数据采集系统，联合橡树岭国家实验室和爱德华国家实验室及各大学进行研究。2010 年，中国国家发改委将控制系统安全问题作为独立领域重点支持。2016 年 12 月 27 日，中央网络安全和信息化领导小组发布《国家网络空间安全战略》，强调“没有网络安全就没有国家安全”。2017 年 6 月 1 日，《中华人民共和国网络安全法》正式实施，网络安全有法可依、强制执行，网络安全市场空间、产业投入与建设步入持续稳定发展阶段。针对网络安全的研究已迅速在国内外引起热潮[12-15]。

网络技术的广泛应用，打破了原有系统的封闭性，对于系统的攻击事件层出不穷，对于系统安全防护设计变得尤为重要[16]。图 1.1 给出了将不同的攻击方式按三维度划分的一种形式[14]：系统知识(system knowledge)、窃听资源(disclosure resources)和介入资源(disruption resources)，各种攻击形式已在图 1.1 中标出。下面结合图 1.1 对不同的攻击形式进行详细介绍。

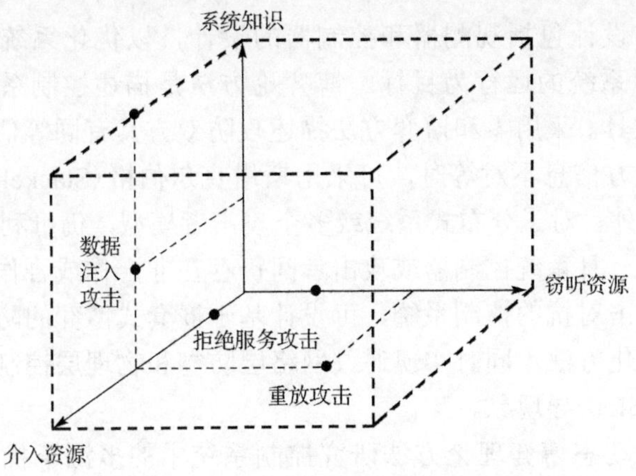

图 1.1　攻击方式的三维度划分

(1) 针对物理对象的攻击[16]：直接对控制器、执行器、被控对象或传感器等物理结构的攻击。

(2) 欺骗式攻击[15, 17]：提供错误的数据对控制系统进行欺骗，在获取错误的外部信息情况下执行错误的操作，进而影响物理系统。欺骗攻击主要是通过故障检测与隔离系统而对控制系统发起的攻击。在故障检测与隔离系统中，通常会使用滤波算法求出测量信号的估计值，通过比较原信号与测量信号的差与设定阈值来决定是否触发警报。欺骗式攻击是在不触发警报的情况下对控制系统的控制过程或测量过程进行干扰，主要有两种形式。

①错误数据注入攻击 (false data injection attack)：攻击者通过修改测量值进行攻击，使得真实测量值变为受攻击测量值。

②重放攻击 (replay attack)[18]：在攻击者不能依靠自己设计的信号进行攻击而不被检测出来时，只能依靠记录正常工作情况下的信号进行重放，对系统进行欺骗攻击。这种攻击形式需要窃听资源和介入资源，是较为常见的一种攻击方式，目前已有不少研究成果[19-21]。

(3) DoS 攻击[22]：针对通信网络的攻击，影响系统的连接性，由于缺乏连接性导致传感器的测量数据和控制器指令无法到达目的节点。从技术手段上来讲，DoS 攻击包括用户数据报协议 (user datagram protocol，UDP) 泛洪、同步序列编号 (synchronize sequence numbers，SYN) 泛洪、网际互连协议 (internet protocol，IP) 欺骗等。这种攻击可以简单地建模为在遭受攻击后给系统带来了额外的数据包丢失或时延。DoS 攻击在三个维度的资源中只需要介入资源，不需要任何的系统模型知识和系统获取实时信息的能力，因此 DoS 攻击是所有攻击方式中最易实现的一种，也是危害最大的一种，具有重大的研究价值和研究必要性。

控制系统的设计包括观测器和控制器的设计，以优化系统性能为目标，恶意攻击者以破坏系统的运行为目标。博弈论方法是描述控制系统中攻防双方相互作用的有效工具。采用零和博弈方法描述攻防双方具有同等信息且目标相反的问题。当攻防双方信息不对等时，可采用斯塔克尔伯格(Stackelberg)博弈方法对其进行建模。此外，对于分布式系统或多个攻击者模型，仍可利用 Stackelberg 博弈方法进行建模，且系统控制器或攻击者间仍存在非合作或合作博弈。进一步，针对遭受网络攻击对抗的控制系统，可设计基于嵌套式博弈的防御与控制策略耦合设计与联合优化方法。同时实现通过网络层防御和物理层控制的联合设计提升控制系统容忍攻击诱导现象。

综上，基于动态博弈理论方法研究控制系统中的多源干扰和安全问题是十分必要且紧迫的；对控制系统进行控制器设计，在多源干扰和网络攻击环境中为博弈参与者提供最优策略，并使得博弈输出结果满足预先设定的性能指标，保证系统稳定，抵御网络攻击，对于保证国家战略和民生的安全生产都有非常重要的意义。

1.2 研究动态与发展现状

1.2.1 面向博弈决策动态系统的干扰模型

在实际工程控制系统中，系统难免会受到自身内部的干扰(如系统未建模动态、模型参数摄动、负载变化以及结构摄动等)和外部环境干扰(如干扰转/力矩、环境噪声等)组成的总和扰动。例如，在机电控制系统中，系统的控制性能会受到强耦合、相电阻时变及转动惯量摄动等多源干扰因素的影响[23]；运动伺服控制系统在实际操作过程中会受到摩擦、电压波动、传感器误差及负载扰动等内外扰动[24]；电力电子驱动控制系统的控制性能会受到电路结构参数摄动、内部寄生电感电容动态以及电磁干扰等多源干扰的影响[25]；在飞行器系统控制领域，系统控制性能会受到气动参数摄动、系统状态突变、未知复杂空间环境，以及外界阵风力矩等多源干扰[26]。这些干扰的存在会严重影响实际控制系统的闭环动态性能和稳态控制精度，还会破坏由多个单一个体组成的博弈决策动态系统的动态博弈策略的设定、系统最终的平衡状态以及系统成本函数的最优解。例如，由于路面的颠簸或外界阵风力影响会给车辆带来不确定的横向扰动，该不确定横向干扰的存在，使得自动驾驶车辆的稳定性和跟踪精度等控制性能均会受到影响[27,28]。文献[29]研究了一类具有马尔可夫跳跃参数和外部干扰的离散线性随机系统的 Stackelberg 博弈。智能电网系统中，用户的增加或减少对应整个电网系统载荷的动态变化，该类不确定性的变化将对电网中智能体造成扰动，使得动态博弈过程中的成本函数难以达到最优[30]。当一个玩家/智能体受到内外扰动后，会影响整个动态系统的性能，文献[31]研究了一类动力学和界限未知的干扰在多智能体动态学习中的影响。在实际操作过程中，机械臂系统受到外部干扰和未知参数变化的影响，为了提高其鲁棒性，文献[32]将干扰当作玩家之一与控制器进行马尔可夫博弈。文献[33]分析了含有随机组件故障和干扰信号情况下的随机动态博弈。因此，为了获取最优的博弈策略，动态博弈过程中多智能体所受到的干扰是不可忽略的因素。

从控制理论角度分析，这些干扰和噪声可表征为不确定范数有界变量、变化率有界变量、谐波变量、阶跃变量、满足某种分布的随机变量等多种类型干扰模型。其中，谐波扰动或未知常值扰动 $\boldsymbol{d}(t)$ 可由如下形式的外部动态子系统生产：

$$\begin{cases}\dot{\boldsymbol{\omega}}(t)=\boldsymbol{W}\boldsymbol{\omega}(t)+\boldsymbol{M}\delta(t)\\ \boldsymbol{d}(t)=\boldsymbol{V}\boldsymbol{\omega}(t)\end{cases} \tag{1.1}$$

其中，$\boldsymbol{W}\in\mathbb{R}^{r\times r}$，$\boldsymbol{M}\in\mathbb{R}^{r\times l}$，$\boldsymbol{V}\in\mathbb{R}^{m\times r}$ 为已知矩阵；$\delta(t)\in\mathbb{R}^{l}$ 为干扰子系统中的结构和参数不确定性产生的干扰信号，且其满足 2 范数有界；当 $\boldsymbol{M}=0$，$\boldsymbol{W}=0$ 且 $\boldsymbol{V}=1$ 时，$\boldsymbol{d}(t)$ 表示常值干扰；若矩阵 $\boldsymbol{W}\in\mathbb{R}^{r\times r}$ 设为以下形式：$\boldsymbol{W}=\begin{bmatrix}0 & c\\ -c & 0\end{bmatrix}$，且 $c>0$，则扰动 $\boldsymbol{d}(t)$ 表示频率为 c、幅值和相位未知的谐波扰动。

经研究表明，根据扰动在系统中出现的位置不同大致分为两种："匹配扰动"和"非匹配扰动"。"匹配"指干扰或不确定性加在与控制相同的通道中，或者可通过坐标变换将干扰转换到控制变量通道中。"非匹配"干扰或不确定性出现在与控制输入不同的通道中，其包括"状态通道非匹配干扰"和"输出通道非匹配干扰"。以简单的系统模型为例：

$$\begin{cases}\dot{\boldsymbol{x}}_1(t)=\boldsymbol{x}_2(t)+\boldsymbol{d}_1(t)\\ \dot{\boldsymbol{x}}_2(t)=\boldsymbol{u}(t)+\boldsymbol{d}_2(t)\\ \boldsymbol{y}(t)=\boldsymbol{x}_1(t)+\boldsymbol{v}(t)\end{cases} \tag{1.2}$$

其中，$\boldsymbol{d}_1(t)$ 为"状态通道非匹配干扰"；$\boldsymbol{d}_2(t)$ 为"匹配干扰"；$\boldsymbol{v}(t)$ 为"输出通道非匹配干扰"。

常见的"匹配干扰"有执行器故障等直接影响系统的控制输入；"非匹配干扰"广泛存在于实际工程系统中，如飞行器系统中由未建模动态、电机参数时变、外界风的扰动等组成的干扰转矩往往直接影响系统的状态变量[34]。考虑实际环境的复杂性，系统的测量输出端极易受到环境噪声的影响。噪声将作为"输出通道非匹配干扰"在整个博弈动态系统节点间传播，对整个系统造成严重影响或破坏[35]。

由于多源内外干扰的存在，严重影响控制系统的闭环性能包括暂态性能和稳态性能。为了抑制扰动对系统的影响，目前最核心的策略是设计扰动观测器对扰动进行在线估计，再将扰动的估计值前馈补偿到反馈控制器中，通过复合控制器抵消扰动对系统性能的影响，达到预期的控制效果，如图 1.2 所示。常见的扰动观测器包括未知输入观测器[36]、广义比例积分观测器[37]、干扰观测器[38]、扩张状态观测器[39]、滑模观测器[40]等。其中，对干扰观测器和扩张状态观测器的理论和应用研究最为广泛。干扰观测器自 20 世纪 80 年代产生于控制工程界起，已经在机器人系统、运动伺服系统、导弹等飞行器系统中取得广泛、成功的应用。以如下简单的系统为例：

$$\dot{\boldsymbol{x}}(t)=\boldsymbol{A}\boldsymbol{x}(t)+\boldsymbol{B}(\boldsymbol{u}(t)+\boldsymbol{d}(t)) \tag{1.3}$$

其中，$\boldsymbol{x}(t)$ 表示系统状态；$\boldsymbol{u}(t)$ 为系统的控制输入；$\boldsymbol{d}(t)$ 表示系统扰动，其由外生系统(1.1)产生。设计如下形式的干扰观测器对扰动 $\boldsymbol{d}(t)$ 进行估计：

$$\begin{cases}\hat{\boldsymbol{d}}(t)=\boldsymbol{W}\hat{\boldsymbol{\omega}}(t)\\ \hat{\boldsymbol{\omega}}(t)=\boldsymbol{v}(t)-\boldsymbol{L}\boldsymbol{x}(t)\\ \dot{\boldsymbol{v}}(t)=(\boldsymbol{W}+\boldsymbol{LBV})\hat{\boldsymbol{\omega}}(t)+\boldsymbol{L}(\boldsymbol{A}\boldsymbol{x}(t)+\boldsymbol{B}\boldsymbol{u}(t))\end{cases} \tag{1.4}$$

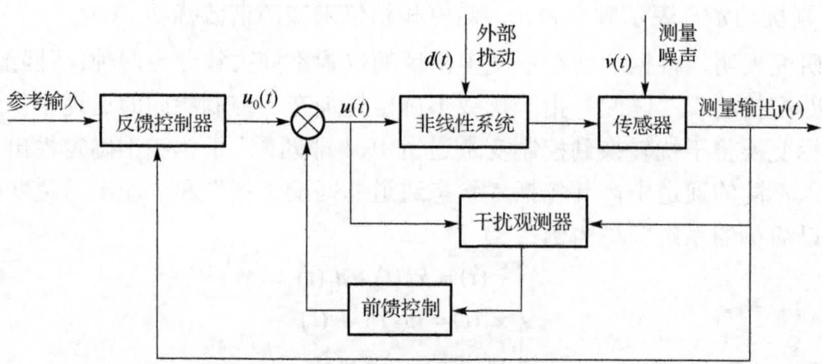

图 1.2　干扰抑制方框图

扩张状态观测器由我国学者韩京清研究员于 20 世纪 90 年代首次提出，其作为自抗扰控制技术的主要组成部分，对系统中的不确定性以及内外扰动组成的“总和扰动”进行实时估计。以如下简单的二阶系统为例：

$$\begin{cases}\dot{\boldsymbol{x}}_1(t)=\boldsymbol{x}_2(t)\\ \dot{\boldsymbol{x}}_2(t)=f(\boldsymbol{x}_1(t),\boldsymbol{x}_2(t),\boldsymbol{d}(t))+b\boldsymbol{u}(t)\\ \boldsymbol{y}(t)=\boldsymbol{x}_1(t)\end{cases} \tag{1.5}$$

其中，$\boldsymbol{x}_1(t)$ 和 $\boldsymbol{x}_2(t)$ 表示系统状态；$\boldsymbol{u}(t)$ 和 $\boldsymbol{y}(t)$ 分别为系统的控制输入和测量输出；$f(\boldsymbol{x}_1(t),\boldsymbol{x}_2(t),\boldsymbol{d}(t))$ 表示系统的“总和扰动”。将“总和扰动”设为新的系统状态 $\boldsymbol{x}_3(t)$，且假设其可导并导数有界，即 $\dot{\boldsymbol{x}}_3(t)=\boldsymbol{g}(t)$，$|\boldsymbol{g}(t)|\leqslant \boldsymbol{M}$，则原系统(1.5)可扩张为

$$\begin{cases}\dot{\boldsymbol{x}}_1(t)=\boldsymbol{x}_2(t)\\ \dot{\boldsymbol{x}}_2(t)=\boldsymbol{x}_3(t)+b\boldsymbol{u}(t)\\ \dot{\boldsymbol{x}}_3(t)=\boldsymbol{g}(t)\\ \boldsymbol{y}(t)=\boldsymbol{x}_1(t)\end{cases} \tag{1.6}$$

设计如下形式的扩张状态观测器对系统状态和“总和扰动” $f(\boldsymbol{x}_1(t),\boldsymbol{x}_2(t),\boldsymbol{d}(t))$ 进行估计：

$$\begin{cases}\dot{z}_1(t)=z_2(t)-\beta_1\boldsymbol{e}_1(t)\\ \dot{z}_2(t)=z_3(t)+b\boldsymbol{u}(t)-\beta_2\mathrm{fal}(\boldsymbol{e}_1(t),\alpha_1,\delta)\\ \dot{z}_3(t)=-\beta_3\mathrm{fal}(\boldsymbol{e}_1(t),\alpha_2,\delta)\\ \boldsymbol{e}_1(t)=z_1(t)-\boldsymbol{x}_1(t)\end{cases} \tag{1.7}$$

其中，$z_1(t)$、$z_2(t)$ 和 $z_3(t)$ 分别为系统状态 $\boldsymbol{x}_1(t)$、$\boldsymbol{x}_2(t)$、“总和扰动” $f(\boldsymbol{x}_1(t),\boldsymbol{x}_2(t),\boldsymbol{d}(t))$ 的估计值；β_1、β_2 和 β_3 为待设计的观测器增益；非线性函数 $\mathrm{fal}(\boldsymbol{e}_1(t),\alpha_1,\delta)$ 和 $\mathrm{fal}(\boldsymbol{e}_1(t),\alpha_2,\delta)$ 表示关于估计误差 $\boldsymbol{e}_1(t)$ 的函数，其对应的函数表达式为

$$\mathrm{fal}(\boldsymbol{e}_1(t),\alpha,\delta)=\begin{cases}\dfrac{\boldsymbol{e}_1(t)}{\delta^{1-\alpha}},|\boldsymbol{e}_1(t)|\leqslant\delta\\ |\boldsymbol{e}_1(t)|^{\alpha}\,\mathrm{sign}(\boldsymbol{e}_1(t)),|\boldsymbol{e}_1(t)|>\delta\end{cases}$$

随着控制理论的发展，多种形式的干扰观测器和扩张状态观测器被提出，包括线性/非线性、全阶/降阶、小增益/高增益等。但值得强调的是，无论何种形式的观测器，其均对干扰具有一定的假设要求。例如，干扰观测器只是针对由外生系统产生的常值扰动或谐波扰动进行估计；扩张状态观测器假设扰动的变化速率有界；滑模观测器估计满足范数有界的干扰等。除此之外，一方面为了同时估计不同形式的多源干扰，另一方面为了提高估计精度，文献[41]提出了一种复合干扰观测器。

1.2.2　面向博弈决策动态系统的网络攻击模型

复杂控制系统安全问题中的攻击者和防御者具有对立目标，博弈论为攻击环境下攻防双方建模提供了工具。文献[42-46]等将攻击者和防御者建模为博弈的参

与双方，通过求解优化问题得到攻击和防御策略。

在考虑安全问题的 NCSs 中各个决策主体之间是具有矛盾与合作关系的，这种关系采用博弈论的方法[47,48]进行描述是非常恰当的。关于博弈论的发展和研究现状将在下文中给出，这里只介绍其在网络安全方面的应用。可将攻击者和防御者视为博弈参与者[49]，求出最优的攻击策略和网络安全防御策略。Yuan 等[50]将 NCSs 建模为双层博弈问题，将攻击方和入侵检测系统(intrusion detection system, IDS)视为外层，将控制器和外部干扰视为内层，通过纳什均衡解可以得到最优的防御策略和 H_∞ 最优控制器。文献[51]中给出了基于嵌套主从博弈的 NCSs 和 IDS 耦合设计，与前面文献不同的是，设定攻击者是可以获悉 IDS 的配置策略的，称其为智能攻击者，H_∞ 控制器可以利用干扰信息提高控制性能，称为完全信息 H_∞ 控制器。文献[52]设计出了能够抵御外部干扰和 DoS 攻击的控制策略，同时还给出了 IDS 是否能够保护系统使其免受攻击的判据。博弈论的方法应用于网络安全，求解最优的防御策略，不仅具有重大的理论研究意义，也具有很高的实际应用价值。

文献[43]考虑有限时间长度攻击者的攻击分配和控制策略优化问题，代价函数设定为 $J=E\left\{\sum_{k=0}^{N-1}(\boldsymbol{x}_k^2+\boldsymbol{a}_k\boldsymbol{u}_k^2)+\boldsymbol{x}_N^2\right\}$，将攻防双方建模为零和博弈且博弈问题的鞍点解满足 $J(\gamma^*,\mu)\leqslant J(\gamma^*,\mu^*)\leqslant J(\gamma,\mu^*)$，其中，$\gamma$ 和 μ 分别为控制策略和攻击策略。与上述思想类似，文献[45]研究远程状态估计系统的安全估计问题，将能量受限的传感器何时传输信息和能源受限的攻击者何时干扰信息传输的相互作用过程建模为零和博弈，通过马尔可夫链理论得到状态估计误差协方差，并给出在线求解算法。Yuan 等将控制信号丢失的概率定义为攻击者的攻击密度，攻击者以最小攻击密度最大程度破坏系统性能，控制系统通过设计控制最小化多任务系统的线性二次型调节(linear quadratic regulation，LQR)性能，将攻击者和控制器建模为领导者-跟随者 Stackelberg 博弈问题，通过二分法寻优和求解凸优化问题得到最优攻击策略和最优控制器[42]。文献[53]基于博弈论研究了二阶系统弹性策略设计问题。基于博弈论方法，Li 等对虚假确认(acknowledgment，ACK)攻击资源分配[54]、多传感器 NCS 中能源受限的防御方和虚假数据注入(false data injection，FDI)攻击者资源分配[55]、多通道传输机制下传输通道和攻击通道选择[56]和动态网络系统中防御资源分配与攻击节点选择[57]等问题进行了研究。文献[58]研究了无线传感器网络的攻防博弈问题。文献[46]中假设攻击者可以获得训练数据破坏训练效果，通过设计博弈模型提高机器学习方法的弹性。

除上述研究外，学者还对实际控制系统模型中的攻防对抗问题进行了研究。Hasan、Wang 和 Ma 等对电网系统的攻防博弈问题进行了研究[59-61]。Xiao 等在文献[62]中研究移动群智感知(mobile crowdsensing，MCS)网络中的安全问题，为了节约能量且避免隐私泄露，智能手机用户可能提供给 MCS 服务器虚假信息，将 MCS 服务器和智能手机用户建模为 Stackelberg 博弈模型，用深度 Q-网络(deep Q-network，DQN)技术进行求解。文献[63]基于博弈论方法研究移动自组织网络在噪声和非完整监测下的安全合作问题。采用攻防随机博弈 Petri 网，文献[64]研究了企业网的建模与安全分析问题。Chen 等通过动态博弈研究基础设施网络的安全问题[65]。基于 Bargaining 博弈方法，文献[66]研究车联网中信息传输的信任问题。IoT 与军事网络相结合形成了战场物联网(internet of battlefield things，IoBT)，Hu 等基于动态心理学博弈研究了 IoBT 系统的安全问题[67]。

1.2.3　博弈优化方法

博弈论思想可追溯到 18 世纪，直到 20 世纪才有了主要的理论发展。1944 年冯·诺依曼和奥斯卡·摩根斯坦的著作《博弈论和经济行为》为该领域奠定了基石。20 世纪 50 年代，约翰·纳什提出了关于纳什均衡的概念，使得博弈论科学运用到经济学和其他社会科学等各领域。目前，博弈论作为研究决策者之间有相互作用行为的多目标优化问题的数学分支，已经被证明是网络控制中设计创新资源分配策略的基础工具[47]。

在采用博弈论建立的系统中，每个参与者企图最大化其效用、收益函数或最小化其代价函数。在博弈问题中，每个参与者的目标函数会至少受到其他参与者中一个参与者的策略的影响，或者一般来说会受到其他所有参与者策略的影响。因此参与者不可能独立于其他参与者而仅仅是优化自己的目标函数。这表明各个参与者的策略选择具有耦合关系，使得各参与者即使是在非合作环境下也要共同进行策略选择。

博弈论解决的是多个决策者即博弈参与者之间的策略交互。由一个目标函数刻画每个参与者在多个可能的博弈结果之间的排序偏好，最大化效用函数或效益函数，或最小化成本函数或损失函数。

因此，这使得参与者的行动之间产生了耦合，并导致即便在非合作环境下，参与者在决策过程中也绑定在一起。如果参与者能达成合作协议，形成集体性的、完全可信的行动或决策选择，让所有参与者都能尽可能地受益，那么我们将处于合作博弈论的领域；如果参与者之间不允许合作，那么我们就处于非合作博弈论的领域。控制系统中的集中式控制即可看作合作博弈。如上述提到的控制器与恶意环境以及分布式控制各设备间的关系属于非合作博弈。

我们给出非合作博弈的概念：①参与者 $(1,2,\cdots,i,\cdots,n)$；②参与者行为集 $(a_1,a_2,\cdots,a_n)$；③量化参与者满意度的效用函数，参与者 i 的效用函数写为

$U_i(a_1,a_2,\cdots,a_i,\cdots,a_n)$，其中，$(a_1,a_2,\cdots,a_i,\cdots,a_n)$ 为 n 个参与者的集合，a_i 为第 i 个参与者的行为。纳什均衡策略 $(a_1^*,\cdots,a_n^*)$ 表示对于任意的参与者 i 满足

$$U_i(a_1^*,\cdots,a_i^*,\cdots,a_n^*) \geqslant U_i(a_1^*,\cdots,a_i',\cdots,a_n^*)$$

其中，a_i' 表示参与者 i 的任意行为，即每个参与者相对于其他参与者的行为是最优的。对任意一个参与者，如果其他参与者按照纳什均衡采取行动，这个参与者将无法通过偏离纳什均衡来提高自己的收益。

另一个非合作均衡解的概念是Stackelberg均衡，它实际上先于纳什均衡提出。其中，参与者的决策之间有一个层次，一些参与者被指定为领导者，有能力首先宣布他们的策略并承诺执行它们；其余的参与者被指定为跟随者，根据领导者的策略决定他们的策略且跟随者之间也存在相互博弈。领导者会预测跟随者的反应，并以一种对自己最有利的方式决定其行动。

Han 等[68]将博弈论方法运用到通信网络系统中，将其建立为 Stackelberg 博弈模型，给出了通信网络系统的最优功率分配方案。对于两个控制器闭环系统采用零和线性二次型(linear quadratic，LQ)微分博弈策略设计[69]。文献[50]对于不同的安全策略选择，基于 Markov 博弈方法设计了切换控制器。Zhu 等[70]针对复杂的信息物理融合系统权衡系统的鲁棒性、安全性和容侵性，采用博弈论方法设计了最优的防御策略和 H_∞ 控制器。文献[71]针对无线 NCSs，在攻击方能量受限的情况下进行资源调度，使得攻击者对系统性能影响最大。更进一步地，Li[45]等对于远程状态估计的信息物理融合系统可能受到攻击者攻击的问题，分别从攻击者和防御者进行考虑，在攻击者和防御者能量受限的情况下，建立零和博弈模型来描述何时攻击何时防御。

1.3 全书概况

第 1 章对复杂干扰对抗环境的动态博弈问题进行阐述。介绍控制系统面临的多源干扰和恶意攻击极端环境的现状，以及系统中参与者非合作关系的本质，突出本书通过动态博弈理论研究干扰对抗环境下鲁棒弹性策略的重要意义。描述了面向博弈决策动态系统的干扰模型和网络攻击模型的研究现状与发展趋势，并对现有博弈优化方法进行了总结与展望。最后对各章节的内容进行了简述。

第 2 章提出在考虑有扰动情况下 NCSs 的多任务控制结构。在动态网络环境下采用 δ 算子的方法，建立非一致采样周期的 NCSs 模型。采用博弈的方法来对有外界扰动情况下的 NCSs 的控制器进行设计。给出 NCSs 多任务结构下的控制策略和 Riccati 方程，对估计上界的验证来保证系统的鲁棒性。通过仿真验证本章

所提出算法的优势。

第 3 章以带有多源扰动和未知非线性的控制系统为研究对象。为了克服高频采样时的数值缺陷，用δ算子的方法建立控制系统模型，设计观测器来估计匹配的扰动。基于扰动观测器对系统进行前馈补偿，设计最优的控制器来优化系统性能。当考虑观测误差、非匹配扰动和未知的非线性时，通过估计ε-level 的上界值来保证系统的鲁棒性。最后将上面的控制器设计运用到二区域负荷频率控制系统中，说明算法的有效性。

第 4 章针对受到扰动的离散时间非线性二次博弈问题，提出基于事件触发的扰动观测器策略对系统中的扰动进行前馈补偿，通过设计复合控制方案补偿系统干扰并优化每个参与者的个人成本函数。通过计算成本函数的上界，然后使用递归设计的事件触发策略将成本最小化，并得到最优控制策略。最后在数值算例和电网系统中验证了设计算法的有效性。

第 5 章同时考虑系统中的匹配干扰和非匹配干扰，提出了基于扰动观测器的δ域 LQ 对策复合控制模型，设计了补偿匹配扰动和优化各参与者个体代价函数的复合控制策略，给出了ε-NE 定义用来描述动态耦合扰动观测器和 LQ 博弈,并对ε上界进行估计，分析得到满足ε-NE 解的最优代价。

第 6 章建立包含二阶积分器和外部干扰的全信息博弈的均衡求解问题。系统中未知扰动难以完全补偿使得代价函数难以量化。本章在广泛应用的扩张状态观测器的基础上，提出了一种新的估计未知扰动的观测器，并计算了扰动误差的上界。提出了博弈策略，并给出了均衡解的上界来表示博弈结果。

第 7 章考虑模型不确定性、环境噪声、网络攻击等因素对系统带来的扰动影响，首先通过离散时间超扭曲算法设计离散时间干扰观测器对扰动进行补偿，进一步设计分布式复合博弈优化策略，并证明了系统将收敛到唯一的纳什均衡点。通过在多卫星通信任务中网络层发生的攻防博弈模型中进行验证，证明所提方法的有效性。

第 8 章研究了 DoS 攻击对非合作分散控制系统的性能指标影响。借鉴经济学中“无政府代价”(price of anarchy，PoA)性能指标，提出了“受攻击代价”(price of DoS attack，PoDA)指标；其中，PoA 可以描述集中控制和非合作分散控制之间控制性能的差异，PoDA 则刻画了非合作分散控制在遭受 DoS 攻击和未遭受 DoS 攻击时控制性能指标的差异。

第 9 章研究了 IDS 配置和 H_∞ 控制器的耦合设计算法。将 IDS 与 DoS 攻击者之间、H_∞ 控制器与外部干扰之间的交互视为嵌套式博弈中的内外层博弈并对其耦合关系进行研究。提供了一套判断 IDS 是否能够有效保护控制系统的准则。所提算法不仅能够抵御 DoS 攻击，也能够克服物理层的外部干扰。将算法应用于不间断电源控制系统，证明算法的有效性。

第 10 章针对 DoS 攻击者和 IDS 之间、控制器和外部干扰之间所拥有的信息集合不相同的情况，采用 Stackelberg 博弈分别对 DoS 攻击者与 IDS 和控制器与外部扰动的相互作用进行建模。给出 IDS 能否保护系统抵御 DoS 攻击的判据，并构建 IDS 和控制器设计的联合防御设计方案，将算法应用于不间断电源控制和多区域负载频率控制均收到较好的效果。

第 11 章研究了动态网络安全环境下的 H_∞切换控制算法。使用马尔可夫博弈的方法来描述 IDS 和 DoS 攻击者之间的交互，网络安全环境随着马尔可夫状态的转移而改变。H_∞控制器可以随着马尔可夫系统的跳变进行相应的切换。最后，在不间断电源系统中验证算法的有效性。

第 12 章针对无线网络环境的动态变化情况，将信道增益包括传输增益和干扰增益建立为有限状态的离散时间马尔可夫跳变模型。考虑物理层 Gilbert-Elliott 信道模型，建立 DoS 攻击诱导的数据丢包与两状态马尔可夫丢包模型的关系，给出最坏扰动情况下物理层控制系统的性能函数。分别给出网络层传输者与攻击者零和博弈问题以及物理层控制器与扰动的零和博弈问题，分析两层之间的相互作用关系，形成异构博弈模型。分别通过价值迭代方法和 Q 学习方法求解异构博弈问题，并讨论采用两种方法的优劣。

第 13 章防御者将有限的资源分配给不同服务单元提升系统的性能，攻击者以最大化降低系统性能为目标。将攻防双方建模为 Stackelberg 博弈，防御方作为领导者，攻击方作为跟随者，双方以先后顺序实施行为决策。根据攻防双方目标函数的特点将双方的博弈问题转化为 maximin 优化问题，并对防御者防御资源受限和保护服务单元数目受限的优化问题进行分析，得到最优攻防策略。将算法在多智能体系统模型中验证，通过与现有文献对比验证算法的优势。

第 14 章考虑攻击者具有一定的智能性，也就是传输者和攻击者以先后顺序实施行为策略，即将攻防双方建模为 Stackelberg 博弈。在控制器设计部分考虑网络攻击、计算时延和传输时延的影响，建立切换系统模型，设计估计器和预测控制器，通过锥补线性化方法求解非线性矩阵不等式得到控制器增益。在攻击者不理性、攻击者参数信息不可获取且通信环境变化时，设计一种新型的辅助定价机制，使控制系统在通信环境和攻击复杂情况下仍能满足预定的性能。通过在电网系统模型中进行验证，证明所提方案的可用性和有效性。

第2章　干扰环境中含时滞项非合作动态博弈系统的优化控制

2.1　研究背景与意义

与传统的点对点控制相比，NCSs 的性能会在一定程度上受到网络因素的影响，因为 NCSs 受网络带宽、网络服务能力和网络承载能力的限制，在数据传输时会发生时延、数据包错乱、丢包等一系列问题。这些问题需要我们在 NCSs 设计中予以考虑。本章主要以 NCSs 为研究对象，考虑了由于网络给系统带来的随机时延和丢包的影响，这是 NCSs 中最基本也是最重要的两个问题，基于 NCSs 中的这两个问题给出了控制器的设计思路。

与大部分文献不同的是，我们将带有随机时延和丢包的 NCSs 在δ域进行建模，考虑在动态网络环境下，NCSs 中有智能传感器，智能传感器可以根据通信网络的服务质量(quality of service，QoS)来调整采样周期。由于δ算子系统的采样周期是显示参数，这种功能对于在δ域建模的 NCSs 是容易实现的。另外，随着工业技术的发展，系统组成越来越复杂，分布越来越广泛，采用原有的集中式控制已难以实现控制系统的基本要求，因此在本章中引入多任务控制(multi-tasking control)。博弈论方法可以实现整个系统中对每个参与者的代价函数的优化，因此采用博弈论方法来解决多任务控制问题。这种控制方式具有更高的灵活性，同时可以大大减少系统信息的交换量，缓解通信压力。对于博弈问题的求解以δ域 Riccati 方程的形式给出了纳什均衡解存在和唯一的条件以及纳什均衡策略的表达式。同时，在考虑系统中有外界扰动存在时，引入ε-NE 的概念来描述纳什均衡解的偏离，给出了其上界估计的解析形式来确保系统的鲁棒性。

在本章中，如无特殊说明，$\mathbb{R}^n$表示 n 维 Euclidean 空间；符号 $\boldsymbol{A}>0(\boldsymbol{A}<0)$ 表示矩阵 $\boldsymbol{A}$ 是正定(负定)的；$\boldsymbol{A}\geqslant 0(\boldsymbol{A}\leqslant 0)$ 表示矩阵是半正定(半负定)的；$\boldsymbol{I}$ 表示具有相应维数的单位矩阵；$\boldsymbol{0}$ 表示具有相应维数的零矩阵；对于任意矩阵 $\boldsymbol{A}$，$\boldsymbol{A}^{\mathrm{T}}$ 表示矩阵 $\boldsymbol{A}$ 的转置，$\boldsymbol{A}^{-1}$ 表示矩阵 $\boldsymbol{A}$ 的逆矩阵；$\mathrm{diag}\{[\boldsymbol{A}_1,\boldsymbol{A}_2,\cdots,\boldsymbol{A}_r]\}$ 表示对角块矩阵，其中，$\boldsymbol{A}_1,\boldsymbol{A}_2,\cdots,\boldsymbol{A}_r$ 为对角元素；$\mathbb{E}\{x\}$ 表示 x 的期望；对于向量 $\boldsymbol{v}(t_k)$，其 Euclidean 范数为 $\|\boldsymbol{v}(t_k)\|:=\sqrt{\boldsymbol{v}^{\mathrm{T}}(t_k)\boldsymbol{v}(t_k)}$。函数 $\phi(x)$ 定义为

$$\phi(x)=\begin{cases}1, & x\geqslant 0\\ 0, & x<0\end{cases}$$

2.2 含时滞模型与博弈指标设定

本章所研究的 NCSs 系统模型如图 2.1 所示。

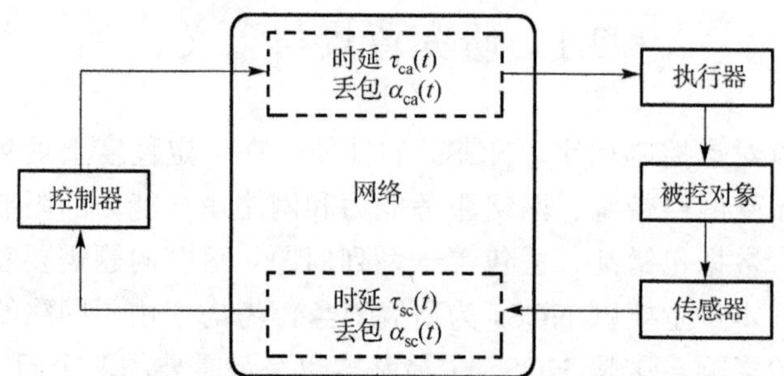

图 2.1 带有随机时延、丢包的 NCSs 结构图

在前向通道和反馈通道中都存在通信时延，从传感器到控制器的时延标记为 $\tau_{sc}(t)$，从控制器到执行器的时延标记为 $\tau_{ca}(t)$，系统整体时延为 $\tau(t)=\tau_{sc}(t)+\tau_{ca}(t)$。在图 2.1 中也存在丢包，反馈信道的随机丢包为 $\alpha_{sc}(t)$，前向通道的随机过程描述为 $\alpha_{ca}(t)$。如图 2.2 所示，在传感器中有一个智能的采样器可以根据信道质量对数据进行采样。因此，在这部分考虑了非一致采样周期的 NCSs。由 T_k 表示 t_k 时刻的采样周期。

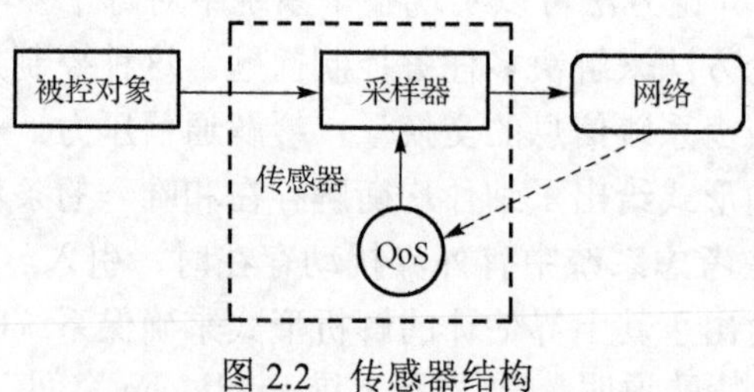

图 2.2 传感器结构

基于图 2.1 和图 2.2 给出两个假设。

假设 2.1 通过发送高优先级的信号使传感器、控制器和执行器实现时钟同步。传感器是时间驱动的，控制器和执行器是事件驱动的[72]。

假设 2.2 时延的上下界为 $0\leqslant\tau(t)\leqslant\sum_{l=1}^{h}T_{k-l}$，$h$ 代表最大时延步数。上面的描述可以通过采样器调节采样周期实现。

被控对象考虑为线性时不变系统：

$$\dot{\boldsymbol{x}}(t)=\boldsymbol{A}_s\boldsymbol{x}(t)+\boldsymbol{B}_s\boldsymbol{u}(t) \tag{2.1}$$

考虑网络时延、丢包和外界扰动影响，NCSs 模型可以写为

$$\dot{\boldsymbol{x}}(t)=\boldsymbol{A}_s\boldsymbol{x}(t)+\alpha(t)\boldsymbol{B}_s\boldsymbol{u}(t-\tau(t))+\boldsymbol{D}_s\boldsymbol{\omega}(t) \tag{2.2}$$

其中，

$$\alpha(t)=\begin{cases}\boldsymbol{I}^{n\times n}, & 在t时刻控制信息被接收到\\ \boldsymbol{0}^{n\times n}, & 在t时刻控制信息未被接收到\end{cases}$$

$\boldsymbol{x}(t)\in\mathbb{R}^n$，$\boldsymbol{\omega}(t)\in\mathbb{R}^n$，$\boldsymbol{u}(t)\in\mathbb{R}^{m_0}$；$\boldsymbol{A}_s\in\mathbb{R}^{n\times n}$，$\boldsymbol{B}_s\in\mathbb{R}^{n\times m_0}$ 是具有合适维数的矩阵；变量 $\boldsymbol{\omega}(t)$ 是系统的外界扰动。

以采样间隔 $[t_k,t_{k+1})$，$\forall k$ 为例，对于被控对象来说控制输入 $\boldsymbol{u}(t)$ 是分段固定的，最多有 h 个当前和过去的控制输入值到达执行器。当有多个控制输入同时到达执行器时，选取最新的控制输入作用于执行器，因为执行器是事件驱动的，被控对象控制输入在时刻

$$\sum_{l=0}^{k-1}T_l+\Delta t_k^j,\quad j\in\boldsymbol{H}:=\{0,1,\cdots,h\}$$

其中，$\Delta t_k^j=\tau_{k-j}-\sum_{l=1}^{j}T_{k-l}\phi(j-1)$。

通过 δ 算子方法采用非一致采样周期 T_k 对系统进行采样，连续时间系统式 (2.2) 可以离散化为[72]

$$\delta x(t_k)=\boldsymbol{A}_\delta(t_k)\boldsymbol{x}(t_k)+\sum_{i=1}^{S}\left(\sum_{j=0}^{h}\boldsymbol{B}_\delta^{i,j}(t_k)\boldsymbol{u}_\alpha^i(t_{k-j})\right)+\boldsymbol{D}_\delta(t_k)\boldsymbol{\omega}(t_k) \tag{2.3}$$

其中，

$$\boldsymbol{A}_\delta(t_k)=(\mathrm{e}^{\boldsymbol{A}_sT_i}-\boldsymbol{I})/T_k$$
$$\boldsymbol{u}_\alpha^i(t_{k-j})=\alpha^i(t_{k-j})\boldsymbol{u}^i(t_{k-j}),\quad \forall i\in\boldsymbol{S},\forall j\in\boldsymbol{H}$$

$$\alpha^i\left(t_{k-j}\right)=\begin{cases}\boldsymbol{I}^{n\times n}, & 在[t_k,t_{k+1})时刻控制信息被接收到\\ \boldsymbol{0}^{n\times n}, & 在[t_k,t_{k+1})时刻控制信息未被接收到\end{cases}$$

$$\boldsymbol{B}_{\delta}^{i,j}(t_k)=\frac{1}{T_k}\int_{\tau_{k-j}-\sum\limits_{i=1}T_{k-1}}^{\tau_{k-(-j-1)}-\sum\limits_{k-j}^{j-1}T_{k-1}}\mathrm{e}^{\boldsymbol{A}_s(T_k-s)}\boldsymbol{B}_s^i\mathrm{d}s\cdot\phi(T_{k-j}+\tau_{k-(j-1)}^i-\tau_{k-j}^i)$$

$$\cdot\phi\left(\tau_{k-j}^i-\sum_{l=1}^{j}T_{k-l}\right),\quad\forall i\in\boldsymbol{S},\forall j\in\boldsymbol{H}\setminus\{0\}$$

$$\boldsymbol{B}_{\delta}^{i,0}(t_k)=\frac{1}{T_k}\int_{\tau_k^i}^{T_k}\mathrm{e}^{\boldsymbol{A}_s(T_k-s)}\boldsymbol{B}_s^i\mathrm{d}s\cdot\phi(T_k-\tau_k^i),\quad\forall i\in\boldsymbol{S}$$

$$\boldsymbol{D}_{\delta}(t_k)=\frac{1}{T_k}\int_{0}^{T_k}\mathrm{e}^{\boldsymbol{A}_s(T_k-s)}\boldsymbol{D}_s\mathrm{d}s,\quad\forall i\in\boldsymbol{S},\forall j\in\boldsymbol{H}$$

标记$\boldsymbol{S}:=\{1,2,\cdots,S\}$为输入通道集合。变量$\boldsymbol{u}^i(\cdot)$表示控制器$i$的控制输入，$\boldsymbol{u}_{\alpha}^i(\cdot)$表示相应执行器的控制输入。随机变量$\alpha^i(t_{k-j}),i\in\boldsymbol{S},j\in\boldsymbol{H}$是服从伯努利分布的。另外，$\alpha^i(t_{k-j})=\alpha_{\mathrm{sc}}^i(t_{k-j})\alpha_{\mathrm{ca}}^i(t_{k-j})$，其中，$\alpha_{\mathrm{sc}}^i(t_{k-j})$和$\alpha_{\mathrm{ca}}^i(t_{k-j})$分别为前向通道和反馈通道的丢包过程，都是服从伯努利分布的。

$$\mathbb{P}\left\{\alpha^i(t_{k-j})=1\right\}=\alpha^i,\quad\mathbb{P}\left\{\alpha^i(t_{k-j})=0\right\}=1-\alpha^i,\quad\forall i\in\boldsymbol{S},\forall j\in\boldsymbol{H}$$

$\|\boldsymbol{\omega}(t_k)\|^2\leqslant\gamma$表示扰动是二次型有界的。将当前状态和过去的输入定义为

$$\delta\boldsymbol{z}(t_k)=\left[\delta\boldsymbol{x}^{\mathrm{T}}(t_k)\quad\delta\boldsymbol{u}^{\mathrm{T}}(t_{k-1})\quad\delta\boldsymbol{u}^{\mathrm{T}}(t_{k-2})\quad\cdots\quad\delta\boldsymbol{u}^{\mathrm{T}}(t_{k-h+1})\quad\delta\boldsymbol{u}^{\mathrm{T}}(t_{k-h})\right]\tag{2.4}$$

其中，$\boldsymbol{z}(t_k)\in\mathbb{R}^{n+mSh}$，向量$\boldsymbol{u}(\cdot)=\left[\boldsymbol{u}^{1\mathrm{T}}(\cdot)\quad\boldsymbol{u}^{2\mathrm{T}}(\cdot)\quad\cdots\quad\boldsymbol{u}^{S\mathrm{T}}(\cdot)\right]\in\mathbb{R}^{m_0}$，$m_0=S\cdot m$。

由扩张的状态$\boldsymbol{z}(t_k)$，系统式(2.3)可以写为下列时变系统：

$$\delta\boldsymbol{z}(t_k)=\boldsymbol{\mathcal{A}}_{\delta}(t_k)\boldsymbol{z}(t_k)+\sum_{i=1}^{S}\boldsymbol{\mathcal{B}}_{\delta}^i(t_k)\boldsymbol{u}^i(t_k)+\boldsymbol{\mathcal{D}}_{\delta}(t_k)\boldsymbol{\omega}(t_k)\tag{2.5}$$

其中，

$$\boldsymbol{\mathcal{A}}_{\delta}(t_k)=\begin{bmatrix}\boldsymbol{A}_{\delta}(t_k) & \boldsymbol{B}_{\delta}^1(t_k) & \boldsymbol{B}_{\delta}^2(t_k) & \cdots & \boldsymbol{B}_{\delta}^{h-1}(t_k) & \boldsymbol{B}_{\delta}^h(t_k)\\ \boldsymbol{0}_{m_0\times n} & -\dfrac{1}{T_k}\boldsymbol{I}_{m_0\times m_0} & \boldsymbol{0}_{m_0\times m_0} & \cdots & \boldsymbol{0}_{m_0\times m_0} & \boldsymbol{0}_{m_0\times m_0}\\ \boldsymbol{0}_{m_0\times n} & \dfrac{1}{T_k}\boldsymbol{I}_{m_0\times m_0} & -\dfrac{1}{T_k}\boldsymbol{I}_{m_0\times m_0} & \cdots & \boldsymbol{0}_{m_0\times m_0} & \boldsymbol{0}_{m_0\times m_0}\\ \vdots & \vdots & \vdots & \ddots & \vdots & \vdots\\ \boldsymbol{0}_{m_0\times n} & \boldsymbol{0}_{m_0\times m_0} & \boldsymbol{0}_{m_0\times m_0} & \cdots & -\dfrac{1}{T_k}\boldsymbol{I}_{m_0\times m_0} & \boldsymbol{0}_{m_0\times m_0}\\ \boldsymbol{0}_{m_0\times n} & \boldsymbol{0}_{m_0\times m_0} & \boldsymbol{0}_{m_0\times m_0} & \cdots & \dfrac{1}{T_k}\boldsymbol{I}_{m_0\times m_0} & -\dfrac{1}{T_k}\boldsymbol{I}_{m_0\times m_0}\end{bmatrix}$$

$$\mathcal{B}_{\delta}^{i}(t_k)=\begin{bmatrix}\alpha^{i}(t_k)\boldsymbol{B}_{\delta}^{i,0}(t_k)\\ \dfrac{1}{T_k}\tilde{\boldsymbol{I}}_{m_0\times m}^{i}\\ \boldsymbol{0}_{(m_0h-m_0)\times m}\end{bmatrix},\mathcal{D}_{\delta}\left(t_k\right)=\begin{bmatrix}\boldsymbol{D}_{\delta}(t_k)\\ \boldsymbol{0}_{m_0h\times m}\end{bmatrix}$$

$$\boldsymbol{B}_{\delta}^{j}(t_k)=\begin{bmatrix}\alpha^{1}(t_{k-j})\boldsymbol{B}_{\delta}^{1,j}(t_k) & \alpha^{2}(t_{k-j})\boldsymbol{B}_{\delta}^{2,j}(t_k) & \cdots & \alpha^{S}(t_{k-j})\boldsymbol{B}_{\delta}^{S,j}(t_k)\end{bmatrix},\ j\in\boldsymbol{H}/0$$

$$\tilde{\boldsymbol{I}}_{m_0\times m}^{i}=\begin{bmatrix}\boldsymbol{0}_{(i-1)m\times m}\\ \boldsymbol{I}_{m\times m}\\ \boldsymbol{0}_{(S-i)m\times m}\end{bmatrix},\ \forall i\in\boldsymbol{S}$$

对于一个复杂的控制系统，实现系统的全局最优是很困难的。在这部分中提出了一种多任务控制框架，在这种框架下每个控制器只需要优化自己的性能。每个控制器 δ 域的性能代价函数如下：

$$J^{i}=\mathbb{E}\left\{\boldsymbol{z}^{\mathrm{T}}(t_K)\boldsymbol{Q}_{\delta}^{iK}\boldsymbol{z}(t_K)+\sum_{k=0}^{K-1}T_k(\boldsymbol{z}^{\mathrm{T}}(t_k)\boldsymbol{Q}_{\delta}^{i}\boldsymbol{z}(t_k)+\boldsymbol{\Phi}(t_k))\right\},\ i\in\boldsymbol{S}\tag{2.6}$$

其中，

$$\boldsymbol{\Phi}(t_k)=\alpha^{i}(t_k)\boldsymbol{u}^{i\mathrm{T}}(t_k)\boldsymbol{R}_{\delta}^{ii}\boldsymbol{u}^{i}(t_k)+\sum_{j=1,j\neq i}^{S}\zeta_j\boldsymbol{u}^{j\mathrm{T}}(t_k)\boldsymbol{R}_{\delta}^{ij}\boldsymbol{u}^{j}(t_k)$$

假设 $\boldsymbol{Q}_s^{iK}\geqslant 0,\boldsymbol{Q}_s^{i}\geqslant 0,\boldsymbol{R}_s^{ij}>0,\boldsymbol{R}_s^{ij}>0,\forall i\in\boldsymbol{S},\forall j\in\boldsymbol{S}$。参数 ζ_j 用来描述博弈公平性，是一个非常小的正常数，表示对于第 i 个用户来说其他用户的过失不用被惩罚太多。下面给出我们要解决的问题。

问题 2.1　对于系统式(2.5)在 $\boldsymbol{\omega}\left(t_k\right)=0$ 时找到最优的控制策略 $\boldsymbol{u}^{i^*},i\in\boldsymbol{S}$，满足下列优化问题：

$$\begin{aligned}&\min_{\boldsymbol{u}^i} J^{i}(\boldsymbol{u}^{i},\boldsymbol{u}^{-i})=\mathbb{E}\left\{\boldsymbol{z}^{\mathrm{T}}(t_K)\boldsymbol{Q}_{\delta}^{iK}\boldsymbol{z}(t_K)+\sum_{k=0}^{K-1}T_k(\boldsymbol{z}^{\mathrm{T}}(t_k)\boldsymbol{Q}_{\delta}^{i}\boldsymbol{z}(t_k)+\Phi(t_k))\right\},\ i\in\boldsymbol{S}\\&\text{s.t.}\quad \delta_z(t_k)=\mathcal{A}_{\delta}(t_k)\boldsymbol{z}(t_k)+\sum_{i=1}^{S}\mathcal{B}_{\delta}^{i}(t_k)\boldsymbol{u}^{i}(t_k)\end{aligned}\tag{2.7}$$

变量 $\boldsymbol{u}^{i}$ 是参与者 i 的策略，$\boldsymbol{u}^{-i}=\left[\boldsymbol{u}^{1},\cdots,\boldsymbol{u}^{i-1},\boldsymbol{u}^{i+1},\cdots,\boldsymbol{u}^{S}\right]$ 表示除去参与者 i 的策略。控制策略 $\boldsymbol{u}^{i}(t_k)$ 满足下列假设。

假设 2.3　将 $\boldsymbol{u}^{i}(t_k),i\in\boldsymbol{S}$ 的可行控制集定义为 U_{admis}^{i}，其控制策略满足 $\left\|\boldsymbol{u}^{i}\left(t_k\right)\right\|^{2}\leqslant\theta^{i}$。

不可测的扰动可以导致其相对纯纳什均衡解有一定的偏离。因此，我们引入 ε-NE 来描述在有扰动时的非合作博弈结果。

定义 2.1[48]　如果对于所有的 $\boldsymbol{u}^i \in U^i_{\text{admis}}, i \in \boldsymbol{S}$ 有下列不等式成立：

$$\hat{J}^i(\boldsymbol{u}^{i^*}, \boldsymbol{u}^{-i^*}) \leqslant \inf_{\boldsymbol{u}^i \in U^1_{\text{atans}}} \hat{J}^i(\boldsymbol{u}^{i^*}, \boldsymbol{u}^{-i^*}) + \varepsilon^i, i \in \boldsymbol{S}, \tag{2.8}$$

就称作 $\boldsymbol{u}^{i^*}(t_k), i \in \boldsymbol{S}$ 为 ε - level NE。其中，$\hat{J}^i(\boldsymbol{u}^{i^*}, \boldsymbol{u}^{-i^*})$ 是和 $J^i(\boldsymbol{u}^{i^*}, \boldsymbol{u}^{-i^*})$ 具有相似结构的代价函数，但是包含了扰动的影响。参数 $\varepsilon^i \geqslant 0$ 表示 ε-NE 偏离纯纳什均衡解的大小。下面给出对 ε - level 的上界估计。

问题 2.2　考虑有外界扰动的影响，给出标量 ε^i 的上界估计。

引理 2.1[48]　对于矩阵 $\boldsymbol{X}, \boldsymbol{Y}$ 和正定矩阵 $\boldsymbol{\Lambda}$ 有下列不等式成立：

$$\boldsymbol{X}^{\mathrm{T}}\boldsymbol{Y} + \boldsymbol{Y}^{\mathrm{T}}\boldsymbol{X} \leqslant \boldsymbol{X}^{\mathrm{T}}\boldsymbol{\Lambda}\boldsymbol{X} + \boldsymbol{Y}^{\mathrm{T}}\boldsymbol{\Lambda}^{-1}\boldsymbol{Y}$$

2.3　博弈优化控制算法

在这部分，对于 δ 域的非一致采样周期下建立的时变 NCSs 给出了纳什策略和 Riccati 递推方程。同时，给出了 ε-NE 上界估计的解析表达式来确保在存在外界扰动时的系统鲁棒性。

2.3.1　博弈优化控制策略的设计

在不考虑外界扰动影响时，给出博弈问题的纳什均衡解存在的条件，以 δ 域 Riccati 递推方程给出 NCSs 的控制策略。

定理 2.1　对于问题 2.1，我们得到下列结论：

①如果

$$\alpha^i \boldsymbol{R}^{ii}_{\delta} + T_k \mathbb{E}\left\{\boldsymbol{\mathcal{B}}^{i\mathrm{T}}_{\delta}(t_k)\boldsymbol{P}^i(t_{k+1})\boldsymbol{\mathcal{B}}^i_{\delta}(t_k)\right\} > 0 \tag{2.9}$$

且矩阵 $\boldsymbol{\Theta}(t_k)$ 中，

$$\begin{aligned} \boldsymbol{\Theta}^{ii}(t_k) &= \alpha^i \boldsymbol{R}^{ii}_{\delta} + T_k \mathbb{E}\left\{\boldsymbol{\mathcal{B}}^{i\mathrm{T}}_{\delta}(t_k)\boldsymbol{P}^i(t_{k+1})\boldsymbol{\mathcal{B}}^i_{\delta}(t_k)\right\},\ i \in \boldsymbol{S} \\ \boldsymbol{\Theta}^{ij}(t_k) &= T_k \mathbb{E}\left\{\boldsymbol{\mathcal{B}}^{i\mathrm{T}}_{\delta}(t_k)\boldsymbol{P}^i(t_{k+1})\boldsymbol{\mathcal{B}}^j_{\delta}(t_k)\right\}, i, j \in \boldsymbol{S},\ i \neq j \end{aligned} \tag{2.10}$$

是可逆的，那么存在唯一的纳什均衡解；

②在条件①下，纳什均衡策略可以写为

$$\boldsymbol{u}^{i^*}(t_k) = -\boldsymbol{L}^i(t_k)\boldsymbol{z}(t_k),\ i \in \boldsymbol{S} \tag{2.11}$$

其中，

$$
\begin{aligned}
\boldsymbol{L}^i(t_k)=&\left\{\alpha^i \boldsymbol{R}_\delta^{ii}+T_k \mathbb{E}\left\{\boldsymbol{\mathcal{B}}_\delta^{i\mathrm{T}}(t_k)\boldsymbol{P}^i(t_{k+1})\boldsymbol{\mathcal{B}}_\delta^i(t_k)\right\}\right\}^{-1}\left\{\mathbb{E}\left\{\boldsymbol{\mathcal{B}}_\delta^{i\mathrm{T}}(t_k)\boldsymbol{P}^i(t_{k+1})(T_k\boldsymbol{\mathcal{A}}_\delta(t_k)+\boldsymbol{I})\right\}\right.\\
&\left.-T_k\sum_{j=1,\,j\neq i}^{S}\mathbb{E}\left\{\boldsymbol{\mathcal{B}}_\delta^{i\mathrm{T}}(t_k)\boldsymbol{P}^i(t_{k+1})\boldsymbol{\mathcal{B}}_\delta^j(t_k)\right\}\boldsymbol{L}^j(t_k)\right\}
\end{aligned}
\tag{2.12}
$$

③在 $\boldsymbol{P}^i(t_K)=\boldsymbol{Q}_s^K$ 下，递推的 Riccati 方程为

$$
\begin{aligned}
-\delta\boldsymbol{P}^i(t_k)=&\boldsymbol{Q}_\delta^i+\alpha^i\boldsymbol{L}^{i\mathrm{T}}(t_k)\boldsymbol{R}_\delta^{ii}\boldsymbol{L}^i(t_k)+\sum_{j=1,\,j\neq i}\zeta_j\boldsymbol{L}^{j\mathrm{T}}(t_k)\boldsymbol{R}_\delta^{ij}\boldsymbol{L}^j(t_k)\\
&+T_k\mathbb{E}\left\{\boldsymbol{F}^{\mathrm{T}}(t_k)\boldsymbol{P}^i(t_{k+1})\boldsymbol{F}(t_k)\right\}+\mathbb{E}\left\{\boldsymbol{F}(t_k)\right\}^{\mathrm{T}}\boldsymbol{P}^i(t_{k+1})+\boldsymbol{P}^i(t_{k+1})\mathbb{E}\left\{\boldsymbol{F}(t_k)\right\}\\
\boldsymbol{P}^i(t_k)=&\boldsymbol{P}^i(t_{k+1})-T_k\delta\boldsymbol{P}^i(t_k)
\end{aligned}
\tag{2.13}
$$

其中， $\boldsymbol{F}(t_k)=\boldsymbol{\mathcal{A}}_\delta(t_k)-\sum_{i=1}^{S}\boldsymbol{\mathcal{B}}_\delta^i(t_k)\boldsymbol{L}^i(t_k)$；

④在条件①下，参与者 i 的纳什均衡最优值为 $J^{i^*}=\boldsymbol{z}^{\mathrm{T}}(0)\boldsymbol{P}^i(0)\boldsymbol{z}(0), i\in\boldsymbol{S}$，其中，$\boldsymbol{z}(0)$ 为状态初始值。

证明　采用归纳法进行证明。对于 k=K 有 $\boldsymbol{P}^i(t_k)=\boldsymbol{Q}_\delta^{iK}$ 成立，将代价函数写成下列二次型形式：

$$
V^i\left(\boldsymbol{z}\left(t_{k+1}\right)\right)=\boldsymbol{z}^{\mathrm{T}}\left(t_{k+1}\right)\boldsymbol{P}^i\left(t_{k+1}\right)\boldsymbol{z}\left(t_{k+1}\right) \tag{2.14}
$$

且 $\boldsymbol{P}^i(t_{k+1})>0$。可将方程(2.14)写成

$$
\begin{aligned}
V^i(\boldsymbol{z}(t_k+1))=&T_k\delta(\boldsymbol{z}^{\mathrm{T}}(t_k)\boldsymbol{P}^i(t_k)\boldsymbol{z}(t_k))+\boldsymbol{z}^{\mathrm{T}}(t_k)\boldsymbol{P}^i(t_k)\boldsymbol{z}(t_k)\\
=&T_k\delta\boldsymbol{z}^{\mathrm{T}}(t_k)\boldsymbol{P}^i(t_{k+1})\boldsymbol{z}(t_k)+T_k\boldsymbol{z}^{\mathrm{T}}(t_k)\boldsymbol{P}^i(t_{k+1})\delta\boldsymbol{z}(t_k)\\
&+T_k^2\delta\boldsymbol{z}^{\mathrm{T}}(t_k)\boldsymbol{P}^i(t_{k+1})\delta\boldsymbol{z}(t_k)+\boldsymbol{z}^{\mathrm{T}}(t_k)\boldsymbol{P}^i(t_{k+1})\boldsymbol{z}(t_k)
\end{aligned}
$$

由动态规划可知在 t_k 时的代价函数为

$$
\begin{aligned}
V^i(\boldsymbol{z}(t_k))=&\min_{\boldsymbol{u}^i(t_k)}\mathbb{E}\left\{T_k\boldsymbol{z}^{\mathrm{T}}(t_k)\boldsymbol{Q}_\delta^i\boldsymbol{z}(t_k)+\alpha^i(t_k)T_k\boldsymbol{u}^{i\mathrm{T}}(t_k)\boldsymbol{R}_\delta^{ii}\boldsymbol{u}^i(t_k)\right.\\
&\left.+T_k\sum_{j=1,\,j\neq i}^{S}\zeta_j\boldsymbol{u}^{j\mathrm{T}}(t_k)\boldsymbol{R}_\delta^{ij}\boldsymbol{u}^j(t_k)+V^i(\boldsymbol{z}(t_{k+1}))\right\}\\
=&\min_{\boldsymbol{u}^i(t_k)}\mathbb{E}\left\{T_k\boldsymbol{z}^{\mathrm{T}}(t_k)\boldsymbol{Q}_\delta^i\boldsymbol{z}(t_k)+\alpha^i(t_k)T_k\boldsymbol{u}^{i\mathrm{T}}(t_k)\boldsymbol{R}_\delta^{ii}\boldsymbol{u}^i(t_k)\right.
\end{aligned}
$$

$$
\begin{aligned}
&+T_k \sum_{j=1, j\neq i}^{S} \zeta_j \boldsymbol{u}^{j\mathrm{T}}\left(t_k\right) \boldsymbol{R}_\delta^{ij} \boldsymbol{u}^j\left(t_k\right) + \boldsymbol{z}\left(t_k\right)^{\mathrm{T}} \boldsymbol{P}^i\left(t_{k+1}\right) \boldsymbol{z}\left(t_k\right) \\
&+T_k\left(\boldsymbol{\mathcal{A}}_\delta\left(t_k\right) \boldsymbol{z}\left(t_k\right)+\sum_{i=1}^{S} \boldsymbol{\mathcal{B}}_\delta^i\left(t_k\right) \boldsymbol{u}^i\left(t_k\right)\right)^{\mathrm{T}} \boldsymbol{P}^i\left(t_{k+1}\right) \boldsymbol{z}\left(t_k\right) \\
&+T_k \boldsymbol{z}\left(t_k\right)^{\mathrm{T}} \boldsymbol{P}^i\left(t_{k+1}\right)\left(\boldsymbol{\mathcal{A}}_\delta\left(t_k\right) \boldsymbol{z}\left(t_k\right)+\sum_{i=1}^{S} \boldsymbol{\mathcal{B}}_\delta^i\left(t_k\right) \boldsymbol{u}^i\left(t_k\right)\right) \\
&\left.+T_k^2\left(\boldsymbol{\mathcal{A}}_\delta\left(t_k\right) \boldsymbol{z}\left(t_k\right)+\sum_{i=1}^{S} \boldsymbol{\mathcal{B}}_\delta^i\left(t_k\right) \boldsymbol{u}^i\left(t_k\right)\right)^{\mathrm{T}} \boldsymbol{P}^i\left(t_{k+1}\right)\left(\boldsymbol{\mathcal{A}}_\delta\left(t_k\right) \boldsymbol{z}\left(t_k\right)+\sum_{i=1}^{S} \boldsymbol{\mathcal{B}}_\delta^i\left(t_k\right) \boldsymbol{u}^i\left(t_k\right)\right)\right\}
\end{aligned} \tag{2.15}
$$

方程(2.15)的二阶导数满足$\alpha^i \boldsymbol{R}_\delta^{ii}+T_k \mathbb{E}\left\{\boldsymbol{\mathcal{B}}_\delta^{i\mathrm{T}}\left(t_k\right) \boldsymbol{P}^i\left(t_{k+1}\right) \boldsymbol{\mathcal{B}}_\delta^i\left(t_k\right)\right\}>0$，那么代价函数$V^i\left(\boldsymbol{z}\left(t_k\right)\right)$是$\boldsymbol{u}^i\left(t_k\right)$的凸函数，那么最小值可通过求解

$$
\begin{aligned}
\frac{\partial V^i(\boldsymbol{z}(t_k))}{\partial \boldsymbol{u}^i(t_k)}= & \alpha^i \boldsymbol{R}_\delta^{ii} \boldsymbol{u}^i(t_k)+\mathbb{E}\left\{\boldsymbol{\mathcal{B}}_\delta^{i\mathrm{T}}(t_k) \boldsymbol{P}^i(t_{k+1})\left(T_k \boldsymbol{\mathcal{A}}_\delta(t_k)+\boldsymbol{I}\right) \boldsymbol{z}(t_k)\right\} \\
& +T_k \mathbb{E}\left\{\boldsymbol{\mathcal{B}}_\delta^{i\mathrm{T}}(t_k) \boldsymbol{P}^i(t_{k+1}) \boldsymbol{\mathcal{B}}_\delta^i(t_k) \boldsymbol{u}^i(t_k)\right\} \\
& +T_k \mathbb{E}\left\{\boldsymbol{\mathcal{B}}_\delta^{i\mathrm{T}}(t_k) \boldsymbol{P}^i(t_{k+1}) \sum_{j=1, j\neq i}^{S} \boldsymbol{\mathcal{B}}_\delta^j(t_k) \boldsymbol{u}^j(t_k)\right\}=0
\end{aligned} \tag{2.16}
$$

纳什策略为式(2.11)，式(2.11)对于所有参与者都是成立的，如果$\boldsymbol{\Theta}\left(t_k\right)$是可逆的且满足

$$
\boldsymbol{\Theta}(t_k) \boldsymbol{L}(t_k)=\boldsymbol{\Pi}(t_k) \tag{2.17}
$$

$\boldsymbol{\Theta}\left(t_k\right)$如式(2.10)，其中，

$$
\begin{aligned}
& \boldsymbol{\Pi}^{ii}(t_k)=\mathbb{E}\left\{\boldsymbol{\mathcal{B}}_\delta^{i\mathrm{T}}(t_k) \boldsymbol{P}^i(t_{k+1})(T_k \boldsymbol{\mathcal{A}}_\delta(t_k)+\boldsymbol{I}) \boldsymbol{z}(t_k)\right\},\ i \in \boldsymbol{S} \\
& \boldsymbol{\Pi}^{ij}(t_k)=0,\ i, j \in \boldsymbol{S},\ i \neq j \\
& \boldsymbol{L}(t_k)=\begin{bmatrix} \boldsymbol{L}^{1\mathrm{T}} & \boldsymbol{L}^{2\mathrm{T}} & \cdots & \boldsymbol{L}^{S\mathrm{T}} \end{bmatrix}^{\mathrm{T}}
\end{aligned}
$$

将式(2.11)代入式(2.15)的 Riccati 方程如式(2.13)所示。用递推归纳法可以得到参与者 i 的最优纳什解为 $J^{i^*}=\boldsymbol{z}^{\mathrm{T}}(0) \boldsymbol{P}^i(0) \boldsymbol{z}(0), i \in \boldsymbol{S}$，证毕。

2.3.2　ε纳什均衡点的鲁棒性分析

在扰动$\boldsymbol{\omega}(t_k)=0$时，纯的纳什反馈控制策略已在上部分给出，然而由于扰动的

存在会导致实际的结果在采用纯的纳什策略时系统性能有一定的偏离，在这部分中我们对 NE 的上界进行估计。为了保证控制策略的鲁棒性，我们先给出下列定义。

①变量 $\bar{z}(t_k)$ 表示在没有扰动下参与者的纳什均衡，其代价函数表示为 $J^i(\boldsymbol{u}^{i^*},\boldsymbol{u}^{-i^*})$。

②变量 $z(t_k)$ 表示在有扰动下参与者的纳什均衡，其代价函数表示为 $\hat{J}^i(\boldsymbol{u}^{i^*},\boldsymbol{u}^{-i^*})$。

③变量 $\tilde{z}(t_k)$ 表示在没有扰动下除了参与者 i 都使用纳什均衡，其代价函数表示为 $J^i(\boldsymbol{u}^i,\boldsymbol{u}^{-i^*})$。

④变量 $\widehat{z}(t_k)$ 表示在有扰动下除了参与者 i 都使用纳什均衡，其代价函数表示为 $\hat{J}^i(\boldsymbol{u}^i,\boldsymbol{u}^{-i^*})$。

假设在有限时间内系统状态是二次型有界的，也就是满足

$$\sum_{k=0}^{K}\|\bar{z}(t_k)\|^2\leqslant\beta_1 \tag{2.18}$$

和

$$\sum_{k=0}^{K}\|\widehat{z}(t_k)\|^2\leqslant\beta_2 \tag{2.19}$$

在有外界扰动下，我们将提供对 ε - level 纳什均衡的上界估计。为了方便先给出下列标记：

$$\bar{\boldsymbol{Q}}_\delta^i(t_K)=\boldsymbol{Q}_\delta^{iK},\tilde{\boldsymbol{Q}}_\delta^i(t_K)=\boldsymbol{Q}_\delta^{iK}$$

$$\bar{\boldsymbol{Q}}_\delta^i(t_k)=T_k\boldsymbol{Q}_\delta^i+T_k\sum_{j\neq i}^{S}\boldsymbol{S}_j\boldsymbol{L}^{j\mathrm{T}}(t_k)\boldsymbol{R}_\delta^{ij}\boldsymbol{L}^j(t_k)+T_k\alpha^i(t_k)\boldsymbol{L}^{i\mathrm{T}}(t_k)\boldsymbol{R}_\delta^{ii}\boldsymbol{L}^i(t_k)$$

$$\tilde{\boldsymbol{Q}}_\delta^i(t_k)=T_k\boldsymbol{Q}_\delta^i+T_k\sum_{i\neq i}^{S}\boldsymbol{S}_j\boldsymbol{L}^{j\mathrm{T}}(t_k)\boldsymbol{R}_\delta^{ij}\boldsymbol{L}^j(t_k)$$

$$V_1(t_k)=\bar{\boldsymbol{e}}^{\mathrm{T}}(t_k)\boldsymbol{S}_1(t_k)\boldsymbol{e}^{\mathrm{T}}(t_k),V_2^i(t_k)=\tilde{\boldsymbol{e}}^{\mathrm{T}}(t_k)\boldsymbol{S}_2^i(t_k)\tilde{\boldsymbol{e}}^{\mathrm{T}}(t_k)$$

$$\boldsymbol{e}^{\mathrm{T}}(t_k)=z(t_k)-\bar{z}(t_k),\tilde{\boldsymbol{e}}^{\mathrm{T}}(t_k)=\tilde{z}(t_k)-\widehat{z}(t_k)$$

$$\tilde{\boldsymbol{S}}_1:=\left\{\tilde{\boldsymbol{S}}_1>\boldsymbol{S}_1(t_k),\forall k\in\boldsymbol{K}\right\},\tilde{\boldsymbol{S}}_2^i:=\left\{\tilde{\boldsymbol{S}}_2^i>\boldsymbol{S}_2^i(t_k),\forall k\in\boldsymbol{K}\right\}$$

$$\boldsymbol{\Gamma}_1=\boldsymbol{\mathcal{D}}_\delta^{\mathrm{T}}\tilde{\boldsymbol{S}}_1\boldsymbol{\Lambda}_1^{-1}\tilde{\boldsymbol{S}}_1^{\mathrm{T}}\boldsymbol{\mathcal{D}}_\delta+\boldsymbol{\mathcal{D}}_\delta^{\mathrm{T}}\tilde{\boldsymbol{S}}_1\boldsymbol{\mathcal{D}}_\delta$$

$$\boldsymbol{\Gamma}_2=\boldsymbol{\mathcal{D}}_\delta^{\mathrm{T}}\tilde{\boldsymbol{S}}_2^i\boldsymbol{\Lambda}_3^{-1}\tilde{\boldsymbol{S}}_2^{\mathrm{T}}\boldsymbol{\mathcal{D}}_\delta+\boldsymbol{\mathcal{D}}_\delta^{\mathrm{T}}\tilde{\boldsymbol{S}}_2^i\boldsymbol{\Lambda}_4^{-1}\tilde{\boldsymbol{S}}_2^{\mathrm{T}}\boldsymbol{\mathcal{D}}_\delta+\boldsymbol{\mathcal{D}}_\delta^{\mathrm{T}}\tilde{\boldsymbol{S}}_2^i\boldsymbol{\mathcal{D}}_\delta$$

$$\kappa_1=4\max\nolimits_{\forall k\in\boldsymbol{K}}\left\{T_k^2\mathbb{E}\left\{\boldsymbol{\mathcal{B}}_\delta^{i\mathrm{T}}(t_k)\boldsymbol{\Lambda}_2^{-1}\boldsymbol{\mathcal{B}}_\delta^i(t_k)\right\}+\mathbb{E}\left\{\boldsymbol{\mathcal{B}}_\delta^{i\mathrm{T}}(t_k)\tilde{\boldsymbol{S}}_2^i\boldsymbol{\mathcal{B}}_\delta^i(t_k)\right\}\right.$$
$$\left.+\mathbb{E}\left\{\boldsymbol{\mathcal{B}}_\delta^{i\mathrm{T}}(t_k)\tilde{\boldsymbol{S}}_2^i\boldsymbol{\Lambda}_4\tilde{\boldsymbol{S}}_2^{i\mathrm{T}}\boldsymbol{\mathcal{B}}_\delta^i(t_k)\right\}\right\}$$

定理 2.2　在有外界扰动时，NCSs 式(2.3)的反馈策略为 $\boldsymbol{u}^{i^*}(t_k)$，$i\in\boldsymbol{S}$ 如果存在正定矩阵 $\left\{\boldsymbol{\varLambda}_j\right\}_{j=1}^{4},\boldsymbol{\mathcal{L}}_1,\boldsymbol{\mathcal{L}}_2^i,i\in\boldsymbol{S}$，满足下列 Riccati 方程：

$$
\begin{aligned}
-\delta\boldsymbol{S}_1(t_k)=&T_k\mathbb{E}\left\{\overline{\boldsymbol{\mathcal{A}}}_\delta^{\mathrm{T}}(t_k)\boldsymbol{S}_1(t_{k+1})\overline{\boldsymbol{\mathcal{A}}}_\delta(t_k)\right\}+\mathbb{E}\left\{\overline{\boldsymbol{\mathcal{A}}}_\delta(t_k)\right\}^{\mathrm{T}}\boldsymbol{S}_1(t_{k+1})+\boldsymbol{S}_1(t_{k+1})\mathbb{E}\left\{\overline{\boldsymbol{\mathcal{A}}}_\delta(t_k)\right\}n\\
&+\frac{1}{T_k}\left\{\mathbb{E}\left\{\left(T_k\overline{\boldsymbol{\mathcal{A}}}_\delta(t_k)+\boldsymbol{I}\right)^{\mathrm{T}}\boldsymbol{\varLambda}_1\left(T_k\overline{\boldsymbol{\mathcal{A}}}_\delta(t_k)+\boldsymbol{I}\right)\right\}+\boldsymbol{\mathcal{L}}_1\right\}\\
&\boldsymbol{S}_1(t_k)=\boldsymbol{S}_1(t_{k+1})-T_k\delta\boldsymbol{S}_1(t_k),\boldsymbol{S}_1(t_K)=0
\end{aligned}\tag{2.20}
$$

$$
\begin{aligned}
-\delta\boldsymbol{S}_2^i(t_k)=&T_k\mathbb{E}\left\{\widetilde{\boldsymbol{\mathcal{A}}}_\delta^{i\mathrm{T}}(t_k)\boldsymbol{S}_2^i(t_{k+1})\widetilde{\boldsymbol{\mathcal{A}}}_\delta^i(t_k)\right\}+\mathbb{E}\left\{\widetilde{\boldsymbol{\mathcal{A}}}_\delta^i(t_k)\right\}^{\mathrm{T}}\boldsymbol{S}_2^i(t_{k+1})+\boldsymbol{S}_2^i(t_{k+1})\mathbb{E}\left\{\widetilde{\boldsymbol{\mathcal{A}}}_\delta^i(t_k)\right\}\\
&+\frac{1}{T_k}\left\{\mathbb{E}\left\{(T_k\widetilde{\boldsymbol{\mathcal{A}}}_\delta(t_k)+\boldsymbol{I})^{\mathrm{T}}\boldsymbol{\varLambda}_2(T_k\widetilde{\boldsymbol{\mathcal{A}}}_\delta(t_k)+\boldsymbol{I})\right\}\right.\\
&\left.+\mathbb{E}\left\{(T_k\widetilde{\boldsymbol{\mathcal{A}}}_\delta(t_k)+\boldsymbol{I})^{\mathrm{T}}\boldsymbol{\varLambda}_3(T_k\widetilde{\boldsymbol{\mathcal{A}}}_\delta(t_k)+\boldsymbol{I})\right\}+\boldsymbol{\mathcal{L}}_2\right\}\\
&\boldsymbol{S}_2^i(t_k)=\boldsymbol{S}_2^i(t_{k+1})-T_k\delta\boldsymbol{S}_2^i(t_k),\quad \boldsymbol{S}_2^i(t_K)=0
\end{aligned}\tag{2.21}
$$

有正定解 $\boldsymbol{S}_1(t_k),\boldsymbol{S}_2^i(t_k),\forall i\in\boldsymbol{S},\forall k\in\boldsymbol{K}$，其中，$\overline{\boldsymbol{\mathcal{A}}}_\delta(t_k)=\boldsymbol{\mathcal{A}}_\delta(t_k)-\sum_{i=1}^{S}\boldsymbol{\mathcal{B}}_\delta^i(t_k)\boldsymbol{L}^i(t_k)$，$\widetilde{\boldsymbol{\mathcal{A}}}_\delta^i(t_k)=\boldsymbol{\mathcal{A}}_\delta(t_k)-\sum_{j\neq i}^{s}\boldsymbol{\mathcal{B}}_\delta^j(t_k)\boldsymbol{L}^j(t_k)$，纳什策略式(2.11)提供了 ε - level NE，有不等式：

$$
\hat{J}^i(\boldsymbol{u}^{i*},\boldsymbol{u}^{-i^*})\leqslant\hat{J}^i(\boldsymbol{u}^i,\boldsymbol{u}^{-i^*})+\varepsilon^i\tag{2.22}
$$

其中，

$$
\begin{aligned}
\varepsilon^i=&\max\nolimits_{\forall k\in\boldsymbol{K}}\lambda_{\max}\left\{\mathbb{E}\left\{\bar{\boldsymbol{Q}}_\delta^i(t_k)\right\}\right\}\left(\max\nolimits_{\forall k\in\boldsymbol{K}}T_k^2K\lambda_{\min^{-1}}\left\{\boldsymbol{\mathcal{L}}_1\right\}\lambda_{\max}\left\{\boldsymbol{\varGamma}_1\right\}\gamma+\lambda_{\min^{-1}}\left\{\boldsymbol{\mathcal{L}}_1\right\}V_1(0)\right.\\
&\left.+2\sqrt{\beta_1}\max\nolimits_{\forall k\in\boldsymbol{K}}T_k^2K\lambda_{\min^{-1}}\left\{\boldsymbol{\mathcal{L}}_1\right\}\lambda_{\max}\left\{\boldsymbol{\varGamma}_1\right\}\gamma+\lambda_{\min^{-1}}\left\{\boldsymbol{\mathcal{L}}_1\right\}V_1(0)\right)\\
&+\max\nolimits_{\forall k\in\boldsymbol{K}}\lambda_{\max}\left\{\mathbb{E}\left\{\tilde{\boldsymbol{Q}}_\delta^i(t_k)\right\}\right\}\left(\max\nolimits_{\forall k\in\boldsymbol{K}}T_k^2K\lambda_{\min^{-1}}\left\{\boldsymbol{\mathcal{L}}_2\right\}\lambda_{\max}\left\{\boldsymbol{\varGamma}_2\right\}\gamma+Y\right.\\
&\left.+2\sqrt{\max}\lambda_{\max}\left\{\mathbb{E}\left\{\tilde{\boldsymbol{Q}}_\delta^i(t_k)\right\}\right\}\max\nolimits_{\forall k\in\boldsymbol{K}}T_k^2K\lambda_{\min^{-1}}\left\{\boldsymbol{\mathcal{L}}_2\right\}\lambda_{\max}\left\{\boldsymbol{\varGamma}_2\right\}\gamma+Y\right)\\
&+4\lambda_{\max}\left\{\boldsymbol{R}_\delta^{i\dagger}\right\}K\theta^{i2}
\end{aligned}\tag{2.23}
$$

$\boldsymbol{Y}=\max\nolimits_{\forall k\in\boldsymbol{K}}T_k^2K\lambda_{\min^{-1}}\left\{\boldsymbol{\mathcal{L}}_2^i\right\}\theta^{i2}\kappa_1+\lambda_{\min^{-1}}\left\{\boldsymbol{\mathcal{L}}_2^i\right\}V_2^i(0)$，对于任意 $\boldsymbol{u}^i\in U_{\text{admis}}^i$ 成立。

证明　有纳什均衡定义可知下式成立：

$$
J^i(\boldsymbol{u}^{i*},\boldsymbol{u}^{-i^*})\leqslant J^i(\boldsymbol{u}^i,\boldsymbol{u}^{-i^*})\tag{2.24}
$$

在式(2.24)加减 $\hat{J}^i(\boldsymbol{u}^{i^*},\boldsymbol{u}^{-i^*})$，$\hat{J}^i(\boldsymbol{u}^i,\boldsymbol{u}^{-i^*})$，可得到

$$\hat{J}^i(\boldsymbol{u}^{i*},\boldsymbol{u}^{-i^*}) \leqslant \hat{J}^i(\boldsymbol{u}^i,\boldsymbol{u}^{-i^*}) + \varepsilon^i \tag{2.25}$$

其中，$\varepsilon^i = \Delta J_1^i + \Delta J_2^i, \Delta J_1^i = \hat{J}^i(\boldsymbol{u}^{i*},\boldsymbol{u}^{-i^*}) - J^i(\boldsymbol{u}^{i^*},\boldsymbol{u}^{-i^*}), \Delta J_2^i = J^i(\boldsymbol{u}^i,\boldsymbol{u}^{-i^*}) - \hat{J}^i(\boldsymbol{u}^i,\boldsymbol{u}^{-i^*})$。对于 ΔJ_1^i 和 ΔJ_2^i 的估计在下面给出。

(1)对 ΔJ_1^i 的估计。

在没有干扰时纳什策略下的代价函数为

$$J^i(\boldsymbol{u}^{i^*},\boldsymbol{u}^{-i^*}) = \sum_{k=0}^{K} \bar{\boldsymbol{z}}^{\mathrm{T}}(t_k)\bar{\boldsymbol{Q}}_\delta^i \bar{\boldsymbol{z}}(t_k)$$

有扰动时代价函数可以考虑为

$$\hat{J}^i(\boldsymbol{u}^{i*},\boldsymbol{u}^{-i^*}) = \sum_{k=0}^{K} \boldsymbol{z}^{\mathrm{T}}(t_k)\bar{\boldsymbol{Q}}_\delta^i \boldsymbol{z}(t_k)$$

那么 ΔJ_1^i 可以通过下式计算得到：

$$\begin{aligned}
\Delta J_1^i &= \hat{J}^i(\boldsymbol{u}^*,\boldsymbol{u}^{-i^*}) - J^i(\boldsymbol{u}^{i^*},\boldsymbol{u}^{-i^*}) \\
&= \sum_{k=0}^{K} \left\{ \boldsymbol{z}^{\mathrm{T}}(t_k)\mathbb{E}\left\{\bar{\boldsymbol{Q}}_\delta^i\right\}\boldsymbol{z}(t_k) - \bar{\boldsymbol{z}}^{\mathrm{T}}(t_k)\mathbb{E}\left\{\bar{\boldsymbol{Q}}_\delta^i\right\}\bar{\boldsymbol{z}}(t_k) \right\} \\
&\leqslant \max_{\forall k\in \boldsymbol{K}} \lambda_{\max}\left\{\mathbb{E}\left\{\bar{\boldsymbol{Q}}_\delta^i(t_k)\right\}\right\}\left(\sum_{k=0}^{K} \|\bar{\boldsymbol{e}}(t_k)\|^2 + 2\sqrt{\sum_{k=0}^{K}\|\bar{\boldsymbol{e}}(t_k)\|^2}\sqrt{\sum_{k=0}^{K}\|\bar{\boldsymbol{z}}(t_k)\|^2} \right)
\end{aligned} \tag{2.26}$$

根据 $\bar{\boldsymbol{e}}(t_k)$ 定义可知 δ 域误差方程为

$$\delta\bar{\boldsymbol{e}}(t_k) = \overline{\boldsymbol{\mathcal{A}}}_\delta(t_k)\bar{\boldsymbol{e}}(t_k) + \boldsymbol{\mathcal{D}}_\delta\boldsymbol{\omega}(t_k) \tag{2.27}$$

给定

$$V_1(t_k) = \bar{\boldsymbol{e}}^{\mathrm{T}}(t_k)\boldsymbol{S}_1(t_k)\bar{\boldsymbol{e}}(t_k)$$

可得

$$\begin{aligned}
\delta V_1(t_k) &= \frac{1}{T_k}\Big(\mathbb{E}\left\{\bar{\boldsymbol{e}}^{\mathrm{T}}(t_{k+1})\boldsymbol{S}_1(t_{k+1})\bar{\boldsymbol{e}}(t_{k+1})\right\} - \bar{\boldsymbol{e}}^{\mathrm{T}}(t_k)\boldsymbol{S}_1(t_k)\bar{\boldsymbol{e}}(t_k)\Big) \\
&= \frac{1}{T_k}\Big(\mathbb{E}\Big\{((T_k\overline{\boldsymbol{\mathcal{A}}}_\delta(t_k) + \boldsymbol{I})\bar{\boldsymbol{e}}(t_k) + T_k\boldsymbol{\mathcal{D}}_\delta\boldsymbol{\omega}(t_k))^{\mathrm{T}}\boldsymbol{S}_1(t_{k+1}) \\
&\quad ((T_k\overline{\boldsymbol{\mathcal{A}}}_\delta(t_k) + \boldsymbol{I})\bar{\boldsymbol{e}}(t_k) + T_k\boldsymbol{\mathcal{D}}_\delta\boldsymbol{\omega}(t_k))\Big\} - \bar{\boldsymbol{e}}^{\mathrm{T}}(t_k)\boldsymbol{S}_1(t_k)\bar{\boldsymbol{e}}(t_k)\Big)
\end{aligned}$$

$$
\begin{aligned}
&\leqslant \frac{1}{T_k}\overline{\boldsymbol{e}}^{\mathrm{T}}(t_k)\Big(\mathbb{E}\Big\{\big(T_k\overline{\boldsymbol{\mathcal{A}}}_\delta(t_k)+\boldsymbol{I}\big)^{\mathrm{T}}\boldsymbol{S}_1(t_{k+1})\big(T_k\overline{\boldsymbol{\mathcal{A}}}_\delta(t_k)+\boldsymbol{I}\big)\Big\}\\
&+\mathbb{E}\Big\{\big(T_k\overline{\boldsymbol{\mathcal{A}}}_\delta(t_k)+\boldsymbol{I}\big)^{\mathrm{T}}\boldsymbol{\Lambda}_1\big(T_k\overline{\boldsymbol{\mathcal{A}}}_\delta(t_k)+\boldsymbol{I}\big)\Big\}+\mathcal{C}_1-\boldsymbol{S}_1(t_k)\Big)\overline{\boldsymbol{e}}(t_k)\\
&+T_k\boldsymbol{\omega}^{\mathrm{T}}(t_k)\big(\boldsymbol{\mathcal{D}}_\delta^{\mathrm{T}}\boldsymbol{S}_1(t_{k+1})\boldsymbol{\Lambda}_1^{-1}\boldsymbol{S}_1^{\mathrm{T}}(t_{k+1})\boldsymbol{\mathcal{D}}_\delta+\boldsymbol{\mathcal{D}}_\delta^{\mathrm{T}}\boldsymbol{S}_1(t_{k+1})\boldsymbol{\mathcal{D}}_\delta\big)\boldsymbol{\omega}(t_k)\\
&-\frac{1}{T_k}\overline{\boldsymbol{e}}^{\mathrm{T}}(t_k)\boldsymbol{\mathcal{L}}_1\overline{\boldsymbol{e}}(t_k)
\end{aligned}
\tag{2.28}
$$

其中，$\boldsymbol{\mathcal{L}}_1$ 为正定矩阵，选取 $\boldsymbol{S}_1(t_k)$ 满足 Riccati 方程(2.20)，由引理 2.1 并且定义 $\tilde{\boldsymbol{S}}_1>\boldsymbol{S}_1(t_k),\forall k\in\boldsymbol{K}$ 可得

$$
\delta V_1(t_k)\leqslant-\frac{1}{T_k}\overline{\boldsymbol{e}}^{\mathrm{T}}(t_k)\boldsymbol{\mathcal{L}}_1\overline{\boldsymbol{e}}(t_k)+T_k\boldsymbol{\omega}^{\mathrm{T}}(t_k)\boldsymbol{\Gamma}_1\boldsymbol{\omega}(t_k)
\tag{2.29}
$$

进一步式(2.29)可以写为

$$
\overline{\boldsymbol{e}}^{\mathrm{T}}(t_k)\boldsymbol{\mathcal{L}}_1\overline{\boldsymbol{e}}(t_k)\leqslant T_k^2\boldsymbol{\omega}^{\mathrm{T}}(t_k)\boldsymbol{\Gamma}_1\boldsymbol{\omega}(t_k)-T_k\delta V_1(t_k)
$$

因此有

$$
\lambda_{\min}\{\boldsymbol{\mathcal{L}}_1\}\sum_{k=0}^{K}\|\overline{\boldsymbol{e}}(t_k)\|^2\leqslant\max\nolimits_{\forall k\in\boldsymbol{K}}T_k^2\lambda_{\max}\{\boldsymbol{\Gamma}_1\}\sum_{k=0}^{K}\|\boldsymbol{\omega}(t_k)\|^2-\big(V_1(t_K)-V_1(0)\big)
$$

得

$$
\sum_{k=0}^{K}\|\overline{\boldsymbol{e}}(t_k)\|^2\leqslant\max\nolimits_{\forall k\in\boldsymbol{K}}T_k^2\lambda_{\min^{-1}}\{\boldsymbol{\mathcal{L}}_1\}\lambda_{\max}\{\boldsymbol{\Gamma}_1\}\sum_{k=0}^{K}\|\boldsymbol{\omega}(t_k)\|^2+\lambda_{\min^{-1}}\{\boldsymbol{\mathcal{L}}_1\}V_1(0)
$$

由外界扰动上限得

$$
\sum_{k=0}^{K}\|\overline{\boldsymbol{e}}(t_k)\|^2\leqslant\max\nolimits_{\forall k\in\boldsymbol{K}}T_k^2K\lambda_{\min^{-1}}\{\boldsymbol{\mathcal{L}}_1\}\lambda_{\max}\{\boldsymbol{\Gamma}_1\}\gamma+\lambda_{\min^{-1}}\{\boldsymbol{\mathcal{L}}_1\}V_1(0)
\tag{2.30}
$$

将式(2.30)代入式(2.26)得

$$
\begin{aligned}
\Delta J_1^i\leqslant&\max\nolimits_{\forall k\in\boldsymbol{K}}\lambda_{\max}\big\{\mathbb{E}\{\overline{\boldsymbol{Q}}_\delta^i(t_k)\}\big\}\big(\max\nolimits_{\forall k\in\boldsymbol{K}}T_k^2K\lambda_{\min^{-1}}\{\boldsymbol{\mathcal{L}}_1\}\lambda_{\max}\{\boldsymbol{\Gamma}_1\}\gamma+\lambda_{\min^{-1}}\{\boldsymbol{\mathcal{L}}_1\}V_1(0)\\
&+2\sqrt{\beta_1\big(\max\nolimits_{\forall k\in\boldsymbol{K}}T_k^2K\lambda_{\min^{-1}}\{\boldsymbol{\mathcal{L}}_1\}\lambda_{\max}\{\boldsymbol{\Gamma}_1\}\gamma+\lambda_{\min^{-1}}\{\boldsymbol{\mathcal{L}}_1\}V_1(0)\big)}\big)
\end{aligned}
\tag{2.31}
$$

(2) 对 ΔJ_2^i 的估计。

采用策略 $\tilde{\boldsymbol{z}}(t_k)$ 时，性能代价为

$$J^i(\boldsymbol{u}^i,\boldsymbol{u}^{-i^*})=\sum_{k=0}^{K}\mathbb{E}\left\{\tilde{z}^{\mathrm{T}}(t_k)\tilde{\boldsymbol{Q}}_\delta^i\tilde{z}(t_k)+\alpha^i(t_k)\boldsymbol{u}^{i\mathrm{T}}(\tilde{z}(t_k))\boldsymbol{R}_\delta^{ii}\boldsymbol{u}^i(\tilde{z}(t_k))\right\}$$

采用策略 $\widehat{z}(t_k)$ 时，性能代价为

$$\hat{J}^i(\boldsymbol{u}^i,\boldsymbol{u}^{-i^*})=\sum_{k=0}^{K}\mathbb{E}\left\{\widehat{z}^{\mathrm{T}}(t_k)\tilde{\boldsymbol{Q}}_\delta^i\widehat{z}(t_k)+\alpha^i(t_k)\boldsymbol{u}^{i\mathrm{T}}(\widehat{z}(t_k))\boldsymbol{R}_\delta^{ii}\boldsymbol{u}^i(\widehat{z}(t_k))\right\}$$

那么 ΔJ_2^i 可以通过下列计算。

$$\begin{aligned}\Delta J_2^i&=J^i(\boldsymbol{u}^i,\boldsymbol{u}^{-i^*})-\hat{J}^i(\boldsymbol{u}^i,\boldsymbol{u}^{-i^*})\\&=\sum_{k=0}^{K}\mathbb{E}\left\{\tilde{z}^{\mathrm{T}}(t_k)\tilde{\boldsymbol{Q}}_\delta^i\tilde{z}(t_k)+\alpha^i(t_k)\boldsymbol{u}^{i\mathrm{T}}\left(\tilde{z}(t_k)\right)\boldsymbol{R}_\delta^{ii}\boldsymbol{u}^i\left(\tilde{z}(t_k)\right)\right\}\\&\quad-\sum_{k=0}^{K}\mathbb{E}\left\{\widehat{z}^{\mathrm{T}}(t_k)\tilde{\boldsymbol{Q}}_\delta^i\widehat{z}(t_k)+\alpha^i(t_k)\boldsymbol{u}^{i\mathrm{T}}(\widehat{z}(t_k))\boldsymbol{R}_\delta^{ii}\boldsymbol{u}^i(\widehat{z}(t_k))\right\}\\&\leqslant\max_{\forall k\in\boldsymbol{K}}\lambda_{\max}\left\{\mathbb{E}\left\{\tilde{\boldsymbol{Q}}_\delta^i(t_k)\right\}\right\}\left(\sum_{k=0}^{K}\left\|\tilde{\boldsymbol{e}}(t_k)\right\|^2+2\sqrt{\sum_{k=0}^{K}\left\|\tilde{\boldsymbol{e}}(t_k)\right\|^2}\sqrt{\sum_{k=0}^{K}\left\|\widehat{z}(t_k)\right\|^2}\right)\\&\quad+4\lambda_{\max}\left\{\boldsymbol{R}_\delta^{ii}\right\}K\theta^{i2}\end{aligned}\tag{2.32}$$

关于 $\tilde{\boldsymbol{e}}(t_k)$ 在 δ 域的定义为

$$\delta\overline{\boldsymbol{e}}(t_k)=\widetilde{\boldsymbol{\mathcal{A}}}_\delta(t_k)\tilde{\boldsymbol{e}}(t_k)+\boldsymbol{\mathcal{B}}_\delta^i(t_k)\boldsymbol{u}^i(\tilde{z}(t_k))-\boldsymbol{\mathcal{B}}_\delta^i(t_k)\boldsymbol{u}^i(\widehat{z}(t_k))-\boldsymbol{\mathcal{D}}_\delta\boldsymbol{\omega}(t_k)\tag{2.33}$$

给出二次型函数：

$$V_2^i(t_k)=\tilde{\boldsymbol{e}}^{\mathrm{T}}(t_k)\boldsymbol{S}_2^i(t_k)\tilde{\boldsymbol{e}}(t_k)$$

可得

$$\begin{aligned}\delta V_2^i(t_k)&=\frac{1}{T_k}\left(\mathbb{E}\left\{\tilde{\boldsymbol{e}}^{\mathrm{T}}(t_{k+1})\boldsymbol{S}_2^i(t_{k+1})\tilde{\boldsymbol{e}}(t_{k+1})\right\}-\tilde{\boldsymbol{e}}^{\mathrm{T}}(t_k)\boldsymbol{S}_2^i(t_k)\tilde{\boldsymbol{e}}(t_k)\right)\\&=\frac{1}{T_k}\Bigg(\mathbb{E}\Bigg\{\left(\left(T_k\widetilde{\boldsymbol{\mathcal{A}}}_\delta^i(t_k)+\boldsymbol{I}\right)\tilde{\boldsymbol{e}}(t_k)+T_k\boldsymbol{\mathcal{B}}_\delta^i(t_k)(\boldsymbol{u}^i(\tilde{z}(t_k))-\boldsymbol{u}^i(\overline{z}(t_k)))-T_k\boldsymbol{\mathcal{D}}_\delta\boldsymbol{\omega}(t_k)\right)^{\mathrm{T}}\\&\quad\boldsymbol{S}_2^i(t_{k+1})((T_k\widetilde{\boldsymbol{\mathcal{A}}}_\delta^i(t_k)+\boldsymbol{I})\tilde{\boldsymbol{e}}(t_k)+T_k\boldsymbol{\mathcal{B}}_\delta^i(t_k)(\boldsymbol{u}^i(\tilde{z}(t_k))-\boldsymbol{u}^i(\overline{z}(t_k)))-T_k\boldsymbol{\mathcal{D}}_\delta\boldsymbol{\omega}(t_k))\Bigg\}\\&\quad-\tilde{\boldsymbol{e}}^{\mathrm{T}}(t_k)\boldsymbol{S}_2^i(t_k)\tilde{\boldsymbol{e}}(t_k)\Bigg)\\&\leqslant\frac{1}{T_k}\tilde{\boldsymbol{e}}^{\mathrm{T}}(t_k)\left(\mathbb{E}\left\{\left(T_k\widetilde{\boldsymbol{\mathcal{A}}}_\delta^i(t_k)+\boldsymbol{I}\right)^{\mathrm{T}}\boldsymbol{S}_2^i(t_{k+1})\left(T_k\overline{\boldsymbol{\mathcal{A}}}_\delta^i(t_k)+\boldsymbol{I}\right)\right\}\right.\end{aligned}$$

$$
\begin{aligned}
&+\mathbb{E}\left\{(T_k\widetilde{\boldsymbol{\mathcal{A}}}_\delta^i(t_k)+\boldsymbol{I})^{\mathrm{T}}\boldsymbol{\Lambda}_2(T_k\widetilde{\boldsymbol{\mathcal{A}}}_\delta^i(t_k)+\boldsymbol{I})\right\}\\
&+\mathbb{E}\left\{(T_k\widetilde{\boldsymbol{\mathcal{A}}}_\delta^i(t_k)+\boldsymbol{I})^{\mathrm{T}}\boldsymbol{\Lambda}_3(T_k\widetilde{\boldsymbol{\mathcal{A}}}_\delta^i(t_k)+\boldsymbol{I})\right\}+\boldsymbol{\mathcal{L}}_2-\boldsymbol{S}_2^i(t_k)\Bigg)\tilde{\boldsymbol{e}}(t_k) \qquad (2.34)\\
&+T_k\boldsymbol{\omega}^{\mathrm{T}}(t_k)\boldsymbol{\Gamma}_2\boldsymbol{\omega}(t_k)+\theta^{i2}\kappa_1-\frac{1}{T_k}\tilde{\boldsymbol{e}}^{\mathrm{T}}(t_k)\boldsymbol{\mathcal{L}}_2^i\tilde{\boldsymbol{e}}(t_k)
\end{aligned}
$$

选取正定矩阵 $\boldsymbol{S}_2^i(t_k)$ 满足 Riccati 方程(2.21)，可得

$$
\delta V_2^i(t_k)\leqslant-\frac{1}{T_k}\tilde{\boldsymbol{e}}^{\mathrm{T}}(t_k)\boldsymbol{\mathcal{L}}_2^i\tilde{\boldsymbol{e}}(t_k)+\theta^{i2}\kappa_1+T_k\boldsymbol{\omega}^{\mathrm{T}}(t_k)\boldsymbol{\Gamma}_2\boldsymbol{\omega}(t_k) \qquad (2.35)
$$

进一步(2.35)可以写为

$$
\begin{aligned}
&\lambda_{\min}\left\{\boldsymbol{\mathcal{L}}_2^i\right\}\sum_{k=0}^{K}\left\|\tilde{\boldsymbol{e}}(t_k)\right\|^2\\
&\leqslant\max\nolimits_{\forall k\in\boldsymbol{K}}T_k^2\lambda_{\max}\left\{\boldsymbol{\Gamma}_2\right\}\sum_{k=0}^{K}\left\|\boldsymbol{\omega}(t_k)\right\|^2+\max\nolimits_{\forall k\in\boldsymbol{K}}T_kK\theta^{i2}\kappa_1-\left(V_2^i(t_k)-V_2^i(0)\right)
\end{aligned}
$$

得

$$
\begin{aligned}
\sum_{k=0}^{K}\left\|\tilde{\boldsymbol{e}}(t_k)\right\|^2\leqslant&\max\nolimits_{\forall k\in\boldsymbol{K}}T_k^2\lambda_{\min^{-1}}\left\{\boldsymbol{\mathcal{L}}_2^i\right\}\lambda_{\max}\left\{\boldsymbol{\Gamma}_2\right\}\sum_{k=0}^{K}\left\|\boldsymbol{\omega}(t_k)\right\|^2\\
&+\max\nolimits_{\forall k\in\boldsymbol{K}}T_kK\lambda_{\min^{-1}}\left\{\boldsymbol{\mathcal{L}}_2^i\right\}\theta^{i2}\kappa_1+\lambda_{\min^{-1}}\left\{\boldsymbol{\mathcal{L}}_2^i\right\}V_2^i(0)
\end{aligned}
$$

由外界扰动上限得

$$
\begin{aligned}
\sum_{k=0}^{K}\left\|\tilde{\boldsymbol{e}}(t_k)\right\|^2\leqslant&\max\nolimits_{\forall k\in\boldsymbol{K}}T_k^2K\lambda_{\min^{-1}}\left\{\boldsymbol{\mathcal{L}}_2\right\}\lambda_{\max}\left\{\boldsymbol{\Gamma}_2\right\}\gamma\\
&+\max\nolimits_{\forall k\in\boldsymbol{K}}T_kK\lambda_{\min^{-1}}\left\{\boldsymbol{\mathcal{L}}_2^i\right\}\theta^{i2}\kappa_1+\lambda_{\min^{-1}}\left\{\boldsymbol{\mathcal{L}}_2\right\}V_2^i(0)
\end{aligned} \qquad (2.36)
$$

将式(2.36)代入式(2.32)得

$$
\begin{aligned}
\Delta J_2^i\leqslant&\max\nolimits_{\forall k\in\boldsymbol{K}}\lambda_{\max}\left\{\mathbb{E}\left\{\tilde{\boldsymbol{Q}}_\delta^i(t_k)\right\}\right\}\left(\max\nolimits_{\forall k\in\boldsymbol{K}}T_k^2K\lambda_{\min^{-1}}\left\{\boldsymbol{\mathcal{L}}_2\right\}\lambda_{\max}\left\{\boldsymbol{\Gamma}_2\right\}\gamma+\Upsilon\right)\\
&+2\sqrt{\max\nolimits_{\forall k\in\boldsymbol{K}}\lambda_{\max}\left\{\mathbb{E}\left\{\tilde{\boldsymbol{Q}}_\delta^i(t_k)\right\}\right\}(\max\nolimits_{\forall k\in\boldsymbol{K}}T_k^2K\lambda_{\min^{-1}}\left\{\boldsymbol{\mathcal{L}}_2^i\right\}\lambda_{\max}\left\{\boldsymbol{\Gamma}_2\right\}\gamma+\Upsilon)}\\
&+4\lambda_{\max}\left\{\boldsymbol{R}_\delta^{ii}\right\}K\theta^{i2}
\end{aligned} \qquad (2.37)
$$

最终，ε-level 纳什均衡可由 $\varepsilon^i=\Delta J_1^i+\Delta J_2^i$ 求得，证毕。

2.4　仿真算例

在这部分中将提出的方法用到二区域负荷频率控制(load frequency control, LFC)系统，功率系统间的相互作用如图 2.3 所示。

二区域 LFC 系统方程为

$$\dot{\boldsymbol{x}}(t)=\boldsymbol{A}\boldsymbol{x}(t)+\boldsymbol{B}\boldsymbol{u}(t)+\boldsymbol{F}\Delta\boldsymbol{P}_d(t) \tag{2.38}$$

其中，

$$\boldsymbol{x}(t)=\begin{bmatrix}\boldsymbol{x}^{1\mathrm{T}}(t) & \boldsymbol{x}^{2\mathrm{T}}(t)\end{bmatrix}^{\mathrm{T}},\ \boldsymbol{u}(t)=\begin{bmatrix}\boldsymbol{u}^{1\mathrm{T}}(t) & \boldsymbol{u}^{2\mathrm{T}}(t)\end{bmatrix}^{\mathrm{T}},\ \Delta\boldsymbol{P}_d(t)=\begin{bmatrix}\Delta\boldsymbol{P}_{d_1}^{\mathrm{T}}(t) & \Delta\boldsymbol{P}_{d_2}^{\mathrm{T}}(t)\end{bmatrix}^{\mathrm{T}},$$

$$\boldsymbol{A}=\begin{bmatrix}\boldsymbol{A}^{11} & \boldsymbol{A}^{12}\\ \boldsymbol{A}^{21} & \boldsymbol{A}^{22}\end{bmatrix},\ \boldsymbol{B}=\mathrm{diag}\left\{\begin{bmatrix}\boldsymbol{B}^1 & \boldsymbol{B}^2\end{bmatrix}\right\},\ \boldsymbol{F}=\mathrm{diag}\left\{\begin{bmatrix}\boldsymbol{F}^1 & \boldsymbol{F}^2\end{bmatrix}\right\}$$

$$\boldsymbol{A}^{ii}=\begin{bmatrix}-\dfrac{1}{T_{p_i}} & \dfrac{K_{p_i}}{T_{p_i}} & 0 & 0 & -\dfrac{K_{p_i}}{2\pi T_{p_i}}\sum_{j\in\boldsymbol{S},j\neq i}K_{s_{ij}}\\ 0 & -\dfrac{1}{T_{t_i}} & \dfrac{1}{T_{t_i}} & 0 & 0\\ -\dfrac{1}{R_iT_{g_i}} & 0 & -\dfrac{1}{T_{g_i}} & \dfrac{1}{T_{g_i}} & 0\\ K_{E_i}K_{B_i} & 0 & 0 & 0 & \dfrac{K_{E_i}}{2\pi}\sum_{j\in\boldsymbol{S},j\neq i}K_{s_{ij}}\\ 2\pi & 0 & 0 & 0 & 0\end{bmatrix}$$

$$\boldsymbol{B}^i=\begin{bmatrix}0 & 0 & \dfrac{1}{T_{g_i}} & 0 & 0\end{bmatrix}^{\mathrm{T}},\boldsymbol{F}^i=\begin{bmatrix}\dfrac{K_{p_i}}{T_{p_i}} & 0 & 0 & 0 & 0\end{bmatrix}^{\mathrm{T}}$$

$$\boldsymbol{A}^{ij}=\begin{bmatrix}0 & 0 & 0 & 0 & -\dfrac{K_{p_i}}{2\pi T_{p_i}}K_{s_{ij}}\\ 0 & 0 & 0 & 0 & 0\\ 0 & 0 & 0 & 0 & 0\\ 0 & 0 & 0 & 0 & \dfrac{K_{E_i}}{2\pi}K_{s_{ij}}\\ 0 & 0 & 0 & 0 & 0\end{bmatrix},\ \boldsymbol{x}^i(t)=\begin{bmatrix}\Delta f_i(t)\\ \Delta P_{g_i}(t)\\ \Delta X_{g_i}(t)\\ \Delta E_i(t)\\ \Delta\delta_i(t)\end{bmatrix}$$

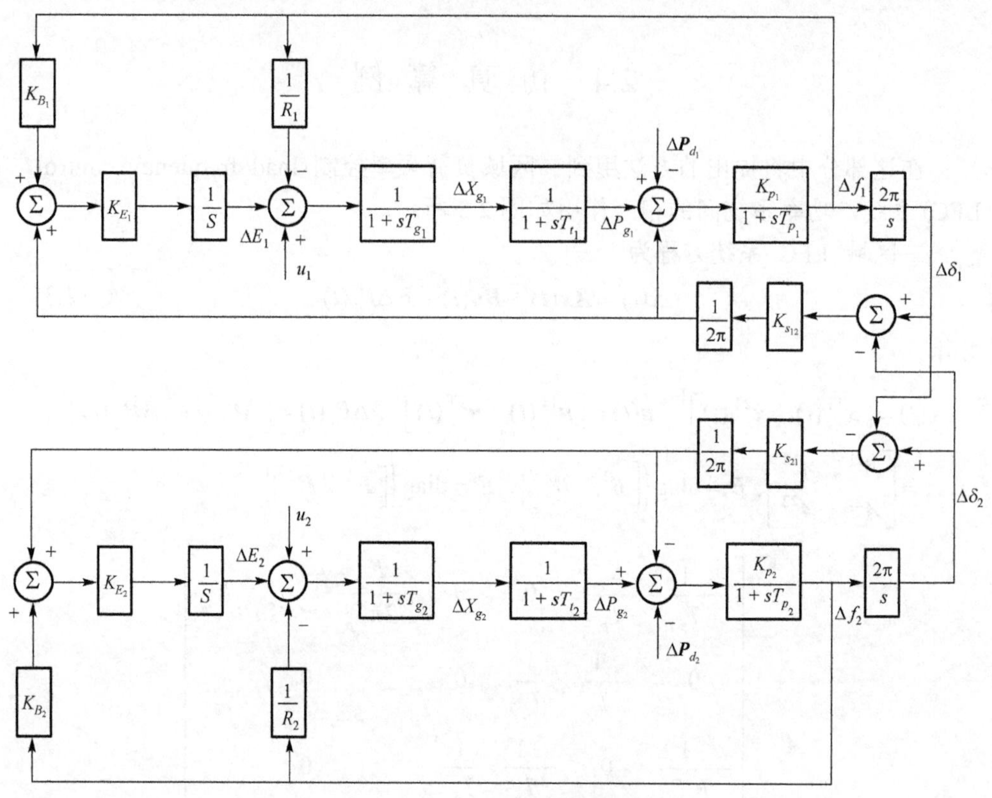

图 2.3　二区域 LFC 系统模型

变量 $\Delta f_i(t)$、$\Delta P_{g_i}(t)$、$\Delta X_{g_i}(t)$、$\Delta E_i(t)$ 和 $\Delta\delta_i(t)$ 分别为频率变化、功率输出、调速阀位置、积分控制和转子角度偏转，$\boldsymbol{x}^i(t)\in\mathbb{R}^n$ 是包括这些变量的系统状态，$\boldsymbol{u}^i(t)\in\mathbb{R}^m$ 表示控制输入向量，$\Delta\boldsymbol{P}_{d_i}(t)\in\mathbb{R}^k$ 表示负荷扰动向量。参数 T_{p_i}、T_{t_i}、T_{g_i} 分别表示功率系统、发电机和阀的时间常数。常数 K_{p_i}、K_{E_i}、K_{B_i} 分别表示功率系统增益、积分控制增益和频率偏差参数，$K_{s_{ij}}$ 表示不同区域之间相互作用的参数。R_i 表示速度调节系数。上述参数的具体取值如表 2.1 所示。

表 2.1　二区域 LFC 参数

参数	T_{p_i}	K_{p_i}	T_{t_i}	T_{g_i}	R_i	K_{E_i}	K_{B_i}	$K_{s_{ij}}$
区域 1	20	120	0.3	0.08	2.4	10	0.41	0.55
区域 2	25	112.5	0.33	0.072	2.7	9	0.37	0.65

考虑系统的时延、丢包，并且取采样周期 $T_k\in[0.04\text{s}, 0.05\text{s}]$，得到的 δ 算子 LFC 系统模型为

$$\delta \boldsymbol{x}(t_k) = \boldsymbol{A}_\delta(t_k)\boldsymbol{x}(t_k) + \sum_{i=1}^{2}\left(\sum_{j=0}^{h}\alpha(t_{k-j})\boldsymbol{B}_\delta^{i,j}(t_k)\boldsymbol{u}^i(t_{k-j})\right) + \boldsymbol{F}_\delta(t_k)\Delta\boldsymbol{P}_d(t_k) \quad (2.39)$$

设定丢包率为 0.3，也就是说 $\alpha^i = 0.7$。仿真中所使用的随机丢包如图 2.4 所示。随机时延 τ_k 服从 $[0.04\text{s}, 0.1\text{s}]$ 的均匀分布如图 2.5 所示，由上面的参数可以获得扩张状态的 LFC 系统，设定 $\boldsymbol{Q}_\delta^i, i \in \boldsymbol{S}$，$\boldsymbol{Q}_\delta^K$ 为单位矩阵，对于任意 $i \in \boldsymbol{S}, j \in \boldsymbol{S}$，设定 $\boldsymbol{R}_\delta^{ij} = \boldsymbol{I}$，设定标量参数 $\varsigma_j = 0.01, \forall j \in \boldsymbol{S}$ 且 $K = 300$。状态初始值设定为 $\boldsymbol{x}(0) = [0.5\ \ 0\ \ 0\ \ 1\ \ 1\ \ 0.5\ \ 0\ \ 0\ \ 1\ \ 1]^{\mathrm{T}}$。两个区域的状态收敛曲线分别如图 2.6 和图 2.7 所示，虚线和实线分别代表有扰动和无扰动下的情况，可以明显看出有扰动时只能得到较差的系统性能，因此为了衡量扰动对系统性能的影响，下面对偏差进行估计，来说明系统的鲁棒性。

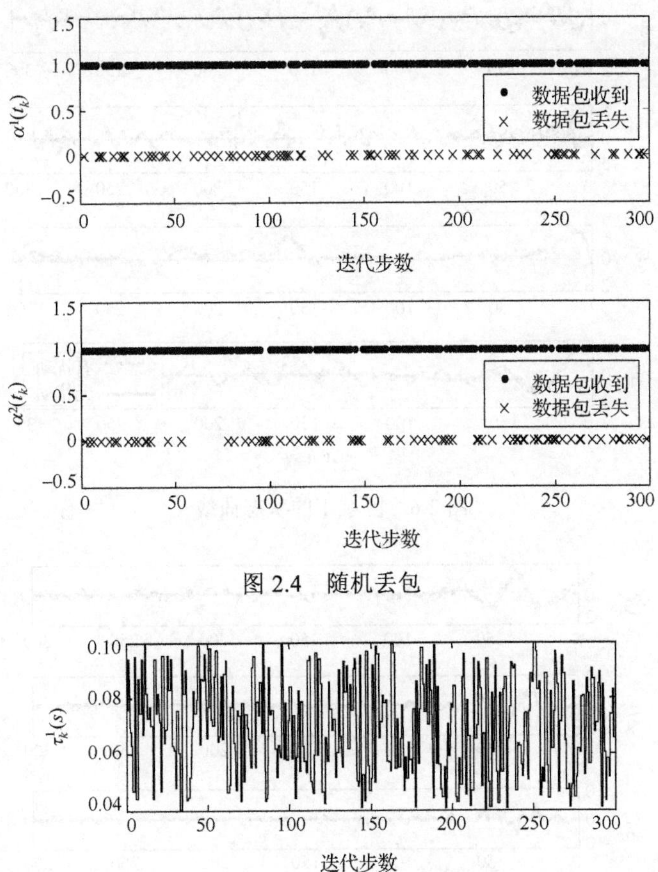

图 2.4　随机丢包

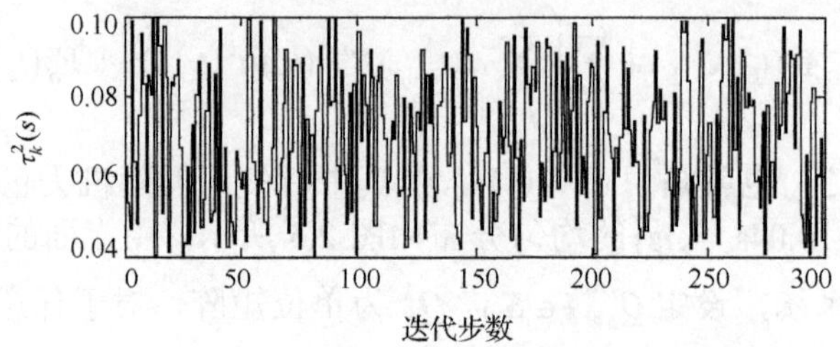

图 2.5　随机时延

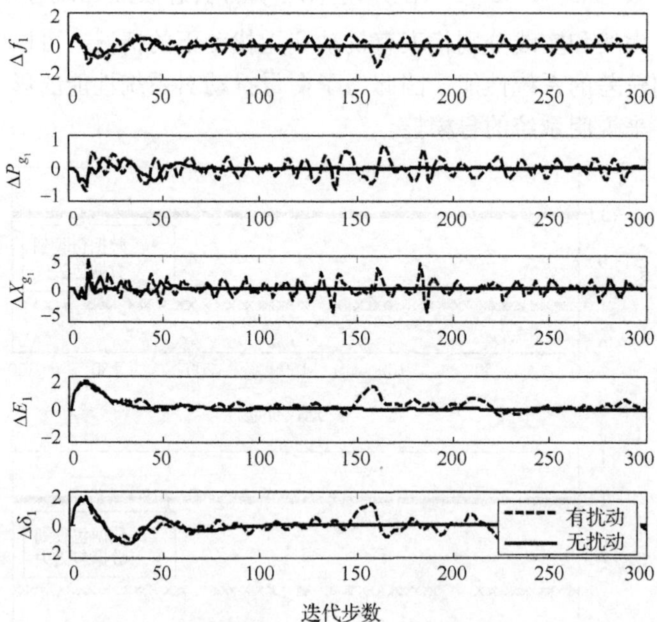

图 2.6　区域 1 的状态曲线

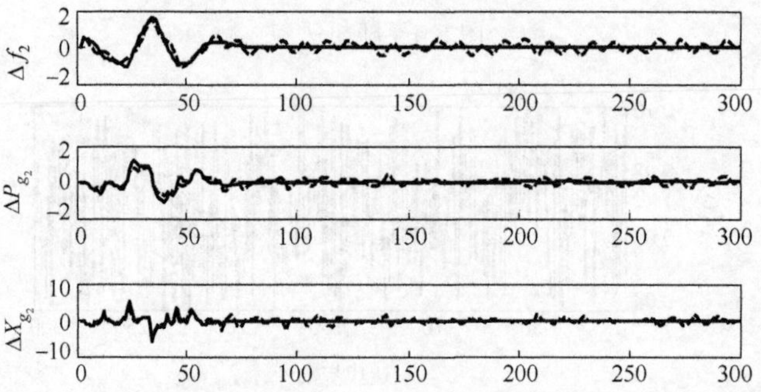

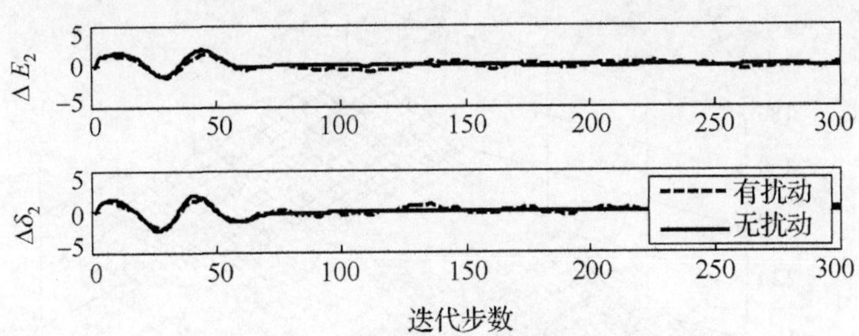

图 2.7　区域 2 的状态曲线

首先给出参数取值：$\boldsymbol{\Lambda}_j = \boldsymbol{I}_{14\times14}$，$\boldsymbol{\mathcal{L}}_1 = \boldsymbol{\mathcal{L}}_2^1 = \boldsymbol{\mathcal{L}}_2^2 = \boldsymbol{I}_{14\times14}$，且 $\beta_1 = 5.17$，$\beta_2 = 22.5$，$\theta^i = 0.5$，$\gamma = 0.01$。由上面数值可得到 $\lambda_{\max}\left\{\mathbb{E}\left\{\bar{\boldsymbol{Q}}_\delta^1(t_k)\right\}\right\} = 2.5434$，$\lambda_{\max}\left\{\mathbb{E}\left\{\bar{\boldsymbol{Q}}_\delta^2(t_k)\right\}\right\} = 2.3573$，$\lambda_{\max}\left\{\mathbb{E}\left\{\tilde{\boldsymbol{Q}}_\delta^1(t_k)\right\}\right\} = 2.0044$，$\lambda_{\max}\left\{\mathbb{E}\left\{\tilde{\boldsymbol{Q}}_\delta^2(t_k)\right\}\right\} = 2.0066$，我们有 $\varepsilon^1 = 155.1087$，$\varepsilon^2 = 131.4880$，代价函数值为 $\hat{J}^1 = 1.4085\times10^3$，$\hat{J}^2 = 1.4021\times10^3$，所以 ε − level 纳什均衡对于其最优解 $\hat{J}$ 的偏离可能为 11.01% 和 9.38%。图 2.8 和图 2.9 给出了估计上界 ε^j，$i\in\boldsymbol{S}$ 随参数干扰上界 γ 和有限时间 K 的变化情况，可以看出估计上界随参数 γ 和 K 增大而增大。

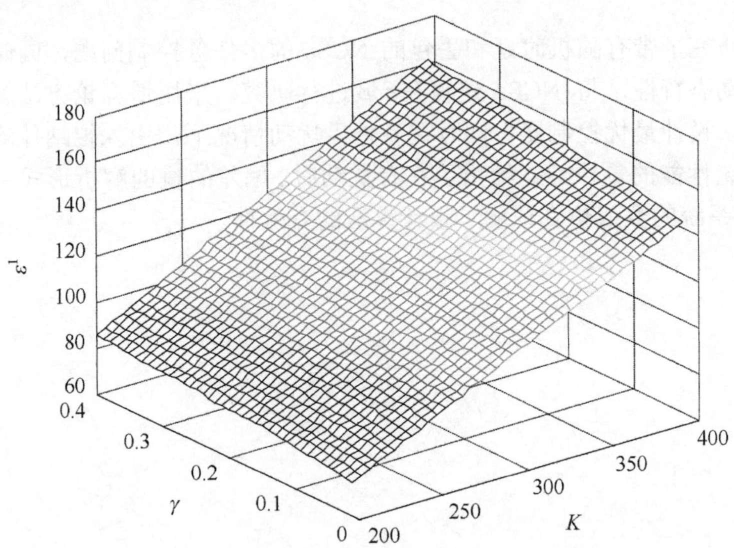

图 2.8　区域 1 估计上界随参数 γ 和 K 变化

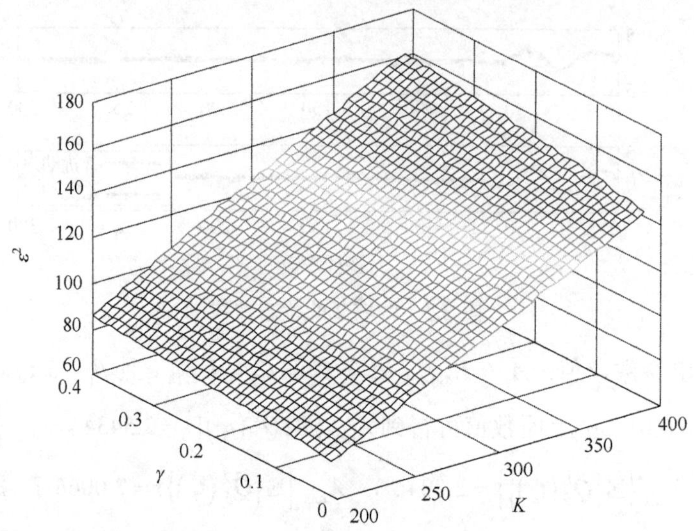

图 2.9　区域 2 估计上界随参数γ和 K 变化

2.5　本 章 小 结

本章研究了带有随机时延和丢包的 NCSs 的多任务控制问题，同时考虑了网络环境的动态特性，将 NCSs 建模在δ域进行研究。采用博弈论方法解决多任务控制问题，设计最优控制器。同时在有外界扰动情况下，引入拟纳什均衡的概念来确保系统性能的鲁棒性，给出了在有扰动时ε偏差的量的解析形式。通过在二区域 LFC 系统的数值仿真证明了设计算法的有效性。

第 3 章　干扰环境中 δ 域合作动态博弈系统的优化控制

3.1　研究背景与意义

在实际中，被控系统通常会受到扰动和非线性的影响，扰动和非线性是由多方面引起的，包括环境的变化、量化的影响、负载变化、摩擦、检测噪声等。扰动和非线性可以影响系统性能甚至导致系统不稳定，因此无论从理论研究和工程实践来讲，研究系统中的扰动和非线性都具有很重要的意义。

因此本章在第 2 章的基础上考虑系统中存在匹配扰动、非匹配扰动和未知非线性的情况。将系统在 δ 域进行建模，同时考虑离散和连续系统情况，另外工业系统中经常出现高频采样的情况，采用 δ 算子较 z 算子能够克服数值缺陷。首先采用 LMI 的方法对系统中存在的匹配扰动进行观测，设计 δ 域内的扰动观测器。其次，不像大部分参考文献采用 LMI 方法进行控制器设计只能得到次优解[3, 73]，本章采用 Riccati 方程方法进行求解，得到系统的最优控制器，因此得到了 δ 域的复合控制策略。为了描述扰动和非线性对系统性能的影响，引入了 ε - optimum 概念来确保系统的鲁棒性，并且给出了 ε - optimum 偏离上界估计的解析形式。

在本章中，如无特殊说明，$\mathbb{R}^n$ 表示 n 维 Euclidean 空间。对于任意的矩阵 $\boldsymbol{A}$，符号 $\boldsymbol{A}>0$ ($\boldsymbol{A}<0$) 表示矩阵 $\boldsymbol{A}$ 是正定(负定)的；$\boldsymbol{A}\geqslant 0$ ($\boldsymbol{A}\leqslant 0$) 表示矩阵是半正定(半负定)的；对于任意的矩阵 $\boldsymbol{A}$，$\boldsymbol{A}^{\mathrm{T}}$ 表示矩阵 $\boldsymbol{A}$ 的转置矩阵；$\boldsymbol{A}^{-1}$ 表示矩阵 $\boldsymbol{A}$ 的逆；$\operatorname{diag}\{[\boldsymbol{A}_1, \boldsymbol{A}_2, \cdots, \boldsymbol{A}_r]\}$ 表示对角块矩阵，其中，$\boldsymbol{A}_1$，$\boldsymbol{A}_2$，…，$\boldsymbol{A}_r$ 为对角元素；$\{\boldsymbol{A}_i\}_{i=1}^{r}$ 表示矩阵序列 $\boldsymbol{A}_1, \boldsymbol{A}_2, \cdots, \boldsymbol{A}_r$；$\lambda_{\max}\{\boldsymbol{A}\}$ 表示矩阵 $\boldsymbol{A}$ 的最大特征值；$\boldsymbol{I}$ 表示具有相应维数的单位矩阵；对于向量 $\boldsymbol{v}(t_k)$，其 Euclidean 范数为 $\|\boldsymbol{v}(t_k)\| := \sqrt{\boldsymbol{v}^{\mathrm{T}}(t_k)\boldsymbol{v}(t_k)}$，$\mathcal{L}_2$ 范数表示为 $\|\boldsymbol{v}(t_k)\|_2 := \sqrt{\sum_{k=1}^{\infty}\|\boldsymbol{v}(t_k)\|^2} < \infty$。

3.2　δ 域合作博弈模型与指标设定

考虑多源扰动，被控系统在连续域内可以建模为

$$\dot{\boldsymbol{x}}(t) = \boldsymbol{A}_s\boldsymbol{x}(t) + \boldsymbol{B}_s\left(\overline{\boldsymbol{u}}(t) + \boldsymbol{d}_m(t)\right) + \boldsymbol{F}_s f\left(\boldsymbol{x}(t), t\right) + \boldsymbol{H}_{1s}\boldsymbol{d}_0(t) \tag{3.1}$$

其匹配扰动可以写为

$$\begin{aligned}\dot{\boldsymbol{\omega}}(t)&=\boldsymbol{W}_s\boldsymbol{\omega}(t)+\boldsymbol{H}_{2s}\boldsymbol{\phi}(t)\\ \boldsymbol{d}_m(t)&=\boldsymbol{V}_s\boldsymbol{\omega}(t)\end{aligned}\tag{3.2}$$

由δ算子定义对系统进行离散化可得

$$\delta\boldsymbol{x}(t_k)=\boldsymbol{A}\boldsymbol{x}(t_k)+\boldsymbol{B}(\overline{\boldsymbol{u}}(t_k)+\boldsymbol{d}_m(t_k))+\boldsymbol{F}f\left(\boldsymbol{x}(t_k),t_k\right)+\boldsymbol{H}_1\boldsymbol{d}_0(t_k)\tag{3.3}$$

其中，$\boldsymbol{A},\boldsymbol{B},\boldsymbol{F},\boldsymbol{H}_1$ 是具有相应维数的δ域矩阵，$\boldsymbol{x}(t_k)\in\mathbb{R}^n$ 和 $\overline{\boldsymbol{u}}(t_k)\in\mathbb{R}^m$ 分别为状态向量和控制输入。$f(\boldsymbol{x}(t_k),t_k)\in\mathbb{R}^q$ 是未知非线性向量，$\boldsymbol{d}_0(t_k)$ 是非匹配扰动。未知非线性和未知扰动是范数有界的，满足 $\|f(\boldsymbol{x}(t_k),t_k)\|^2\leqslant\eta$ 和 $\|\boldsymbol{d}_0(t_k)\|^2\leqslant\xi$，$\forall k\in\boldsymbol{K}:=\{1,2,\cdots,K\}$。由文献[74，75]假设匹配扰动 $\boldsymbol{d}_m(t_k)$ 可以写成下列外源系统：

$$\begin{aligned}\delta\dot{\boldsymbol{\omega}}(t_k)&=\boldsymbol{W}\boldsymbol{\omega}(t_k)+\boldsymbol{H}_2\boldsymbol{\phi}(t_k)\\ \boldsymbol{d}_m(t_k)&=\boldsymbol{V}\boldsymbol{\omega}(t_k)\end{aligned}\tag{3.4}$$

其中，$\boldsymbol{W}\in\mathbb{R}^{r\times r},\boldsymbol{H}_2\in\mathbb{R}^{r\times l},\boldsymbol{V}\in\mathbb{R}^{m\times r}$ 是已知矩阵，$\boldsymbol{d}_m(t_k)$ 为频率已知幅值相位未知的谐波信号。除此之外，$\boldsymbol{\phi}(t_k)$ 是外源系统中的扰动和不确定项，也是范数有界的。

设计对匹配扰动的观测器：

$$\begin{aligned}\delta\boldsymbol{v}(t_k)&=(\boldsymbol{W}+\boldsymbol{LBV})\hat{\boldsymbol{\omega}}(t_k)+\boldsymbol{L}(\boldsymbol{A}\boldsymbol{x}(t_k)+\boldsymbol{B}\overline{\boldsymbol{u}}(t_k))\\ \hat{\boldsymbol{\omega}}(t_k)&=\boldsymbol{v}(t_k)-\boldsymbol{L}\boldsymbol{x}(t_k),\ \hat{\boldsymbol{d}}_m(t_k)=\boldsymbol{V}\hat{\boldsymbol{\omega}}(t_k)\end{aligned}\tag{3.5}$$

其中，$\hat{\boldsymbol{\omega}}(t_k)$ 是对 $\boldsymbol{\omega}(t_k)$ 的估计，$\hat{\boldsymbol{d}}_m(t_k)$ 是对 $\boldsymbol{d}_m(t_k)$ 的估计，$\boldsymbol{v}(t_k)$ 是观测器辅助状态，$\boldsymbol{L}$ 是观测器增益。估计误差为

$$\boldsymbol{e}_\omega(t_k)=\boldsymbol{\omega}(t_k)-\hat{\boldsymbol{\omega}}(t_k)\tag{3.6}$$

从式(3.3)～式(3.5)可得误差动态系统为

$$\delta\boldsymbol{e}_\omega(t_k)=(\boldsymbol{W}+\boldsymbol{LBV})\boldsymbol{e}_\omega(t_k)+\boldsymbol{LF}f(\boldsymbol{x}(t_k),t_k)+\boldsymbol{H}_2\boldsymbol{\phi}(t_k)+\boldsymbol{LH}_1\boldsymbol{d}_0(t_k)\tag{3.7}$$

可以写为

$$\delta\boldsymbol{e}_\omega(t_k)=(\boldsymbol{W}+\boldsymbol{LBV})\boldsymbol{e}_\omega(t_k)+\boldsymbol{H}\boldsymbol{d}(t_k)\tag{3.8}$$

其中，$\boldsymbol{e}_\omega(t_k)$ 为参考输出，有

$$\boldsymbol{H}=\begin{bmatrix}\boldsymbol{LF} & \boldsymbol{H}_2 & \boldsymbol{LH}_1\end{bmatrix},\quad \boldsymbol{d}(t_k)=\begin{bmatrix}f(\boldsymbol{x}(t_k),t_k) & \boldsymbol{\phi}(t_k) & \boldsymbol{d}_0(t_k)\end{bmatrix}$$

先给出系统式(3.8)鲁棒稳定的定义。

定义 3.1 对于给定的γ和 $\boldsymbol{d}(t_k)\in\mathcal{L}_2[0,\ \infty]$ 如果满足

①在 $\boldsymbol{d}(t_k)\equiv 0$ 时系统是渐进稳定的；

②在零初始条件下，估计误差$\boldsymbol{e}_\omega(t_k)$满足

$$J_0=\sum_{k=0}^{\infty}\left\{\boldsymbol{e}_\omega^{\mathrm{T}}(t_k)\boldsymbol{e}_\omega(t_k)-\gamma^2\boldsymbol{d}^{\mathrm{T}}(t_k)\boldsymbol{d}(t_k)\right\}\leqslant 0$$

那么，系统式(3.8)被称作是鲁棒稳定的。

对于系统式(3.3)，可以设计复合控制器同时作用于匹配扰动实现性能代价最优，基于扰动观测器的最优控制给出

$$\overline{\boldsymbol{u}}(t_k)=\boldsymbol{u}(t_k)-\hat{\boldsymbol{d}}_m(t_k) \tag{3.9}$$

其中，$\boldsymbol{u}(t_k)$是最优控制的反馈控制策略，$\hat{\boldsymbol{d}}_m(t_k)$是前馈补偿项，将式(3.4)～式(3.6)代入式(3.1)中，可以得到

$$\delta\boldsymbol{x}(t_k)=\boldsymbol{A}\boldsymbol{x}(t_k)+\boldsymbol{B}\boldsymbol{u}(t_k)+\boldsymbol{B}\boldsymbol{V}\boldsymbol{e}_\omega(t_k)+\boldsymbol{H}_1\boldsymbol{d}_0(t_k)+\boldsymbol{F}f(\boldsymbol{x}(t_k),t_k) \tag{3.10}$$

在$\boldsymbol{e}_\omega(t_k)=\boldsymbol{d}_0(t_k)=f(\boldsymbol{x}(t_k),t_k)\equiv 0$时，上面的系统就可以定义为标准系统，标准系统的 LQ 函数如下：

$$J(\boldsymbol{u})=\boldsymbol{x}^{\mathrm{T}}(t_k)\boldsymbol{Q}_\delta^K\boldsymbol{x}(t_k)+T_s\sum_{k=0}^{K-1}(\boldsymbol{x}^{\mathrm{T}}(t_k)\boldsymbol{Q}_\delta\boldsymbol{x}(t_k)+\boldsymbol{u}^{\mathrm{T}}(t_k)\boldsymbol{R}_\delta\boldsymbol{u}(t_k)) \tag{3.11}$$

其中，$\boldsymbol{Q}_\delta^K\geqslant 0$，$\boldsymbol{Q}_\delta\geqslant 0$，$\boldsymbol{R}_\delta>0$，在标准系统中，可以使用传统的最优控制作为设计目标，即$J^*:=J^*(\boldsymbol{u}^*)\leqslant J(\boldsymbol{u})$[47]。但是在系统式(3.10)中存在估计误差、非匹配扰动和未知非线性，会导致与传统最优值有偏差，为了描述系统式(3.10)，引入ε-optimum 的概念，定义如下：

$$\hat{J}(\boldsymbol{u}^*)\leqslant\inf_{\boldsymbol{u}\in U_{\mathrm{admis}}}\hat{J}(\boldsymbol{u})+\varepsilon \tag{3.12}$$

$\hat{J}(\boldsymbol{u})$是系统式(3.10)的代价函数，标量ε描述相对于最优点的偏离。

在本章中，主要是设计基于扰动观测器的补偿控制器使系统式(3.10)满足ε-optimum，特别说明，我们的设计目标有：

①设计扰动观测器增益$\boldsymbol{L}$使得误差系统式(3.6)满足鲁棒稳定，得到前馈补偿$\boldsymbol{d}_m(t_k)$；

②对于标准系统设计最优控制策略$\boldsymbol{u}^*$，实现系统的最优控制；

③在补偿控制策略式(3.9)下，给出上界值ε使其满足式(3.12)，给出求解ε估计值的算法。

3.3　δ 域合作博弈优化算法

3.3.1　有限时间 δ 域合作博弈优化策略设计

在这部分中，在 δ 域内给出了扰动观测器增益设计和最优控制策略。

下面用 LMI 的方法给出了扰动观测器增益的充分条件。

定理 3.1　对于给定的标量 $\gamma > 0$，$T_s > 0$ 给出 Lyapunov 矩阵 $\boldsymbol{P}_0 > 0$，矩阵 $\boldsymbol{\Gamma}$ 满足

$$\begin{bmatrix} \boldsymbol{I}-\dfrac{1}{T_s}\boldsymbol{P}_0 & 0 & 0 & 0 & \boldsymbol{\Xi}^{\mathrm{T}} \\ 0 & -\gamma^2\boldsymbol{I} & 0 & 0 & T_s\boldsymbol{F}^{\mathrm{T}}\boldsymbol{\Gamma}^{\mathrm{T}} \\ 0 & 0 & -\gamma^2\boldsymbol{I} & 0 & T_s\boldsymbol{P}_0^{\mathrm{T}}\boldsymbol{H}_2^{\mathrm{T}} \\ 0 & 0 & 0 & -\gamma^2\boldsymbol{I} & T_s\boldsymbol{H}_1^{\mathrm{T}}\boldsymbol{\Gamma}^{\mathrm{T}} \\ \boldsymbol{\Xi} & T_s\boldsymbol{\Gamma}\boldsymbol{F} & T_s\boldsymbol{P}_0\boldsymbol{H}_2 & T_s\boldsymbol{\Gamma}\boldsymbol{H}_1 & -T_s\boldsymbol{P}_0 \end{bmatrix} < 0 \tag{3.13}$$

其中，$\boldsymbol{\Xi} = T_s\boldsymbol{P}_0\boldsymbol{W} + T_s\boldsymbol{\Gamma}\boldsymbol{B}\boldsymbol{V} + \boldsymbol{P}_0$，误差系统式(3.6)鲁棒稳定，进一步，扰动观测器可由 $\boldsymbol{L} = \boldsymbol{P}_0^{-1}\boldsymbol{\Gamma}$ 获得。

证明　给出 Lyapunov 函数 $V(t_k) = \boldsymbol{e}_\omega^{\mathrm{T}}(t_k)\boldsymbol{P}_0\boldsymbol{e}_\omega(t_k)$。在 $\boldsymbol{e}_\omega(0) = 0$ 时得

$$\begin{aligned} J_0 &= \sum\nolimits_{k=0}^{\infty}\left\{\boldsymbol{e}_\omega^{\mathrm{T}}(t_k)\boldsymbol{e}_\omega(t_k) - \gamma^2\boldsymbol{d}^{\mathrm{T}}(t_k)\boldsymbol{d}(t_k)\right\} \\ &\leqslant \sum\nolimits_{k=0}^{\infty}\left\{\boldsymbol{e}_\omega^{\mathrm{T}}(t_k)\boldsymbol{e}_\omega(t_k) - \gamma^2\boldsymbol{d}^{\mathrm{T}}(t_k)\boldsymbol{d}(t_k) + \mathbb{E}\{\delta V(t_k)\}\right\} \\ &= \sum\nolimits_{k=0}^{\infty}\left\{\boldsymbol{e}_\omega^{\mathrm{T}}(t_k)\boldsymbol{e}_\omega(t_k) - \gamma^2\boldsymbol{d}^{\mathrm{T}}(t_k)\boldsymbol{d}(t_k)\right. \\ &\quad \left. + \delta\boldsymbol{e}_\omega^{\mathrm{T}}(t_k)\boldsymbol{P}_0\boldsymbol{e}_\omega(t_k) + \boldsymbol{e}_\omega^{\mathrm{T}}(t_k)\boldsymbol{P}_0\delta\boldsymbol{e}_\omega(t_k) + T_s\delta\boldsymbol{e}_\omega^{\mathrm{T}}(t_k)\boldsymbol{P}_0\delta\boldsymbol{e}_\omega(t_k)\right\} \\ &= \sum\nolimits_{k=0}^{\infty}\begin{bmatrix}\boldsymbol{e}_\omega(t_k) & \boldsymbol{d}(t_k)\end{bmatrix}\boldsymbol{\Psi}\begin{bmatrix}\boldsymbol{e}_\omega(t_k) & \boldsymbol{d}(t_k)\end{bmatrix}^{\mathrm{T}} \end{aligned} \tag{3.14}$$

其中，

$$\boldsymbol{\Psi} = \begin{bmatrix} \boldsymbol{I} + \boldsymbol{G}^{\mathrm{T}}\boldsymbol{P}_0 + \boldsymbol{P}_0\boldsymbol{G} + T_s\boldsymbol{G}^{\mathrm{T}}\boldsymbol{P}_0\boldsymbol{G} & \boldsymbol{P}_0\boldsymbol{H} + T_s\boldsymbol{G}^{\mathrm{T}}\boldsymbol{P}_0\boldsymbol{H} \\ \boldsymbol{H}^{\mathrm{T}}\boldsymbol{P}_0 + T_s\boldsymbol{H}^{\mathrm{T}}\boldsymbol{P}_0\boldsymbol{G} & T_s\boldsymbol{H}^{\mathrm{T}}\boldsymbol{P}_0\boldsymbol{H} - \gamma^2\boldsymbol{I} \end{bmatrix}$$

$\boldsymbol{G} = \boldsymbol{W} + \boldsymbol{L}\boldsymbol{B}\boldsymbol{V}$，显然，$\boldsymbol{\Psi} < 0$ 可以得到 $\boldsymbol{G}^{\mathrm{T}}\boldsymbol{P}_0 + \boldsymbol{P}_0\boldsymbol{G} + T_s\boldsymbol{G}^{\mathrm{T}}\boldsymbol{P}_0\boldsymbol{G} < 0$，说明系统式(3.10)是均方渐进稳定的。由 Schur 补引理可得 $\boldsymbol{\Psi} < 0$ 等价于

$$\boldsymbol{\Psi}_1=\begin{bmatrix} \boldsymbol{I}-\frac{1}{T_s}\boldsymbol{P}_0 & 0 & T_s\boldsymbol{G}^{\mathrm{T}}+\boldsymbol{I} \\ 0 & -\gamma^2\boldsymbol{I} & T_s\boldsymbol{H}^{\mathrm{T}} \\ T_s\boldsymbol{G}+\boldsymbol{I} & T_s\boldsymbol{H} & -T_s\boldsymbol{P}_0 \end{bmatrix}<0 \tag{3.15}$$

乘以 $\mathrm{diag}\{[\boldsymbol{I},\ \boldsymbol{P}_0,\ \boldsymbol{P}_0]\}$，得到

$$\boldsymbol{\Psi}_2=\begin{bmatrix} \boldsymbol{I}-\frac{1}{T_s}\boldsymbol{P}_0 & 0 & T_s\boldsymbol{G}^{\mathrm{T}}\boldsymbol{P}_0+\boldsymbol{P}_0 \\ 0 & -\gamma^2\boldsymbol{I} & T_s\boldsymbol{H}^{\mathrm{T}}\boldsymbol{P}_0 \\ T_s\boldsymbol{P}_0\boldsymbol{G}+\boldsymbol{P}_0 & T_s\boldsymbol{P}_0\boldsymbol{H} & -T_s\boldsymbol{P}_0 \end{bmatrix}<0 \tag{3.16}$$

将 $\boldsymbol{G}=\boldsymbol{W}+\boldsymbol{LBV}$，$\boldsymbol{H}=[\boldsymbol{LF}\quad \boldsymbol{H}_2\quad \boldsymbol{LH}_1]$ 代入式(3.16)定义 $\boldsymbol{\Gamma}=\boldsymbol{P}_0\boldsymbol{L}$，得到式(3.13)是鲁棒稳定的，证毕。

必须指出在定理 3.1 中 T_s 是显示参数，与离散系统的 z 算子得到的结果相比有明显优势。上面的结果可以在 $T_s\to 0$ 和 $T_s=1$ 得到相应的连续系统和离散系统结果。事实上，我们得到下面优化问题：

$$\begin{gathered}\gamma^*:=\min_{\boldsymbol{P}_0>0,\boldsymbol{\Gamma}}\gamma \\ \text{s.t.}\quad \text{约束式(3.13)}\end{gathered} \tag{3.17}$$

3.3.2　无限时间δ域合作博弈优化策略设计

在这部分中，给出了标准系统的最优控制策略及存在和唯一的充分条件。

定理 3.2　对于标准系统可以得到下列结论：

①定义 $\boldsymbol{\Theta}(t_k):=\boldsymbol{R}_\delta+T_s\boldsymbol{B}^{\mathrm{T}}\boldsymbol{Z}(t_{k+1})\boldsymbol{B}$，如果 $\boldsymbol{\Theta}(t_k)>0$ 那么存在唯一最优值；

②在条件①成立的情况下，最优的控制策略 $\boldsymbol{u}^*$ 可以给定为 $\boldsymbol{u}^*(t_k)=-\boldsymbol{P}(t_k)\boldsymbol{x}(t_k)$，其中，

$$\boldsymbol{P}(t_k)=(\boldsymbol{R}_\delta+T_s\boldsymbol{B}^{\mathrm{T}}\boldsymbol{Z}(t_{k+1})\boldsymbol{B})^{-1}\boldsymbol{B}^{\mathrm{T}}\boldsymbol{Z}(t_{k+1})(T_s\boldsymbol{A}+\boldsymbol{I}) \tag{3.18}$$

③Riccati 递推方程为 $\boldsymbol{Z}(t_K)=\boldsymbol{Q}_\delta^K$ 和

$$\begin{aligned}-\delta\boldsymbol{Z}(t_k)&=\boldsymbol{Q}_\delta+\boldsymbol{P}^{\mathrm{T}}(t_k)\boldsymbol{R}_\delta\boldsymbol{P}(t_k)+T_s(\boldsymbol{A}-\boldsymbol{BP}(t_k))^{\mathrm{T}}\boldsymbol{Z}(t_{k+1})(\boldsymbol{A}-\boldsymbol{BP}(t_k)) \\ &\quad+\boldsymbol{Z}(t_{k+1})(\boldsymbol{A}-\boldsymbol{BP}(t_k))+(\boldsymbol{A}-\boldsymbol{BP}(t_k))^{\mathrm{T}}\boldsymbol{Z}(t_{k+1}) \\ \boldsymbol{Z}(t_k)&=\boldsymbol{Z}(t_{k+1})-T_s\delta\boldsymbol{Z}(t_k)\end{aligned} \tag{3.19}$$

④在条件①下，最优值为 $J^*=\boldsymbol{x}^{\mathrm{T}}(0)\boldsymbol{Z}(0)\boldsymbol{x}(0)$，$\boldsymbol{x}(0)$ 表示状态初值。

证明　用归纳法进行证明。在 t_{k+1} 时刻，δ域代价函数为

$$V(\boldsymbol{x}(t_{k+1})) = \boldsymbol{x}^{\mathrm{T}}(t_{k+1})\boldsymbol{Z}(t_{k+1})\boldsymbol{x}(t_{k+1}) \tag{3.20}$$

其中，$\boldsymbol{Z}(t_{k+1}) > 0$ 进一步得

$$\begin{aligned} V(\boldsymbol{x}(t_{k+1})) &= T_s\delta(\boldsymbol{x}^{\mathrm{T}}(t_k)\boldsymbol{Z}(t_k)\boldsymbol{x}(t_k)) + \boldsymbol{x}^{\mathrm{T}}(t_k)\boldsymbol{Z}(t_k)\boldsymbol{x}(t_k) \\ &= T_s\delta\boldsymbol{x}^{\mathrm{T}}(t_k)\boldsymbol{Z}(t_{k+1})\boldsymbol{x}(t_k) + T_s\boldsymbol{x}^{\mathrm{T}}(t_k)\boldsymbol{Z}(t_{k+1})\delta\boldsymbol{x}(t_k) \\ &\quad + T_s^2\delta\boldsymbol{x}^{\mathrm{T}}(t_k)\boldsymbol{Z}(t_{k+1})\delta\boldsymbol{x}(t_k) + \boldsymbol{x}^{\mathrm{T}}(t_k)\boldsymbol{Z}(t_{k+1})\boldsymbol{x}(t_k) \end{aligned}$$

由动态规划可得，在 t_k 时刻有

$$\begin{aligned} V(\boldsymbol{x}(t_{k+1})) &= \min_{u(t_k)}\left\{T_s\boldsymbol{x}^{\mathrm{T}}(t_k)\boldsymbol{Q}_\delta\boldsymbol{x}(t_k) + T_s\boldsymbol{u}^{\mathrm{T}}(t_k)\boldsymbol{R}_\delta\boldsymbol{u}(t_k) + V(t_{k+1})\right\} \\ &= \min_{u(t_k)}\left\{T_s\boldsymbol{x}^{\mathrm{T}}(t_k)\boldsymbol{Q}_\delta\boldsymbol{x}(t_k) + T_s\boldsymbol{u}^{\mathrm{T}}(t_k)\boldsymbol{R}_\delta\boldsymbol{u}(t_k) + \boldsymbol{x}^{\mathrm{T}}(t_k)\boldsymbol{Z}(t_{k+1})\boldsymbol{x}(t_k)\right. \\ &\quad + T_s(\boldsymbol{A}\boldsymbol{x}(t_k) + \boldsymbol{B}\boldsymbol{u}(t_k))^{\mathrm{T}}\boldsymbol{Z}(t_{k+1})\boldsymbol{x}(t_k) \\ &\quad + T_s\boldsymbol{x}^{\mathrm{T}}(t_k)\boldsymbol{Z}(t_{k+1})(\boldsymbol{A}\boldsymbol{x}(t_k) + \boldsymbol{B}\boldsymbol{u}(t_k)) \\ &\quad \left. + T_s^2(\boldsymbol{A}\boldsymbol{x}(t_k) + \boldsymbol{B}\boldsymbol{u}(t_k))^{\mathrm{T}}\boldsymbol{Z}(t_{k+1})(\boldsymbol{A}\boldsymbol{x}(t_k) + \boldsymbol{B}\boldsymbol{u}(t_k))\right\} \end{aligned} \tag{3.21}$$

在条件 $\boldsymbol{\Theta}(t_k) > 0$ 下，代价函数是 $\boldsymbol{u}(t_k)$ 的严格凸函数，因此最小值可由 $\partial V(\boldsymbol{x}(t_k)) / \partial \boldsymbol{u}(t_k) = 0$ 得到，则

$$\partial V(\boldsymbol{x}(t_k)) / \partial \boldsymbol{u}(t_k) = \boldsymbol{R}_\delta\boldsymbol{u}(t_k) + \boldsymbol{B}^{\mathrm{T}}\boldsymbol{Z}(t_{k+1})((T_s\boldsymbol{A} + \boldsymbol{I})\boldsymbol{x}(t_k) + T_s\boldsymbol{B}\boldsymbol{u}(t_k)) = 0 \tag{3.22}$$

那么最优的控制策略为 $\boldsymbol{u}^*(t_k) = -\boldsymbol{P}(t_k)\boldsymbol{x}(t_k)$，其反馈策略如式(3.18)，将其代入后可得递推方程(3.19)，证毕。

注释 3.1　定理 3.2 可以看作是连续域和离散域的统一形式，其中，离散域结果可以由 $T_s = 1$ 获得，另一方面，定理 3.2 转化为连续域的结果可以如下获得：

$$\lim_{T_s \to 0} \delta\boldsymbol{Z}(t_k) = \boldsymbol{Z}(t) \tag{3.23}$$

反馈策略可以写为

$$\boldsymbol{P}(t) = \boldsymbol{R}_\delta^{-1}\boldsymbol{B}_s^{\mathrm{T}}\boldsymbol{Z}(t) \tag{3.24}$$

由式(3.23)和式(3.24)在 $T_s \to 0$ 时，Riccati 迭代式(3.19)可得到

$$\boldsymbol{Q}_\delta + \boldsymbol{Z}(t)\boldsymbol{A}_s + \boldsymbol{A}_s^{\mathrm{T}}\boldsymbol{Z}(t) - \boldsymbol{Z}(t)\boldsymbol{B}_s\boldsymbol{R}_\delta\boldsymbol{B}_s^{\mathrm{T}}\boldsymbol{Z}(t) + \dot{\boldsymbol{Z}}(t) = 0 \tag{3.25}$$

式(3.24)和式(3.25)与连续时间系统的结果一致，可证明定理 3.2 是连续和离散时间系统的统一形式。

注释 3.2　定理 3.2 中的采样周期 T_s 是显示参数，因此可以通过选取适当的采样周期来适应网络环境。进一步，定理 3.2 的结果可以被推广到时变情况，即 $\boldsymbol{A}(t_k)$ 和 $\boldsymbol{B}(t_k)$，$k \in \boldsymbol{K}$。

3.3.3 δ域ε帕累托最优值的鲁棒性分析

上一节已经得到标准系统的最优控制策略$\boldsymbol{P}(t_k)$，如果干扰$\boldsymbol{e}_{\omega}(t_k)$、$\boldsymbol{d}_0(t_k)$和$f(\boldsymbol{x}(t_k),t_k)$存在于系统式(3.10)中，那么对于最优值有一定的偏离。在这部分中，考虑系统式(3.10)，对ε-optimum 偏离进行估计。下面先给出一些定义：

① $\boldsymbol{x}^*(t_k)$是标准系统的状态向量，使用最优控制策略式(3.18)；

② $\boldsymbol{x}(t_k)$是系统式(3.10)的状态向量，使用最优控制策略式(3.18)。

满足下列要求：

$$\sum_{k=0}^{K}\left\|\boldsymbol{x}^*(t_k)\right\|^2 \leqslant \beta_1$$

给出下列标记：

$$\begin{aligned}
&\left\|\boldsymbol{e}_{\omega}(t_k)\right\|^2 \leqslant \zeta,\\
&\overline{\boldsymbol{Q}}_{\delta}(t_k)=T_s\boldsymbol{Q}_{\delta}^{K},\overline{\boldsymbol{Q}}_{\delta}(t_k)=T_s\boldsymbol{Q}_{\delta}+T_s\boldsymbol{L}^{\mathrm{T}}(t_k)\boldsymbol{R}_{\delta}\boldsymbol{L}(t_k),\\
&\overline{\boldsymbol{e}}(t_k)=\overline{\boldsymbol{x}}(t_k)-\boldsymbol{x}(t_k),\\
&V_1(t_k)=\overline{\boldsymbol{e}}^{\mathrm{T}}(t_k)\boldsymbol{S}_1(t_k)\overline{\boldsymbol{e}}(t_k),\\
&\overline{\boldsymbol{S}}_1:=\left\{\overline{\boldsymbol{S}}_1-\boldsymbol{S}_1(t_k)>0,\forall k\in\boldsymbol{K}\right\},\\
&\lambda_{1e_{\omega}}=\lambda_{\max}\left\{T_s\boldsymbol{V}^{\mathrm{T}}\boldsymbol{B}^{\mathrm{T}}(\overline{\boldsymbol{S}}_1+\overline{\boldsymbol{S}}_1\boldsymbol{\Lambda}_1^{-1}\overline{\boldsymbol{S}}_1+\overline{\boldsymbol{S}}_1\boldsymbol{\Lambda}_4^{-1}\overline{\boldsymbol{S}}_1+\overline{\boldsymbol{S}}_1\boldsymbol{\Lambda}_5^{-1}\overline{\boldsymbol{S}}_1)\boldsymbol{B}V\right\},\\
&\lambda_{1d_0}=\lambda_{\max}\left\{T_s\boldsymbol{H}_1^{\mathrm{T}}(\overline{\boldsymbol{S}}_1+\overline{\boldsymbol{S}}_1\boldsymbol{\Lambda}_3^{-1}\overline{\boldsymbol{S}}_1+\boldsymbol{\Lambda}_5+\overline{\boldsymbol{S}}_1\boldsymbol{\Lambda}_6^{-1}\overline{\boldsymbol{S}})\boldsymbol{H}_1\right\},\\
&\lambda_{1f}=\lambda_{\max}\left\{T_s\boldsymbol{F}^{\mathrm{T}}(\overline{\boldsymbol{S}}_1+\overline{\boldsymbol{S}}_1\boldsymbol{\Lambda}_3^{-1}\overline{\boldsymbol{S}}_1+\boldsymbol{\Lambda}_5+\boldsymbol{\Lambda}_6^{-1})\boldsymbol{F}\right\}
\end{aligned}$$

下面给出ε-optimum 的偏离值的估计。

定理 3.3　对于系统式(3.10)考虑性能式(3.11)，在使用由定理 3.2 得到的最优控制策略$\boldsymbol{u}^*$时，如果存在正定矩阵$\left\{\boldsymbol{\Lambda}_i\right\}_{i=1}^{7}$、$\boldsymbol{\mathcal{L}}_1$，正定矩阵$\boldsymbol{S}_1$满足下列递推式：

$$\begin{aligned}
-\delta\boldsymbol{S}_1(t_k)=&T_s\overline{\boldsymbol{A}}^{\mathrm{T}}(t_k)\boldsymbol{S}_1(t_{k+1})\overline{\boldsymbol{A}}(t_k)+\boldsymbol{S}_1(t_{k+1})\overline{\boldsymbol{A}}(t_k)+\overline{\boldsymbol{A}}^{\mathrm{T}}(t_k)\boldsymbol{S}_1(t_{k+1})\\
&+\frac{1}{T_s}\boldsymbol{\mathcal{L}}_1+\frac{1}{T_s}(T_s\overline{\boldsymbol{A}}^{\mathrm{T}}(t_k)+\boldsymbol{I})^{\mathrm{T}}(\boldsymbol{\Lambda}_1+\boldsymbol{\Lambda}_2+\boldsymbol{\Lambda}_3)(T_s\overline{\boldsymbol{A}}^{\mathrm{T}}(t_k)+\boldsymbol{I}),
\end{aligned}\tag{3.26}$$

$$\boldsymbol{S}_1(t_k)=\boldsymbol{S}_1(t_{k+1})-T_s\delta\boldsymbol{S}_1(t_k)$$

那么由定理 3.2 提供的最优控制策略满足下列ε-optimum，也就是

$$\hat{J}^*(\boldsymbol{u}^*)\leqslant J(\boldsymbol{u}^*)+\varepsilon \tag{3.27}$$

其中，

$$\varepsilon = \max_{\forall k \in \boldsymbol{K}} \lambda_{\max}\left\{\bar{\boldsymbol{Q}}_{\delta}(t_k)\right\}\Big(T_s \lambda_{\min}^{-1}\left\{\boldsymbol{\mathcal{L}}_1\right\} K(\lambda_{1e_{\omega}}\zeta + \lambda_{1d_0}\xi + \lambda_{1f}\eta) + \lambda_{\min}^{-1}\left\{\boldsymbol{\mathcal{L}}_1\right\} V_1(0) + \sqrt{\beta_1(T_s\lambda_{\min}^{-1}\left\{\boldsymbol{\mathcal{L}}_1\right\} K(\lambda_{1e_{\omega}}\zeta + \lambda_{1d_0}\xi + \lambda_{1f}\eta) + \lambda_{\min}^{-1}\left\{\boldsymbol{\mathcal{L}}_1\right\} V_1(0))}\Big) \tag{3.28}$$

证明 类似于定理 2.2，省略。

注释 3.3 由定理 3.3 可知下列结论成立：如果 $\boldsymbol{\phi}(t_k) = \boldsymbol{d}_0(t_k) = f(\boldsymbol{x}(t_k), t_k) = 0$ 且 $\bar{\boldsymbol{e}}(0) = \tilde{\boldsymbol{e}}(0) = 0$，所谓的 ε - optimum 将会简化为传统的最优，也就是 $\varepsilon = 0$。

推论 3.1 将性能代价的平均值定义为

$$\hat{J}_{\text{av}}(\boldsymbol{u}) = \frac{1}{K}\hat{J}(\boldsymbol{u}),\ J_{\text{av}}(\boldsymbol{u}) = \frac{1}{K}J(\boldsymbol{u})$$

如果最优控制策略 $\boldsymbol{u}^*$ 对于足够大的 K 满足 δ 域的 ε - optimum，有下列不等式成立：

$$\hat{J}_{\text{av}}^*(\boldsymbol{u}^*) \leqslant J_{\text{av}}(\boldsymbol{u}^*) + \varepsilon_{\text{av}}$$

其中，

$$\varepsilon_{av} = \max_{\forall k \in \boldsymbol{K}} \lambda_{\max}\left\{\bar{\boldsymbol{Q}}_{\delta}(t_k)\right\}\Big(T_s \lambda_{\min}^{-1}\left\{\boldsymbol{\mathcal{L}}_1\right\}(\lambda_{1e_{\omega}}\zeta + \lambda_{1d_0}\xi + \lambda_{1f}\eta) + O\left(\frac{1}{\sqrt{K}}\right)\Big)$$

证明 结果可从定理 3.3 中直接得到，在这里省略。

注释 3.4 从定理 3.3 可知在推论 3.1 中 ε - optimum 的偏离值在 $K \to \infty$ 时不取决于状态的初始值 $\boldsymbol{x}(0)$。因为对于任意的 K_k 在 $K \to \infty$ 时较初始的阶段对平均性能代价影响较小，也就是：

$$\lim_{K\to\infty}\frac{1}{K}\left\{\sum_{k=0}^{K_k-1}\boldsymbol{x}^{\mathrm{T}}(t_k)\boldsymbol{Q}_{\delta}\boldsymbol{x}(t_k) + \boldsymbol{u}^{\mathrm{T}}(t_k)\boldsymbol{R}_{\delta}\boldsymbol{u}(t_k)\right\} = 0$$

3.4 实物实验

在这部分中，我们分别将本章的结论运用到功率系统和球杆系统进行数值仿真和实验验证，将提出的方法运用到类似于第 2 章的多区域 LFC 问题的功率控制系统中[76]，我们的目标是控制 LFC 的输出满足设定值同时保证对于扰动、非线性的鲁棒性。考虑了下列相互作用的二区域功率控制系统：

$$\dot{\boldsymbol{x}}(t) = \boldsymbol{A}\boldsymbol{x}(t) + \boldsymbol{B}(\bar{\boldsymbol{u}}(t) + \boldsymbol{P}_{d_m}(t)) + \boldsymbol{H}\Delta\boldsymbol{P}_d(t) + \boldsymbol{F}\boldsymbol{f}(t) \tag{3.29}$$

式中大部分参数与第 2 章式(2.28)一样，给出不同部分：

$$\Delta \boldsymbol{P}_{d_m}(t)=\left[\Delta \boldsymbol{P}_{d_{m_1}}^{\mathrm{T}}(t) \quad \Delta \boldsymbol{P}_{d_{m_2}}^{\mathrm{T}}(t)\right]^{\mathrm{T}}, \boldsymbol{f}(t)=\left[\boldsymbol{f}_1^{\mathrm{T}}(t) \quad \boldsymbol{f}_2^{\mathrm{T}}(t)\right]^{\mathrm{T}},$$

$$\boldsymbol{F}=\operatorname{diag}\left\{\left[\boldsymbol{F}^1 \quad \boldsymbol{F}^2\right]\right\}, \boldsymbol{F}^i=\left[0 \quad 0 \quad 1 \quad 0 \quad 0\right]^{\mathrm{T}}$$

与第 2 章不同的是我们首先设计补偿控制器，参数设定为 K=200，$T_s=0.05\mathrm{s}$，匹配扰动的初始值为 $\boldsymbol{\omega}(0)=\left[0.1 \quad -0.05\right]^{\mathrm{T}}$，为了解决设计目标中的①和②设定代价函数的权重矩阵为 $\boldsymbol{Q}_\delta^K=\boldsymbol{I}$，$\boldsymbol{Q}_\delta=\boldsymbol{I}$，$\boldsymbol{R}_\delta=\boldsymbol{I}$。非匹配扰动选为 $\Delta \boldsymbol{P}_d(t_k)=1/(5+10\times k)$，匹配扰动可以描述为

$$\boldsymbol{W}=\begin{bmatrix}-2.4480 & 9.5880\\ -9.5880 & -2.4480\end{bmatrix}, \boldsymbol{H}_2=\begin{bmatrix}0.02\\ 0.02\end{bmatrix},$$

$$\boldsymbol{V}=\begin{bmatrix}15 & 0\\ 0 & 10\end{bmatrix}, \phi(t_k)=1/t_k$$

使用 MATLAB 工具箱里的 YALMIP 工具包，可以得到最优的扰动抑制值为 $\gamma=0.0014$，扰动观测器增益为

$$\boldsymbol{L}=\begin{bmatrix}-0.0835 & -1.1361 & -0.0804 & 0.8784 & 0.8491 & -0.5041 & -1.6755 & 0.0804 & 0.8567 & 0.8150\\ -0.3356 & 0.6449 & 0.0441 & 0.3437 & 0.3437 & -0.8934 & -0.7593 & -0.0441 & 0.3361 & 0.2985\end{bmatrix}$$

状态的初始值选为 $\boldsymbol{x}(0)=\left[0 \quad 5 \quad 0 \quad 0 \quad 0 \quad 0 \quad 0 \quad 0 \quad 0 \quad 5\right]^{\mathrm{T}}$。扰动观测器的效果如图 3.1 所示，在有扰动观测器和无扰动观测器情况下，控制输入和频率偏离的比较如图 3.2 所示，很容易看出基于扰动观测器的复合控制能够明显的改善控制效果，进一步验证了我们提出算法的有效性和优势。

下面我们将对 ε - optimum 的偏离进行估计，非线性函数选为 $\boldsymbol{f}_1(t_k)=\Delta \boldsymbol{P}_{g_1}(t_k)\times\cos(t_k)/10$，$\boldsymbol{f}_2(t_k)=\Delta \boldsymbol{P}_{g_2}(t_k)\times\cos(t_k)/10$，其他参数选定为 $\boldsymbol{\Lambda}_j=\boldsymbol{I}_{10\times10}, \forall j\in\{1,2,\cdots,6\}$，$\mathcal{L}_1=\boldsymbol{I}_{10\times10}$，求取偏离上界的参数选定为 $\beta_1=10.17, \zeta=0.0025, \xi=0.04, \eta=0.01$，$\lambda_{\max}\left\{\bar{\boldsymbol{Q}}(t_k)\right\}=0.657$。由式(3.29)可得 $\Delta J=319.2$，性能代价为 $\hat{J}=1.8155\times10^3$，ε - optimum 上界的偏离值为15.2%。

将上面的结果运用到实际的实验平台进行验证，球杆系统实验平台如图 3.3 所示，小球在杆的槽内移动，球杆系统的物理结构如图 3.4 所示，其中，γ 和 θ 分别表示球的位置和杆的角度，定义状态 $\boldsymbol{x}=\left[\gamma \quad \dot{\gamma} \quad \theta \quad \dot{\theta}\right]^{\mathrm{T}}$，非线性部分为 $f=\gamma\dot{\theta}^2$，连续域球杆系统的状态方程为

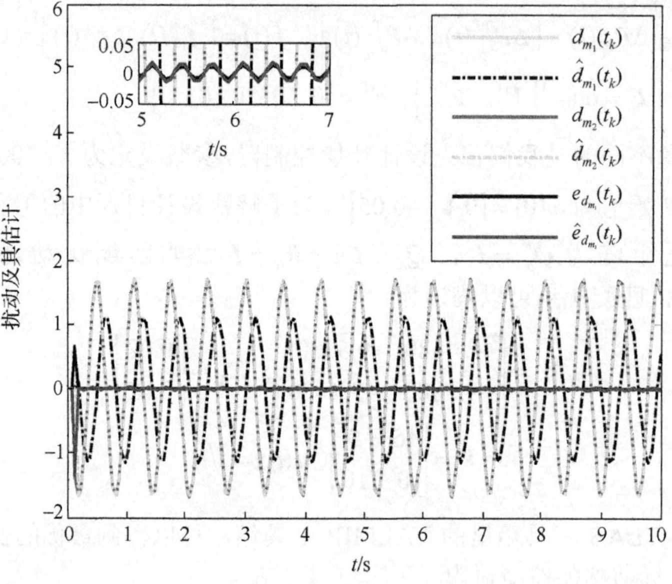

图 3.1　扰动观测器效果图

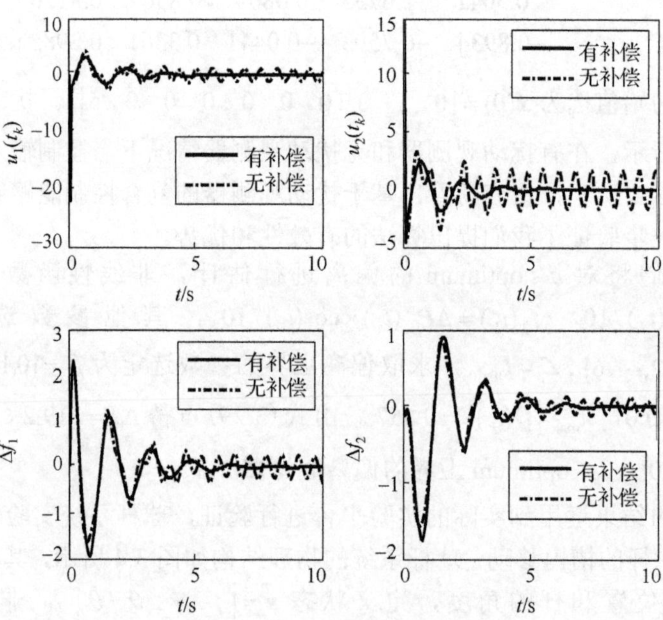

图 3.2　有无扰动观测器控制效果比较图

$$\dot{\boldsymbol{x}}(t) = \boldsymbol{A}_s\boldsymbol{x}(t) + \boldsymbol{B}_s\boldsymbol{u}(t) + \boldsymbol{F}_s\boldsymbol{f}(t)$$

其中，

$$\boldsymbol{A}_s = \begin{bmatrix} 0 & 1 & 0 & 0 \\ 0 & 0 & -7.007 & 0 \\ 0 & 0 & 0 & 1 \\ 0 & 0 & 0 & 0 \end{bmatrix},\ \boldsymbol{B}_s = \begin{bmatrix} 0 \\ 0 \\ 0 \\ 1 \end{bmatrix},\ \boldsymbol{F}_s = \begin{bmatrix} 0 \\ 0.7143 \\ 0 \\ 0 \end{bmatrix}$$

状态的初始值为 $\boldsymbol{x}(0) = \begin{bmatrix} -0.2 & 0 & 0 & 0 \end{bmatrix}^{\mathrm{T}}$，采样周期为 $T_s = 0.02\mathrm{s}$，输入通道的扰动为

$$\boldsymbol{W} = \begin{bmatrix} -6.1200 & 23.9700 \\ -23.9700 & -6.1200 \end{bmatrix},\ \boldsymbol{H}_2 = \begin{bmatrix} 0.05 \\ 0.05 \end{bmatrix},\quad \boldsymbol{V} = \begin{bmatrix} 5 & 0 \end{bmatrix},\ \phi(t_k) = 1/t_k \tag{3.30}$$

由定理 3.2 可得最优的控制器为 $\boldsymbol{u}^*(t_k) = [9.2713 \quad -8.4746 \quad 27.1400 \quad 7.2887]$ $\boldsymbol{x}(t_k)$，由定理 3.1 可得扰动观测器增益为

$$\boldsymbol{L} = 10^3 \cdot \begin{bmatrix} 24633.1591 & 377.0067 & 11.0026 & 0.1100 \\ 24036.3473 & 374.0473 & 11.3426 & 0.1134 \end{bmatrix} \tag{3.31}$$

在球杆系统的输入通道中加入上述扰动式(3.30)，在无扰动观测器和有扰动观测器式(3.31)情况下实验结果的状态响应如图 3.5 和图 3.6 所示，可以看出复合最优控制策略能够有效地提高系统性能。

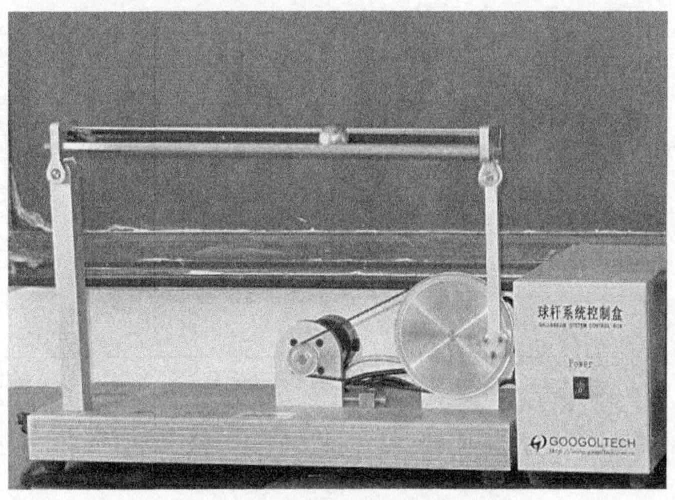

图 3.3　球杆系统实物图

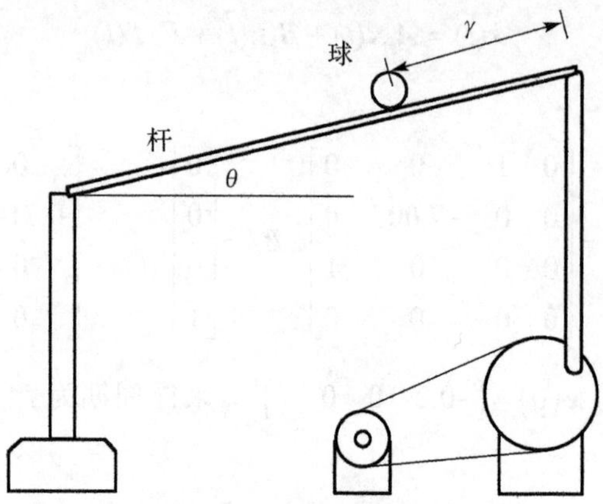

图 3.4　球杆系统物理结构图

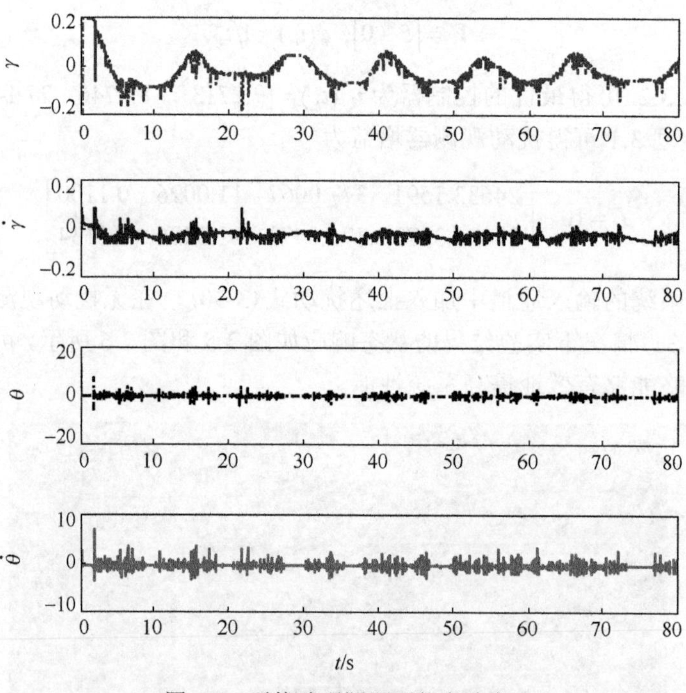

图 3.5　无扰动观测器下状态响应

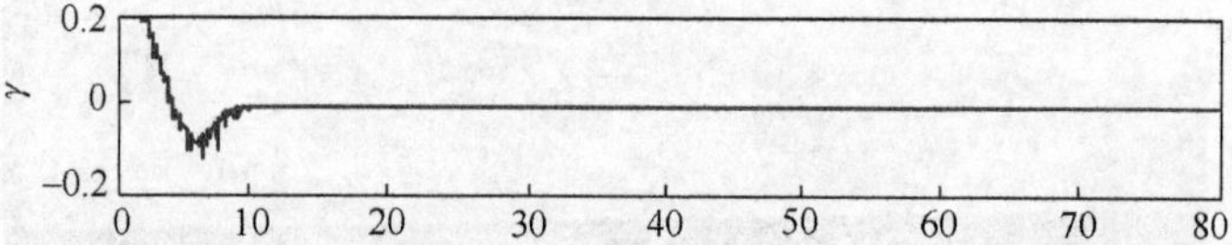

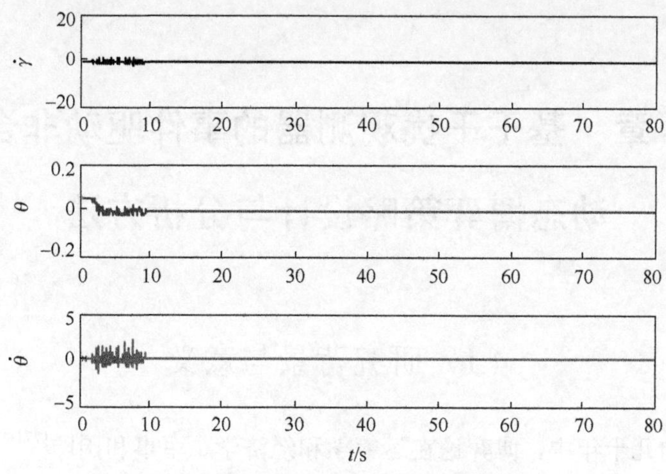

图 3.6　有扰动观测器下状态响应

3.5　本章小结

本章中，主要考虑了系统在受外界扰动和未知非线性影响时基于扰动观测器和 LQ 最优控制器的复合控制。将系统模型建立在δ域内，给出了基于δ算子系统的匹配扰动观测方法。引入ε-optimum 来描述扰动观测器和最优控制器对系统的耦合控制。复合控制器可以实现对匹配扰动的补偿和系统性能代价的最优。最后用仿真和实验结果验证了算法的正确性。

第 4 章　基于干扰观测器的事件驱动非合作动态博弈策略设计与分析方法

4.1　研究背景与意义

在过去的几十年中，博弈论在运筹学和经济学、军事和国防[77]、生物进化[12]以及通信和控制[51,78,79]领域广泛应用。在各种类型的博弈中，线性二次(linear quadratic，LQ)动态博弈引起了特别的兴趣，主要是因为它可为描述战略参与者的互动关系的场景提供解决方案[42, 80]。此外，值得指出的是，对 LQ 微分/差分博弈的一般形式的探索可以应用于一系列经典的控制问题。例如，如果只考虑单个优化性能标准的参与者，那么 LQ 动态博弈就归结为最优控制问题。H_∞ 极小控制/滤波问题也可以视为一类零和 LQ 博弈[81]。对多人 LQ 动态博弈的研究也在相应的问题中起着重要作用。

实际上，几乎所有实际的控制系统都会受到由负载变化、传输波动、模型不确定性或环境噪声引起的某些类型的干扰[82]。在过去的几年中，对具有多源干扰的控制系统的研究兴趣日益增长[83]。在各种抗干扰控制方法中，基于干扰观测器的控制可提供前馈补偿以直接抵消干扰，具有在实现快速动态响应的同时还能很好地解决干扰的优点[84-86]。应该指出的是，大多数关于动态博弈的结果都假设系统动态是在没有干扰的环境中演化的。最近，在文献[87，88]中研究了受干扰影响的连续时间 LQ 博弈，其中，引入ε-Nash 均衡(NE)的ε水平来量化干扰对 NE 的影响。在文献[89]中已经证明的干扰会影响博弈的最终结果，因此，在博弈问题探讨中简单地忽略干扰的影响是不合理的。然而到目前为止，关于带有扰动的基于扰动观测器的复合控制问题的动态二次博弈的研究还很少。

除了干扰之外，普遍存在的非线性也是系统复杂性的另一个主要来源。因此，非线性二次博弈引起了一些初步的研究。例如，在文献[90]中，已经得到了 N 个参与者非零和博弈的近似在线均衡解，该博弈受到连续时间非线性未知动力学和无穷时域二次型成本的影响。在文献[91]中，利用近似动态规划(approximate dynamic programming，ADP)技术来得到最优控制解，其中零和的鞍点值可能是不存在。在文献[92]中，研究了一种迭代的ADP算法，该算法对鞍点存在或不存在的两种情况均有效。需要注意的是，考虑系统中的非线性使二次博弈的均衡解的存在性研究变得困难，借助ADP算法，在文献[90-92]中得到了可行的解决方案。本章将研究一种可以解决非线性问题且比ADP算法计算复杂性低的方法，该方法首先得到二次成本函数的某个上界，然后通过适当设计来最小化该上界策略。这种方法具有递归性质，适合在线执行。

网络控制系统(network control system，NCS)在过去十年中受到了很多研究者的关注，是另一研究前沿[82, 93]。尽管NCS具有很多优势如增加移动性、降低经济性和维护成本，但通信网络的使用会导致某些网络引起不良现象，上述现象主要是由有限的资源，如网络带宽约束导致的。传统的时间触发控制协议没有考虑网络资源限制，因此，配备了时间触发机制的NCS易出现网络拥塞问题，从而导致传输延迟或数据包的丢失[94]。为了减轻不必要的网络负载，事件触发策略是一种有效的解决方案，其主要思想是仅在满足某些特定的条件时才发送信号。事件触发控制和过滤方案能够避免不必要的通信/计算资源浪费，并且已在大量文献中进行了研究[88, 95-98]。然而，在二次博弈的背景下，尚未对事件触发的策略设计进行充分的研究，对于受到外源干扰的非线性离散时间博弈问题研究更是缺乏，该问题便是本章所探讨的主要问题。

基于以上讨论，本章将为一类受到扰动的离散时间非线性二次博弈问题设计基于事件触发的扰动观测器策略。事件触发机制、外源干扰、干扰观测器与控制器之间的耦合，以及与状态有关的非线性四方面使研究问题具有一定难度。因此，要获得成本函数的准确值并优化基于观测器的控制策略的控制系统性能总成本是极其困难的。更具体地说，本章研究问题具有以下技术挑战。

(1)鉴于难以准确计算的成本函数，如何设计易于处理的方式量化控制效果？

(2)如何使用事件触发机制来解决干扰和非线性问题，从而为所考虑的非合作博弈找到次优策略？

(3)在设计基于干扰观测器的复合策略时，如何优化涉及干扰观测器估计误差和受控系统状态变量的总成本函数？

为了解决上述问题，本章通过使用配方技术和Moore-Penrose伪逆来设计一种新颖的博弈策略，且与现有的动态规划算法有所不同[78]。计算成本函数的某个上界，然后使用递归设计的事件触发策略将其最小化。更具体地说，本章的主要贡献如下。

(1)针对一类多参与者非合作二次博弈设计事件触发策略。

(2)通过进行前馈补偿，所得到的基于干扰观测器的复合控制方案可以补偿干扰并优化每个参与者的个人成本函数。

(3)系统模型中考虑了匹配的干扰和与状态有关的非线性,该模型更符合实际系统。

本章使用了一些标准的表示法。对于矩阵 $\boldsymbol{M}$, $\boldsymbol{M}^{\mathrm{T}}$ 表示其转置, $\boldsymbol{M}>0$ ($\boldsymbol{M}<0$) 表示 $\boldsymbol{M}$ 为正定(负定), $\boldsymbol{M}^{\dagger}$ 表示 $\boldsymbol{M}$ 的 Moore-Penrose 伪逆, $\|\boldsymbol{M}\|_F$ 表示矩阵 $\boldsymbol{M}$ 的 Frobenius 范数。$\lambda_{\max}(\boldsymbol{M})$ 表示矩阵 $\boldsymbol{M}$ 的最大特征值,矩阵 $\boldsymbol{M}$ 第 i 列和第 j 列中的元素将被表示为 M^{ij} 。$\mathbb{R}^n$ 表示 n 维欧氏空间。$\mathbb{N}$ 代表所有正整数的集合。$\mathrm{col}_S\{\boldsymbol{x}_i\}$ 表示列向量 $\left[\boldsymbol{x}_1^{\mathrm{T}},\cdots,\boldsymbol{x}_s^{\mathrm{T}}\right]^{\mathrm{T}}$ 。对于向量 $\boldsymbol{v}(k)$,其欧氏范数表示为 $\|\boldsymbol{v}(k)\|\triangleq\sqrt{\boldsymbol{v}^{\mathrm{T}}(k)\boldsymbol{v}(k)}$ 。如果矩阵的维数未明确说明,则假定它们与代数运算兼容。

4.2 干扰环境中博弈优化模型与指标设定

考虑以下离散时间非线性模型:

$$\boldsymbol{x}(k+1)=\boldsymbol{A}\boldsymbol{x}(k)+\overline{\boldsymbol{B}}\left(\overline{\boldsymbol{u}}(k)+\boldsymbol{d}_m(k)\right)+\boldsymbol{D}\boldsymbol{f}(\boldsymbol{x}(k)) \tag{4.1}$$

其中 $\boldsymbol{x}(k)\in\mathbb{R}^{n_x}$ 是状态向量, $\overline{\boldsymbol{u}}(k)\in\mathbb{R}^{n_u}$ 是控制输入, $\boldsymbol{d}_m(k)\in\mathbb{R}^{n_u}$ 是匹配干扰, $\boldsymbol{f}(\boldsymbol{x}(k))\in\mathbb{R}^{n_f}$ 是已知的连续向量值函数, $\boldsymbol{A}$、$\overline{\boldsymbol{B}}$ 和 $\boldsymbol{D}$ 是具有适当维数的矩阵。

与文献[99, 100]中一样,假定非线性函数 $\boldsymbol{f}(\boldsymbol{x}(k))$ 满足 $\boldsymbol{f}^{\mathrm{T}}(\boldsymbol{x}(k))\boldsymbol{f}(\boldsymbol{x}(k))\leqslant\boldsymbol{x}^{\mathrm{T}}(k)\boldsymbol{U}\boldsymbol{x}(k)$,其中, $\boldsymbol{U}$ 是具有适当维数的已知的加权矩阵。匹配的扰动 $\boldsymbol{d}_m(k)$ 满足以下外源系统:

$$\begin{cases}\boldsymbol{w}(k+1)=\boldsymbol{W}\boldsymbol{w}(k)\\ \boldsymbol{d}_m(k)=\boldsymbol{V}\boldsymbol{w}(k)\end{cases} \tag{4.2}$$

其中, $\boldsymbol{w}(k)\in\mathbb{R}^{n_w}$ 是外源系统的内部状态向量, $\boldsymbol{W}$ 和 $\boldsymbol{V}$ 是已知的具有适当的维数的时不变矩阵。外源系统式(4.2)可描述工程实践中的多种干扰,包括谐波和恒定波[83,101,102]。

注释 4.1 匹配干扰是指与控制输入在同一通道中发生并满足匹配条件[103]的干扰,而非匹配干扰不需要满足所谓的匹配条件。匹配干扰的实际示例包括控制器的增益变化、执行器故障,以及控制器到执行器通道中的通信波动等。

为了补偿匹配的干扰,引入了以下干扰观察器:

$$\begin{cases}\hat{\boldsymbol{w}}(k+1)=\boldsymbol{W}\hat{\boldsymbol{w}}(k)+\boldsymbol{L}\overline{\boldsymbol{B}}\left(\hat{\boldsymbol{d}}_m(k)-\boldsymbol{d}_m(k)\right)\\ \hat{\boldsymbol{d}}_m(k)=\boldsymbol{V}\hat{\boldsymbol{w}}(k)\end{cases} \tag{4.3}$$

其中，$\hat{\boldsymbol{w}}(k) \in \mathbb{R}^{n_w}$ 表示 $\boldsymbol{w}(k)$ 的估计，$\hat{\boldsymbol{d}}_m(k) \in \mathbb{R}^{n_u}$ 是 $\boldsymbol{d}_m(k)$ 的估计，$\boldsymbol{L}$ 是要设计的干扰观测器的增益。

记 $\boldsymbol{e}_w(k) = \boldsymbol{w}(k) - \hat{\boldsymbol{w}}(k)$，可以从式(4.1)～式(4.3)获得

$$\boldsymbol{e}_w(k+1) = (\boldsymbol{W} + \boldsymbol{L}\bar{\boldsymbol{B}}\boldsymbol{V})\boldsymbol{e}_w(k) \tag{4.4}$$

为了估计 $\boldsymbol{d}_m(k)$，应设计适当的观测器增益 $\boldsymbol{L}$，以使误差动态式(4.4)渐近稳定。为了保证这种渐进稳定，提出以下命题。

命题 4.1[99]　考虑系统式(4.4)，如果存在一个矩阵 $\boldsymbol{\Gamma}$ 和对称正定矩阵 $\boldsymbol{P}$ 满足

$$\begin{bmatrix} \boldsymbol{W}^{\mathrm{T}}\boldsymbol{P}\boldsymbol{W} + 2\boldsymbol{V}^{\mathrm{T}}\bar{\boldsymbol{B}}^{\mathrm{T}}\boldsymbol{\Gamma}^{\mathrm{T}}\boldsymbol{W} - \boldsymbol{P} & \boldsymbol{V}^{\mathrm{T}}\bar{\boldsymbol{B}}^{\mathrm{T}}\boldsymbol{\Gamma}^{\mathrm{T}} \\ \boldsymbol{\Gamma}\bar{\boldsymbol{B}}\boldsymbol{V} & -\boldsymbol{P} \end{bmatrix} < 0 \tag{4.5}$$

则误差动力学式(4.4)渐近稳定，增益为 $\boldsymbol{L} = \boldsymbol{P}^{-1}\boldsymbol{\Gamma}$。

根据命题 4.1，找到干扰观测器增益 $\boldsymbol{L}$，并通过参考式(4.3)，可以获得干扰估计 $\hat{\boldsymbol{d}}_m$。这样，基于干扰观测器的控制策略设计为

$$\bar{\boldsymbol{u}}(k) = -\hat{\boldsymbol{d}}_m + \boldsymbol{u}(k) \tag{4.6}$$

其中，$\hat{\boldsymbol{d}}_m$ 是前馈补偿项，$\boldsymbol{u}(k) = \boldsymbol{K}_k\boldsymbol{x}(k)$ 是带有 $\boldsymbol{K}_k$ 的反馈控制策略。

注释 4.2　非线性 $\boldsymbol{f}(\boldsymbol{x}(k))$ 的显示表达式需要是已知的，可进一步估计匹配的干扰 $\boldsymbol{d}_m(k)$。由于假定所有状态变量都是可测量的，并且可以在时刻 k 获得 $\boldsymbol{x}(k)$ 和 $\boldsymbol{f}(\boldsymbol{x}(k))$ 的值，因此可以实现上述估计。

为了方便表示，定义下列标记：

$$\boldsymbol{u}(k) = \mathrm{col}_S\{\boldsymbol{u}_i(k)\}, \bar{\boldsymbol{u}}(k) = \mathrm{col}_S\{\bar{\boldsymbol{u}}_i(k)\}, \boldsymbol{K}_k = \mathrm{col}_S\{\boldsymbol{K}_k^i\}$$
$$\boldsymbol{d}_m(k) = \mathrm{col}_S\{\boldsymbol{d}_{m,i}(k)\}, \hat{\boldsymbol{d}}_m(k) = \mathrm{col}_S\{\hat{\boldsymbol{d}}_{m,i}(k)\}$$

给出下列关于 $\boldsymbol{e}_w(k)$、$\boldsymbol{x}(k)$ 和 $\boldsymbol{u}_i$ 有界的假设。通过找到满足式(4.5)的 $\boldsymbol{L}$ 可知假设 $\boldsymbol{e}_w(k)$ 范数有界是合理的。

假设 4.1　状态变量 $\boldsymbol{x}(k)$、估计误差 $\boldsymbol{e}_w(k)$ 和控制输入 $\boldsymbol{u}_i$ 的范数为 $\|\boldsymbol{x}(k)\|^2 \leqslant \mu_1$，$\|\boldsymbol{e}_w(k)\|^2 \leqslant \mu_2$ 和 $\|\boldsymbol{u}_i\|^2 \leqslant \beta_i$，其中，$\mu_1$、$\mu_2$ 和 β_i 是已知的正标量。

在本章中，我们考虑了通过通信网络连接控制器和执行器的情况。为了降低信息的传输频率，针对网络资源有限的情况引入了事件触发机制。

假设触发时刻为 $s_0 = 0 < s_1 < s_2 < \cdots$。我们定义 $\boldsymbol{u}_i^t(k) = \boldsymbol{u}_i(s_m)$，$k \in [s_m, s_{m+1})$，其中，上标 t 表示触发。此外，事件生成器函数 $\tilde{\Upsilon}^i(\cdot,\cdot): \mathbb{R}^{n_u} \times \mathbb{R} \to \mathbb{R}(i = 1, 2, \cdots, S)$ 选择如下：

$$\tilde{\Upsilon}^i(\boldsymbol{u}_i^e(k), \sigma) = \boldsymbol{u}_i^{e\mathrm{T}}(k)\boldsymbol{u}_i^e(k) - \sigma\boldsymbol{u}_i^{\mathrm{T}}(k)\boldsymbol{u}_i(k) \tag{4.7}$$

其中，$\boldsymbol{u}_i^e(k)=\boldsymbol{u}_i^t(k)-\boldsymbol{u}_i(k)$。当 $\tilde{\Upsilon}^i(\boldsymbol{u}_i^e(k),\sigma)>0$ 满足时触发控制执行。不难看出，事件触发时刻的顺序满足

$$s_{m+1}=\min\left\{k\in\mathbb{N}|\ k>s_m,\tilde{\Upsilon}^i(\boldsymbol{u}_i^e(k),\sigma)>0\right\} \tag{4.8}$$

与时间触发的传输策略可以事先知道通信间隔不同，事件生成器使用先前的控制命令以在线方式确定是否应将新的控制信号传输到执行器。从事件触发功能式(4.7)可以看出，只有当 $\boldsymbol{u}_i^e$ 超过某个阈值时，控制器才会向执行器发送最新的控制命令，以确保令人满意的控制性能。因此，在 $k\in\left[s_m,s_{m+1}\right)$ 的基于事件的设置中，基于干扰观测器的复合控制律 $\bar{\boldsymbol{u}}(k)$ 设计如下：

$$\bar{\boldsymbol{u}}(k)=-\hat{\boldsymbol{d}}_m+\boldsymbol{u}^t(k) \tag{4.9}$$

其中，$\boldsymbol{u}^t(k)=\mathrm{col}_S\left\{\boldsymbol{u}_i^t(k)\right\}$。

注释 4.3　值得注意的是式(4.7)和式(4.8)中的阈值 σ 决定了触发频率。阈值越小，事件触发频率越大。如果 $\sigma=0$，则事件触发协议将简化为传统的时钟驱动协议，这要求控制器在每个采样时刻将控制命令发送到执行器。

为了便于理解，我们提供了一个基于干扰观测器策略的二人二次博弈示例，如图 4.1 所示，其中在控制信号传输之前采用事件触发机制来防止通信中的网络拥挤。另外，采用干扰观测器来估计控制信道中的干扰，并为这种干扰提供前馈补偿。

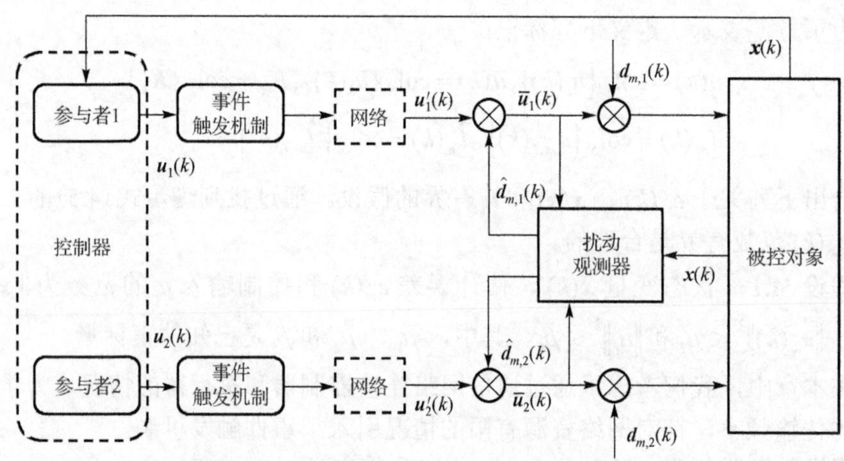

图 4.1　复合策略的二人 LQ 博弈的结构

记 $\boldsymbol{\eta}(k)=\begin{bmatrix}\boldsymbol{x}^{\mathrm{T}}(k) & \boldsymbol{e}_w^{\mathrm{T}}(k)\end{bmatrix}^{\mathrm{T}}$，包括干扰观测器的误差动态式(4.4)，原始模型式(4.1)可以扩张得到以下系统：

$$\boldsymbol{\eta}(k+1)=\tilde{\boldsymbol{A}}\boldsymbol{\eta}(k)+\sum_{i=1}^{S}\tilde{\boldsymbol{B}}^i\boldsymbol{u}_i^t(k)+\tilde{\boldsymbol{D}}\boldsymbol{f}(\boldsymbol{x}(k)) \tag{4.10}$$

其中,

$$\tilde{\boldsymbol{A}}=\begin{bmatrix}\boldsymbol{A} & \bar{\boldsymbol{B}}\boldsymbol{V}\\ 0 & \boldsymbol{W}+\boldsymbol{L}\bar{\boldsymbol{B}}\boldsymbol{V}\end{bmatrix},\quad \tilde{\boldsymbol{B}}^i=\begin{bmatrix}\boldsymbol{B}^i\\ 0\end{bmatrix},\quad \tilde{\boldsymbol{D}}=\begin{bmatrix}\boldsymbol{D}\\ 0\end{bmatrix}$$

每个参与者的个人成本函数如下:

$$J^i=\boldsymbol{\eta}^{\mathrm{T}}(N)\boldsymbol{Q}_N\boldsymbol{\eta}(N)+\sum_{k=0}^{N-1}\left\{\boldsymbol{\eta}^{\mathrm{T}}(k)\boldsymbol{Q}^i\boldsymbol{\eta}(k)+\boldsymbol{u}_i^{t\mathrm{T}}(k)\boldsymbol{R}^i\boldsymbol{u}_i^t(k)\right\},k\in\boldsymbol{K},i\in\boldsymbol{S} \tag{4.11}$$

其中, $\boldsymbol{Q}_N>0,\boldsymbol{Q}^i>0,\boldsymbol{R}^i>0,\boldsymbol{K}\triangleq\{1,2,\cdots,N\}$ 和 $\boldsymbol{S}\triangleq\{1,2,\cdots,S\}$ 分别是时间索引集和参与者集。

注释 4.4　由于式(4.1)和式(4.4)之间的动态耦合，我们研究扩张的系统式(4.10)。注意，通过在有限时域内最小化此类扩张系统的成本函数式(4.11)，可以改善误差动态式(4.4)的动态性能。

将除参与者 i 以外的所有参与者的行为集合表示为 $\boldsymbol{u}_{-i}\triangleq\left\{\boldsymbol{u}_1,\cdots,\boldsymbol{u}_{i-1},\boldsymbol{u}_{i+1},\cdots,\boldsymbol{u}_S\right\}$。由于考虑了事件触发机制、干扰和非线性，因此不可能获得成本函数 J_i 的准确值。我们的目的是设计基于事件触发和扰动观测器的控制策略，以得到单个成本函数的某个上界，然后通过策略设计最小化该上界，即

$$J^i(\boldsymbol{u}_i(k),\boldsymbol{u}_{-i}(k))\leqslant\bar{J}^i(\boldsymbol{u}_i(k),\boldsymbol{u}_{-i}(k)),\quad i\in\boldsymbol{S} \tag{4.12}$$

其中， $\bar{J}^i(\boldsymbol{u}_i(k),\boldsymbol{u}_{-i}(k))$ 是可以估计得到的上界，然后将其最小化。

给出一个成本函数 $\bar{J}^i(\boldsymbol{u}_i(k),\boldsymbol{u}_{-i}(k))$，现在我们讨论在非合作博弈的背景下相关的最小化问题，其中每个参与者都试图独立地优化各自的成本函数。因此，如果这些参与者都不能通过单方面改变其策略来提高效用，则可以获得最优解 $(\boldsymbol{u}_i^*(k),\boldsymbol{u}_{-i}^*(k))$。在下文中，引入 ε-NE 的概念来描述博弈的结果。

定义 4.1　对于成本函数 $\bar{J}^i(\boldsymbol{u}_i(k),\boldsymbol{u}_{-i}(k))$，如果存在下列不等式，则说明参与者的策略 $\boldsymbol{u}_i^*,i\in\boldsymbol{S}$ 是 $\bar{J}$-ε-NE 策略:

$$\bar{J}^i(\boldsymbol{u}_i^*(k),\boldsymbol{u}_{-i}^*(k))\leqslant\bar{J}^i(\boldsymbol{u}_i(k),\boldsymbol{u}_{-i}^*(k))+\varepsilon_i,\quad i\in\boldsymbol{S} \tag{4.13}$$

其中, $\boldsymbol{u}_i^*(k)=\boldsymbol{K}_k^{i*}\boldsymbol{x}(k)$，标量 ε_i 是描述策略 $\boldsymbol{u}_i^*$ 与纯 NE $(\varepsilon_i\equiv 0)$ 偏离程度的数值水平。

接下来将通过设计时变策略参数，以保证每个参与者的单个成本函数的存在特定上界，然后在有限范围 $[0,\boldsymbol{N}]$ 上将其最小化，即找到 $(\boldsymbol{u}_i^*(k),\boldsymbol{u}_{-i}^*(k))$ 使得满足 $\bar{J}$-ε-NE，从而使 $\bar{J}^i$ 最小。

注释 4.5　值得一提的是，到目前为止，很少有文献关注非合作博弈的事件触

发策略设计。主要困难包括：由于引入了事件触发机制并考虑了非线性和扰动，几乎不可能获得成本函数的准确值并得到基于观测器控制的总体成本函数控制策略。本章通过设计策略使每个参与者的二次成本函数的上界最小。

4.3 基于干扰观测器的事件触发复合博弈算法

在本节中，首先得出成本函数式(4.11)的上界，然后找到合适的策略参数 $\boldsymbol{K}_k^*$，在每个时间步长 k 处优化该上界。首先解决二人博弈的情况，然后将相应的结果扩展到多人博弈的情况。引入下列引理。

引理 4.1[94] 令 $\boldsymbol{U}$，$\boldsymbol{V}$ 和 $\boldsymbol{W}$ 为已知的具有适当维度的非零矩阵。$\mathbf{min}_{\mathrm{X}}\|\boldsymbol{UXW}-\boldsymbol{V}\|_F$ 的解 $\boldsymbol{X}$ 为 $\boldsymbol{U}^{\dagger}\boldsymbol{V}\boldsymbol{W}^{\dagger}$，其中，上标 † 表示 Moore-Penrose 伪逆。

4.3.1 双人非合作博弈复合策略设计

首先考虑两个参与者的成本上界。

引理 4.2 考虑具有基于干扰观测器的控制策略式(4.6)和事件触发条件式(4.7)的非线性系统式(4.1)。对于 $i\neq j,\ \ i,j\in\{1,2\}$，成本函数的上界 $\bar{J}^i$ 根据下式求得：

$$
\begin{aligned}
\bar{J}^i=\sum_{k=0}^{N-1}\Big\{&\boldsymbol{\eta}^{\mathrm{T}}(k)\boldsymbol{Q}^i\boldsymbol{\eta}(k)+2\boldsymbol{u}_i^{\mathrm{T}}(k)\boldsymbol{R}^i\boldsymbol{u}_i(k)\\
&+2\sigma\lambda_{\max}\left\{\boldsymbol{R}^i\right\}\boldsymbol{u}_i^{\mathrm{T}}(k)\boldsymbol{u}_i(k)+4\boldsymbol{\eta}^{\mathrm{T}}(k)\tilde{\boldsymbol{A}}^{\mathrm{T}}\boldsymbol{Z}_{k+1}^i\tilde{\boldsymbol{A}}\boldsymbol{\eta}(k)\\
&+2\boldsymbol{\eta}^{\mathrm{T}}(k)\tilde{\boldsymbol{A}}^{\mathrm{T}}\boldsymbol{Z}_{k+1}^i\tilde{\boldsymbol{B}}^i\boldsymbol{u}_i(k)\\
&+6\sigma\lambda_{\max}\left\{\tilde{\boldsymbol{B}}^{i\mathrm{T}}\boldsymbol{Z}_{k+1}^i\tilde{\boldsymbol{B}}^i\right\}\boldsymbol{u}_i^{\mathrm{T}}(k)\boldsymbol{u}_i(k)\\
&+2\boldsymbol{\eta}^{\mathrm{T}}(k)\tilde{\boldsymbol{A}}^{\mathrm{T}}\boldsymbol{Z}_{k+1}^i\tilde{\boldsymbol{B}}^j\boldsymbol{u}_j(k)\\
&+6\sigma\lambda_{\max}\left\{\tilde{\boldsymbol{B}}^{j\mathrm{T}}\boldsymbol{Z}_{k+1}^i\tilde{\boldsymbol{B}}^i\right\}\boldsymbol{u}_j^{\mathrm{T}}(k)\boldsymbol{u}_j(k)\\
&+6\lambda_{\max}\left\{\tilde{\boldsymbol{D}}^{\mathrm{T}}\boldsymbol{Z}_{k+1}^i\tilde{\boldsymbol{D}}\right\}\boldsymbol{\eta}^{\mathrm{T}}(k)\bar{\boldsymbol{l}}^{\mathrm{T}}\boldsymbol{U}\tilde{\boldsymbol{l}}\boldsymbol{\eta}(k)\\
&+4\boldsymbol{u}_i^{\mathrm{T}}(k)\tilde{\boldsymbol{B}}^{i\mathrm{T}}\boldsymbol{Z}_{k+1}^i\tilde{\boldsymbol{B}}^i\boldsymbol{u}_i(k)\\
&+4\boldsymbol{u}_j^{\mathrm{T}}(k)\tilde{\boldsymbol{B}}^iT_{k+1}^i\tilde{\boldsymbol{B}}^i\boldsymbol{u}_j(k)\\
&+2\boldsymbol{u}_i^{\mathrm{T}}(k)\tilde{\boldsymbol{B}}^iT_{k+1}^i\tilde{\boldsymbol{B}}^i\boldsymbol{u}_j(k)-\boldsymbol{\eta}^{\mathrm{T}}(k)\boldsymbol{Z}_k^i\boldsymbol{\eta}(k)\Big\}\\
&+\boldsymbol{\eta}^{\mathrm{T}}(0)\boldsymbol{Z}_0^i\boldsymbol{\eta}(0)+\boldsymbol{\eta}^{\mathrm{T}}(N)\boldsymbol{Q}_N\boldsymbol{\eta}(N)-\boldsymbol{\eta}^{\mathrm{T}}(N)\boldsymbol{Z}_N^i\boldsymbol{\eta}(N)
\end{aligned}
\tag{4.14}
$$

其中，$\tilde{\boldsymbol{l}}\triangleq[\boldsymbol{I}\quad 0]$ 和 $\{\boldsymbol{Z}_k\}_{0\leqslant k\leqslant N}$ 是一组对称非负定矩阵。

证明　首先改写方程(4.11)为

$$\begin{aligned}
J^i = \sum_{k=0}^{N-1} \Big\{ & \boldsymbol{\eta}^{\mathrm{T}}(k)\boldsymbol{Q}^i\boldsymbol{\eta}(k) \\
& + \left(\boldsymbol{u}_i(k)+\boldsymbol{u}_i^e(k)\right)^{\mathrm{T}} \boldsymbol{R}^i \left(\boldsymbol{u}_i(k)+\boldsymbol{u}_i^e(k)\right) \\
& + \boldsymbol{\eta}^{\mathrm{T}}(k)\tilde{\boldsymbol{A}}^{\mathrm{T}}\boldsymbol{Z}_{k+1}^i\tilde{\boldsymbol{A}}\boldsymbol{\eta}(k) \\
& + 2\boldsymbol{\eta}^{\mathrm{T}}(k)\tilde{\boldsymbol{A}}^{\mathrm{T}}\boldsymbol{Z}_{k+1}^i\tilde{\boldsymbol{B}}^i \left(\boldsymbol{u}_i(k)+\boldsymbol{u}_i^e(k)\right) \\
& + 2\boldsymbol{\eta}^{\mathrm{T}}(k)\tilde{\boldsymbol{A}}^{\mathrm{T}}\boldsymbol{Z}_{k+1}^i\tilde{\boldsymbol{B}}^j \left(\boldsymbol{u}_j(k)+\boldsymbol{u}_j^e(k)\right) \\
& + 2\boldsymbol{\eta}^{\mathrm{T}}(k)\tilde{\boldsymbol{A}}^{\mathrm{T}}\boldsymbol{Z}_{k+1}^i\tilde{\boldsymbol{D}}\boldsymbol{f}(\boldsymbol{x}(k)) \\
& + \left(\boldsymbol{u}_i(k)+\boldsymbol{u}_i^e(k)\right)^{\mathrm{T}} \tilde{\boldsymbol{B}}^{i\mathrm{T}}\boldsymbol{Z}_{k+1}^i\tilde{\boldsymbol{B}}^i \left(\boldsymbol{u}_i(k)+\boldsymbol{u}_i^e(k)\right) \\
& + 2\left(\boldsymbol{u}_i(k)+\boldsymbol{u}_i^e(k)\right)^{\mathrm{T}} \tilde{\boldsymbol{B}}^{i\mathrm{T}}\boldsymbol{Z}_{k+1}^i\tilde{\boldsymbol{B}}^j \left(\boldsymbol{u}_j(k)+\boldsymbol{u}_j^e(k)\right) \\
& + 2\left(\boldsymbol{u}_i(k)+\boldsymbol{u}_i^e(k)\right)^{\mathrm{T}} \tilde{\boldsymbol{B}}^{i\mathrm{T}}\boldsymbol{Z}_{k+1}^i\tilde{\boldsymbol{D}}\boldsymbol{f}(\boldsymbol{x}(k)) \\
& + \left(\boldsymbol{u}_j(k)+\boldsymbol{u}_j^e(k)\right)^{\mathrm{T}} \tilde{\boldsymbol{B}}^{j\mathrm{T}}\boldsymbol{Z}_{k+1}^i\tilde{\boldsymbol{B}}^j \left(\boldsymbol{u}_j(k)+\boldsymbol{u}_j^e(k)\right) \\
& + 2\left(\boldsymbol{u}_j(k)+\boldsymbol{u}_j^e(k)\right)^{\mathrm{T}} \tilde{\boldsymbol{B}}^{i\mathrm{T}}\boldsymbol{Z}_{k+1}^i\tilde{\boldsymbol{D}}\boldsymbol{f}(\boldsymbol{x}(k)) \\
& + \boldsymbol{f}^{\mathrm{T}}(\boldsymbol{x}(k))\tilde{\boldsymbol{D}}^{\mathrm{T}}\boldsymbol{Z}_{k+1}^i\tilde{\boldsymbol{D}}\boldsymbol{f}(\boldsymbol{x}(k)) - \boldsymbol{\eta}^{\mathrm{T}}(k)\boldsymbol{Z}_k^i\boldsymbol{\eta}(k) \Big\} \\
& + \boldsymbol{\eta}^{\mathrm{T}}(0)\boldsymbol{Z}_0^i\boldsymbol{\eta}(0) + \boldsymbol{\eta}^{\mathrm{T}}(N)\boldsymbol{Q}_N\boldsymbol{\eta}(N) - \boldsymbol{\eta}^{\mathrm{T}}(N)\boldsymbol{Z}_N^i\boldsymbol{\eta}(N)
\end{aligned} \tag{4.15}$$

基于事件的触发机制下，如果满足触发条件式(4.7)，间隔 $\boldsymbol{u}_i^e(k)(i=1,2)$ 将重置为零。因此，有下列不等式成立：

$$\boldsymbol{u}_i^{e\mathrm{T}}(k)\boldsymbol{u}_i^e(k) \leqslant \sigma \boldsymbol{u}_i^{\mathrm{T}}(k)\boldsymbol{u}_i(k) \tag{4.16}$$

然后，通过使用下面不等式[104]可以得到上界式(4.14)：

$$2\boldsymbol{a}^{\mathrm{T}}\boldsymbol{\Pi}\boldsymbol{b} \leqslant \boldsymbol{a}^{\mathrm{T}}\boldsymbol{\Pi}\boldsymbol{a} + \boldsymbol{b}^{\mathrm{T}}\boldsymbol{\Pi}\boldsymbol{b}, \quad \boldsymbol{a}^{\mathrm{T}}\boldsymbol{\Pi}\boldsymbol{a} \leqslant \lambda_{\max}(\boldsymbol{\Pi})\boldsymbol{a}^{\mathrm{T}}\boldsymbol{a}$$

其中，$\boldsymbol{a}$ 和 $\boldsymbol{b}$ 是任何 n 维实数列向量，并且 $\boldsymbol{\Pi}$ 是 $n\times n$ 对称正半定矩阵。证毕。

基于成本函数 J^1 和 J^2 的上界，设计一组策略参数 $\left\{\boldsymbol{K}_k^{1*}\right\}, 0\leqslant k\leqslant N$ 和 $\left\{\boldsymbol{K}_k^{2*}\right\}, 0\leqslant k\leqslant N$ 使得导出的上界 J^1 和 J^2 可以在每个采样瞬间最小化。为了表示简单起见，给出标记

$$\Delta^1 \triangleq 2\boldsymbol{R}^1 + 2\sigma\lambda_{\max}\left\{\boldsymbol{R}^1\right\} + 6\phi\lambda_{\max}\left\{\tilde{\boldsymbol{B}}^{1\mathrm{T}}\boldsymbol{Z}_{k+1}^1\tilde{\boldsymbol{B}}^1\right\} + 4\tilde{\boldsymbol{B}}^{1\mathrm{T}}\boldsymbol{Z}_{k+1}^1\tilde{\boldsymbol{B}}^1$$

$$\Delta^2 \triangleq 2\boldsymbol{R}^2 + 2\sigma\lambda_{\max}\left\{\boldsymbol{R}^2\right\} + 6\sigma\lambda_{\max}\left\{\tilde{\boldsymbol{B}}^{2\mathrm{T}}\boldsymbol{Z}_{k+1}^2\tilde{\boldsymbol{B}}^2\right\} + 4\tilde{\boldsymbol{B}}^{2\mathrm{T}}\boldsymbol{Z}_{k+1}^2\tilde{\boldsymbol{B}}^2$$

定理 4.1 考虑具有基于干扰观测器的控制策略式(4.6)和事件触发条件式(4.7)的非线性系统式(4.1)。扩充系统式(4.10)满足不等式(4.13),如果存在一组矩阵$\left\{\bar{\boldsymbol{K}}_k^1\right\}_{0\leqslant k\leqslant N}$,$\left\{\bar{\boldsymbol{K}}_k^2\right\}_{0\leqslant k\leqslant N}$,以及一组对称半正定矩阵$\left\{\boldsymbol{Z}_k^1\right\}_{0\leqslant k\leqslant N}$和$\left\{\boldsymbol{Z}_k^2\right\}_{0\leqslant k\leqslant N}$满足反向耦合的 Riccati 差分方程(Riccati difference equations, RDEs):

$$\begin{cases}\boldsymbol{Z}_k^1=-\bar{\boldsymbol{K}}_k^{1\mathrm{T}}\Delta^1\bar{\boldsymbol{K}}_k^1+\boldsymbol{Q}^1+4\tilde{\boldsymbol{A}}^{\mathrm{T}}\boldsymbol{Z}_{k+1}^1\tilde{\boldsymbol{A}}+2\tilde{\boldsymbol{A}}^{\mathrm{T}}\boldsymbol{Z}_{k+1}^1\tilde{\boldsymbol{B}}^2\bar{\boldsymbol{K}}_k^2\\ \qquad +6\sigma\lambda_{\max}\left\{\tilde{\boldsymbol{B}}^{2\mathrm{T}}\boldsymbol{Z}_{k+1}^1\tilde{\boldsymbol{B}}^2\right\}\bar{\boldsymbol{K}}_k^{2\mathrm{T}}\bar{\boldsymbol{K}}_k^2+6\lambda_{\max}\left\{\tilde{\boldsymbol{D}}^{\mathrm{T}}\boldsymbol{Z}_{k+1}^1\tilde{\boldsymbol{D}}\right\}\tilde{\boldsymbol{l}}^{\mathrm{T}}\boldsymbol{U}\tilde{\boldsymbol{l}}^2\\ \qquad +4\bar{\boldsymbol{K}}_k^{2\mathrm{T}}\tilde{\boldsymbol{B}}^{2\mathrm{T}}\boldsymbol{Z}_{k+1}^1\tilde{\boldsymbol{B}}^2\bar{\boldsymbol{K}}_k^2\\ \boldsymbol{Z}_k^1>0,\boldsymbol{Z}_N^1=\boldsymbol{Q}_N\end{cases}\tag{4.17}$$

$$\begin{cases}\boldsymbol{Z}_k^2=-\bar{\boldsymbol{K}}_k^{2\mathrm{T}}\Delta^2\bar{\boldsymbol{K}}_k^2+\boldsymbol{Q}^2+4\tilde{\boldsymbol{A}}^{\mathrm{T}}\boldsymbol{Z}_{k+1}^2\tilde{\boldsymbol{A}}+2\tilde{\boldsymbol{A}}^{\mathrm{T}}\boldsymbol{Z}_{k+1}^2\tilde{\boldsymbol{B}}^1\bar{\boldsymbol{K}}_k^1\\ \qquad +6\sigma\lambda_{\max}\left\{\tilde{\boldsymbol{B}}^{1\mathrm{T}}\boldsymbol{Z}_{k+1}^2\tilde{\boldsymbol{B}}^1\right\}\bar{\boldsymbol{K}}_k^{1\mathrm{T}}\bar{\boldsymbol{K}}_k^1+6\lambda_{\max}\left\{\tilde{\boldsymbol{D}}^{\mathrm{T}}\boldsymbol{Z}_{k+1}^2\tilde{\boldsymbol{D}}\right\}\tilde{\boldsymbol{l}}^{\mathrm{T}}\boldsymbol{U}\tilde{\boldsymbol{l}}\\ \qquad +4\bar{\boldsymbol{K}}_k^{1\mathrm{T}}\tilde{\boldsymbol{B}}^{1\mathrm{T}}\boldsymbol{Z}_{k+1}^2\tilde{\boldsymbol{B}}^1\bar{\boldsymbol{K}}_k^1\\ \boldsymbol{Z}_k^2>0,\boldsymbol{Z}_N^2=\boldsymbol{Q}_N\end{cases}\tag{4.18}$$

满足

$$\begin{cases}\tilde{\boldsymbol{l}}\triangleq\begin{bmatrix}\boldsymbol{I} & 0\end{bmatrix}\\ \Delta^1>0,\quad \Delta^2>0\end{cases}\tag{4.19}$$

此外,如果$\boldsymbol{\Phi}$是可逆的,则控制器增益$\left(\boldsymbol{K}_k^{1*},\boldsymbol{K}_k^{2*}\right)$是唯一的,其中,

$$\boldsymbol{\Phi}\triangleq\begin{bmatrix}\Delta^1 & \tilde{\boldsymbol{B}}^{1\mathrm{T}}\boldsymbol{Z}_{k+1}^1\tilde{\boldsymbol{B}}^2\\ \tilde{\boldsymbol{B}}^{2\mathrm{T}}\boldsymbol{Z}_{k+1}^2\tilde{\boldsymbol{B}}^1 & \Delta^2\end{bmatrix}\tag{4.20}$$

记

$$\begin{bmatrix}\bar{\boldsymbol{K}}_k^1\\ \bar{\boldsymbol{K}}_k^2\end{bmatrix}=-\boldsymbol{\Phi}^{-1}\begin{bmatrix}\tilde{\boldsymbol{B}}^{1\mathrm{T}}\boldsymbol{Z}_{k+1}^1\tilde{\boldsymbol{A}}\\ \tilde{\boldsymbol{B}}^{2\mathrm{T}}\boldsymbol{Z}_{k+1}^2\tilde{\boldsymbol{A}}\end{bmatrix}\tag{4.21}$$

其中,

$$\bar{\boldsymbol{K}}_k^1=\begin{bmatrix}\underbrace{\bar{\boldsymbol{K}}_{k,a}^1}_{n_x}\underbrace{\bar{\boldsymbol{K}}_{k,b}^1}_{n_w}\end{bmatrix},\bar{\boldsymbol{K}}_k^2=\begin{bmatrix}\underbrace{\bar{\boldsymbol{K}}_{k,a}^2}_{n_x}\underbrace{\bar{\boldsymbol{K}}_{k,b}^2}_{n_w}\end{bmatrix}\tag{4.22}$$

我们得到

$$\boldsymbol{K}_k^{1*}=\bar{\boldsymbol{K}}_{k,a}^1,\quad \boldsymbol{K}_k^{2*}=\bar{\boldsymbol{K}}_{k,a}^2\tag{4.23}$$

证明 由于$\Delta^i>0$,最小化的上界$\bar{J}^i(i\in\{1,2\})$是控制策略$\boldsymbol{u}^i(k)$的严格凸的。

在非合作博弈的背景下，第 i 个参与者的成本函数的最小化是单方面的，并且是通过假设其他参与者也采用最优策略。因此，为了计算参与者 $i, i \in \{1,2\}$ 的最优输入 $\bar{\boldsymbol{u}}^i(k)$，对于给定的 $\bar{\boldsymbol{u}}^j(k)$ $(j \in \{1,2\}, j \neq i)$，计算 $\bar{J}^i$ 对于 $\boldsymbol{u}^i(k)$ 的一阶导数，如下所示：

$$\Delta^i \bar{\boldsymbol{u}}_i(k) = -\tilde{\boldsymbol{B}}^{i\mathrm{T}} \boldsymbol{Z}_{k+1}^i \tilde{\boldsymbol{A}}(\boldsymbol{\eta}(k) + \tilde{\boldsymbol{B}}^j \bar{\boldsymbol{u}}_j(k)) \tag{4.24}$$

其中，$\bar{\boldsymbol{u}}_i = \bar{\boldsymbol{K}}_k^i \boldsymbol{\eta}(k)$。可以从式(4.24)获得一对控制器增益 $(\bar{\boldsymbol{K}}_k^1, \bar{\boldsymbol{K}}_k^2)$。此外，如果 $(\bar{\boldsymbol{K}}_k^1, \bar{\boldsymbol{K}}_k^2)$ 是可逆的，则是唯一的。将式(4.24)代入 $\bar{J}^i(\boldsymbol{u}_i, \bar{\boldsymbol{u}}_j)$，有

$$\begin{aligned}
\bar{J}^i(\boldsymbol{u}_i, \bar{\boldsymbol{u}}_j) = \sum_{k=0}^{N-1} \Big\{ & (\boldsymbol{u}_i(k) - \bar{\boldsymbol{u}}_i(k))^{\mathrm{T}} \Delta^i (\boldsymbol{u}_i(k) - \bar{\boldsymbol{u}}_i(k)) \\
& - \bar{\boldsymbol{u}}_i^{\mathrm{T}}(k) \Delta^i \bar{\boldsymbol{u}}_i^{\mathrm{T}} + \boldsymbol{\eta}^{\mathrm{T}}(k) \boldsymbol{Q}^i \boldsymbol{\eta}(k) \\
& + 4\boldsymbol{\eta}^{\mathrm{T}}(k) \tilde{\boldsymbol{A}}^{\mathrm{T}} \boldsymbol{Z}_{k+1}^i \tilde{\boldsymbol{A}} \boldsymbol{\eta}(k) + 2\boldsymbol{\eta}^{\mathrm{T}}(k) \tilde{\boldsymbol{A}}^{\mathrm{T}} \boldsymbol{Z}_{k+1}^i \tilde{\boldsymbol{B}}^j \bar{\boldsymbol{u}}_j(k) \\
& + 6\sigma \lambda_{\max} \left\{ \tilde{\boldsymbol{B}}^{j\mathrm{T}} \boldsymbol{Z}_{k+1}^i \tilde{\boldsymbol{B}}^i \right\} \bar{\boldsymbol{u}}_j^{\mathrm{T}}(k) \bar{\boldsymbol{u}}_j(k) \\
& + 6\lambda_{\max} \left\{ \tilde{\boldsymbol{D}}^{\mathrm{T}} \boldsymbol{Z}_{k+1}^i \tilde{\boldsymbol{D}} \right\} \boldsymbol{\eta}^{\mathrm{T}}(k) \tilde{\boldsymbol{T}}^{\mathrm{i}} \tilde{\boldsymbol{U}} \boldsymbol{\eta}(k) \\
& + 4\bar{\boldsymbol{u}}_j^{\mathrm{T}}(k) \tilde{\boldsymbol{B}}^{j\mathrm{T}} \boldsymbol{Z}_{k+1}^i \tilde{\boldsymbol{B}}^j \bar{\boldsymbol{u}}_j(k) - \boldsymbol{\eta}^{\mathrm{T}}(k) \boldsymbol{Z}_k^i \boldsymbol{\eta}(k) \Big\} \\
& + \boldsymbol{\eta}^{\mathrm{T}}(0) \boldsymbol{Z}_0^i \boldsymbol{\eta}(0) + \boldsymbol{\eta}^{\mathrm{T}}(N) \boldsymbol{Q}_N \boldsymbol{\eta}(N) - \boldsymbol{\eta}^{\mathrm{T}}(N) \boldsymbol{Z}_N^i \boldsymbol{\eta}(N)
\end{aligned} \tag{4.25}$$

如果选择 $\boldsymbol{Z}_k^i$ 使得式(4.17)和式(4.18)成立，则

$$\bar{J}^i = \boldsymbol{\eta}^{\mathrm{T}}(0) \boldsymbol{Z}_0^i \boldsymbol{\eta}(0) + \sum_{k=0}^{N-1} \left\{ (\boldsymbol{u}_i(k) - \bar{\boldsymbol{u}}_i(k))^{\mathrm{T}} \Delta^i (\boldsymbol{u}_i(k) - \bar{\boldsymbol{u}}_i(k)) \right\} \tag{4.26}$$

因此，如果 $\boldsymbol{u}_i = \bar{\boldsymbol{u}}_i$，则可以获得最优值，即

$$\bar{J}^i(\bar{\boldsymbol{u}}_i, \bar{\boldsymbol{u}}_j) \leqslant \bar{J}^i(\boldsymbol{u}_i, \bar{\boldsymbol{u}}_j) \tag{4.27}$$

但是，应注意 $\bar{\boldsymbol{u}}_i$ 是 $\boldsymbol{x}(k)$ 的函数，因此 $\bar{\boldsymbol{u}}_i = \bar{\boldsymbol{K}}_k^i \boldsymbol{\eta}(k)$ 不能直接用作控制输入。考虑以下不等式：

$$\bar{J}^i = \boldsymbol{\eta}^{\mathrm{T}}(0) \boldsymbol{Z}_0^i \boldsymbol{\eta}(0) + \sum_{k=0}^{N-1} \left\{ \left(\boldsymbol{u}_i(k) - \bar{\boldsymbol{u}}_i(k) \right)^{\mathrm{T}} \Delta^i \left(\boldsymbol{u}_i(k) - \bar{\boldsymbol{u}}_i(k) \right) \right\} \tag{4.28}$$

$$\leqslant \boldsymbol{\eta}^{\mathrm{T}}(0) \boldsymbol{Z}_0^i \boldsymbol{\eta}(0) + \sum_{k=0}^{N-1} \left\{ \left\| \boldsymbol{K}_k^{i\tilde{l}} - \bar{\boldsymbol{K}}_k^i \right\|_F^2 \left\| \Delta^i \right\|_F \left\| \boldsymbol{\eta}(k) \right\|^2 \right\} \tag{4.29}$$

其中，$\boldsymbol{u}_i = \boldsymbol{K}_k^i \boldsymbol{x}(k)$。为了抑制上界值 $\bar{J}^i$，可以将控制器参数 $\boldsymbol{K}_k^{i*}$ 选择为

$$\boldsymbol{K}_k^{i*} = \arg\min \left\| \boldsymbol{K}_k^i \tilde{\boldsymbol{l}} - \bar{\boldsymbol{K}}_k^i \right\|_F \tag{4.30}$$

也就是说

$$\bar{J}^i(\boldsymbol{u}_i^*, \bar{\boldsymbol{u}}_j) = \min \bar{J}^i(\boldsymbol{u}_i, \bar{\boldsymbol{u}}_j) \tag{4.31}$$

根据引理 4.1，得到上述优化问题的解式(4.23)。另一方面，利用获得的参数 $\boldsymbol{K}_k^{i*}$，进一步令 $\pi_i \triangleq \left\|\boldsymbol{K}_k^{i*}\tilde{\boldsymbol{l}} - \bar{\boldsymbol{K}}_k^i\right\|_F$，根据假设 4.1，得到

$$\left\|\boldsymbol{u}_i^*(k) - \bar{\boldsymbol{u}}_i(k)\right\|^2 \leqslant \left\|\boldsymbol{K}_k^{i*\tilde{\eta}} - \bar{\boldsymbol{K}}_k^i\right\|_F \left\|\boldsymbol{\eta}(k)\right\|^2 = \pi_i \mu_1 \mu_2 \tag{4.32}$$

根据均值不等式[77]，我们有

$$\begin{aligned}
&\left\|\bar{J}^i(\boldsymbol{u}_i, \boldsymbol{u}_j^* + \bar{\boldsymbol{u}}_j - \boldsymbol{u}_j^*) - \bar{J}^i(\boldsymbol{u}_i, \boldsymbol{u}_j^*)\right\| \\
&\leqslant \int_0^1 \left\|\mathcal{D}(\boldsymbol{u}_i, \boldsymbol{u}_j^* + t(\bar{\boldsymbol{u}}_j - \boldsymbol{u}_j^*))\right\| \mathrm{d}t \sqrt{\pi_i \mu_1 \mu_2}
\end{aligned} \tag{4.33}$$

$$\begin{aligned}
&\left\|\bar{J}^i(\boldsymbol{u}_i^*, \bar{\boldsymbol{u}}_j + \boldsymbol{u}_j^* - \bar{\boldsymbol{u}}_j) - \bar{J}^i(\boldsymbol{u}_i^*, \bar{\boldsymbol{u}}_j)\right\| \\
&\quad \leqslant \int_0^1 \left\|\mathcal{D}(\boldsymbol{u}_i^*, \bar{\boldsymbol{u}}_j + t(\boldsymbol{u}_j^* - \bar{\boldsymbol{u}}_j))\right\| \mathrm{d}t \sqrt{\pi_i \mu_1 \mu_2}
\end{aligned} \tag{4.34}$$

其中，$t \in [0,1]$，$\mathcal{D}(\cdot,\cdot)$ 是 $\bar{J}^i(u_i, u_j)$ 关于 u_j 的一阶导数。从式(4.32)和式(4.13)中的 ε_i 定义，我们有

$$\begin{aligned}
\varepsilon_i &= \bar{J}^i(\boldsymbol{u}_i, \boldsymbol{u}_j^* + \bar{\boldsymbol{u}}_j - \boldsymbol{u}_j^*) - \bar{J}^i(\boldsymbol{u}_i, \boldsymbol{u}_j^*) + \bar{J}^i(\boldsymbol{u}_i^*, \bar{\boldsymbol{u}}_j + \boldsymbol{u}_j^* - \bar{\boldsymbol{u}}_j) - \bar{J}^i(\boldsymbol{u}_i^*, \bar{\boldsymbol{u}}_j) \\
&= \sqrt{\pi_i \mu_1 \mu_2}\left(\int_0^1 \left\|\mathcal{D}(\boldsymbol{u}_i, \boldsymbol{u}_j^* + t(\bar{\boldsymbol{u}}_j - \boldsymbol{u}_j^*))\right\| \mathrm{d}t + \int_0^1 \left\|\mathcal{D}(\boldsymbol{u}_i^*, \bar{\boldsymbol{u}}_j + t(\boldsymbol{u}_j^* - \bar{\boldsymbol{u}}_j))\right\| \mathrm{d}t\right)
\end{aligned} \tag{4.35}$$

证毕。

根据定理 4.1 中得到的 $\boldsymbol{Z}_k^i$，可以得出 ε_i 的明确表达式。通过取 $\bar{J}^i(\boldsymbol{u}_i, \boldsymbol{u}_j)$ 关于 $\boldsymbol{u}_j$ 的一阶导数，我们得到

$$\mathcal{D}(\boldsymbol{u}_i, \boldsymbol{u}_j) = \sum_{k=0}^{N-1} \{\boldsymbol{\Phi}(k)\} \tag{4.36}$$

其中，

$$\begin{aligned}
\boldsymbol{\Phi}(k) \triangleq\ & 2\tilde{\boldsymbol{B}}^{j\mathrm{T}} \boldsymbol{Z}_{k+1}^i \tilde{\boldsymbol{A}} \boldsymbol{\eta}(k) + 6\sigma \lambda_{\max}\left\{\tilde{\boldsymbol{B}}^{j\mathrm{T}} \boldsymbol{Z}_{k+1}^i \tilde{\boldsymbol{B}}^j\right\} \boldsymbol{u}_j(k) \\
& + 4\tilde{\boldsymbol{B}}^{j\mathrm{T}} \boldsymbol{Z}_{k+1}^i \tilde{\boldsymbol{B}}^j \boldsymbol{u}_j(k) + 2\tilde{\boldsymbol{B}}^{j\mathrm{T}} \boldsymbol{Z}_{k+1}^i \tilde{\boldsymbol{B}}^i \boldsymbol{u}_i(k)
\end{aligned}$$

因此，

$$\begin{aligned}\left\|\mathcal{D}(\boldsymbol{u}_i,\boldsymbol{u}_j)\right\| &\leqslant \sqrt{N\sum_{k=0}^{N-1}\{\boldsymbol{\Phi}(k)\}^{\mathrm{T}}\{\boldsymbol{\Phi}(k)\}} \\ &\leqslant \sqrt{N\sum_{k=0}^{N-1}\zeta_{i1,k}\|\boldsymbol{\eta}(k)\|^2+\zeta_{i2,k}\left\|\boldsymbol{u}_j(k)\right\|^2+\zeta_{i3,k}\left\|\boldsymbol{u}_i(k)\right\|^2}\end{aligned} \tag{4.37}$$

其中，

$$\begin{aligned}\zeta_{i1,k} &\triangleq 4(1+\kappa_1+\kappa_2+\kappa_3)\lambda_{\max}\left\{\tilde{\boldsymbol{A}}^{\mathrm{T}}\boldsymbol{Z}_{k+1}^i\tilde{\boldsymbol{B}}^j\tilde{\boldsymbol{B}}^{j\mathrm{T}}\boldsymbol{Z}_{k+1}^i\tilde{\boldsymbol{A}}\right\} \\ \zeta_{i2,k} &\triangleq 36(1+\kappa_1^{-1}+\kappa_4+\kappa_5)\sigma^2\lambda_{\max^2}\left\{\tilde{\boldsymbol{B}}^{j\mathrm{T}}\boldsymbol{Z}_{k+1}^i\tilde{\boldsymbol{B}}^j\right\} \\ &\quad +16(1+\kappa_2^{-1}+\kappa_4^{-1}+\kappa_6) \\ &\quad \times\lambda_{\max}\left\{\tilde{\boldsymbol{B}}^{j\mathrm{T}}\boldsymbol{Z}_{k+1}^i\tilde{\boldsymbol{B}}^j\tilde{\boldsymbol{B}}^{j\mathrm{T}}\boldsymbol{Z}_{k+1}^i\tilde{\boldsymbol{B}}^j\right\} \\ \zeta_{i3,k} &\triangleq 4(1+\kappa_3^{-1}+\kappa_5^{-1}+\kappa_6^{-1}) \\ &\quad \times\lambda_{\max}\left\{\tilde{\boldsymbol{B}}^{i\mathrm{T}}\boldsymbol{Z}_{k+1}^i\tilde{\boldsymbol{B}}^j\tilde{\boldsymbol{B}}^{j\mathrm{T}}\boldsymbol{Z}_{k+1}^i\tilde{\boldsymbol{B}}^i\right\}\end{aligned}$$

和 $\kappa_l(l=1,2,3,4,5,6)$ 是正常数。最后，根据式(4.35)和式(4.37)得出：

$$\varepsilon_i=2\sqrt{\pi_i\mu_1\mu_2N\sum_{k=0}^{N-1}\zeta_{i1,k}\mu_1\mu_2+\zeta_{i2,k}\beta_i+\zeta_{i3,k}\beta_j} \tag{4.38}$$

注释 4.6　从定理 4.1 的证明可以得出结论，由于事件触发机制和非线性的存在，很难计算精确的成本函数 J^i，因此采用上界 $\bar{J}^i$ 来量化博弈的结果。此外，从定理 4.1 的证明中可以看出，参数 ε_i 是由观测器和控制器之间的耦合以及不同参与者之间的交互产生的。在以下情况下，$\bar{J}$-ε-NE 退化为纯 NE（$\varepsilon_i\equiv 0$）：

①只有一名参与者参加了非合作博弈时可以看作是最优控制问题；

②没有干扰作用于系统式(4.1)，即 $\boldsymbol{d}_m(k)\equiv 0$，因此不需要干扰观测器式 (4.3)。

注释 4.7　如果没有干扰作用于系统式(4.1)，则采用设计的策略，上界可表示为 $\bar{J}^i=\boldsymbol{\eta}^{\mathrm{T}}(0)\boldsymbol{Z}_0^i\boldsymbol{\eta}(0)$，其中，$\boldsymbol{\eta}(k)$ 是控制系统的状态变量。实际上，这个上界可以概括如下：

$$\sum_{k=l}^{N}\left\{\boldsymbol{\eta}^{\mathrm{T}}(k)\boldsymbol{Q}^i\boldsymbol{\eta}(k)+\boldsymbol{u}_i^{t\mathrm{T}}(k)\boldsymbol{R}^i\boldsymbol{u}_i^t(k)\right\}\leqslant\boldsymbol{\eta}^{\mathrm{T}}(l)\boldsymbol{Z}_l^i\boldsymbol{\eta}(l) \tag{4.39}$$

从式(4.39)可以明显看出，$\boldsymbol{\eta}^{\mathrm{T}}(l)\boldsymbol{Z}_l^i\boldsymbol{\eta}(l)$ 可以看作是在时间 $k=l$ 时，起点 $\boldsymbol{\eta}(l)$ 的总成本的上界 $\sum_{k=l}^{N}\left\{\boldsymbol{\eta}^{\mathrm{T}}(k)\boldsymbol{Q}^i\boldsymbol{\eta}(k)+\boldsymbol{u}_i^{t\mathrm{T}}(k)\boldsymbol{R}^i\boldsymbol{u}_i^t(k)\right\}$。

4.3.2 多人非合作博弈复合策略设计

上述得到了二人二次博弈的事件触发策略。在本节中，相应的结果将扩展到多人博弈的情况。证明过程与上述的二人博弈情况类似，因此省略具体过程。

引理 4.3 考虑具有基于干扰观测器的控制策略式(4.1)和事件触发条件式(4.7)的非线性系统式(4.1)。对于$i\in\boldsymbol{S}$，成本函数的上界$\bar{J}^i$由下式给出：

$$\begin{aligned}\bar{J}^i=&\boldsymbol{\eta}^{\mathrm{T}}(k)\boldsymbol{Q}_N\boldsymbol{\eta}(k)+\sum_{k=0}^{N-1}\Big\{\boldsymbol{\eta}^{\mathrm{T}}(k)\boldsymbol{Q}^i\boldsymbol{\eta}(k)\\&+\boldsymbol{\eta}^{\mathrm{T}}(k)\tilde{\boldsymbol{A}}^{\mathrm{T}}\boldsymbol{Z}_{k+1}^i\tilde{\boldsymbol{A}}\boldsymbol{\eta}(k)\\&+\mathcal{R}_{k+1}+\mathcal{T}_{k+1}+\mathcal{P}_{k+1}+\mathcal{F}_{k+1}+\mathcal{L}_{k+1}\\&+\lambda_{\max}\left\{\tilde{\boldsymbol{D}}^{\mathrm{T}}\boldsymbol{Z}_{k+1}^i\tilde{\boldsymbol{D}}\right\}\boldsymbol{f}^{\mathrm{T}}(\boldsymbol{x}(k))\boldsymbol{f}(\boldsymbol{x}(k))\\&-\boldsymbol{\eta}^{\mathrm{T}}(k)\boldsymbol{Z}_k^i\boldsymbol{\eta}(k)\Big\}-\boldsymbol{\eta}^{\mathrm{T}}(N)\boldsymbol{Z}_N^i\boldsymbol{\eta}(N)+\boldsymbol{\eta}^{\mathrm{T}}(0)\boldsymbol{Z}_0^i\boldsymbol{\eta}(0)\end{aligned}\tag{4.40}$$

其中，

$$\begin{aligned}\mathcal{P}_{k+1}\triangleq&\left\{\sum_{i=1}^{S}\tilde{\boldsymbol{B}}^i\boldsymbol{u}_i(k)\right\}^{\mathrm{T}}\boldsymbol{Z}_{k+1}^i\left\{\sum_{i=1}^{S}\tilde{\boldsymbol{B}}^i\boldsymbol{u}_i(k)\right\}\\&+\sum_{j=1}^{S}\left\{\boldsymbol{u}_j^{\mathrm{T}}(k)\tilde{\boldsymbol{B}}^{j\mathrm{T}}\boldsymbol{Z}_{k+1}^i\tilde{\boldsymbol{B}}^j\boldsymbol{u}_j(k)+\sigma\lambda_{\max}\left\{\tilde{\boldsymbol{B}}^{\mathrm{T}}\boldsymbol{Z}_{k+1}^i\tilde{\boldsymbol{B}}^i\right\}\boldsymbol{u}_j^{\mathrm{T}}(k)\boldsymbol{u}_j(k)\right\}\\&+\left\{\sum_{j=1}^{S}(S-1)\boldsymbol{u}_j^{\mathrm{T}}(k)\tilde{\boldsymbol{B}}^{i\mathrm{T}}\boldsymbol{Z}_{k+1}^i\tilde{\boldsymbol{B}}^j\boldsymbol{u}_j(k)\right\}\\&+\sigma\sum_{j=1}^{S}\sum_{l\neq j}^{S}\lambda_{\max}\left\{\tilde{\boldsymbol{B}}^{l\mathrm{T}}\boldsymbol{Z}_{k+1}^i\tilde{\boldsymbol{B}}^l\right\}\boldsymbol{u}_l^{\mathrm{T}}(k)\boldsymbol{u}_l(k)\\&+\sigma\sum_{j=1}^{S}\lambda_{\max}\left\{\tilde{\boldsymbol{B}}^{i\mathrm{T}}\boldsymbol{Z}_{k+1}^i\tilde{\boldsymbol{B}}^j\right\}\boldsymbol{u}_j^{\mathrm{T}}(k)\boldsymbol{u}_j(k)\\&+\sigma\sum_{j=1}^{S-1}(S-j)\lambda_{\max}\left\{\tilde{\boldsymbol{B}}^{j\mathrm{T}}\boldsymbol{Z}_{k+1}^i\tilde{\boldsymbol{B}}^j\right\}\boldsymbol{u}_j^{\mathrm{T}}(k)\boldsymbol{u}_j(k)\\&+\sigma\sum_{j=1}^{S-1}\sum_{l=j+1}^{S}\lambda_{\max}\left\{\tilde{\boldsymbol{B}}^{l\mathrm{T}}\boldsymbol{Z}_{k+1}^i\tilde{\boldsymbol{B}}^l\right\}\boldsymbol{u}_l^{\mathrm{T}}(k)\boldsymbol{u}_l(k)\end{aligned}$$

$$\mathcal{R}_{k+1}\triangleq2\boldsymbol{u}_i^{\mathrm{T}}(k)\boldsymbol{R}^i\boldsymbol{u}_i(k)+2\sigma\lambda_{\max}\left\{\boldsymbol{R}^i\right\}\boldsymbol{u}_i^{\mathrm{T}}(k)\boldsymbol{u}_i(k)$$

$$\mathcal{L}_{k+1}\triangleq\boldsymbol{\eta}^{\mathrm{T}}(k)\tilde{\boldsymbol{A}}^{\mathrm{T}}\boldsymbol{Z}_{k+1}^i\tilde{\boldsymbol{A}}\boldsymbol{\eta}(k)+\lambda_{\max}\left\{\tilde{\boldsymbol{D}}^{\mathrm{T}}\boldsymbol{Z}_{k+1}^i\tilde{\boldsymbol{D}}\right\}\boldsymbol{f}^{\mathrm{T}}(\boldsymbol{x}(k))\boldsymbol{f}(\boldsymbol{x}(k))$$

$$\mathcal{F}_{k+1} \triangleq \sum_{j=1}^{S} \boldsymbol{u}_j^{\mathrm{T}}(k)\tilde{\boldsymbol{B}}^{j\mathrm{T}}\boldsymbol{Z}_{k+1}^i\tilde{\boldsymbol{B}}^j\boldsymbol{u}_j(k) + 2S\lambda_{\max}\left\{\tilde{\boldsymbol{D}}^{\mathrm{T}}\boldsymbol{Z}_{k+1}^i\tilde{\boldsymbol{D}}\right\}\boldsymbol{f}^{\mathrm{T}}(\boldsymbol{x}(k))\boldsymbol{f}(\boldsymbol{x}(k))$$
$$+\sigma\sum_{j=1}^{S}\lambda_{\max}\left\{\tilde{\boldsymbol{B}}^{j\mathrm{T}}\boldsymbol{Z}_{k+1}^i\tilde{\boldsymbol{B}}^j\right\}\boldsymbol{u}_j^{\mathrm{T}}(k)\boldsymbol{u}_j(k)$$

$$\begin{aligned}\mathcal{T}_{k+1} \triangleq{}& 2\boldsymbol{\eta}^{\mathrm{T}}(k)\tilde{\boldsymbol{A}}^{\mathrm{T}}\boldsymbol{Z}_{k+1}^i\sum_{i=1}^{S}\tilde{\boldsymbol{B}}^i\boldsymbol{u}_i(k) + S\boldsymbol{\eta}^{\mathrm{T}}(k)\tilde{\boldsymbol{A}}^{\mathrm{T}}\boldsymbol{Z}_{k+1}^i\tilde{\boldsymbol{A}}\boldsymbol{\eta}(k)\\ &+\sigma\sum_{j=1}^{S}\lambda_{\max}\left\{\tilde{\boldsymbol{B}}^{j\mathrm{T}}\boldsymbol{Z}_{k+1}^i\tilde{\boldsymbol{B}}^j\right\}\boldsymbol{u}_j^{\mathrm{T}}(k)\boldsymbol{u}_j(k)\end{aligned} \tag{4.41}$$

并且$\tilde{\boldsymbol{I}} \triangleq [\boldsymbol{I} \quad 0]$和$\{\boldsymbol{Z}_k\}_{0\leqslant k\leqslant N}$是对称正半定矩阵。

证明　定义

$$Y(k) \triangleq \boldsymbol{\eta}^{\mathrm{T}}(k+1)\boldsymbol{Z}_{k+1}^i\boldsymbol{\eta}(k+1) - \boldsymbol{\eta}^{\mathrm{T}}(k)\boldsymbol{Z}_k^i\boldsymbol{\eta}(k)$$

并从成本函数式(4.11)中减去$Y(k)$，我们得到

$$\begin{aligned}J^i ={}& \boldsymbol{\eta}^{\mathrm{T}}(k)\boldsymbol{Q}_N\boldsymbol{\eta}(k) - \boldsymbol{\eta}^{\mathrm{T}}(N)\boldsymbol{Z}_N^i\boldsymbol{\eta}(N) + \boldsymbol{\eta}^{\mathrm{T}}(0)\boldsymbol{Z}_0^i\boldsymbol{\eta}(0)\\ &+\sum_{k=0}^{N-1}\left\{\boldsymbol{\eta}^{\mathrm{T}}(k)\boldsymbol{Q}^i\boldsymbol{\eta}(k) + \boldsymbol{u}_i^{t\mathrm{T}}(k)\boldsymbol{R}^i\boldsymbol{u}_i^t(k)\right.\\ &\left.+\boldsymbol{\eta}^{\mathrm{T}}(k+1)\boldsymbol{Z}_{k+1}^i\boldsymbol{\eta}(k+1) - \boldsymbol{\eta}^{\mathrm{T}}(k)\boldsymbol{Z}_k^i\boldsymbol{\eta}(k)\right\}\\ ={}& \boldsymbol{\eta}^{\mathrm{T}}(k)\boldsymbol{Q}_N\boldsymbol{\eta}(k) + \sum_{k=0}^{N-1}\left\{\boldsymbol{\eta}^{\mathrm{T}}(k)\boldsymbol{Q}^i\boldsymbol{\eta}(k) + \boldsymbol{u}_i^{t\mathrm{T}}(k)\boldsymbol{R}^i\boldsymbol{u}_i^t(k)\right\}\\ &+\left\{\tilde{\boldsymbol{A}}\boldsymbol{\eta}(k) + \sum_{i=1}^{S}\tilde{\boldsymbol{B}}^i\boldsymbol{u}_i^t(k) + \tilde{\boldsymbol{D}}\boldsymbol{f}(\boldsymbol{x}(k))\right\}^{\mathrm{T}}\boldsymbol{Z}_{k+1}^i\\ &\times\left\{\tilde{\boldsymbol{A}}\boldsymbol{\eta}(k) + \sum_{i=1}^{S}\tilde{\boldsymbol{B}}^i\boldsymbol{u}_i^t(k) + \tilde{\boldsymbol{D}}\boldsymbol{f}(\boldsymbol{x}(k))\right\}\\ &-\boldsymbol{\eta}^{\mathrm{T}}(k)\boldsymbol{Z}_k^i\boldsymbol{\eta}(k) - \boldsymbol{\eta}^{\mathrm{T}}(N)\boldsymbol{Z}_N^i\boldsymbol{\eta}(N) + \boldsymbol{\eta}^{\mathrm{T}}(0)\boldsymbol{Z}_0^i\boldsymbol{\eta}(0)\\ ={}& \boldsymbol{\eta}^{\mathrm{T}}(k)\boldsymbol{Q}_N\boldsymbol{\eta}(k) + \sum_{k=0}^{N-1}\left\{\boldsymbol{\eta}^{\mathrm{T}}(k)\boldsymbol{Q}^i\boldsymbol{\eta}(k) + \left(\boldsymbol{u}_i(k) + \boldsymbol{u}_i^e(k)\right)^{\mathrm{T}}\right.\\ &\left.\times\boldsymbol{R}^i\left(\boldsymbol{u}_i(k) + \boldsymbol{u}_i^e(k)\right)\right\} + \boldsymbol{\eta}^{\mathrm{T}}(k)\tilde{\boldsymbol{A}}^{\mathrm{T}}\boldsymbol{Z}_{k+1}^i\tilde{\boldsymbol{A}}\boldsymbol{\eta}(k)\\ &+2\boldsymbol{\eta}^{\mathrm{T}}(k)\tilde{\boldsymbol{A}}^{\mathrm{T}}\boldsymbol{Z}_{k+1}^i\sum_{i=1}^{S}\tilde{\boldsymbol{B}}^i\left(\boldsymbol{u}_i(k) + \boldsymbol{u}_i^e(k)\right)\\ &+2\boldsymbol{\eta}^{\mathrm{T}}(k)\tilde{\boldsymbol{A}}^{\mathrm{T}}\boldsymbol{Z}_{k+1}^i\tilde{\boldsymbol{D}}\boldsymbol{f}(\boldsymbol{x}(k))\end{aligned}$$

$$
\begin{aligned}
&+\left\{\sum_{i=1}^{S}\tilde{\boldsymbol{B}}^i\left(\boldsymbol{u}_i(k)+\boldsymbol{u}_i^e(k)\right)\right\}^{\mathrm{T}}\boldsymbol{Z}_{k+1}^i\times\left\{\sum_{i=1}^{S}\tilde{\boldsymbol{B}}^i\left(\boldsymbol{u}_i(k)+\boldsymbol{u}_i^e(k)\right)\right\}\\
&+2\left\{\sum_{i=1}^{S}\tilde{\boldsymbol{B}}^i\left(\boldsymbol{u}_i(k)+\boldsymbol{u}_i^e(k)\right)\right\}^{\mathrm{T}}\boldsymbol{Z}_{k+1}^i\tilde{\boldsymbol{D}}\boldsymbol{f}(x(k)) \qquad (4.42)\\
&+\boldsymbol{f}^{\mathrm{T}}(\boldsymbol{x}(k))\tilde{\boldsymbol{D}}^{\mathrm{T}}\boldsymbol{Z}_{k+1}^i\tilde{\boldsymbol{D}}\boldsymbol{f}(\boldsymbol{x}(k))\\
&-\boldsymbol{\eta}^{\mathrm{T}}(k)\boldsymbol{Z}_k^i\boldsymbol{\eta}(k)-\boldsymbol{\eta}^{\mathrm{T}}(N)\boldsymbol{Z}_N^i\boldsymbol{\eta}(N)+\boldsymbol{\eta}^{\mathrm{T}}(0)\boldsymbol{Z}_0^i\boldsymbol{\eta}(0)
\end{aligned}
$$

注意引理 4.2 证明中的不等式和基本不等式(4.7)，可得

$$
\begin{aligned}
\mathcal{P}_{k+1}&\geqslant\left\{\sum_{i=1}^{S}\tilde{\boldsymbol{B}}^i(\boldsymbol{u}_i(k)+\boldsymbol{u}_i^e(k))\right\}^{\mathrm{T}}\boldsymbol{Z}_{k+1}^i\\
&\qquad\times\left\{\sum_{i=1}^{S}\tilde{\boldsymbol{B}}^i(\boldsymbol{u}_i(k)+\boldsymbol{u}_i^e(k))\right\}\\
\mathcal{R}_{k+1}&\geqslant(\boldsymbol{u}_i(k)+\boldsymbol{u}_i^e(k))^{\mathrm{T}}\boldsymbol{R}^i(\boldsymbol{u}_i(k)+\boldsymbol{u}_i^e(k))\\
\mathcal{L}_{k+1}&\geqslant2\boldsymbol{\eta}^{\mathrm{T}}(k)\tilde{\boldsymbol{A}}^{\mathrm{T}}\boldsymbol{Z}_{k+1}^i\tilde{\boldsymbol{D}}\boldsymbol{f}(\boldsymbol{x}(k)) \qquad (4.43)\\
\mathcal{F}_{k+1}&\geqslant2\left\{\sum_{i=1}^{S}\tilde{\boldsymbol{B}}^i(\boldsymbol{u}_i(k)+\boldsymbol{u}_i^e(k))\right\}^{\mathrm{T}}\boldsymbol{Z}_{k+1}^i\tilde{\boldsymbol{D}}\boldsymbol{f}(\boldsymbol{x}(k))\\
\mathcal{T}_{k+1}&\geqslant2\boldsymbol{\eta}^{\mathrm{T}}(k)\tilde{\boldsymbol{A}}^{\mathrm{T}}\boldsymbol{Z}_{k+1}^i\sum_{i=1}^{S}(\boldsymbol{u}_i(k)+\boldsymbol{u}_i^e(k))
\end{aligned}
$$

将式(4.43)代回式(4.42)，即可得到上界式(4.40)。证毕。

上述过程给出了通过单方面优化上界 $\bar{J}^i$ 来计算策略参数 $\left\{\boldsymbol{K}_k^{i*}\right\}_{0\leqslant k\leqslant N}$ $(i\in\boldsymbol{S})$ 的集合的显式算法。

在说明算法之前，我们引入以下符号来简化表示：

$$
\begin{aligned}
\boldsymbol{\Theta}_k^{ii}&\triangleq2\boldsymbol{R}^i+2\sigma\lambda_{\max}(\boldsymbol{R}^i)+4\sigma\lambda_{\max}\left\{\tilde{\boldsymbol{B}}^{i\mathrm{T}}\boldsymbol{Z}_{k+1}^i\tilde{\boldsymbol{B}}^i\right\}\\
&\quad+2\sigma(S-1)\lambda_{\max}\left\{\tilde{\boldsymbol{B}}^{i\mathrm{T}}\boldsymbol{Z}_{k+1}^i\tilde{\boldsymbol{B}}^i\right\}\\
&\quad+(2+S)\tilde{\boldsymbol{B}}^{i\mathrm{T}}\boldsymbol{Z}_{k+1}^i\tilde{\boldsymbol{B}}^i>0 \qquad (4.44)\\
\boldsymbol{\Theta}_k^{ij}&\triangleq\tilde{\boldsymbol{B}}^{i\mathrm{T}}\boldsymbol{Z}_{k+1}^i\tilde{\boldsymbol{A}}\tilde{\boldsymbol{B}}^j,\ \boldsymbol{K}_k^*\triangleq\mathrm{col}_S\left\{\boldsymbol{K}_k^{i*}\right\}\\
\boldsymbol{\Upsilon}_k&\triangleq\left[\boldsymbol{\eta}^{\mathrm{T}}(k)\tilde{\boldsymbol{A}}^{\mathrm{T}}\boldsymbol{Z}_{k+1}^i\tilde{\boldsymbol{B}}^1\quad\cdots\quad\boldsymbol{\eta}^{\mathrm{T}}(k)\tilde{\boldsymbol{A}}^{\mathrm{T}}\boldsymbol{Z}_{k+1}^i\tilde{\boldsymbol{B}}^S\right]^{\mathrm{T}}
\end{aligned}
$$

定理 4.2 考虑具有基于干扰观测器的控制策略式(4.6)和事件触发条件式(4.7)的非线性系统式(4.1)。如果存在一组矩阵 $\left\{\boldsymbol{K}_k^i\right\}_{0\leqslant k\leqslant N}$ $(i\in\boldsymbol{S})$ 和一组对称半正

定矩阵$\left\{Z_k^i\right\}_{0\leqslant k\leqslant N}$满足以下条件的耦合反向 RDEs，则扩张系统式(4.10)满足不等式(4.13)。

$$
\begin{aligned}
Z_k^i = & -K_k^{i\mathrm{T}}(k)\Theta_k^{ii}K_k^i + 2\tilde{A}^{\mathrm{T}}Z_{k+1}^i\tilde{A} + 2\tilde{A}^{\mathrm{T}}Z_{k+1}^i\sum_{j\neq i}^{S}\tilde{B}^jK_k^j \\
& + S\tilde{A}^{\mathrm{T}}Z_{k+1}^i\tilde{A} + \sigma\sum_{j\neq i}^{S}\lambda_{\max}\left\{\tilde{B}^{j\mathrm{T}}Z_{k+1}^i\tilde{B}^j\right\}K_k^{j\mathrm{T}}K_k^j \\
& + \left\{\sum_{j\neq i}^{S}\tilde{B}^jK^j\right\}^{\mathrm{T}}Z_{k+1}^i\left\{\sum_{j\neq i}^{S}\tilde{B}^jK_k^j\right\} \\
& + \sum_{j\neq i}^{S}\left\{K_k^{j\mathrm{T}}\tilde{B}^{j\mathrm{T}}Z_{k+1}^i\tilde{B}^jK_k^j + \sigma\lambda_{\max}\left\{\tilde{B}^{j\mathrm{T}}Z_{k+1}^i\tilde{B}^j\right\}K_k^{j\mathrm{T}}K_k^j\right\} \\
& + \left\{\sum_{j\neq i}^{S}(S-1)K_k^{j\mathrm{T}}\tilde{B}^{j\mathrm{T}}Z_{k+1}^i\tilde{B}^jK_k^j\right\} \\
& + \sigma\sum_{j=1}^{S}\sum_{l\neq j,l\neq i}^{S}\lambda_{\max}\left\{\tilde{B}^{l\mathrm{T}}Z_{k+1}^i\tilde{B}^l\right\}K_k^{l\mathrm{T}}K_k^l \\
& + \sigma\sum_{j\neq i}^{S}\lambda_{\max}\left\{\tilde{B}^{j\mathrm{T}}Z_{k+1}^i\tilde{B}^j\right\}K_k^{j\mathrm{T}}K_k^j \\
& + \sigma\sum_{j\neq i}^{S-1}(S-j)\lambda_{\max}\left\{\tilde{B}^{j\mathrm{T}}Z_{k+1}^i\tilde{B}^j\right\}K_k^{j\mathrm{T}}K_k^j \\
& + \sigma\sum_{j=1}^{S-1}\sum_{l=j+1,l\neq i}^{S}\lambda_{\max}\left\{\tilde{B}^{l\mathrm{T}}Z_{k+1}^j\tilde{B}^l\right\}K_k^{l\mathrm{T}}K_k^l \\
& + \sum_{j\neq i}^{S}K_k^j\tilde{B}^{j\mathrm{T}}Z_{k+1}^i\tilde{B}^j + 2S\lambda_{\max}\left\{\tilde{D}^{\mathrm{T}}Z_{k+1}^i\tilde{D}\right\}^{\mathrm{T}}U\tilde{I} \\
& + \sigma\sum_{j\neq i}^{S}\lambda_{\max}\left\{\tilde{B}^{j\mathrm{T}}Z_{k+1}^i\tilde{B}^j\right\}K_k^{j\mathrm{T}}K_k^j + 2\lambda_{\max}\left\{\tilde{D}^{\mathrm{T}}Z_{k+1}^i\tilde{D}\right\}^{\mathrm{T}}U\tilde{I}
\end{aligned}
$$

$$
Z_N^i = Q_N, \tilde{I} \triangleq \begin{bmatrix} I & 0 \end{bmatrix} \tag{4.45}
$$

满足$\Theta_k^{ii} > 0$。如果Θ_k是可逆的，则控制器增益K_k^{i*}是唯一的。记$K_k^i = -(\Theta_k^{-1}Y_k)^{(i)}$，用上标$(i)$代表第$i$行并将$K_k^i$分区为

$$
K_k^i = \Big[\underbrace{K_{k,a}^i}_{n_x}\underbrace{K_{k,b}^i}_{n_w}\Big] \tag{4.46}
$$

可得

$$K_k^{i*} = K_{k,a}^i \tag{4.47}$$

证明 由于证明与定理 4.1 相似，省略。

算法 4.1 有限时域干扰观测器二次博弈策略设计。

①通过求解式(4.5)计算干扰观测器参数 $\boldsymbol{L}$。

②将获得的观测器增益 $\boldsymbol{L}$ 代入扩张系统式(4.10)。

③初始化 $k=N$ 设定 $\boldsymbol{Z}_N^i = \boldsymbol{Q}_N$。

④用式(4.44)计算 $\boldsymbol{\Theta}_k$ 和 $\boldsymbol{\Upsilon}_k$。

⑤解类似 Riccati 的递归式(4.45)得到 $\boldsymbol{Z}_k^i$。如果矩阵 $\boldsymbol{Z}_k^i$ 均为半正定矩阵，则可以通过式(4.47)获得控制器参数 $\boldsymbol{K}_k^{i*}$，然后转到下一步，否则跳到步骤⑦。

⑥如果 $k \neq 0$，则设置 $k = k-1$ 并返回到步骤④，否则转到下一步。

⑦如果不满足 $\boldsymbol{Z}_k^i \geqslant 0$ 的条件，则该算法不可行，停止。

通过定理 4.2，我们可以总结算法 4.1 中基于有限时域干扰观测器的二次博弈策略设计算法。

注释 4.8 类似于注释 4.6，如果对没有干扰的受控系统，则可以得到纯 NE，即 $\varepsilon_i \equiv 0$。在这种情况下，控制输入可以由式(4.47)计算得到并受制于式(4.45)。另一方面，应该指出的是，定理 4.1 和定理 4.2 中获得的结果也可以应用于系统模型式(4.1)，其中，矩阵 $\boldsymbol{A}$ 和 $\boldsymbol{D}$ 被时变矩阵 $\boldsymbol{A}(k)$ 和 $\boldsymbol{D}(k)$ 代替。

注释 4.9 通过成本函数的上界解决了多人非合作博弈问题，该问题描述了系统中的控制器不能用统一的协调器进行管理的情况。尽管通过非合作博弈得到的控制性能不及社会最优解[105]，但控制器在隔离模式下运行且未与协调中心连接时使用非合作博弈环境更有意义[106, 107]。

注释 4.10 在有限的时间范围[0, N]上，通过设计时变策略参数，最小化每个参与者的单个成本函数的上界。利用 Moore-Penrose 伪逆迭代地计算这些参数。本章考虑的事件触发的控制协议、非线性函数 $f(\cdot)$、干扰观测器以及不同参与者之间的交互四方面使设计过程复杂。在定理 4.2 中，给出了一种反映这四个方面的所有信息的条件，并且通过求解类似 Riccati 递归得到了相应的策略。

4.4 仿真算例

本节给出两个示例，以验证所提出方法的适用性和有效性。

示例 4.1 考虑一个二人博弈系统，其中，$\boldsymbol{x}(k) = (x_1(k), x_2(k))^{\mathrm{T}} \in \mathbb{R}^2$ 具有以下参数：

$$A_k = \begin{bmatrix} 1.1 + A_{11}(k) & A_{12}(k) \\ 0 & 0.3 \end{bmatrix}$$

$$B_k^1 = \begin{bmatrix} 0.85 & 1 \end{bmatrix}^{\mathrm{T}}, \quad B_k^2 = \begin{bmatrix} 0.75 & 1 \end{bmatrix}^{\mathrm{T}}$$

$$D_k = \begin{bmatrix} 1 & 2 \\ 1 & 1 \end{bmatrix}, \quad f(x(k)) = \begin{bmatrix} 0 & 0.05\sin(x_2)x_2 \end{bmatrix}^{\mathrm{T}}$$

假设匹配的扰动 $d_m(k)$ 由外源系统式(4.2)产生，其参数为

$$W = \begin{bmatrix} 0 & 0.5 \\ -0.5 & 0 \end{bmatrix}, \quad V = \begin{bmatrix} 1 & 0 \\ 0 & 1 \end{bmatrix}$$

在仿真中，选择权重矩阵 $Q_{80} = Q^1 = Q^2 = I_{4\times4}, R^1 = R^2 = 1$，阈值 $\sigma = 0.1$ 和时间范围 $N = 80$。系统模型的时变部分为

$$A_{11}(k) = 0.5\sin(0.5k-1), \quad A_{12}(k) = \exp(-5k)$$

状态的初始值选择为 $\eta(0) = \begin{bmatrix} 0.2 & 0.5 & 0 & 0.5 \end{bmatrix}^{\mathrm{T}}$。通过使用所提出的方法和 MATLAB 软件，我们得到了扰动观测器的增益为

$$L = \begin{bmatrix} 2.2919 & -2.1215 \\ -3.5469 & 2.3696 \end{bmatrix}$$

然后，可以得到定理 4.2 中耦合 Riccati 式递归的解和控制器参数如表 4.1 所示。相应的仿真结果如图 4.2 和图 4.3 所示，描绘了开环和闭环系统的对比曲线。仿真结果验证了所设计的控制策略具有较好的性能。

表 4.1　反馈控制参数

k	0	…	80
K_k^1	$[-0.1404 \quad -0.0131]$	…	$[-0.1156 \quad -0.0252]$
K_k^2	$[-0.1466 \quad -0.0164]$	…	$[-0.1062 \quad -0.0276]$

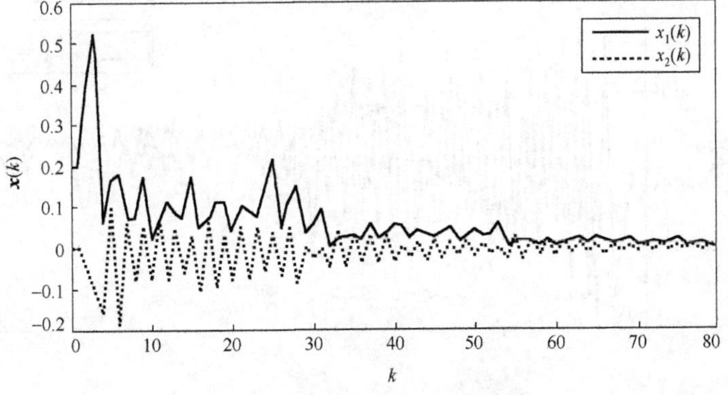

图 4.2　闭环系统的状态轨迹

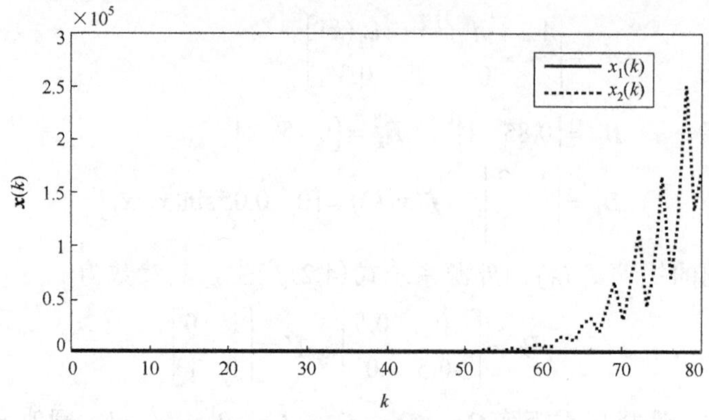

图 4.3　开环系统的状态轨迹

为了评估事件阈值σ对控制性能的影响，我们分别选择$\sigma = 0.1$和$\sigma = 0.25$，其他参数与上面的设置相同。相应的结果如图 4.4～图 4.6 所示。显然，阈值σ的增加会破坏控制系统性能，同时也降低了数据传输频率，节省了能量。

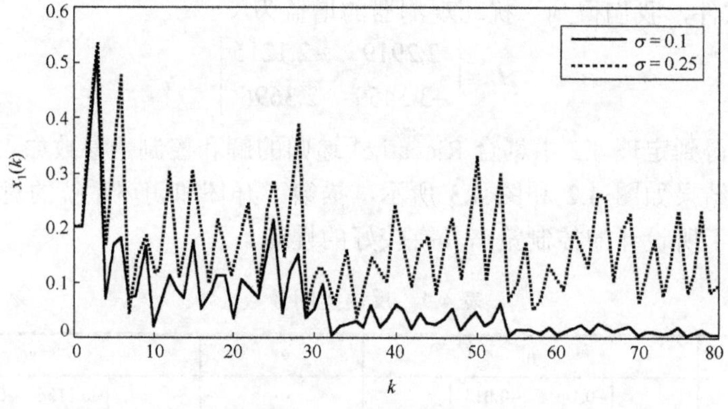

图 4.4　$x_1(k)$的轨迹

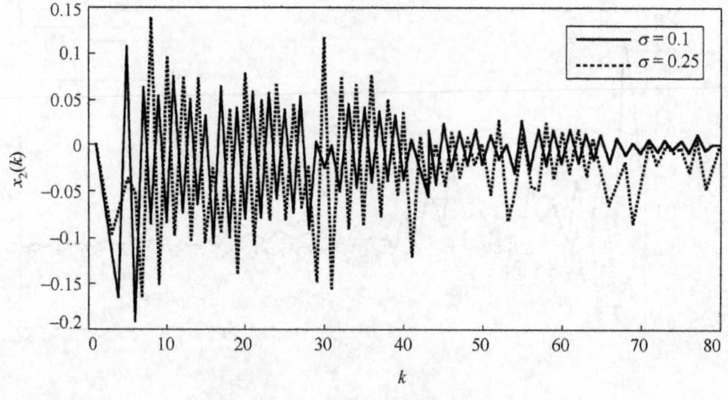

图 4.5　$x_2(k)$的轨迹

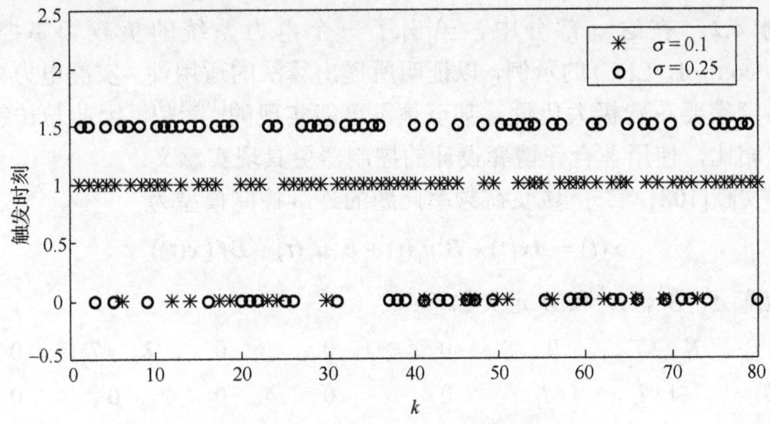

图 4.6　控制输入的触发瞬间

为了验证注释 4.7 中的结果，我们假设没有使用干扰观测器，并且$\boldsymbol{\eta}(k)$是受控系统的状态变量。选择$\boldsymbol{f}(\boldsymbol{\eta}(k)) \equiv 0$，$N=31$，$\sigma=0.1$，$A_{11}(k)=A_{12}(k)=0$，$\boldsymbol{\eta}(0)=\begin{bmatrix}0 & 1 & 0 & 0\end{bmatrix}^{\mathrm{T}}$，其他参数为与上面的设置相同。使用以下符号：

$$\begin{aligned} J^i(l) &\triangleq \sum_{k=l}^{N}\left\{\boldsymbol{\eta}^{\mathrm{T}}(k)\boldsymbol{Q}^i\boldsymbol{\eta}(k)+\boldsymbol{u}_i^t(k)\boldsymbol{R}^i\boldsymbol{u}_i(k)\right\} \\ \overline{J}^i(l) &\triangleq \boldsymbol{\eta}^{\mathrm{T}}(l)\boldsymbol{Z}_l^i\boldsymbol{\eta}(l), \quad i=1,2 \end{aligned} \tag{4.48}$$

为了评估$\overline{J}^i(l)$和$J^i(l)$之间的差异，我们引入$\Delta J^i(l) \triangleq \overline{J}^i(l)-J^i(l)$，如图 4.7 所示。从图 4.7 中可以看出，$\Delta J^i(l)$的曲线都停留在$x$轴上方，这意味着$J^i(l)$在其上界$\overline{J}^i(l)$之下。因此验证了注释 4.7 中的结论。

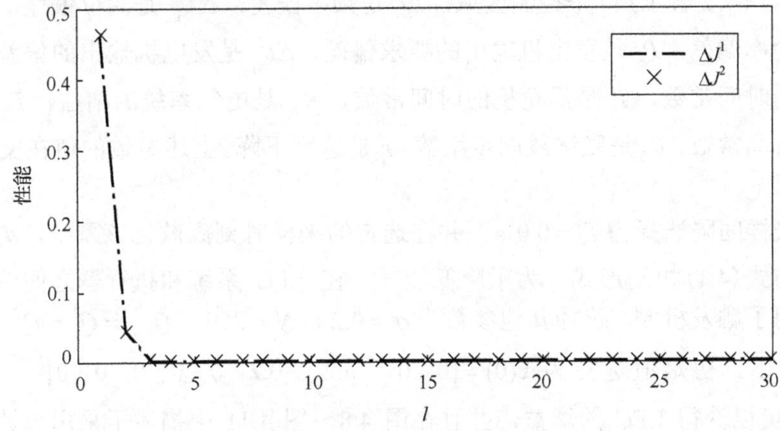

图 4.7　$\Delta J^i(l)$合成曲线

示例 4.2 在这一部分中，给出了一个电力系统的负载频率控制(load frequency control，LFC)的示例，以证明所提出算法的适用性。实况电力系统不同区域的协调需要花费极大代价，甚至是不可能实现的[108,109]，因此与传统的最优控制方法相比，使用非合作博弈设计的控制器更具现实意义。

根据文献[108]，二区域负荷频率问题的连续控制模型为

$$\dot{\boldsymbol{x}}(t)=\boldsymbol{A}\boldsymbol{x}(t)+\boldsymbol{B}^1\boldsymbol{u}_1(t)+\boldsymbol{B}^2\boldsymbol{u}_2(t)+\boldsymbol{D}\boldsymbol{f}(\boldsymbol{x}(t)) \tag{4.49}$$

其中，矩阵 $\boldsymbol{A}$，$\boldsymbol{B}^1$，$\boldsymbol{B}^2$ 和 $\boldsymbol{D}$ 定义如下：

$$\boldsymbol{A}=\begin{bmatrix} -1/T_{p_1} & K_{p_1}/T_{p_1} & 0 & 0 & 0 & 0 & K_{p_1}/T_{p_1} & 0 & 0 \\ 0 & -1/T_{t_1} & 1/T_{t_1} & 0 & 0 & 0 & 0 & 0 & 0 \\ -1/r_1T_{g_1} & 0 & -1/T_{g_1} & 0 & 0 & 0 & 0 & 1/T_{g_1} & 0 \\ 0 & 0 & 0 & -1/T_{p_2} & K_{p_2}/T_{p_2} & 0 & K_{p_2}/T_{p_2} & 0 & 0 \\ 0 & 0 & 0 & 0 & -1/T_{t_2} & 1/T_{t_2} & 0 & 0 & 0 \\ 0 & 0 & 0 & -1/r_2T_{g_2} & 0 & -1/T_{g_2} & 0 & 0 & 1/T_{g_2} \\ T_{12} & 0 & 0 & -T_{12} & 0 & 0 & 0 & 0 & 0 \\ 0 & 0 & 0 & 0 & 0 & 0 & 0 & 0 & 0 \\ 0 & 0 & 0 & 0 & 0 & 0 & 0 & 0 & 0 \end{bmatrix}$$

$$\boldsymbol{B}^1=\begin{bmatrix}0 & 0 & 0 & 0 & 0 & 0 & 0 & 1 & 0\end{bmatrix}^{\mathrm{T}},\boldsymbol{B}^2=\begin{bmatrix}0 & 0 & 0 & 0 & 0 & 0 & 0 & 0 & 1\end{bmatrix}^{\mathrm{T}}$$

$$\boldsymbol{x}(t)=\begin{bmatrix}\Delta f_1 & \Delta P_{g_1} & \Delta X_{g_1} & \Delta f_2 & \Delta P_{g_2} & \Delta X_{g_2} & \Delta P_{\mathrm{tie}} & \Delta P_{c_1} & \Delta P_{c_2}\end{bmatrix}^{\mathrm{T}}$$

$$\boldsymbol{D}=\boldsymbol{I}_{9\times 9},\boldsymbol{f}(\boldsymbol{x}(t))=\begin{bmatrix}0.01x_1\cos(x_1) & 0 & 0 & 0 & 0 & 0 & 0 & 0 & 0\end{bmatrix}^{\mathrm{T}}$$

下标 $i=1,2$ 表示第 i 个控制区域，Δf_i 是频率偏差，ΔX_{g_i} 是阀位偏差，ΔP_{tie} 是联络线功率偏差，P_{c_i} 是发电机输出的要求偏差，ΔP_{g_i} 是发电机输出的偏差。T_{g_i} 是调速器的时间常数，T_{t_i} 是涡轮机的时间常数，K_{p_i} 是电气系统的增益，T_{p_i} 是电气系统的时间常数，T_{12} 是联络线同步系数，r_i 是速度下降。上述参数的值在文献[108]中给出。

将采样间隔选择为 $T_s=0.01\mathrm{s}$，并在选定的采样时刻离散化该系统，$\boldsymbol{d}_m(k)\equiv 0$ 时得出与式(4.1)相同形式。为了降低能耗，在 LFC 系统和执行器之间的通信信道上采用了触发机制。选择其他参数为 $\sigma=0.2$，$N=250$，$\boldsymbol{Q}_{250}=\boldsymbol{Q}^1=\boldsymbol{Q}^2=\boldsymbol{I}_{9\times 9}$ 和 $R^1=R^2=1$。初始值选择为 $\boldsymbol{x}(0)=\begin{bmatrix}0 & 0 & -0.2 & -0.2 & 0 & 0 & 0 & 0 & 0\end{bmatrix}^{\mathrm{T}}$。根据定理 4.1，可以获得 LFC 的增益，并且在图 4.8～图 4.11 中描述了采用设计的事件触发策略的 Δf_i 和 ΔX_{g_i} $(i=1,2)$ 的结果曲线。

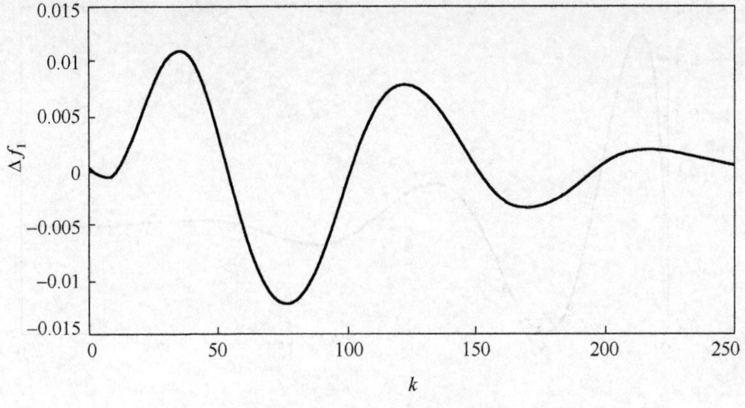

图 4.8　Δf_1 的状态轨迹

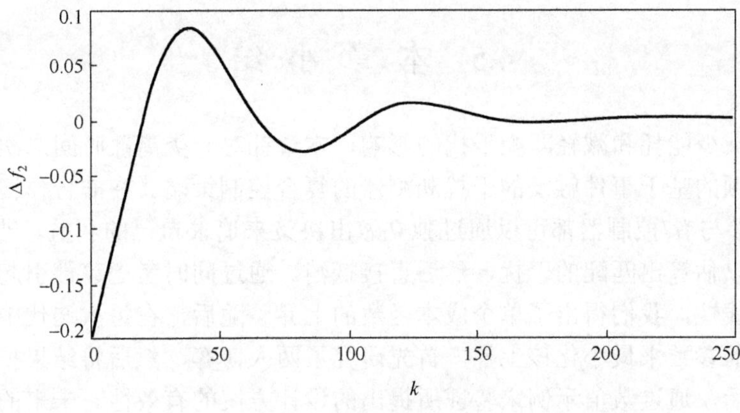

图 4.9　Δf_2 的状态轨迹

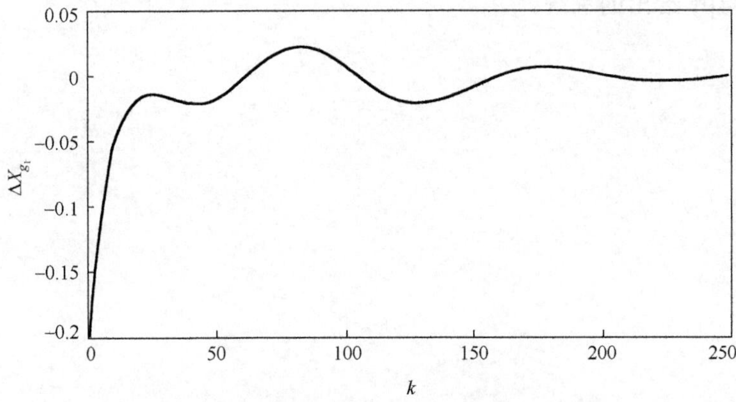

图 4.10　ΔX_{g_1} 的状态轨迹

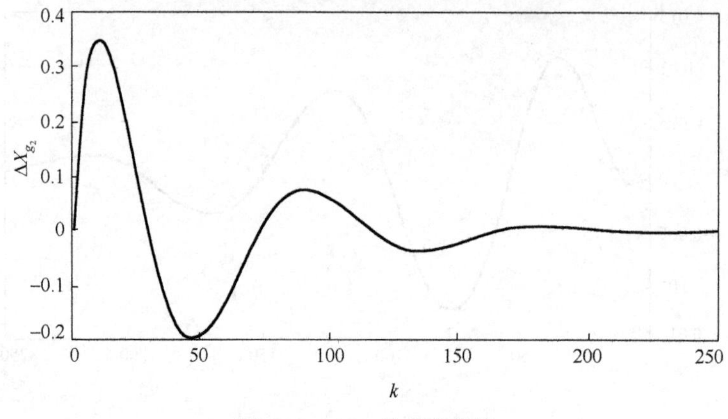

图 4.11　ΔX_{g_2} 的状态轨迹

4.5　本 章 小 结

为了减少能耗和减轻匹配干扰的影响，本章针对一类离散时间二次博弈提出了一种新颖的基于事件触发的干扰观测器的复合控制策略。在非合作博弈的情况下，每个参与者/控制器都可以通过独立做出决策来追求自己的利益。借助干扰观测器，可以估算出匹配的干扰，然后直接抵消。通过同时考虑事件引起的行为、干扰和非线性，我们得出了单个成本函数的上界。随后，在每次迭代中都计算了博弈策略的参数来最小化该上界。首先研究了两人博弈，然后将结果扩展到多人博弈。最后，通过数值示例来验证所提出的设计方案的有效性。未来的研究方向会将本章的主要结果扩展到具有更复杂动态行为的系统，如文献[34,84,100,105,107,110-114]中给出的系统。

第5章　基于干扰观测器的δ域线性二次型博弈组合策略设计方法

5.1　研究背景与意义

众所周知，博弈论是运筹学和控制领域中最活跃的研究领域之一，文献[115-122]中研究了许多不同类型的博弈论方法。在各种类型的博弈中，所谓的线性二次(LQ)微分/差分博弈由于在动态环境中具有表征不同决策者之间的合作和冲突的能力而受到学者的特别关注。另一方面，工业系统的采样率通常较高，这主要是由于传感技术的迅速发展，并且采样数据问题成为控制系统设计中的主要关注点。δ算子理论被认为是处理采样问题的有效工具，因为：①它可以克服由z算子描述的快速采样离散时间系统造成的数值问题；②它可以统一连续和离散时间[123]的分析结果。更具体地说，在采样率高的情况下，有必要建立传统离散系统的δ域模拟。由于它的理论意义和实际重要性，δ算子方法被广泛应用于研究滤波和控制问题[123-125]。单一决策者的δ算子系统控制已有大量文献，与之相比，可能由于技术困难，δ域动态对策控制问题的相应结果很少[124]。需要指出的是，δ域动态对策的控制需要使用δ域的Riccati方程，这使得它不同于大多数现有的在线性矩阵不等式(linear matrix inequality, LMI)框架下对δ算子的工作[76, 123, 126]。

几乎所有的实时控制系统都是在各种各样的干扰下运行的，这些干扰是由各种各样的原因引起的，如负载变化、电气和机械系统中的摩擦、测量噪声、由执行器和传感器引起的误差、网络波动和环境干扰[34, 127-132]。近年来，同时存在多源干扰的系统由于其实际意义引起了相当多的研究关注[77.133,134]。在各种抗干扰控制方法中，基于扰动观测器的控制能够在处理干扰时实现快速的动态响应，因为它提供了一个前馈补偿项直接对抗干扰[135]。然而，在大多数现有的关于多参与者动态博弈的文献中，都隐含地假设不存在扰动，或者所有的扰动都可以被充分估计和补偿，这在大多数情况下是不切实际的。对于具有不可测和不可预测干扰的系统，纯纳什均衡(Nash equilibrium，NE)不能作为博弈[48, 136]的最终结果，因为它也会受到这些干扰的影响。最近，文献[137，138]研究了不可测扰动影响下的连续LQ对策，其中采用了自适应和滑模机制进行补偿。不幸的是，就本书作者所知，使用扰动观测器技术的LQ对策的复合控制问题还没有得到充分的研究，更不用说在系统处于离散或δ域的情况下。因此，本章的目的就是缩小这一差距。

本章研究了δ域下基于扰动观测器控制和 LQ 对策的复合控制问题。需要注意的是，博弈背后的动态模型非常全面，既涵盖了匹配的干扰，也涵盖了非匹配的干扰，从而紧密地反映了现实。技术难点在于如何在δ域中定义 LQ 对策，以及如何描述扰动对 NE 的影响。具体来说，本章的贡献主要有三个方面：①提出了基于扰动观测器的δ域 LQ 对策复合控制和反馈纳什策略；②提出了补偿匹配扰动和优化各参与者个体代价函数的复合控制策略；③提出了ε-NE 描述的动态耦合扰动观测器和 LQ 博弈，此外，对ε进行估计和分析。

本章通篇使用一些标准符号。对于矩阵$\boldsymbol{M}$，$\boldsymbol{M}^{\mathrm{T}}$表示其转置，$\boldsymbol{M}>0$（$\boldsymbol{M}<0$）表示$\boldsymbol{M}$为正定(负定)，$\boldsymbol{M}\geqslant 0$（$\boldsymbol{M}\leqslant 0$）表示$\boldsymbol{M}$是一个非负(非正定)矩阵，$\lambda_{\max}\{\boldsymbol{M}\}$代表矩阵 $\boldsymbol{M}$ 的最大特征值。矩阵 $\boldsymbol{M}$ 的第i行和第j列中的元素将表示为M_{ij}，$\{\boldsymbol{M}_i\}_{i=1}^{S}$表示从$\boldsymbol{M}_1$到$\boldsymbol{M}_s$的矩阵集。$\mathbb{R}^n$表示$n$维欧氏空间。对于向量$\boldsymbol{v}(k)$，其欧氏范数表示为$\|\boldsymbol{v}(k)\|:=\sqrt{\boldsymbol{v}^{\mathrm{T}}(k)\boldsymbol{v}(k)}$，$\|\boldsymbol{v}(k)\|_2:=\sqrt{\sum_{k=1}^{K}\|\boldsymbol{v}(k)\|^2}<\infty\cdot l_2[0,\infty)$是平方可加矢量的空间。如果矩阵的维数未明确说明，则假定它们与代数运算兼容。

5.2 干扰环境中δ域博弈优化模型与指标设定

本章的目的是设计扰动观测器，并针对有扰动的δ域 LQ 设计反馈纳什策略。利用扰动观测器提供的估计，设计控制器可以对匹配的扰动进行补偿，并优化每个参与者的个体代价函数。在存在不匹配干扰和匹配干扰的估计误差的情况下，提出了ε-NE 来表征与纯 NE 的偏差。

考虑以下具有匹配和非匹配扰动的δ域系统：

$$(\Sigma):\delta\boldsymbol{x}(k)=\boldsymbol{A}\boldsymbol{x}(k)+\overline{\boldsymbol{B}}\left(\overline{\boldsymbol{u}}(k)+\boldsymbol{d}_m(k)\right)+\boldsymbol{H}_1\boldsymbol{d}_u(k) \tag{5.1}$$

其中，$\boldsymbol{x}(k)\in\mathbb{R}^{n_1}$是状态向量，$\overline{\boldsymbol{u}}(k)=\begin{bmatrix}\overline{\boldsymbol{u}}^{1\mathrm{T}}(k) & \overline{\boldsymbol{u}}^{2\mathrm{T}}(k) & \cdots & \overline{\boldsymbol{u}}^{S\mathrm{T}}(k)\end{bmatrix}^{\mathrm{T}}\in\mathbb{R}^{m_1}$是控制输入，$\boldsymbol{d}_m(k)=\begin{bmatrix}\boldsymbol{d}_m^{1\mathrm{T}}(k) & \boldsymbol{d}_m^{2\mathrm{T}}(k) & \cdots & \boldsymbol{d}_m^{S\mathrm{T}}(k)\end{bmatrix}^{\mathrm{T}}\in\mathbb{R}^{m_1}$是匹配干扰，$\boldsymbol{d}_u(k)\in\mathbb{R}^{p_1}$是非匹配干扰并满足$\|\boldsymbol{d}_u(k)\|^2<\beta_1<\infty$。式中的干扰将给 NE 带来偏差并增加分析的难度。矩阵$\overline{\boldsymbol{B}}$可以划分为$\overline{\boldsymbol{B}}=\begin{bmatrix}B^1 & B^2 & \cdots & B^S\end{bmatrix}$。在系统（$\Sigma$）中的$\boldsymbol{A},\overline{\boldsymbol{B}}$和$\boldsymbol{H}_1$都是具有适当维数的常数矩阵。如文献[47,127,139]中所讨论的，我们假设匹配的扰动$\boldsymbol{d}_m(k)$可以由具有不确定性的外源系统描述如下。

假设 5.1　扰动$\boldsymbol{d}_m(k)$可以通过以下外源系统来表示：

$$\begin{cases}\delta\boldsymbol{w}(k)=\boldsymbol{W}\boldsymbol{w}(k)+\boldsymbol{H}_2\boldsymbol{\phi}(k)\\\boldsymbol{d}_m(k)=\boldsymbol{V}\boldsymbol{w}(k)\end{cases}\tag{5.2}$$

其中，$\boldsymbol{w}(k)\in\mathbb{R}^{q_1}$是外源系统的内部状态向量，$\boldsymbol{W}$，$\boldsymbol{H}_2$和$\boldsymbol{V}$是具有适当维数的已知矩阵，$\boldsymbol{\phi}(k)$是属于$l_2[0,\infty)$的附加有界扰动。

注释 5.1　与文献[123]一样，δ算子的定义如下：

$$\delta\boldsymbol{x}(k)=\begin{cases}\mathrm{d}\boldsymbol{x}(t)/\mathrm{d}t, & T_s=0\\\dfrac{\boldsymbol{x}(k+1)-\boldsymbol{x}(k)}{T_s}, & T_s\neq 0\end{cases}\tag{5.3}$$

系统（$\varSigma$）的连续模型如下：

$$\dot{\boldsymbol{x}}(t)=\boldsymbol{A}_s\boldsymbol{x}(t)+\overline{\boldsymbol{B}}_s\overline{\boldsymbol{u}}(t)+\overline{\boldsymbol{B}}_s\boldsymbol{d}_m(t)+\boldsymbol{H}_s\boldsymbol{d}_u(t)\tag{5.4}$$

其中，$\boldsymbol{A}_s,\overline{\boldsymbol{B}}_s$和$\boldsymbol{H}_s$是在连续域中具有适当维数的矩阵。从文献[124]得出，可以通过$\boldsymbol{A}=\dfrac{\mathrm{e}^{A_sT_s}-\boldsymbol{I}}{T_s}$，$\overline{\boldsymbol{B}}=\dfrac{1}{T_s}\displaystyle\int_0^{T_s}\mathrm{e}^{A_s(T_s-\tau)}\overline{\boldsymbol{B}}_s\mathrm{d}\tau$获得式(5.1)中的矩阵。

注释 5.2　匹配的扰动被定义为存在于控制输入通道中的扰动，而不匹配的扰动是指不满足“匹配条件”[103]的扰动。例如，在文献[140]中，磁悬浮系统中的集总扰动不满足“匹配”条件，只能视为不匹配扰动。在文献[73]中，被视为不匹配扰动的参数不确定性不通过控制通道进入永磁同步电机系统。需要指出的是，我们将在后面看到，提出的基于扰动观测器的复合控制方案只能补偿匹配扰动的不利影响。不匹配干扰的影响将通过估算ε的上界来量化。

在本章中，我们设计以下干扰观测器来估计匹配的干扰$\boldsymbol{d}_m(k)$：

$$\begin{cases}\delta\boldsymbol{v}(k)=(\boldsymbol{W}+\boldsymbol{L}\overline{\boldsymbol{B}}\boldsymbol{V})\hat{\boldsymbol{w}}(k)+\boldsymbol{L}(\boldsymbol{A}\boldsymbol{x}(k)+\overline{\boldsymbol{B}}\boldsymbol{u}(k))\\\hat{\boldsymbol{w}}(k)=\boldsymbol{v}(k)-\boldsymbol{L}\boldsymbol{x}(k)\\\hat{\boldsymbol{d}}_m(k)=\boldsymbol{V}\hat{\boldsymbol{w}}(k)\end{cases}\tag{5.5}$$

其中，$\boldsymbol{v}(k)\in\mathbb{R}^{m_2}$是干扰观测器的状态向量，$\hat{\boldsymbol{w}}(k)\in\mathbb{R}^{m_2}$是$\boldsymbol{w}(k)$的估计，$\hat{\boldsymbol{d}}_m(k)\in\mathbb{R}^{m_1}$是$\boldsymbol{d}_m(k)$的估计，$\boldsymbol{L}\in\mathbb{R}^{m_2\times n_1}$是要设计的干扰观测器增益。令估计误差为

$$\boldsymbol{e}_w(k):=\boldsymbol{w}(k)-\hat{\boldsymbol{w}}(k)\tag{5.6}$$

从式(5.1)、式(5.2)、式(5.5)和式(5.6)得出

$$\delta\boldsymbol{e}_w(k)=(\boldsymbol{W}+\boldsymbol{L}\overline{\boldsymbol{B}}\boldsymbol{V})\boldsymbol{e}_w(k)+\boldsymbol{H}_2\boldsymbol{\phi}(k)+\boldsymbol{L}\boldsymbol{H}_1\boldsymbol{d}_u(k)\tag{5.7}$$

接下来，可以将系统式(5.7)重写为紧凑的形式，如下所示：

$$\delta \boldsymbol{e}_w(k) = \boldsymbol{G}_0 \boldsymbol{e}_w(k) + \boldsymbol{H}\boldsymbol{d}(k) \tag{5.8}$$

其中，$\boldsymbol{G}_0 = \boldsymbol{W} + \boldsymbol{L}\bar{\boldsymbol{B}}\boldsymbol{V}, \boldsymbol{H} = \begin{bmatrix} \boldsymbol{H}_2 & \boldsymbol{L}\boldsymbol{H}_1 \end{bmatrix}, \boldsymbol{d}(k) = \begin{bmatrix} \boldsymbol{\phi}^{\mathrm{T}}(k) & \boldsymbol{d}_u^{\mathrm{T}}(k) \end{bmatrix}^{\mathrm{T}}$。接下来，介绍误差动态系统式(5.8)的鲁棒稳定性的定义。

定义 5.1 对于给定的$\gamma > 0$，如果以下不等式在零初始条件下成立，则误差动力学式(5.8)被认为满足H_∞性能：

$$J = \sum_{k=0}^{\infty} \left\{ \boldsymbol{e}_w^{\mathrm{T}}(k) \boldsymbol{e}_w(k) - \gamma^2 \boldsymbol{d}^{\mathrm{T}}(k) \boldsymbol{d}(k) \right\} < 0 \tag{5.9}$$

系统(Σ)的设计目标是设计一种复合控制器，该控制器可以抵消匹配的干扰并最大限度地降低每个参与者的个人成本函数。本章提出基于干扰观测器的复合控制策略：

$$\bar{\boldsymbol{u}}(k) = -\hat{\boldsymbol{d}}_m + \boldsymbol{u}(k) \tag{5.10}$$

其中，$\hat{\boldsymbol{d}}_m$是前馈补偿项，$\boldsymbol{u}(k)$是待设计的纳什反馈策略。为了便于理解，给出了具有复合控制策略的二人 LQ 博弈例子，如图 5.1 所示。从图 5.1 中可以看出，基于干扰观测器提供的估计值来补偿匹配的干扰。同时，复合控制的反馈回路在没有任何协调的情况下，独立地优化了每个参与者的目标，形成一种非合作博弈。将$\bar{\boldsymbol{u}}(k)$和式(5.6)代入系统(Σ)得到

$$(\Sigma_e): \delta \boldsymbol{x}(k) = \boldsymbol{A}\boldsymbol{x}(k) + \bar{\boldsymbol{B}}\boldsymbol{u}(k) + \bar{\boldsymbol{B}}\boldsymbol{V}\boldsymbol{e}_w(k) + \boldsymbol{H}_1 \boldsymbol{d}_u(k) \tag{5.11}$$

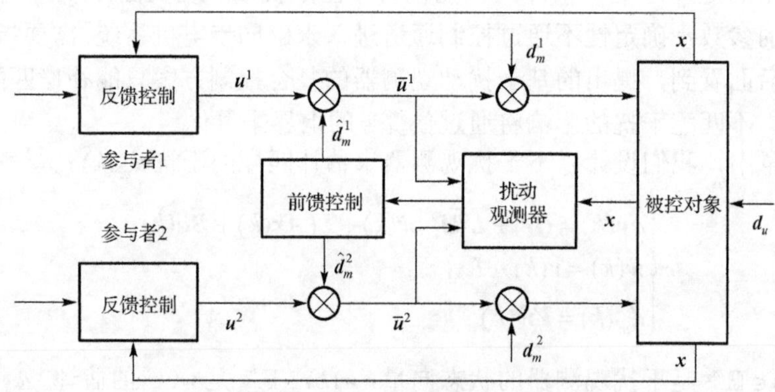

图 5.1 复合策略下的二人 LQ 博弈结构

如果$\boldsymbol{e}_w(k) \equiv 0$，$\boldsymbol{d}_u(k) \equiv 0$，则系统($\Sigma_e$)被称为标称系统($\Sigma_n$)。系统($\Sigma_n$)的相关成本函数为

$$J_K^i(\boldsymbol{u}^i, \boldsymbol{u}^{-i}) = \boldsymbol{x}^{\mathrm{T}}(K) \boldsymbol{Q}_\delta^K \boldsymbol{x}(K) + \sum_{k=0}^{K-1} \left\{ \boldsymbol{x}^{\mathrm{T}}(k) \boldsymbol{Q}_\delta^i \boldsymbol{x}(k) + \sum_{j=1}^{S} \boldsymbol{u}^{j\mathrm{T}}(k) \boldsymbol{R}_\delta^{ij} \boldsymbol{u}^j(k) \right\},\ k \in \boldsymbol{K}, i \in \boldsymbol{S} \tag{5.12}$$

其中，$\boldsymbol{K} := \{1,2,\cdots,K\}$是时间索引集，而$\boldsymbol{S} := \{1,2,\cdots,S\}$是参与者集。与文献[80]一样，我们假设对于所有$i,j \in \boldsymbol{S}$，$\boldsymbol{Q}_\delta^K > 0, \boldsymbol{Q}_\delta^i > 0, \boldsymbol{R}_\delta^{ij} > 0$。让$\boldsymbol{u}^{-i}$表示除参与者$i$之外的所有参与者的行为的集合，即$\boldsymbol{u}^{-i} := \left\{u^1,\cdots,u^{i-1},u^{i+1},\cdots,u^S\right\}$。在系统（$\Sigma_n$）中，纯NE可以用来描述非合作博弈的最终结果，即$J_K^{i*} := J_K^i(\boldsymbol{u}^{i*},\boldsymbol{u}^{-i*}) \leqslant J_K^i(\boldsymbol{u}^i,\boldsymbol{u}^{-i*})$[79]。然而，应该指出的是，在系统（$\Sigma_e$）中，存在估计误差$\boldsymbol{e}_w(k)$和不匹配的干扰$\boldsymbol{d}_u(k)$，这可能导致与纯NE的偏离。为了处理系统（$\Sigma_e$），介绍$\varepsilon$-NE的概念：

$$\hat{J}_K^{i*} := \hat{J}_K^i(\boldsymbol{u}^{i*},\boldsymbol{u}^{-i*}) \leqslant \hat{J}_K^i(\boldsymbol{u}^i,\boldsymbol{u}^{-i*}) + \epsilon_K^i, \quad i=1,2,\cdots,S, \tag{5.13}$$

其中，$\hat{J}_K^i$描述的成本函数具有与J_K^i相同的结构，但受扰动$\boldsymbol{e}_w(k)$和$\boldsymbol{d}_u(k)$影响，标量$\epsilon_K^i \geqslant 0$是表征与纯 NE（$\epsilon_K^i \equiv 0$）的偏差的参数。令U_{admis}^i表示可行控制策略$\boldsymbol{u}^i(k)$的集合，其中包含满足$\left\|\boldsymbol{u}^i(k)\right\| \leqslant \overline{\delta}^i$的所有非平稳反馈控制器。

在本章中，我们的主要目标是设计系统式(5.11)的复合控制器式(5.10)，在匹配和不匹配的干扰影响下，得到ε-NE并可以估计ε水平。换句话说，我们旨在设计一种复合控制器，同时实现以下设计目标：

①设计扰动观测器增益L，以使误差系统式(5.8)渐近稳定，同时满足H_∞性能；

②设计系统Σ_n的反馈纳什策略$\boldsymbol{u}(k)$，得到纯 NE，即$J_K^i(\boldsymbol{u}^{i*},\boldsymbol{u}^{-i*}) \leqslant J_K^i(\boldsymbol{u}^i,\boldsymbol{u}^{-i*})$；

③利用提出的复合控制策略式(5.10)，估计标量ϵ_K^i的上界，使得式(5.13)满足$\boldsymbol{u}^i(k) \in U_{\text{admis}}^i$。

注释 5.3　应当注意的是，NE 解决方案得到的性能劣于社会最优解决方案。但是，在处理大型系统时，使用 NE 作为控制性能指标更为实用，因为通常每个控制器/决策者仅在非合作设置中优化其自身的成本函数。因此，NE 已用于许多控制问题，如多智能体系统的协调控制问题[141]、功率控制问题[142]，以及供暖、通风和空调系统的控制问题[51]。

5.3　基于干扰观测器的δ域复合博弈算法

在本节中，分别给出了δ域条件来设计扰动观测器增益和反馈纳什策略。

接下来，我们引入将用于主要结果证明的引理。

引理 5.1[123]　对于任何$\boldsymbol{x}(k)$和$\boldsymbol{y}(k)$，δ运算有以下属性成立：

$$\delta(\boldsymbol{x}(k)\boldsymbol{y}(k)) = \boldsymbol{y}(k)\delta\boldsymbol{x}(k) + \boldsymbol{x}(k)\delta\boldsymbol{y}(k) + T_s\delta\boldsymbol{x}(k)\delta\boldsymbol{y}(k)$$

其中，T_s是采样间隔。

引理 5.2[138]　令 $\boldsymbol{x}$，$\boldsymbol{y}$ 为任何 n_1 维实矢量，令 $\boldsymbol{\Pi}$ 为 $n_1\times n_1$ 对称正半定矩阵，可得

$$\boldsymbol{x}^{\mathrm{T}}\boldsymbol{y}+\boldsymbol{y}^{\mathrm{T}}\boldsymbol{x}\leqslant\boldsymbol{x}^{\mathrm{T}}\boldsymbol{\Pi}\boldsymbol{x}+\boldsymbol{y}^{\mathrm{T}}\boldsymbol{\Pi}^{-1}\boldsymbol{y}$$

5.3.1　δ 域干扰观测器设计

在以下定理中，给出了根据 LMI 方法设计干扰观测器增益的充分条件。

定理 5.1　对于给定的标量 $\gamma>0$ 和 $T_s>0$，假定存在矩阵 $\boldsymbol{P}>0$ 和矩阵 $\boldsymbol{\Gamma}$ 满足

$$\begin{bmatrix} \boldsymbol{I}-\dfrac{1}{T_s}\boldsymbol{P} & 0 & 0 & T_s\boldsymbol{W}^{\mathrm{T}}\boldsymbol{P}+T_s\boldsymbol{V}^{\mathrm{T}}\overline{\boldsymbol{B}}^{\mathrm{T}}\boldsymbol{\Gamma}^{\mathrm{T}}+\boldsymbol{P} \\ 0 & -\gamma^2\boldsymbol{I} & 0 & T_s\boldsymbol{H}_2^{\mathrm{T}}\boldsymbol{P} \\ 0 & 0 & -\gamma^2\boldsymbol{I} & T_s\boldsymbol{H}_1^{\mathrm{T}}\boldsymbol{\Gamma}^{\mathrm{T}} \\ T_s\boldsymbol{P}\boldsymbol{W}+T_s\boldsymbol{\Gamma}\overline{\boldsymbol{B}}\boldsymbol{V}+\boldsymbol{P} & T_s\boldsymbol{P}\boldsymbol{H}_2 & T_s\boldsymbol{\Gamma}\boldsymbol{H}_1 & -T_s\boldsymbol{P} \end{bmatrix}<0 \tag{5.14}$$

则误差系统式(5.8)是鲁棒稳定的。此外，干扰观测器的增益为 $\boldsymbol{L}=\boldsymbol{P}^{-1}\boldsymbol{\Gamma}$ 。

证明　构造 Lyapunov 函数 $V(\boldsymbol{e}_w(k))=\boldsymbol{e}_w^{\mathrm{T}}(k)P\boldsymbol{e}_w(k)$ 。对于 $\boldsymbol{e}_w(0)=0$，从引理 5.1 得出：

$$\begin{aligned} J&\leqslant\sum_{k=0}^{\infty}\left\{\boldsymbol{e}_w^{\mathrm{T}}(k)\boldsymbol{e}_w(k)-\gamma^2\boldsymbol{d}^{\mathrm{T}}(k)\boldsymbol{d}(k)+\delta\boldsymbol{V}(\boldsymbol{e}_w(k))\right\} \\ &=\sum_{k=0}^{\infty}\left\{\boldsymbol{e}_w^{\mathrm{T}}(k)\boldsymbol{e}_w(k)-\gamma^2\boldsymbol{d}^{\mathrm{T}}(k)\boldsymbol{d}(k)+\left\{\delta\boldsymbol{e}_w^{\mathrm{T}}(k)\right\}\boldsymbol{P}\boldsymbol{e}_w(k)\right. \\ &\quad\left.+\boldsymbol{e}_w^{\mathrm{T}}(k)\boldsymbol{P}\left\{\delta\boldsymbol{e}_w(k)\right\}+\left\{\delta\boldsymbol{e}_w^{\mathrm{T}}(k)\right\}\boldsymbol{P}\left\{\delta\boldsymbol{e}_w(k)\right\}\right\} \\ &=\sum_{k=0}^{\infty}\boldsymbol{\Phi}(k) \end{aligned}$$

其中，

$$\begin{aligned} \boldsymbol{\Phi}(k)=\sum_{k=0}^{\infty}&\left\{\boldsymbol{e}_w^{\mathrm{T}}(k)\boldsymbol{e}_w(k)-\gamma^2\boldsymbol{d}^{\mathrm{T}}(k)\boldsymbol{d}(k)+\left(\boldsymbol{G}_0\boldsymbol{e}_w(k)+\boldsymbol{H}\boldsymbol{d}(k)\right)^{\mathrm{T}}\boldsymbol{P}\boldsymbol{e}_w(k)\right. \\ &\left.+\boldsymbol{e}_w^{T}(k)\boldsymbol{P}(\boldsymbol{G}_0\boldsymbol{e}_w(k)+\boldsymbol{H}\boldsymbol{d}(k))+T_s(\boldsymbol{G}_0\boldsymbol{e}_w(k)+\boldsymbol{H}\boldsymbol{d}(k))^{\mathrm{T}}\boldsymbol{P}(\boldsymbol{G}_0\boldsymbol{e}_w(k)+\boldsymbol{H}\boldsymbol{d}(k))\right\} \end{aligned}$$

矩阵 $\boldsymbol{\Phi}(k)$ 可以进一步重写为 $\boldsymbol{\Phi}(k)=\begin{bmatrix}\boldsymbol{e}_w^{\mathrm{T}}(k) & \boldsymbol{d}^{\mathrm{T}}(k)\end{bmatrix}$，$\boldsymbol{M}_1\begin{bmatrix}\boldsymbol{e}_w(k)\\ \boldsymbol{d}(k)\end{bmatrix}$，其中，

$$\boldsymbol{M}_1=\begin{bmatrix}\boldsymbol{I}+\boldsymbol{G}_0^{\mathrm{T}}\boldsymbol{P}+\boldsymbol{P}\boldsymbol{G}_0+T_s\boldsymbol{G}_0^{\mathrm{T}}\boldsymbol{P}\boldsymbol{G}_0 & \boldsymbol{H}^{\mathrm{T}}\boldsymbol{P}+T_s\boldsymbol{H}^{\mathrm{T}}\boldsymbol{P}\boldsymbol{G}_0 \\ \boldsymbol{P}\boldsymbol{H}+T_s\boldsymbol{G}_0^{\mathrm{T}}\boldsymbol{P}\boldsymbol{H} & -\gamma^2\boldsymbol{I}+T_s\boldsymbol{H}^{\mathrm{T}}\boldsymbol{P}\boldsymbol{H}\end{bmatrix}$$

显然，$\boldsymbol{M}_1<0$表示$\boldsymbol{G}_0^{\mathrm{T}}\boldsymbol{P}+\boldsymbol{P}\boldsymbol{G}_0+T_s\boldsymbol{G}_0^{\mathrm{T}}\boldsymbol{P}\boldsymbol{G}_0<0$，这表明系统式(5.8)渐近稳定[123]。

另一方面，通过采用 Schur 补引理，$\boldsymbol{M}_1<0$等价于

$$\boldsymbol{M}_2=\begin{bmatrix} \boldsymbol{I}-\dfrac{1}{T_s}\boldsymbol{P} & 0 & T_s\boldsymbol{G}_0^{\mathrm{T}}\boldsymbol{P}+\boldsymbol{P} \\ 0 & -\gamma^2\boldsymbol{I} & T_s\boldsymbol{H}^{\mathrm{T}}\boldsymbol{P} \\ T_s\boldsymbol{P}\boldsymbol{G}_0+\boldsymbol{P} & T_s\boldsymbol{P}\boldsymbol{H} & -T_s\boldsymbol{P} \end{bmatrix}<0 \tag{5.15}$$

将式(5.8)的系数矩阵代入式(5.15)并记$\boldsymbol{\Gamma}=\boldsymbol{P}\boldsymbol{L}$得到

$$\boldsymbol{M}_3=\begin{bmatrix} \boldsymbol{I}-\dfrac{1}{T_s}\boldsymbol{P} & 0 & 0 & T_s\boldsymbol{W}^{\mathrm{T}}\boldsymbol{P}+T_s\boldsymbol{V}^{\mathrm{T}}\overline{\boldsymbol{B}}^{\mathrm{T}}\boldsymbol{\Gamma}^{\mathrm{T}}+\boldsymbol{P} \\ 0 & -\gamma^2\boldsymbol{I} & 0 & T_s\boldsymbol{H}_2^{\mathrm{T}}\boldsymbol{P} \\ 0 & 0 & -\gamma^2\boldsymbol{I} & T_s\boldsymbol{H}_1^{\mathrm{T}}\boldsymbol{\Gamma}^{\mathrm{T}} \\ T_s\boldsymbol{P}\boldsymbol{W}+T_s\boldsymbol{\Gamma}\overline{\boldsymbol{B}}\boldsymbol{V}+\boldsymbol{P} & T_s\boldsymbol{P}\boldsymbol{H}_2 & T_s\boldsymbol{\Gamma}\boldsymbol{H}_1 & -T_s\boldsymbol{P} \end{bmatrix}<0 \tag{5.16}$$

很容易得出结论，如果$\boldsymbol{M}_3<0$，则$J<0$。因此，根据定义 5.1，可以验证系统式 (5.8) 是鲁棒稳定的。证明完成。

当$T_s=0$（$T_s=1$）时，δ域的结果可以转化为连续（离散）域的等价形式。进一步，我们给出下面的优化问题：

$$\gamma^*:=\min_{\boldsymbol{P}>0,\boldsymbol{\Gamma}}\gamma \tag{5.17}$$

5.3.2 δ域非合作博弈策略设计

本节给出了具有成本函数式(5.12)的系统Σ_n的反馈纳什策略的条件。在下面的定理中，提供了用于离散域博弈的 NE 的存在性和唯一性条件，并给出了反馈 NE 策略的显示表示。

定理 5.2　考虑具有成本函数式(5.12)的系统Σ_n，如果同时满足以下条件，则存在唯一的反馈 NE 解决方案：

①矩阵$\boldsymbol{\Theta}(k)=(\Theta_{ij}(k))$可逆，其中，

$$\begin{aligned}\boldsymbol{\Theta}_{ii}(k)&=\boldsymbol{R}_\delta^{ii}+T_s\boldsymbol{B}^{i\mathrm{T}}\boldsymbol{Z}^i(k+1)\boldsymbol{B}^i\\ \boldsymbol{\Theta}_{ij}(k)&=T_s\boldsymbol{B}^{i\mathrm{T}}\boldsymbol{Z}^i(k+1)\boldsymbol{B}^j\end{aligned}$$

②以下不等式成立：

$$\boldsymbol{R}_\delta^{ii}+T_s\boldsymbol{B}^{i\mathrm{T}}\boldsymbol{Z}^i(k+1)\boldsymbol{B}^i>0$$

$\boldsymbol{Z}^i(k)$遵循以下反向递归：

$$\begin{cases}-\delta \boldsymbol{Z}^{i}(k)=\boldsymbol{Q}_{\delta}^{i}+\sum_{j=1}^{S}\boldsymbol{P}^{j\mathrm{T}}(k)\boldsymbol{R}_{\delta}^{ij}\boldsymbol{P}^{j}(k)+\boldsymbol{F}^{\mathrm{T}}(k)\boldsymbol{Z}^{i}(k+1) \\ \qquad +\boldsymbol{Z}^{i}(k+1)\boldsymbol{F}(k)+T_{s}\boldsymbol{F}^{\mathrm{T}}(k)\boldsymbol{Z}^{i}(k+1)\boldsymbol{F}(k) \\ \boldsymbol{Z}^{i}(k)=\boldsymbol{Z}^{i}(k+1)-T_{s}\delta \boldsymbol{Z}^{i}(k), \boldsymbol{Z}^{i}(K)=\boldsymbol{Q}_{\delta}^{K}\end{cases} \tag{5.18}$$

$\boldsymbol{F}(k)=\boldsymbol{A}-\sum_{j=1}^{S}\boldsymbol{B}^{j}\boldsymbol{P}^{j}(k)$。控制器采用 $\boldsymbol{u}^{i*}(k)=-\boldsymbol{P}^{i}(k)\boldsymbol{x}(k)$ 的形式，参数满足

$$\overline{\boldsymbol{P}}(k)=\boldsymbol{\Theta}^{-1}(k)\boldsymbol{\Xi}(k) \tag{5.19}$$

其中，

$$\begin{cases}\boldsymbol{\Xi}_{ii}(k)=\boldsymbol{B}^{i\mathrm{T}}\boldsymbol{Z}^{i}(k+1)\left(T_{s}\boldsymbol{A}+\boldsymbol{I}\right) \\ \boldsymbol{\Xi}_{ij}(k)=0 \\ \boldsymbol{P}(k)=\left[\boldsymbol{P}^{1\mathrm{T}}(k) \quad \boldsymbol{P}^{2\mathrm{T}}(k) \quad \cdots \quad \boldsymbol{P}^{S\mathrm{T}}(k)\right]^{\mathrm{T}}\end{cases}$$

此外，NE 的对应代价值为 $J_{K}^{i*}=\boldsymbol{x}^{\mathrm{T}}(0)\boldsymbol{Z}^{i}(0)\boldsymbol{x}(0)(i\in\boldsymbol{S})$，其中，$\boldsymbol{x}(0)$ 为初始值。

证明　选择δ域代价函数$\boldsymbol{V}^{i}(\boldsymbol{x}(k+1))=\frac{1}{2T_{s}}\boldsymbol{x}^{\mathrm{T}}(k+1)\boldsymbol{Z}^{i}(k+1)\boldsymbol{x}(k+1)$。根据引理5.1 得出

$$\begin{aligned}\boldsymbol{V}^{i}(\boldsymbol{x}(k+1))&=\frac{1}{2}\delta\left(\boldsymbol{x}^{\mathrm{T}}(k)\boldsymbol{Z}^{i}(k)\boldsymbol{x}(k)\right)+\frac{1}{2T_{s}}\boldsymbol{x}^{\mathrm{T}}(k)\boldsymbol{Z}^{i}(k)\boldsymbol{x}(k) \\ &=\frac{1}{2}\delta\boldsymbol{x}^{\mathrm{T}}(k)\boldsymbol{Z}^{i}(k+1)\boldsymbol{x}(k)+\frac{1}{2}\boldsymbol{x}^{\mathrm{T}}(k)\boldsymbol{Z}^{i}(k+1)\delta\boldsymbol{x}(k) \\ &\quad+\frac{1}{2}T_{s}\delta\boldsymbol{x}^{\mathrm{T}}(k)\boldsymbol{Z}^{i}(k+1)\delta\boldsymbol{x}(k)+\frac{1}{2T_{s}}\boldsymbol{x}^{\mathrm{T}}(k)\boldsymbol{Z}^{i}(k+1)\boldsymbol{x}(k)\end{aligned} \tag{5.20}$$

根据文献[79]中动态规划的原理，我们有

$$\begin{aligned}V^{i}(\boldsymbol{x}(k))&=\min_{\boldsymbol{u}^{i}(k)}\left\{\frac{1}{2}\boldsymbol{x}^{\mathrm{T}}(k)\boldsymbol{Q}_{\delta}^{i}\boldsymbol{x}(k)+\frac{1}{2}\sum_{j=1}^{S}\boldsymbol{u}^{j\mathrm{T}}(k)\boldsymbol{R}_{\delta}^{ij}\boldsymbol{u}^{j}(k)+\boldsymbol{V}^{i}(\boldsymbol{x}(k+1))\right\} \\ &=\min_{\boldsymbol{u}^{i}(k)}\left\{\frac{1}{2}\boldsymbol{x}^{\mathrm{T}}(k)\boldsymbol{Q}_{\delta}^{i}\boldsymbol{x}(k)+\frac{1}{2}\sum_{j=1}^{S}\boldsymbol{u}^{j\mathrm{T}}(k)\boldsymbol{R}_{\delta}^{ij}\boldsymbol{u}^{j}(k)\right. \\ &\quad+\frac{1}{2}\left(\boldsymbol{A}\boldsymbol{x}(k)+\sum_{i=1}^{S}\boldsymbol{B}^{i}\boldsymbol{u}^{i}(k)\right)^{\mathrm{T}}\boldsymbol{Z}^{i}(k+1)\boldsymbol{x}(k) \\ &\quad+\frac{1}{2}\boldsymbol{x}^{\mathrm{T}}(k)\boldsymbol{Z}^{i}(k+1)\left(\boldsymbol{A}\boldsymbol{x}(k)+\sum_{i=1}^{S}\boldsymbol{B}^{i}\boldsymbol{u}^{i}(k)\right)\end{aligned}$$

$$
\begin{aligned}
&+\frac{1}{2}T_s\left(\boldsymbol{Ax}(k)+\sum_{i=1}^{S}\boldsymbol{B}^i\boldsymbol{u}^i(k)\right)^{\mathrm{T}}\boldsymbol{Z}^i(k+1)(\boldsymbol{Ax}(k)\\
&+\sum_{i=1}^{S}\boldsymbol{B}^i\boldsymbol{u}^i(k))+\frac{1}{2T_s}\boldsymbol{x}^{\mathrm{T}}(k)\boldsymbol{Z}^i(k+1)\boldsymbol{x}(k)\Bigg\}
\end{aligned}
\tag{5.21}
$$

由于式(5.20)右侧的二阶导数的结果为$\boldsymbol{R}_\delta^{ii}+T_s\boldsymbol{B}^{i\mathrm{T}}\boldsymbol{Z}^i(k+1)\boldsymbol{B}^i>0$，易得出结论，函数$\boldsymbol{V}^i(\boldsymbol{x}(k))$是$\boldsymbol{u}^i(k)$的凸函数。可以通过设置$\partial\boldsymbol{V}^i(\boldsymbol{x}(k))/\partial\boldsymbol{u}^i(k)=0$来得到最小值，即

$$
\begin{aligned}
0=&\boldsymbol{R}_\delta^{ii}\boldsymbol{u}^i(k)+\boldsymbol{B}^{i\mathrm{T}}\boldsymbol{Z}^i(k+1)\boldsymbol{x}(k)+T_s\boldsymbol{B}^{i\mathrm{T}}\boldsymbol{Z}^i(k+1)\boldsymbol{Ax}(k)\\
&+T_s\boldsymbol{B}^{i\mathrm{T}}\boldsymbol{Z}^i(k+1)\sum_{i=1}^{S}\boldsymbol{B}^{i\mathrm{T}}\boldsymbol{u}^i(k)
\end{aligned}
\tag{5.22}
$$

然后，最优控制策略$\boldsymbol{u}^i(k)=-\boldsymbol{P}^i(k)\boldsymbol{x}(k)$可以通过

$$
\boldsymbol{B}^{i\mathrm{T}}\boldsymbol{Z}^i(k+1)(T_s\boldsymbol{A}+\boldsymbol{I})=(\boldsymbol{R}_\delta^{ii}+T_s\boldsymbol{B}^{i\mathrm{T}}\boldsymbol{Z}^i(k+1)\boldsymbol{B}^i)\boldsymbol{P}^i(k)+T_s\boldsymbol{B}^{i\mathrm{T}}\boldsymbol{Z}^i(k+1)\sum_{j=1,j\neq i}^{S}\boldsymbol{B}^j\boldsymbol{P}^j(k)
\tag{5.23}
$$

得出，如果$\boldsymbol{\Theta}(k)$是可逆的，$\boldsymbol{\Theta}(k)\bar{\boldsymbol{P}}(k)=\boldsymbol{\Xi}(k)$，则存在唯一的 NE。将$\boldsymbol{u}^i(k)=-\boldsymbol{P}^i(k)\boldsymbol{x}(k)$代入式(5.20)可得

$$
\begin{aligned}
0=&\boldsymbol{Q}_\delta^i+\sum_{j=1}^{S}\boldsymbol{P}^{j\mathrm{T}}(k)\boldsymbol{R}_\delta^{ij}\boldsymbol{P}^j(k)+\boldsymbol{F}^{\mathrm{T}}(k)\boldsymbol{Z}^i(k+1)\\
&+\boldsymbol{Z}(k+1)\boldsymbol{F}(k)+T_s\boldsymbol{F}^{\mathrm{T}}(k)\boldsymbol{Z}^i(k+1)\boldsymbol{F}(k)+\delta\boldsymbol{Z}^i(k)
\end{aligned}
\tag{5.24}
$$

$\boldsymbol{F}(k)=\boldsymbol{A}-\sum_{j=1}^{S}\boldsymbol{B}^j\boldsymbol{P}^j(k)$，从而完成了定理 5.2 的证明。

注释 5.4　值得一提的是，定理 5.2 中的结果可以很容易地扩展到状态矩阵为$\boldsymbol{A}(k)$，$\boldsymbol{B}^i(k)$，$i\in\boldsymbol{S}$，$k\in\boldsymbol{K}$的时变情况。定理 5.2 中明确地反映了采样周期。如果将式(5.18)和式(5.19)中的采样周期T_s替换为随时间变化的采样周期，则定理 5.2 中的δ域 LQ 博弈论控制策略仍然适用。

注释 5.5　定理 5.2 的 δ 域结果可以看作是离散域和连续域结果的统一形式。通过使用$\boldsymbol{A}_z=T_s\boldsymbol{A}+\boldsymbol{I}$和$\boldsymbol{B}_z^i=T_s\boldsymbol{B}^i$，可以很容易地将定理 5.2 中的$\delta$结果转换为离散域形式。对于连续域的变换，有

$$
\begin{cases}
\boldsymbol{P}^i(t)=\lim\limits_{T_s\to0}\boldsymbol{P}_\delta^i=\left\{\boldsymbol{R}_\delta^{ii}\right\}^{-1}\boldsymbol{B}^{i\mathrm{T}}\boldsymbol{Z}(t)\\
\lim\limits_{T_s\to0}\delta\boldsymbol{Z}^i=\dot{\boldsymbol{Z}}^i
\end{cases}
\tag{5.25}
$$

将式(5.25)代入反向递归式(5.18)可得

$$\boldsymbol{Q}_{\delta}^{i}+\sum_{j=1}^{S}\boldsymbol{Z}^{i\mathrm{T}}(t)\boldsymbol{B}^{i}\left\{\boldsymbol{R}_{\delta}^{jj}\right\}^{-1}\boldsymbol{R}_{\delta}^{ij}\left\{\boldsymbol{R}_{\delta}^{jj}\right\}^{-1}\boldsymbol{B}^{i\mathrm{T}}\boldsymbol{Z}^{i}(t)+\tilde{\boldsymbol{F}}^{\mathrm{T}}(t)(k)\boldsymbol{Z}^{i}(t)+\boldsymbol{Z}^{i}(t)\tilde{\boldsymbol{F}}(t)+\dot{\boldsymbol{Z}}^{i}(t)=0 \tag{5.26}$$

其中，$\tilde{\boldsymbol{F}}(t)=\boldsymbol{A}-\sum_{i=1}^{S}\boldsymbol{B}^{i}\left\{\boldsymbol{R}_{\delta}^{ii}\right\}^{-1}\boldsymbol{B}^{i\mathrm{T}}\boldsymbol{Z}^{i}(t)$。式(5.26)与连续域中的Riccati递归一致[79]，这证明了定理5.2可以统一离散域和连续域中的结果。

5.3.3　δ域ε纳什均衡解的鲁棒性分析

上述针对系统$\varSigma_n$得到了反馈纳什增益$\boldsymbol{P}^{i}(k)(i\in\boldsymbol{S})$。在$\boldsymbol{e}_w(k)$和$\boldsymbol{d}_u(k)$存在的情况下，将导致与纯NE存在一定偏差。在本节中，考虑系统$\varSigma_e$并提供ε-NE的ε水平的估计。

首先，介绍以下符号：

①如果每个参与者都使用NE策略，则$\boldsymbol{x}^{*}(k)$是系统($\varSigma_n$)的状态向量；

②如果每个参与者都使用NE策略，则$\boldsymbol{x}(k)$是系统($\varSigma_e$)的状态向量；

③如果除参与者i之外的每个参与者都使用NE策略，则$\tilde{x}(k|\,i)$是系统($\varSigma_n$)的状态向量，且$\boldsymbol{u}^{i}(\tilde{\boldsymbol{x}}(k))\in\boldsymbol{U}_{\mathrm{admis}}^{i}$；

④如果除参与者i之外的每个参与者都使用NE策略，则$\check{\boldsymbol{x}}(k|\,i)$是系统($\boldsymbol{\varSigma}_e$)的状态向量。

为了进一步说明，设定如式(5.27)：

$$\begin{cases}\left\|\boldsymbol{e}_w(k)\right\|^2\leqslant\beta_2\\ V_1(k)=\boldsymbol{z}^{\mathrm{T}}(k)\boldsymbol{S}_1(k)\boldsymbol{z}(k),\quad \boldsymbol{z}(k)=\boldsymbol{x}(k)-\boldsymbol{x}^{*}(k)\\ V_2^{i}(k)=\tilde{\boldsymbol{z}}^{\mathrm{T}}(k)\boldsymbol{S}_2^{i}(k)\tilde{\boldsymbol{z}}(k),\tilde{\boldsymbol{z}}(k)=\tilde{\boldsymbol{x}}(k|\,i)-\check{\boldsymbol{x}}(k|\,i)\\ \tilde{\boldsymbol{S}}_1:=\left\{\tilde{\boldsymbol{S}}_1-\boldsymbol{S}_1(k)>0,\forall k\in[0,K]\right\},\quad \lambda_1=\lambda_{\max}\left\{T_s\boldsymbol{V}^{\mathrm{T}}\bar{\boldsymbol{B}}^{\mathrm{T}}\left(\tilde{\boldsymbol{S}}_1+\tilde{\boldsymbol{S}}_1\boldsymbol{\varLambda}_1^{-1}\tilde{\boldsymbol{S}}_1+\boldsymbol{\varLambda}_3\right)\bar{\boldsymbol{B}}\boldsymbol{V}\right\}\\ \lambda_2=\lambda_{\max}\left\{T_s\boldsymbol{H}_1^{\mathrm{T}}\left(\tilde{\boldsymbol{S}}_1+\tilde{\boldsymbol{S}}_1\boldsymbol{\varLambda}_2^{-1}\tilde{\boldsymbol{S}}_1+\tilde{\boldsymbol{S}}_1\boldsymbol{\varLambda}_3^{-1}\tilde{\boldsymbol{S}}_1\right)H_1\right\}\\ \tilde{\boldsymbol{S}}_2^{i}:=\left\{\tilde{\boldsymbol{S}}_2^{i}-\boldsymbol{S}_2^{i}(k)>0,\forall k\in[0,K]\right\}\\ \kappa_{1,i}=4T_s\boldsymbol{B}^{i\mathrm{T}}\left(\tilde{\boldsymbol{S}}_2^{i}+\tilde{\boldsymbol{S}}_2^{i}\tilde{\boldsymbol{\varLambda}}_1^{-1}\tilde{\boldsymbol{S}}_2^{i}+\tilde{\boldsymbol{\varLambda}}_4+\tilde{\boldsymbol{\varLambda}}_5\right)\boldsymbol{B}^{i}\\ \lambda_{3,i}=\lambda_{\max}\left\{T_s\boldsymbol{V}^{\mathrm{T}}\bar{\boldsymbol{B}}^{\mathrm{T}}\left(\tilde{\boldsymbol{S}}_2^{i}+\tilde{\boldsymbol{S}}_2^{i}\tilde{\boldsymbol{\varLambda}}_2^{-1}\tilde{\boldsymbol{S}}_2^{i}+\tilde{\boldsymbol{S}}_2^{i}\tilde{\boldsymbol{\varLambda}}_4^{-1}\boldsymbol{S}_2^{i}+\tilde{\boldsymbol{\varLambda}}_6\right)\bar{\boldsymbol{B}}\boldsymbol{V}\right\}\\ \lambda_{4,i}=\lambda_{\max}\left\{T_s\boldsymbol{H}_1^{\mathrm{T}}\left(\tilde{\boldsymbol{S}}_2^{i}+\tilde{\boldsymbol{S}}_2^{i}\tilde{\boldsymbol{\varLambda}}_3^{-1}\tilde{\boldsymbol{S}}_2^{i}+\tilde{\boldsymbol{S}}_2^{i}\tilde{\boldsymbol{\varLambda}}_5^{-1}\tilde{\boldsymbol{S}}_2^{i}+\tilde{\boldsymbol{S}}_2^{i}\tilde{\boldsymbol{\varLambda}}_6^{-1}\tilde{\boldsymbol{S}}_2^{i}\right)\boldsymbol{H}_1\right\}\\ \zeta_1=\lambda_1\beta_2+\lambda_2\beta_1,\quad \zeta_j=\lambda_{3,i}\beta_2+\lambda_{4,i}\beta_1+\kappa_{1,i}\bar{\delta}^{i2}\\ \hat{\boldsymbol{Q}}_{\delta}^{i}=\boldsymbol{Q}_{\delta}^{i}+\sum_{j=1}^{S}\boldsymbol{P}^{j\mathrm{T}}\boldsymbol{R}_{\delta}^{ij}\boldsymbol{P}^{j},\tilde{\boldsymbol{Q}}_{\delta}^{i}=\boldsymbol{Q}_{\delta}^{i}+\sum_{j\neq i}^{j}\boldsymbol{P}^{j\mathrm{T}}\end{cases} \tag{5.27}$$

根据标称系统的系统方程，可以假设

$$\sum_{k=0}^{K}\left\|\boldsymbol{x}^*(k)\right\|^2 \leqslant \beta_3 < \infty,\quad \sum_{k=0}^{K}\|\check{\boldsymbol{x}}(k)\|^2 \leqslant \beta_4 < \infty \tag{5.28}$$

接下来对ε-NE 中ε水平进行估计。

定理 5.3　考虑具有成本函数式(5.12)的系统Σ_e。对于给定的 NE 策略$\boldsymbol{u}^{i*}$和正定矩阵$\left\{\boldsymbol{\Lambda}_j\right\}_{j=1}^3$，$\boldsymbol{L}_1$，$\tilde{\boldsymbol{L}}_2^i$，$\left\{\tilde{\boldsymbol{\Lambda}}_j^i\right\}_{j=1}^6 (i\in\boldsymbol{S})$，如果存在正定矩阵$\boldsymbol{S}_1$和$\boldsymbol{S}_{2i}$，以下$\delta$域 Lyapunov 方程成立：

$$\begin{cases}-\delta\boldsymbol{S}_1(k) = T_s\tilde{\boldsymbol{A}}^{\mathrm{T}}\boldsymbol{S}_1(k+1)\tilde{\boldsymbol{A}} + \tilde{\boldsymbol{A}}^{\mathrm{T}}\boldsymbol{S}_1(k+1) + \boldsymbol{S}_1(k+1)\tilde{\boldsymbol{A}} \\ \qquad +\dfrac{1}{T_s}\left\{\boldsymbol{L}_1 + (T_s\tilde{\boldsymbol{A}}+\boldsymbol{I})^{\mathrm{T}}\boldsymbol{\Lambda}_1(T_s\tilde{\boldsymbol{A}}+\boldsymbol{I}) + (T_s\tilde{\boldsymbol{A}}+\boldsymbol{I})^{\mathrm{T}}\boldsymbol{\Lambda}_2(T_s\tilde{\boldsymbol{A}}+\boldsymbol{I})\right\} \\ \boldsymbol{S}_1(k) = \boldsymbol{S}_1(k+1) - T_s\delta\boldsymbol{S}_1(k),\quad \boldsymbol{S}_1(K)=0 \\ -\delta\boldsymbol{S}_2^i(k) = T_s\tilde{\boldsymbol{A}}^{i\mathrm{T}}\boldsymbol{S}_2^i(k+1)\tilde{\boldsymbol{A}}^i + \tilde{\boldsymbol{A}}^{i\mathrm{T}}\boldsymbol{S}_2^i(k+1) + \boldsymbol{S}_2^i(k+1)\tilde{\boldsymbol{A}}^i \\ \qquad +\dfrac{1}{T_s}\left\{(T_s\tilde{\boldsymbol{A}}^i+\boldsymbol{I})^{\mathrm{T}}(\tilde{\boldsymbol{\Lambda}}_1+\tilde{\boldsymbol{\Lambda}}_2+\tilde{\boldsymbol{\Lambda}}_3)(T_s\tilde{\boldsymbol{A}}^i+\boldsymbol{I}) + \boldsymbol{L}_2^i\right\} \\ \boldsymbol{S}_2^i(k) = \boldsymbol{S}_2^i(k+1) - T_s\delta\boldsymbol{S}_2^i(k),\quad \boldsymbol{S}_2^i(K)=0\end{cases} \tag{5.29}$$

其中，$\tilde{\boldsymbol{A}} = \boldsymbol{A} - \sum_{i=1}^{S}\boldsymbol{B}^i\boldsymbol{P}^i(k)$，$\tilde{\boldsymbol{A}}^i = \boldsymbol{A} - \sum_{j\neq i}^{S}\boldsymbol{B}^j\boldsymbol{P}^j(k)$，那么定理 5.2 中的 NE 策略给出了$\varepsilon$-Nash 均衡，即

$$\hat{J}_K^{i*} = \hat{J}_K^i(\boldsymbol{u}^{i*},\boldsymbol{u}^{-i*}) \leqslant \hat{J}_K^i(\boldsymbol{u}^i,\boldsymbol{u}^{-i*}) + \epsilon_K^i \tag{5.30}$$

其中，

$$\begin{aligned}\epsilon_K^i = {}& \lambda_{\max}\left\{\hat{\boldsymbol{Q}}_\delta^i\right\}\Bigg\{T_s\lambda_{\min}\left\{\boldsymbol{L}_1\right\}^{-1}K_{\zeta1} + \lambda_{\min}\left\{\boldsymbol{L}_1\right\}^{-1}V_1(0) \\ & + 2\sqrt{\beta_3\left\{T_s\lambda_{\min}\left\{\boldsymbol{L}_1\right\}^{-1}K_{\zeta_1} + \lambda_{\min}\left\{\boldsymbol{L}_1\right\}^{-1}V_1(0)\right\}}\Bigg\} \\ & + \lambda_{\max}\left\{\tilde{\boldsymbol{Q}}_\delta^i\right\}\Bigg\{T_s\lambda_{\min}\left\{\boldsymbol{L}_2^i\right\}^{-1}K_{\zeta2,i} + \lambda_{\min}\left\{\boldsymbol{L}_2^i\right\}^{-1}V_2^i(0) \\ & + 2\sqrt{\beta_4\left\{T_s\lambda_{\min}\left\{\boldsymbol{L}_2^i\right\}^{-1}K_{\zeta2,i} + \lambda_{\min}\left\{\boldsymbol{L}_2^i\right\}^{-1}V_2^i(0)\right\}}\Bigg\} + 4\lambda_{\max}\left\{\boldsymbol{R}_\delta^{ii}\right\}K\bar{\delta}^{i2}\end{aligned} \tag{5.31}$$

证明　根据 NE 的定义有

$$J_K^i(\boldsymbol{u}^{i*},\boldsymbol{u}^{-i*}) \leqslant J_K^i(\boldsymbol{u}^i,\boldsymbol{u}^{-i*}) \tag{5.32}$$

它遵循

$$\hat{J}_K^i(\boldsymbol{u}^{i*},\boldsymbol{u}^{-i*}) \leqslant \hat{J}_K^i(\boldsymbol{u}^{i},\boldsymbol{u}^{-i*}) + \underbrace{\Delta J_{K1}^i + \Delta J_{K2}^i}_{\epsilon_K^i} \tag{5.33}$$

其中，$\Delta J_{K1}^i := \hat{J}_K^i(\boldsymbol{u}^{i*},\boldsymbol{u}^{-i*}) - J_K^i(\boldsymbol{u}^{i*},\boldsymbol{u}^{-i*}), \Delta J_{K2}^i := J_K^i(\boldsymbol{u}^{i},\boldsymbol{u}^{-i*}) - \hat{J}_K^i(\boldsymbol{u}^{i},\boldsymbol{u}^{-i*})$。在下文中，将分别估计项$\Delta J_{K1}^i$和$\Delta J_{K2}^i$。

首先，估计项ΔJ_{K1}^i。根据无噪声的NE策略，我们得到

$$\hat{J}_K^i(\boldsymbol{u}^{i*},\boldsymbol{u}^{-i*}) = \sum_{k=0}^{K} \boldsymbol{x}^{\mathrm{T}}(k)\hat{\boldsymbol{Q}}_\delta^i(k)\boldsymbol{x}(k) \tag{5.34}$$

其中，$\hat{\boldsymbol{Q}}_\delta^i = \boldsymbol{Q}_\delta^i + \sum_{j=1}^{S} \boldsymbol{P}^{j\mathrm{T}}\boldsymbol{R}_\delta^{ij}\boldsymbol{P}^j$。当噪声存在时，

$$J_K^i(\boldsymbol{u}^{i*},\boldsymbol{u}^{-i*}) = \sum_{k=0}^{K} \boldsymbol{x}^{*\mathrm{T}}(k)\hat{\boldsymbol{Q}}_\delta^i(k)\boldsymbol{x}^*(k) \tag{5.35}$$

然后，ΔJ_{K1}^i项可以计算如下：

$$\begin{aligned}
\Delta J_{K1}^i &= \hat{J}_K^i(\boldsymbol{u}^{i*},\boldsymbol{u}^{-i*}) - J_K^i(\boldsymbol{u}^{i*},\boldsymbol{u}^{-i*}) \\
&= \sum_{k=0}^{K} \boldsymbol{x}^{\mathrm{T}}(k)\hat{\boldsymbol{Q}}_\delta^i\boldsymbol{x}(k) - \sum_{k=0}^{K} \boldsymbol{x}^{*\mathrm{T}}(k)\hat{\boldsymbol{Q}}_\delta^i\boldsymbol{x}^*(k) \\
&= \sum_{k=0}^{K} (\boldsymbol{x}-\boldsymbol{x}^*)^{\mathrm{T}}\hat{\boldsymbol{Q}}_\delta^i(\boldsymbol{x}-\boldsymbol{x}^*+2\boldsymbol{x}^*) \\
&\leqslant \sum_{k=0}^{K} \left\{ \left\|\boldsymbol{x}-\boldsymbol{x}^*\right\|_{\hat{\boldsymbol{Q}}_\delta^i}^2 + 2\left\|\boldsymbol{x}-\boldsymbol{x}^*\right\|\left\|\hat{\boldsymbol{Q}}_\delta^i\boldsymbol{x}^*\right\| \right\} \\
&\leqslant \lambda_{\max}\left\{\hat{\boldsymbol{Q}}_\delta^i\right\}\left\{ \sum_{k=0}^{K}\left\{\left\|\boldsymbol{x}-\boldsymbol{x}^*\right\|^2\right\} + \sum_{k=0}^{K}\left\{2\left\|\boldsymbol{x}-\boldsymbol{x}^*\right\|\left\|\boldsymbol{x}^*\right\|\right\} \right\} \\
&\leqslant \lambda_{\max}\left\{\hat{\boldsymbol{Q}}_\delta^i\right\}\left\{ \sum_{k=0}^{K}\left\{\|\boldsymbol{z}\|^2\right\} + 2\sqrt{\sum_{k=0}^{K}\|\boldsymbol{z}\|^2}\sqrt{\sum_{k=0}^{K}\left\|\boldsymbol{x}^*\right\|^2} \right\}
\end{aligned} \tag{5.36}$$

应当注意，在推导最后的不等式时使用了柯西不等式。根据$\boldsymbol{z}(k)$的定义：

$$\delta\boldsymbol{z}(k) = \tilde{\boldsymbol{A}}\boldsymbol{z}(k) + \bar{\boldsymbol{B}}\boldsymbol{V}\boldsymbol{e}_w(k) + \boldsymbol{H}_1\boldsymbol{d}_u(k) \tag{5.37}$$

其中，$\tilde{\boldsymbol{A}} = \boldsymbol{A} - \sum_{i=1}^{S}\boldsymbol{B}^i\boldsymbol{P}^i(k)$，计算$\delta$域内$V_1(k)$沿式(5.37)的差分：

$$
\begin{aligned}
\delta V_1(k) = & \frac{1}{T_s}\Big\{\boldsymbol{z}^{\mathrm{T}}(k)(T_s\tilde{\boldsymbol{A}}+\boldsymbol{I})^{\mathrm{T}}\boldsymbol{S}_1(k+1)(T_s\tilde{\boldsymbol{A}}+\boldsymbol{I})\boldsymbol{z}(k) \\
& + T_s^2\boldsymbol{e}_w^{\mathrm{T}}(k)\boldsymbol{V}^{\mathrm{T}}\bar{\boldsymbol{B}}^{\mathrm{T}}\boldsymbol{S}_1(k+1)\bar{\boldsymbol{B}}\boldsymbol{V}\boldsymbol{e}_w(k) + T_s^2\boldsymbol{d}_u^{\mathrm{T}}(k)\boldsymbol{H}_1^{\mathrm{T}}\boldsymbol{S}_1(k+1)\boldsymbol{H}_1\boldsymbol{d}_u(k) \\
& + T_s\boldsymbol{z}^{\mathrm{T}}(k)(T_s\tilde{\boldsymbol{A}}+\boldsymbol{I})^{\mathrm{T}}\boldsymbol{S}_1(k+1)\bar{\boldsymbol{B}}\boldsymbol{V}\boldsymbol{e}_w(k) + T_s\boldsymbol{e}_w^{\mathrm{T}}(k)\boldsymbol{V}^{\mathrm{T}}\bar{\boldsymbol{B}}^{\mathrm{T}}\boldsymbol{S}_1(k+1)(T_s\tilde{\boldsymbol{A}}+\boldsymbol{I})\boldsymbol{z}(k) \\
& + T_s\boldsymbol{z}^{\mathrm{T}}(k)(T_s\tilde{\boldsymbol{A}}+\boldsymbol{I})^{\mathrm{T}}\boldsymbol{S}_1(k+1)\boldsymbol{H}_1\boldsymbol{d}_u(k) + T_s\boldsymbol{d}_u^{\mathrm{T}}(k)\boldsymbol{H}_1^{\mathrm{T}}\boldsymbol{S}_1(k+1)(T_s\tilde{\boldsymbol{A}}+\boldsymbol{I})\boldsymbol{z}(k) \\
& + T_s^2\boldsymbol{e}_w^{\mathrm{T}}(k)\boldsymbol{V}^{\mathrm{T}}\bar{\boldsymbol{B}}^{\mathrm{T}}\boldsymbol{S}_1(k+1)\boldsymbol{H}_1\boldsymbol{d}_u(k) + T_s^2\boldsymbol{d}_u^{\mathrm{T}}(k)\boldsymbol{H}_1^{\mathrm{T}}\boldsymbol{S}_1(k+1)\bar{\boldsymbol{B}}\boldsymbol{V}\boldsymbol{e}_w(k) \\
& + \boldsymbol{z}^{\mathrm{T}}(k)\boldsymbol{L}_1\boldsymbol{z}(k) - \boldsymbol{z}^{\mathrm{T}}(k)\boldsymbol{S}_1(k)\boldsymbol{z}(k)\Big\} - \frac{1}{T_s}\boldsymbol{z}^{\mathrm{T}}(k)\boldsymbol{L}_1\boldsymbol{z}(k)
\end{aligned}
\tag{5.38}
$$

从引理 5.2 得出

$$
\begin{aligned}
\delta V_1(k) \leqslant & \frac{1}{T_s}\boldsymbol{z}^{\mathrm{T}}(k)\Big\{(T_s\tilde{\boldsymbol{A}}+\boldsymbol{I})^{\mathrm{T}}\boldsymbol{S}_1(k+1)(T_s\tilde{\boldsymbol{A}}+\boldsymbol{I}) - \boldsymbol{S}_1(k) + \boldsymbol{L}_1 + (T_s\tilde{\boldsymbol{A}}+\boldsymbol{I})^{\mathrm{T}}\boldsymbol{\Lambda}_1(T_s\tilde{\boldsymbol{A}}+\boldsymbol{I}) \\
& + (T_s\tilde{\boldsymbol{A}}+\boldsymbol{I})^{\mathrm{T}}\boldsymbol{\Lambda}_2(T_s\tilde{\boldsymbol{A}}+\boldsymbol{I})\Big\}\boldsymbol{z}(k) + T_s\Big\{\boldsymbol{e}_w^{\mathrm{T}}(k)\boldsymbol{V}^{\mathrm{T}}\bar{\boldsymbol{B}}^{\mathrm{T}}\boldsymbol{S}_1(k+1)\bar{\boldsymbol{B}}\boldsymbol{V}\boldsymbol{e}_w(k) \\
& + \boldsymbol{d}_u^{\mathrm{T}}(k)\boldsymbol{H}_1^{\mathrm{T}}\boldsymbol{S}_1(k+1)\boldsymbol{H}_1\boldsymbol{d}_u(k) + \boldsymbol{e}_w^{\mathrm{T}}(k)\boldsymbol{V}^{\mathrm{T}}\bar{\boldsymbol{B}}^{\mathrm{T}}\boldsymbol{S}_1(k+1)\boldsymbol{\Lambda}_1^{-1}\boldsymbol{S}_1(k+1)\bar{\boldsymbol{B}}\boldsymbol{V}\boldsymbol{e}_w(k) \\
& + \boldsymbol{d}_u^{\mathrm{T}}(k)\boldsymbol{H}_1^{\mathrm{T}}\boldsymbol{S}_1(k+1)\boldsymbol{\Lambda}_2^{-1}\boldsymbol{S}_1(k+1)\boldsymbol{H}_1\boldsymbol{d}_u(k) + \boldsymbol{e}_w^{\mathrm{T}}(k)\boldsymbol{V}^{\mathrm{T}}\bar{\boldsymbol{B}}^{\mathrm{T}}\boldsymbol{\Lambda}_3\bar{\boldsymbol{B}}\boldsymbol{V}\boldsymbol{e}_w(k) \\
& + \boldsymbol{d}_u^{\mathrm{T}}(k)\boldsymbol{H}_1^{\mathrm{T}}\boldsymbol{S}_1(k+1)\boldsymbol{\Lambda}_3^{-1}\boldsymbol{S}_1(k+1)\boldsymbol{H}_1\boldsymbol{d}_u(k)\Big\} - \frac{1}{T_s}\boldsymbol{z}^{\mathrm{T}}(k)\boldsymbol{L}_1\boldsymbol{z}(k)
\end{aligned}
\tag{5.39}
$$

选择 $\boldsymbol{S}_1(k)$ 使得

$$
\begin{aligned}
& (T_s\tilde{\boldsymbol{A}}+\boldsymbol{I})^{\mathrm{T}}\boldsymbol{S}_1(k+1)(T_s\tilde{\boldsymbol{A}}+\boldsymbol{I}) - \boldsymbol{S}_1(k) + \boldsymbol{L}_1 \\
& + (T_s\tilde{\boldsymbol{A}}+\boldsymbol{I})^{\mathrm{T}}\boldsymbol{\Lambda}_1(T_s\tilde{\boldsymbol{A}}+\boldsymbol{I}) + (T_s\tilde{\boldsymbol{A}}+\boldsymbol{I})^{\mathrm{T}}\boldsymbol{\Lambda}_2(T_s\tilde{\boldsymbol{A}}+\boldsymbol{I}) = 0
\end{aligned}
\tag{5.40}
$$

然后

$$
\begin{aligned}
\delta V_1(k) \leqslant & T_s\Big\{\boldsymbol{e}_w^{\mathrm{T}}(k)\boldsymbol{V}^{\mathrm{T}}\bar{\boldsymbol{B}}^{\mathrm{T}}\tilde{\boldsymbol{S}}_1\bar{\boldsymbol{B}}\boldsymbol{V}\boldsymbol{e}_w(k) + \boldsymbol{d}_u^{\mathrm{T}}(k)\boldsymbol{H}_1^{\mathrm{T}}\boldsymbol{S}_1\boldsymbol{H}_1\boldsymbol{d}_u(k) \\
& + \boldsymbol{e}_w^{\mathrm{T}}(k)\boldsymbol{V}^{\mathrm{T}}\bar{\boldsymbol{B}}^{\mathrm{T}}\tilde{\boldsymbol{S}}_1\boldsymbol{\Lambda}_1^{-1}\tilde{\boldsymbol{S}}_1\bar{\boldsymbol{B}}\boldsymbol{V}\boldsymbol{e}_w(k) + \boldsymbol{d}_u^{\mathrm{T}}(k)\boldsymbol{H}_1^{\mathrm{T}}\tilde{\boldsymbol{S}}_1\boldsymbol{\Lambda}_2^{-1}\tilde{\boldsymbol{S}}_1\boldsymbol{H}_1\boldsymbol{d}_u(k) \\
& + \boldsymbol{e}_w^{\mathrm{T}}(k)\boldsymbol{V}^{\mathrm{T}}\bar{\boldsymbol{B}}^{\mathrm{T}}\boldsymbol{\Lambda}_3\bar{\boldsymbol{B}}\boldsymbol{V}\boldsymbol{e}_w(k) + \boldsymbol{d}_u^{\mathrm{T}}(k)\boldsymbol{H}_1^{\mathrm{T}}\tilde{\boldsymbol{S}}_1\boldsymbol{\Lambda}_3^{-1}\tilde{\boldsymbol{S}}_1 H_1\boldsymbol{d}_u(k)\Big\} - \frac{1}{T_s}\boldsymbol{z}^{\mathrm{T}}(k)\boldsymbol{L}_1\boldsymbol{z}(k)
\end{aligned}
\tag{5.41}
$$

$$
\leqslant \nu_1(k) - \frac{1}{T_s}\boldsymbol{z}^{\mathrm{T}}(k)\boldsymbol{L}_1\boldsymbol{z}(k)
$$

其中，

$$\nu_1(k) = \lambda_1 \left\| \boldsymbol{e}_w(k) \right\|^2 + \lambda_2 \left\| \boldsymbol{d}_u(k) \right\|^2$$

$$\lambda_1 = \lambda_{\max} \left\{ T_s \boldsymbol{V}^{\mathrm{T}} \overline{\boldsymbol{B}}^{\mathrm{T}} (\tilde{\boldsymbol{S}}_1 + \tilde{\boldsymbol{S}}_1 \boldsymbol{\Lambda}_1^{-1} \tilde{\boldsymbol{S}}_1 + \boldsymbol{\Lambda}_3) \overline{\boldsymbol{B}} \boldsymbol{V} \right\}$$

$$\lambda_2 = \lambda_{\max} \left\{ T_s \boldsymbol{H}_1^{\mathrm{T}} (\tilde{\boldsymbol{S}}_1 + \tilde{\boldsymbol{S}}_1 \boldsymbol{\Lambda}_2^{-1} \tilde{\boldsymbol{S}}_1 + \tilde{\boldsymbol{S}}_1 \boldsymbol{\Lambda}_3^{-1} \tilde{\boldsymbol{S}}_1) \boldsymbol{H}_1 \right\}$$

此外，我们有

$$\sum_{k=0}^{K} \delta V_1(k) \leqslant \sum_{k=0}^{K} \nu_1(k) - \frac{1}{T_s} \sum_{k=0}^{\infty} \boldsymbol{z}^{\mathrm{T}}(k) \boldsymbol{L}_1 \boldsymbol{z}(k) \tag{5.42}$$

可以得出

$$\begin{aligned} \frac{1}{T_s} \lambda_{\min} \{ \boldsymbol{L}_1 \} \sum_{k=0}^{K} \left\| \boldsymbol{z}(k) \right\|^2 &\leqslant \frac{1}{T_s} \sum_{k=0}^{K} \boldsymbol{z}^{\mathrm{T}}(k) \boldsymbol{L}_1 \boldsymbol{z}(k) \\ &\leqslant \sum_{k=0}^{K} \nu_1(k) - 1/T_s V_1(K) + 1/T_s V_1(0) \\ &\leqslant \sum_{k=0}^{K} \nu_1(k) + 1/T_s V_1(0) \end{aligned} \tag{5.43}$$

然后，我们可以得出结论 $\sum_{k=0}^{K} \left\| \boldsymbol{z}(k) \right\|^2 \leqslant T_s \lambda_{\min} \{ \boldsymbol{L}_1 \}^{-1} K \{ \lambda_1 \beta_2 + \lambda_2 \beta_1 \} + \lambda_{\min} \{ \boldsymbol{L}_1 \}^{-1} V_1(0)$。

然后可以得出 $\Delta J_{K_1}^i$ 的上界：

$$\begin{aligned} \Delta J_{K_1}^i \leqslant \lambda_{\max} \left\{ \hat{\boldsymbol{Q}}_\delta^i \right\} \Big\{ & T_s \lambda_{\min} \{ \boldsymbol{L}_1 \}^{-1} K_{\zeta_1} + \lambda_{\min} \{ \boldsymbol{L}_1 \}^{-1} V_1(0) \\ & + 2 \sqrt{\beta_3 \left\{ T_s \lambda_{\min} \{ \boldsymbol{L}_1 \}^{-1} K_{\zeta 1} + \lambda_{\min} \{ \boldsymbol{L}_1 \}^{-1} V_1(0) \right\}} \Big\} \end{aligned} \tag{5.44}$$

其次，估计项 ΔJ_{K2}^i。不带噪声和带噪声的成本函数如下所示：

$$\begin{cases} J_K^i(\boldsymbol{u}^i, \boldsymbol{u}^{-i*}) = \sum_{k=0}^{K} \left\{ \tilde{\boldsymbol{x}}^{\mathrm{T}}(k) \tilde{\boldsymbol{Q}}_\delta^i \tilde{\boldsymbol{x}}(k) + \boldsymbol{u}^{i\mathrm{T}}(k) \boldsymbol{R}_\delta^{ii} u^i(k) \right\} \\ \hat{J}_K^i(\boldsymbol{u}^i, \boldsymbol{u}^{-i*}) = \sum_{k=0}^{K} \left\{ \check{\boldsymbol{x}}(k) \tilde{\boldsymbol{Q}}_\delta^i \check{\boldsymbol{x}}(k) + \boldsymbol{u}^{i\mathrm{T}}(k) \boldsymbol{R}_\delta^{ii} \boldsymbol{u}^i(k) \right\} \end{cases} \tag{5.45}$$

其中，$\tilde{\boldsymbol{Q}}_\delta^i = \boldsymbol{Q}_\delta^i + \sum_{j \neq i}^{S} \boldsymbol{P}^{j\mathrm{T}} \boldsymbol{R}_\delta^{ij} \boldsymbol{P}^j$。$\Delta J_{K_2}^i$ 项可以改写为

$$\begin{aligned} \Delta J_{K_2}^i = & \sum_{k=0}^{K} \left\{ \{ \tilde{\boldsymbol{x}}(k) - \check{\boldsymbol{x}}(k) \}^{\mathrm{T}} \tilde{\boldsymbol{Q}}_\delta^i \{ \tilde{\boldsymbol{x}}(k) - \check{\boldsymbol{x}}(k) + 2 \check{\boldsymbol{x}}(k) \} \right\} \\ & + \sum_{k=0}^{K} \left\{ \left\{ \boldsymbol{u}^i(\tilde{x}) - \boldsymbol{u}^i(\check{x}) \right\}^{\mathrm{T}} \boldsymbol{R}_\delta^{ii} \left\{ \boldsymbol{u}^i(\tilde{x}) - \boldsymbol{u}^i(\check{x}) + 2 \boldsymbol{u}^i(\check{x}) \right\} \right\} \end{aligned}$$

$$
\begin{aligned}
&\leqslant \sum_{k=0}^{K}\left\{\| \tilde{\boldsymbol{x}}(k)-\check{\boldsymbol{x}}(k)\|_{\tilde{Q}_\delta^i}^2+2\| \tilde{\boldsymbol{x}}(k)-\check{\boldsymbol{x}}(k)\|\left\|\tilde{\boldsymbol{Q}}_\delta^i\check{\boldsymbol{x}}(k)\right\|\right\}\\
&\quad+\sum_{k=0}^{K}\left\{\left\|\boldsymbol{u}^i(\tilde{x})-\boldsymbol{u}^i(\check{x})\right\|_{R_\delta^i}^2+2\left\|\boldsymbol{u}^i(\tilde{x})-\boldsymbol{u}^i(\check{x})\right\|\left\|\boldsymbol{R}_\delta^{ii}\boldsymbol{u}^i(\check{x})\right\|\right\}\\
&\leqslant \lambda_{\max}\left\{\tilde{\boldsymbol{Q}}_\delta^i\right\}\left\{\sum_{k=0}^{K}\left\|\tilde{z}(k)\right\|^2+2\sqrt{\sum_{k=0}^{K}\left\|\tilde{z}(k)\right\|^2}\sqrt{\sum_{k=0}^{K}\left\|\tilde{\boldsymbol{x}}\right\|^2}\right\}\\
&\quad+\lambda_{\max}\left\{\boldsymbol{R}_\delta^{ii}\right\}\left\{\sum_{k=0}^{K}\left\|\boldsymbol{u}^i(\tilde{x})-\boldsymbol{u}^i(\check{x})\right\|^2+2\sqrt{\sum_{k=0}^{K}\left\|\boldsymbol{u}^i(\tilde{x})-\boldsymbol{u}^i(\check{x})\right\|^2}\sqrt{\sum_{k=0}^{K}\left\|\boldsymbol{u}^i(\check{x})\right\|^2}\right\}\\
&\leqslant \lambda_{\max}\left\{\tilde{\boldsymbol{Q}}_\delta^i\right\}\left\{\sum_{k=0}^{K}\left\|\tilde{z}(k)\right\|^2+2\sqrt{\sum_{k=0}^{K}\left\|\tilde{z}(k)\right\|^2}\sqrt{\sum_{k=0}^{K}\left\|\tilde{\boldsymbol{x}}\right\|^2}\right\}+4\lambda_{\max}\left\{\boldsymbol{R}_\delta^{ii}\right\}K\bar{\delta}^{i2}
\end{aligned}
\tag{5.46}
$$

注意最后的不等式是基于克拉克森不等式得到的[143]，类似地，根据 $\tilde{z}(k)$ 的定义

$$
\delta\tilde{\boldsymbol{z}}(k)=\tilde{\boldsymbol{A}}^i\tilde{\boldsymbol{z}}(k)+\boldsymbol{B}^i\boldsymbol{u}^i(\tilde{x})-\boldsymbol{B}^i\boldsymbol{u}^i(\check{\boldsymbol{x}})+\bar{\boldsymbol{B}}\boldsymbol{V}\boldsymbol{e}_w(k)+\boldsymbol{H}_1\boldsymbol{d}_u(k) \tag{5.47}
$$

$\tilde{\boldsymbol{A}}^i=\boldsymbol{A}-\sum_{j\neq i}^{S}\boldsymbol{B}^j\boldsymbol{P}^j$，计算$\delta$域中$V_2^i(k)$的差值：

$$
\begin{aligned}
V_2^i(k)&=\frac{1}{T_s}\left\{V_2^i(k+1)-V_2^i(k)\right\}\\
&=\frac{1}{T_s}\left\{(T_s\tilde{\boldsymbol{A}}^i+\boldsymbol{I})\tilde{\boldsymbol{z}}(k)+T_s\boldsymbol{B}^i\boldsymbol{u}^i(\tilde{x})-T_s\boldsymbol{B}^i\boldsymbol{u}^i(\check{x})+T_s\bar{\boldsymbol{B}}\boldsymbol{V}\boldsymbol{e}_w(k)+T_s\boldsymbol{H}_1\boldsymbol{d}_u(k)\right\}^{\mathrm{T}}\\
&\quad\times\boldsymbol{S}_2^i(k+1)\left\{(T_s\tilde{\boldsymbol{A}}^i+\boldsymbol{I})\tilde{\boldsymbol{z}}(k)+T_s\boldsymbol{B}^i\boldsymbol{u}^i(\tilde{x})-T_s\boldsymbol{B}^i\boldsymbol{u}^i(\check{x})+T_s\bar{\boldsymbol{B}}\boldsymbol{V}\boldsymbol{e}_w(k)\right.\\
&\quad\left.+T_s\boldsymbol{H}_1\boldsymbol{d}_u(k)\right\}-\frac{1}{T_s}\tilde{\boldsymbol{z}}^{\mathrm{T}}(k)\boldsymbol{S}_2^i(k)\tilde{\boldsymbol{z}}(k)
\end{aligned}
\tag{5.48}
$$

同样，根据引理 5.2：

$$
\begin{aligned}
V_2^i(k)\leqslant&\frac{1}{T_s}\tilde{\boldsymbol{z}}^{\mathrm{T}}(k)\left\{\left(T_s\tilde{\boldsymbol{A}}^i+\boldsymbol{I}\right)^{\mathrm{T}}\boldsymbol{S}_2^i(k+1)(T_s\tilde{\boldsymbol{A}}^i+\boldsymbol{I})\right.\\
&\left.+(T_s\tilde{\boldsymbol{A}}^i+\boldsymbol{I})^{\mathrm{T}}(\tilde{\boldsymbol{\Lambda}}_1+\tilde{\boldsymbol{\Lambda}}_2+\tilde{\boldsymbol{\Lambda}}_3)(T_s\tilde{\boldsymbol{A}}^i+\boldsymbol{I}+\boldsymbol{L}_2^i-\boldsymbol{S}_2^i(k)\right\}\tilde{\boldsymbol{z}}(k)
\end{aligned}
$$

$$
\begin{aligned}
&+\left\|\boldsymbol{u}^i(\tilde{x})-\boldsymbol{u}^i(\check{x})\right\|^2_{\kappa_{1,i}/4}+\lambda_{3,i}\left\|\boldsymbol{d}_u(k)\right\|^2+\lambda_{4,i}\left\|\boldsymbol{e}_w(k)\right\|^2-\frac{1}{T_s}\tilde{\boldsymbol{z}}^{\mathrm{T}}(k)\boldsymbol{L}_2^i\tilde{\boldsymbol{z}}(k)\\
&\leqslant\frac{1}{T_s}\tilde{\boldsymbol{z}}^{\mathrm{T}}(k)\Big\{(T_s\tilde{\boldsymbol{A}}^i+\boldsymbol{I})^{\mathrm{T}}\boldsymbol{S}_2^i(k+1)(T_s\tilde{\boldsymbol{A}}^i+\boldsymbol{I})+(T_s\tilde{\boldsymbol{A}}^i+\boldsymbol{I})^{\mathrm{T}}(\tilde{\boldsymbol{\Lambda}}_1+\tilde{\boldsymbol{\Lambda}}_2+\tilde{\boldsymbol{\Lambda}}_3)(T_s\tilde{\boldsymbol{A}}^i+\boldsymbol{I})\\
&+\boldsymbol{L}_2^i-\boldsymbol{S}_2^i(k)\Big\}\tilde{\boldsymbol{z}}(k)+\lambda_{3,i}\left\|\boldsymbol{d}_u(k)\right\|^2+\lambda_{4,i}\left\|\boldsymbol{e}_w(k)\right\|^2+\kappa_{1,i}\bar{\delta}^{i2}-\frac{1}{T}\tilde{\boldsymbol{z}}^{\mathrm{T}}(k)\boldsymbol{L}_2^i\tilde{\boldsymbol{z}}(k)
\end{aligned}
\tag{5.49}
$$

其中，

$$
\begin{cases}
\tilde{\boldsymbol{S}}_2^i:=\left\{\tilde{\boldsymbol{S}}_2^i-\boldsymbol{S}_2^i(k)>0,\forall k\in[0,K]\right\}\\
\kappa_{1,i}=4T_s\boldsymbol{B}^{i\mathrm{T}}(\tilde{\boldsymbol{S}}_2^i+\tilde{\boldsymbol{S}}_2^i\tilde{\boldsymbol{\Lambda}}_1^{-1}\tilde{\boldsymbol{S}}_2^i+\tilde{\boldsymbol{\Lambda}}_4+\tilde{\boldsymbol{\Lambda}}_5)\boldsymbol{B}^i\\
\lambda_{3,i}=\lambda_{\max}\left\{T_s\boldsymbol{V}^{\mathrm{T}}\bar{\boldsymbol{B}}^{\mathrm{T}}(\tilde{\boldsymbol{S}}_2^i+\tilde{\boldsymbol{S}}_2^i\tilde{\boldsymbol{\Lambda}}_2^{-1}\tilde{\boldsymbol{S}}_2^i+\tilde{\boldsymbol{S}}_2^i\tilde{\boldsymbol{\Lambda}}_4^{-1}\boldsymbol{S}_2^i+\tilde{\boldsymbol{\Lambda}}_6)\bar{\boldsymbol{B}}\boldsymbol{V}\right\}\\
\lambda_{4,i}=\lambda_{\max}\left\{T_s\boldsymbol{H}_1^{\mathrm{T}}(\tilde{\boldsymbol{S}}_2^i+\tilde{\boldsymbol{S}}_2^i\tilde{\boldsymbol{\Lambda}}_3^{-1}\tilde{\boldsymbol{S}}_2^i+\tilde{\boldsymbol{S}}_2^i\tilde{\boldsymbol{\Lambda}}_5^{-1}\tilde{\boldsymbol{S}}_2^i+\tilde{\boldsymbol{S}}_2^i\tilde{\boldsymbol{\Lambda}}_6^{-1}\tilde{\boldsymbol{S}}_2^i)\boldsymbol{H}_1\right\}
\end{cases}
$$

上式推导过程再次使用克拉克森不等式。接下来，选择 $\boldsymbol{S}_2^i(k)$：

$$
(T_s\tilde{\boldsymbol{A}}^i+\boldsymbol{I})^{\mathrm{T}}\boldsymbol{S}_2^i(k+1)(T_s\tilde{\boldsymbol{A}}^i+\boldsymbol{I})+(T_s\tilde{\boldsymbol{A}}^i+\boldsymbol{I})^{\mathrm{T}}(\tilde{\boldsymbol{\Lambda}}_1+\tilde{\boldsymbol{\Lambda}}_2+\tilde{\boldsymbol{\Lambda}}_3)(T_s\tilde{\boldsymbol{A}}^i+\boldsymbol{I})+\boldsymbol{L}_2^i-\boldsymbol{S}_2^i(k)=0
\tag{5.50}
$$

然后

$$
\sum_{k=0}^{K}\delta V_2^i(k)\leqslant\sum_{k=0}^{K}\nu_2(k)-\frac{1}{T_s}\sum_{k=0}^{K}\tilde{\boldsymbol{z}}^{\mathrm{T}}(k)\boldsymbol{L}_2^i\tilde{\boldsymbol{z}}(k)
\tag{5.51}
$$

其中，$\nu_2=\lambda_{3,i}\left\|\boldsymbol{d}_u(k)\right\|^2+\lambda_{4,i}\left\|\boldsymbol{e}_w(k)\right\|^2+\kappa_{1,i}\bar{\delta}^{i2}$。式(5.51)可以重写为

$$
\begin{aligned}
\frac{1}{T_s}\lambda_{\min}\left\{\boldsymbol{L}_2^i\right\}\sum_{k=0}^{K}\left\|\tilde{\boldsymbol{z}}(k)\right\|^2&\leqslant\frac{1}{T_s}\sum_{k=0}^{K}\tilde{\boldsymbol{z}}^{\mathrm{T}}(k)\boldsymbol{L}_2^i\tilde{\boldsymbol{z}}(k)\\
&\leqslant\sum_{k=0}^{K}\nu_2(k)-1/T_sV_2^i(K)+1/T_sV_2^i(0)\\
&\leqslant\sum_{k=0}^{K}\nu_2(k)+1/T_sV_2^i(0)
\end{aligned}
\tag{5.52}
$$

因此，可以得出结论：$\sum_{k=0}^{K}\left\|\tilde{\boldsymbol{z}}(k)\right\|^2\leqslant T_s\lambda_{\min}\left\{\boldsymbol{L}_2^i\right\}^{-1}K\left\{\lambda_{3,i}\beta_2+\lambda_{4,i}\beta_1+\kappa_{1,i}\bar{\delta}^{i2}\right\}+\lambda_{\min}\left\{\boldsymbol{L}_2^i\right\}^{-1}V_2^i(0)$。因此，可以得出 ΔJ_{K2}^i 的上界：

$$
\begin{aligned}
\Delta J_{K2}^{i} \leqslant \lambda_{\max}\left\{\tilde{Q}_{\delta}^{i}\right\}&\left\{T_s \lambda_{\min}\left\{\boldsymbol{L}_2^{i}\right\}^{-1} K_{\zeta 2,i} + \lambda_{\min}\left\{\boldsymbol{L}_2^{i}\right\}^{-1} V_2^{i}(0)\right. \\
&\left. + 2\sqrt{\beta_4\left\{T_s \lambda_{\min}\left\{\boldsymbol{L}_2^{i}\right\}^{-1} K_{\zeta 2,i} + \lambda_{\min}\left\{\boldsymbol{L}_2^{i}\right\}^{-1} V_2^{i}(0)\right\}}\right\} + 4\lambda_{\max}\left\{\boldsymbol{R}_{\delta}^{ii}\right\} K\bar{\delta}^{i2}
\end{aligned}
\tag{5.53}
$$

因此，证毕。

注释 5.6　根据文献[92]，如果 $\boldsymbol{P}^{i}(k), i \in \boldsymbol{S}$，$\tilde{\boldsymbol{A}}$ 和 $\tilde{\boldsymbol{A}}^{i}$ 的所有特征值在时间到无穷大时保持不变，则 Riccati 递归集式(5.29)收敛，即在δ域的稳定性边界内。

注释 5.7　从定理 5.3 中，可以验证如果 $\boldsymbol{e}_w(k)=0, \boldsymbol{d}_u(k)=0$ 且 $\boldsymbol{z}(0)=\tilde{\boldsymbol{z}}(0)=0$，则所谓$\varepsilon$-NE 将退化为 $\epsilon_K^{i} \equiv 0$ 的纯 NE。

注释 5.8　值得注意的是，式(5.29)得出典型的δ域 Lyapunov 方程，它实际上是离散和连续 Lyapunov 方程的统一形式。例如，如果我们选择 $\boldsymbol{L}_1 = T_s\hat{\boldsymbol{L}}_1, \boldsymbol{\varLambda}_1 = T_s\hat{\boldsymbol{\varLambda}}_1$，$\boldsymbol{\varLambda}_2 = T_s\hat{\boldsymbol{\varLambda}}_2$ 可以用 $T_s \to 0$ 获得文献[93]中的连续域 Lyapunov 方程：

$$
\dot{\boldsymbol{S}}_1(t) + \tilde{\boldsymbol{A}}_t^{\mathrm{T}} \boldsymbol{S}_1(t) + \boldsymbol{S}_1(t)\tilde{\boldsymbol{A}}_t + \left\{\hat{\boldsymbol{L}}_1 + \hat{\boldsymbol{\varLambda}}_1 + \hat{\boldsymbol{\varLambda}}_2\right\} = 0 \tag{5.54}
$$

另一方面，通过使用 $\tilde{\boldsymbol{A}} = (\tilde{\boldsymbol{A}}_z - \boldsymbol{I}) / T_s$ 并设置 $T_s = 1$，可以得到文献[41]中具有离散的 Lyapunov 方程。

$$
\boldsymbol{S}_1(k) = \tilde{\boldsymbol{A}}_z^{\mathrm{T}} \boldsymbol{S}_1(k+1)\tilde{\boldsymbol{A}}_z + \left\{\boldsymbol{L}_1 + \tilde{\boldsymbol{A}}_z^{\mathrm{T}} \boldsymbol{\varLambda}_1 \tilde{\boldsymbol{A}}_z + \tilde{\boldsymbol{A}}_z^{\mathrm{T}} \boldsymbol{\varLambda}_2 \tilde{\boldsymbol{A}}_z\right\} \tag{5.55}
$$

注释 5.9　应注意，用于计算ε-NE 的ε水平的参数可以事先推导得到。例如，可以将参数 β_4 改写为 $\beta_4 = \beta_3 + \Delta\beta$，并且可以使用类似的技术通过得出 ΔJ_{K2}^{i} 来获得 $\Delta\beta$。

上述提出的方法可以概括为以下两种算法。

算法 5.1　复合控制策略的计算。

①设定 $k=K$，则 $\boldsymbol{Z}^{i}(K) = \boldsymbol{Q}_{\delta}^{K}$。

②计算矩阵 $\boldsymbol{\Theta}(k)$，如果 $\boldsymbol{\Theta}(k)$ 是可逆的且 $\boldsymbol{R}_{\delta}^{ii} + T_s \boldsymbol{B}^{i\mathrm{T}} \boldsymbol{Z}^{i}(k+1)\boldsymbol{B}^{i} > 0$，则可以通过式(5.19)得到反馈增益 $\boldsymbol{P}^{i}(k)$。

③求解式(5.18)的反向 RDEs 以得到 $\boldsymbol{Z}^{i}(k)$。

④如果 $k \neq 0$，则设置 $k = k-1$ 并返回到步骤②，否则停止算法。

⑤求解 LMI 式(5.14)以获得干扰观测器 L 的增益。

⑥将 $\boldsymbol{L}$ 代入式(5.5)，得到匹配扰动 $\hat{\boldsymbol{d}}_m(k)$ 的估计值。

⑦使用式(5.10)计算复合控制策略。

应当注意的是，获得了复合控制策略之后就可以进一步获得标量 β_2 和 β_3。然后，在以下算法中总结ε值的计算过程。

算法 5.2　ε 值的计算。

①选择正定矩阵 $\left\{\boldsymbol{\Lambda}_j\right\}_{j=1}^{3},\boldsymbol{L}_1,\tilde{\boldsymbol{L}}_2^i,\left\{\tilde{\boldsymbol{\Lambda}}_j^i\right\}_{j=1}^{6}\ (i\in\boldsymbol{S})$。

②设置 $k=K$，则 $\boldsymbol{S}_1(K)=0$ 和 $\boldsymbol{S}_2^i(K)=0$ 可用。

③求解反向递归式(5.29)得到 $\boldsymbol{S}_1(K)$ 和 $\boldsymbol{S}_2^i(k)$。

④如果 $\boldsymbol{S}_1(k)>0,\boldsymbol{S}_2^i(k)>0$，转到下一个过程，否则跳到步骤①。

⑤如果 $k\neq 0$，则设置 $k=k-1$，否则停止算法。

⑥根据式(5.28)，计算 $\tilde{\boldsymbol{S}}_1,\tilde{\boldsymbol{S}}_2^i,\lambda_1,\lambda_2,\lambda_{3,i},\lambda_{4,i},\kappa_{1,i},\zeta_1,\zeta_{2,i},\hat{\boldsymbol{Q}}_\delta^i$ 和 $\tilde{\boldsymbol{Q}}_\delta^i$。$\varepsilon$ 水平可以通过式(5.31)得到。

到目前为止，已经得到了 ε-NE 的上界的估计。在下面的推论中，我们将用平均成本对系统(Σ_e)的上界进行估计。

推论 5.1　考虑系统(Σ_e)的平均成本为 $J_{av,K}^i(\boldsymbol{u}^i,\boldsymbol{u}^{-i}):=\dfrac{1}{K}J_K^i(\boldsymbol{u}^i,\boldsymbol{u}^{-i})$。如果对于任意 K，得到 δ 域 LQ 博弈的 ϵ -NE 纳什策略 $\boldsymbol{u}^{i*}$，那么

$$J_{av,K}^i(\boldsymbol{u}^{i*},\boldsymbol{u}^{-i*})\leqslant J_{av,K}^i(\boldsymbol{u}^i,\boldsymbol{u}^{-i*})+\epsilon_{av,K}^i \tag{5.56}$$

其中，

$$\epsilon_{av,K}^i=\lambda_{\max}\left\{\hat{\boldsymbol{Q}}_\delta^i\right\}T_s\lambda_{\min}\left\{\boldsymbol{L}_1\right\}_{\zeta 1}^{-1}+\lambda_{\max}\left\{\tilde{\boldsymbol{Q}}_\delta^i\right\}\left\{T_s\lambda_{\min}\left\{\boldsymbol{L}_2^i\right\}_{\zeta 2,i}^{-1}+4\lambda_{\max}\left\{\boldsymbol{R}_\delta^{ii}\right\}\bar{\delta}^{i2}+O\left(\frac{1}{\sqrt{K}}\right)\right\} \tag{5.57}$$

证明　证明与定理 5.3 类似，在此省略。

注释 5.10　与定理 5.2 的结果相比，应注意推论 5.1 中当 $K\to\infty$ 时的 ε 水平不依赖于初始值 $\boldsymbol{x}(0)$。原因是，对于任何固定的 K_k，在 $K\to\infty$ 的情况下，早期阶段产生的成本并不重要，因为它们对每个阶段的平均成本的贡献降低为零，即

$$\lim_{K\to\infty}\frac{1}{K}\sum_{k=0}^{K_k-1}\left\{\boldsymbol{x}^{\mathrm{T}}(k)\boldsymbol{Q}_\delta^i\boldsymbol{x}(k)+\sum_{i=1}^{S}\boldsymbol{u}^{j\mathrm{T}}(k)\boldsymbol{R}_\delta^{ij}\boldsymbol{u}^j(k)\right\}=0$$

注释 5.11　在现有的大多数文献中，假设 LQ 博弈的系统方程是在无干扰的理想环境下的。最近文献[137，138]指出这样的假设是不现实的，因为干扰会影响博弈的结果。在扰动作用下，经典的纯 NE 模型已不能用来描述博弈结果。因此，与已有文献相比，本章的主要贡献则是给出了在 δ 域中扰动对 NE 的影响的显示表达式。因为实际运行的控制系统都会受到干扰的影响，因此我们给出的 ε-NE 在实际情况中是更实用的。

5.4　仿 真 算 例

在本节中，我们旨在证明所提出方法的有效性和适用性。讨论基于干扰观测器的二区域互联电力系统的复合控制问题。目标是控制负载频率控制系统，以使输出保持在所需的设定值，同时保证系统对负载干扰的鲁棒性。根据文献[94]，电力系统的基本参数如表 5.1 所示。

表 5.1　两区域互联电力系统的参数

区域	T_{P_i}	K_{P_i}	T_{T_i}	T_{G_i}	R_i	K_{E_i}	K_{B_i}	$K_{s_{ij}}$
1	20	120	0.3	0.08	2.4	10	0.41	0.55
2	25	112.5	0.33	0.072	2.7	9	0.37	0.65

考虑以下二区域互连的电力系统：

$$\dot{\boldsymbol{x}}(t)=\boldsymbol{A}x_i(t)+\begin{bmatrix}\boldsymbol{B}_1 & \boldsymbol{B}_2\end{bmatrix}\left\{\begin{bmatrix}u_1(t)\\ u_2(t)\end{bmatrix}+\Delta\tilde{\boldsymbol{P}}_d(t)\right\}+\boldsymbol{F}\Delta\boldsymbol{P}_d(t)$$

其中，

$$\boldsymbol{x}(t)=\begin{bmatrix}\boldsymbol{x}_1^{\mathrm{T}}(t) & \boldsymbol{x}_2^{\mathrm{T}}(t)\end{bmatrix}^{\mathrm{T}},\quad \boldsymbol{A}=\begin{bmatrix}\boldsymbol{A}_1 & \boldsymbol{E}_{12}\\ \boldsymbol{E}_{21} & \boldsymbol{A}_2\end{bmatrix}$$

$$\boldsymbol{A}_i=\begin{bmatrix}\dfrac{1}{T_{p_i}} & \dfrac{K_{p_i}}{T_{p_i}} & 0 & 0 & -\dfrac{K_{p_i}}{2\pi T_{p_i}}\sum\limits_{j\neq i}K_{s_{ij}}\\ 0 & -\dfrac{1}{T_{t_i}} & \dfrac{1}{T_{t_i}} & 0 & 0\\ -\dfrac{1}{R_iT_{g_i}} & 0 & -\dfrac{1}{T_{g_i}} & -\dfrac{1}{T_{g_i}} & 0\\ K_{E_i}K_{B_i} & 0 & 0 & 0 & \dfrac{K_{E_i}}{2\pi}\sum\limits_{j\neq i}K_{s_{ij}}\\ 2\pi & 0 & 0 & 0 & 0\end{bmatrix}$$

$$\boldsymbol{B}_i=\begin{bmatrix}0 & 0 & \dfrac{1}{T_{g_i}} & 0 & 0\end{bmatrix}^{\mathrm{T}}$$

$$\boldsymbol{E}_{ij}=\begin{bmatrix}0&0&0&0&\dfrac{K_{p_i}}{2\pi T_{p_i}}\sum_{j\neq i}K_{s_{ij}}\\0&0&0&0&0\\0&0&0&0&0\\0&0&0&0&-\dfrac{K_{E_i}}{2\pi}\sum_{j\neq i}K_{s_{ij}}\\0&0&0&0&0\end{bmatrix},\quad \boldsymbol{x}_i(t)=\begin{bmatrix}\Delta f_i(t)\\\Delta P_{g_i}(t)\\\Delta X_{g_i}(t)\\\Delta E_i(t)\\\Delta\delta_i(t)\end{bmatrix},i,j=1,2$$

$\Delta\boldsymbol{P}_d(t)$是负载扰动的矢量，$\Delta\tilde{\boldsymbol{P}}_d(t)$是控制通道中的扰动，$\Delta f_i(t)$、$\Delta P_{g_i}(t)$，$\Delta X_{g_i}(t)$、$\Delta E_i(t)$和 $\Delta\delta_i(t)$分别是频率、功率输出、调速阀位置、积分控制和转子角度偏差的变化。T_{g_i},T_{t_i}和T_{p_i}分别是调速器、涡轮机和动力系统的时间常数。K_{p_i},R_i,K_{E_i}和K_{B_i}分别是电力系统增益、调速系数、积分控制增益和频率偏置因子。$K_{s_{ij}}$是面积i和j之间的互连增益（$i\neq j$）。

首先，让我们设计一个复合控制器，其中，$K=100$，$\gamma=2$，$T_s=0.05\text{s}$。成本函数的参数选择为$Q_\delta^{100}=Q_\delta^1=Q_\delta^2=1$且$R_\delta^{11}=R_\delta^{12}=R_\delta^{21}=R_\delta^{22}=0.1$。我们假设不匹配干扰$\Delta\boldsymbol{P}_{d_i}(t)=0$，匹配干扰$\Delta\tilde{\boldsymbol{P}}_{d_i}(t)$由下式给出：

$$\begin{cases}\delta\boldsymbol{w}(k)=\begin{bmatrix}0.8776&0.4794\\-0.4794&0.8776\end{bmatrix}\boldsymbol{w}(k)+\begin{bmatrix}1\\1\end{bmatrix}\dfrac{1}{k}\\\Delta\tilde{\boldsymbol{P}}_d(t)=\begin{bmatrix}25&0\\0&25\end{bmatrix}\boldsymbol{w}(k),\boldsymbol{w}(0)=\begin{bmatrix}0&0\\0&0\end{bmatrix}^{\mathrm{T}}\end{cases}\tag{5.58}$$

使用 LMI 工具箱求解定理 5.1 中的 LMI 条件式(5.14)，得到

$$\boldsymbol{L}=\begin{bmatrix}-0.1076&-0.2382&-0.0216&-41.7887&-27.3024&0.1435&-0.0100&-0.0008&-1.3946&-1.5204\\0.1125&0.0010&0.0001&0.5698&0.1142&-0.1500&-0.2394&-0.0200&-55.6887&-36.3582\end{bmatrix}$$

初始条件设置为$\boldsymbol{e}_w(0)=\begin{bmatrix}0.1&-0.1\end{bmatrix}^{\mathrm{T}}$和$\boldsymbol{x}(0)=\begin{bmatrix}0&0.1&0&0&0&0&0&0&0&0.5\end{bmatrix}^{\mathrm{T}}$。通过使用定理 5.2 中的式(5.19)，我们分别在图 5.2(a)和图 5.2(b)中描述了系统的状态响应。从仿真结果可以看出，基于干扰观测器的复合控制方法可以显著改善控制效果，进一步证实了所提出控制方案的优势。

接下来，让我们估计ε-NE 的ε上界。设置$\Delta\tilde{\boldsymbol{P}}_d(t)=0$且$\Delta\boldsymbol{P}_d(t)=[1/k,\cdots,1/k]^{\mathrm{T}}$。其他参数选择为$F=0.5,Q_\delta^{100}=Q_\delta^1=Q_\delta^2=1,R_\delta^{11}=R_\delta^{12}=R_\delta^{21}=R_\delta^{22}=40,\boldsymbol{z}(0)=\tilde{\boldsymbol{z}}(0)=0$，此外还有$\boldsymbol{L}_1=\boldsymbol{L}_2^1=\boldsymbol{L}_2^2=\boldsymbol{\Lambda}_1=\boldsymbol{\Lambda}_2=\boldsymbol{\Lambda}_3=\boldsymbol{\Lambda}_4=\boldsymbol{\Lambda}_5=\boldsymbol{\Lambda}_6=\boldsymbol{I}_{10\times10}$。式(5.31)右侧的具体值为 $\beta_1=10$， $\beta_3=49.1925$,$\beta_4=28839$, $\bar{\delta}^1=\bar{\delta}^2=0.005$, $\zeta_{2,1}=531.9233$, $\zeta_{2,2}=532.9554$,

$\zeta_1 = 199.8622$，$\lambda_{\max}\left\{\hat{Q}_\delta^1\right\} = \lambda_{\max}\left\{\hat{Q}_\delta^2\right\} = \lambda_{\max}\left\{\tilde{Q}_\delta^1\right\} = 6.2050$, $\lambda_{\max}\left\{\tilde{Q}_\delta^2\right\} = 5.2186$。从定理 5.3 中的式(5.31)可以得出 $\epsilon_{100}^1 = 698.7544$ 和 $\epsilon_{100}^2 = 694.1752$。成本函数为 $\hat{J}_{100}^{1*} = 2.2571\times10^4$ 和 $\hat{J}_{100}^{2*} = 2.3054\times10^4$，不难发现$\varepsilon$均衡可能偏离成本函数的上界分别为 3.10%和 3.01%。

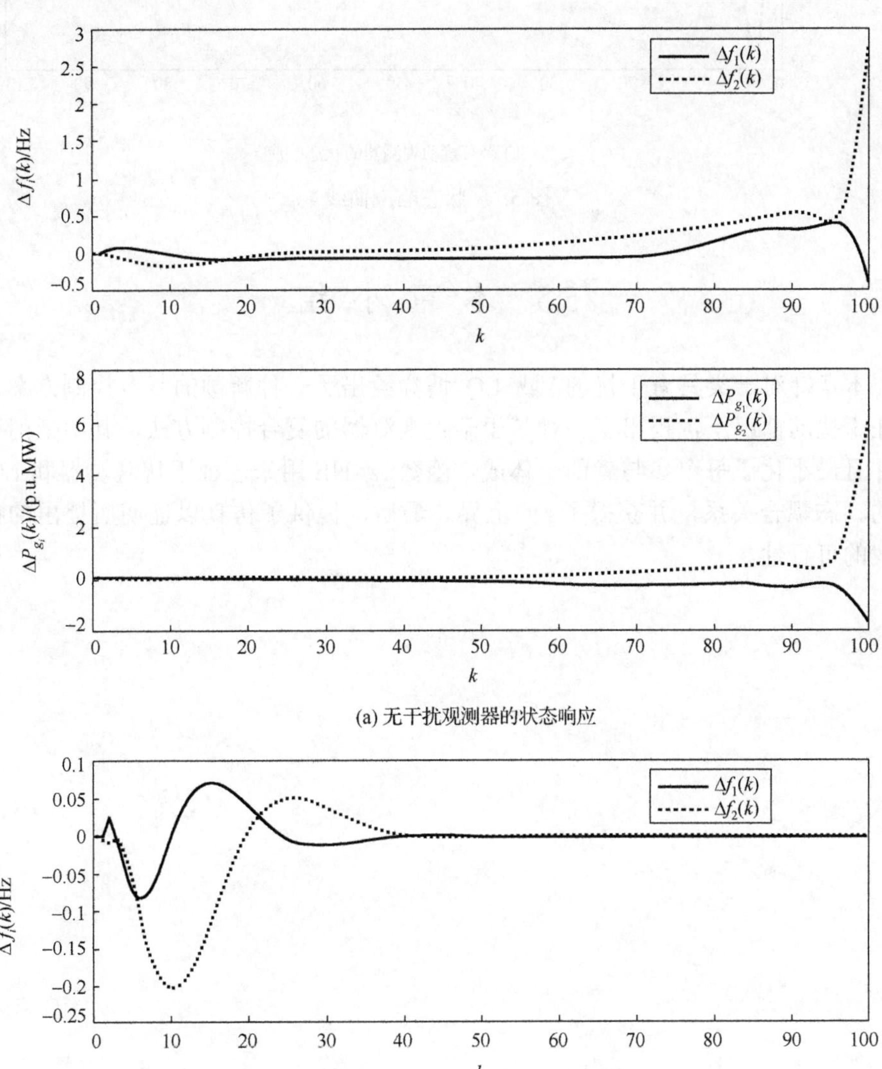

(a) 无干扰观测器的状态响应

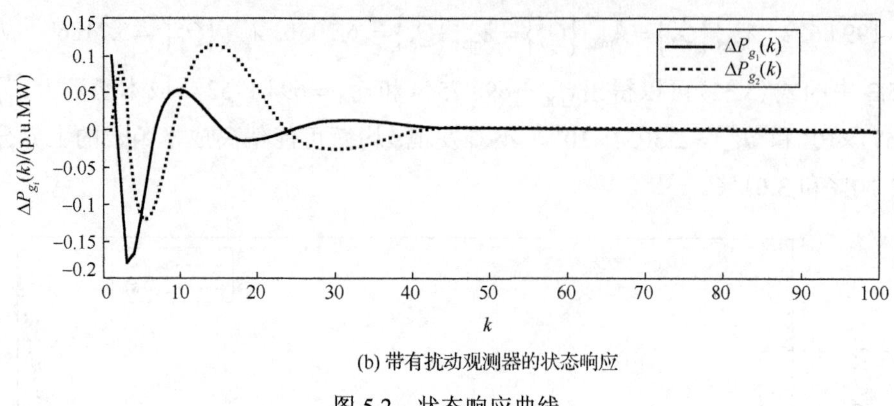

(b) 带有扰动观测器的状态响应

图 5.2 状态响应曲线

5.5 本 章 小 结

本章针对一类具有干扰的δ域 LQ 博弈给出了一种新颖的复合控制方案。在存在干扰的情况下，提出了一种基于干扰观测器的复合控制方法，其中抵消了干扰并且最小化了每个参与者的个体成本函数。ε-NE 用来表征干扰观测器和 LQ 博弈的动态耦合关系，并获得了ε的上界。最后，提供了仿真以证明所提出的控制方案的可行性。

第 6 章 基于干扰观测器的连续时间域分布式博弈组合策略设计方法

6.1 研究背景与意义

博弈论广泛应用于多主体问题中，每个主体都可以被描述为一个自我中心的个体，试图优化其利益[133,144,145]。在博弈中应用最广泛的均衡是纳什均衡(NE)，即没有任何行为人有意改变其行为。在多智能体构成的博弈中，控制系统通常会受到外界的干扰，包括建模误差、环境干扰、系统结构变化、测量噪声、传感器、执行器误差等。大多数工作关注的控制策略或算法针对的系统是静态或单积分模型，并未考虑扰动影响。关于博弈中干扰抑制的研究相对较少。在有向通信图的情况下，对于具有输入时延的 Lipschitz 非线性多智能体系统，一致性干扰抑制问题已在文献[146]中得到解决，输入时延可以看作是网络通信中的一种干扰。由网络通信引起的数据时延和丢包[127,147]也可以视为干扰。值得注意的是，基于无扰动模型的控制算法往往不实用，因此在博弈中对干扰的抑制要给予足够的重视。

干扰抑制控制方法根据是否需要干扰模型可分为基于扰动观测器的控制(disturbance observer based control, DOBC)[148]和自抗扰控制(active disturbance rejection control, ADRC)[149]。DOBC 通常要求某些扰动模型可以用微分或差分方程来描述。由于外部干扰的初始值是未知的，所以有必要设计一个干扰观测器来估计它[150]。采用自抗扰控制器来估计包含未知不确定性和外部干扰的总扰动。自抗扰控制的核心思想通过扩展状态观测器(extended state observer, ESO)估计“总扰动”，该思想是韩京清首次提出的[151]。带不确定性的非线性系统的扩展状态观测器的收敛性在文献[152]中进行了分析。通过估计补偿反馈回路中的“总扰动”，使系统有可能处理大不确定性[153]。Stubborn 状态观测器在文献[154]中首次被研究，旨在减少异常孤立测量噪声对动态误差的影响。虽然干扰抑制的方法已经在工业上得到了广泛的研究和应用，但是大多数方法都侧重于提高个体的控制能力。由于通常为了降低问题的复杂性而忽略干扰，因此在博弈论中对干扰抑制的研究相对较少。

受上述研究的启发，本章试图建立包含二阶积分器和外部干扰的全信息博弈的均衡求解问题。未知扰动难以完全补偿，使得代价函数难以量化。本章在广泛应用的扩张状态观测器的基础上，提出了一种新的估计未知扰动的观测器，并计算了扰动误差的上界，提出了博弈策略，并给出了均衡的上界来表示博弈结果。

6.2　连续时间域含干扰博弈模型

本章考虑了 NE 寻找包含二阶积分和加性扰动的 N 个智能体的问题。每个智能体的动态建模如下：

$$\ddot{\boldsymbol{x}}_i = \boldsymbol{u}_i + \boldsymbol{d}_i, \quad \forall i \in \mathcal{I} \tag{6.1}$$

其中，$\mathcal{I} = \{1,2,\cdots,N\}$。每个智能体控制自己的动作 $x_i \in \Omega_i \subset \mathbb{R}^{n_i}$，并具有一个力求最小化的成本函数 J_i。成本函数取决于其自身的状态 x_i 和其他智能体的状态 x_{-i}。智能体 i 受扰动 d_i 的影响，扰动 d_i 是由系统的属性和环境噪声引起的。扰动是可导的，其导数有界 $\left|\dot{d}_i\right| \leqslant M$。

定义 6.1　在博弈 $\mathcal{G}(\mathcal{I}, J_i, \Omega_i)$ 中，$\boldsymbol{w}^* = (\boldsymbol{w}_i^*, \boldsymbol{w}_{-i}^*)$ 被称为 Nash 均衡(NE)，如果

$$J_i(\boldsymbol{w}_i^*, \boldsymbol{w}_{-i}^*) \leqslant J_i(\boldsymbol{w}_i, \boldsymbol{w}_{-i}^*) \quad \forall i \in \mathcal{I}, \forall x_i \in \Omega_i$$

定义 6.2　在博弈 $\mathcal{G}(\mathcal{I}, J_i, \Omega_i)$ 中，$\boldsymbol{w}^\epsilon = (\boldsymbol{w}_i^\epsilon, \boldsymbol{w}_{-i}^\epsilon)$ 被称为 ε-Nash 均衡(ε-NE)，如果存在正常数 ε 满足

$$\left|J_i(\boldsymbol{w}_i^\epsilon, \boldsymbol{w}_{-i}^\epsilon) - J_i(\boldsymbol{w}_i^*, \boldsymbol{w}_{-i}^*)\right| \leqslant \varepsilon$$

假设 6.1　对于每一个 $i \in \mathcal{I}, \Omega_i \subset \mathbb{R}^{n_i}$，代价函数 $J_i : \Omega \to \mathbb{R}$ 关于 $\boldsymbol{w}_i$ 是凸函数。

在假设 6.1 下，任意 NE 满足 $\nabla_i J_i(\boldsymbol{w}_i^*, \boldsymbol{w}_{-i}^*) = 0, \forall i \in \mathcal{I}$，其中，$\nabla_i J_i(\boldsymbol{w}_i, \boldsymbol{w}_{-i}) = \dfrac{\partial}{\partial \boldsymbol{w}_i} J_i(\boldsymbol{w}_i, \boldsymbol{w}_{-i}) \in \mathbb{R}^{n_i}$。记 $F(\boldsymbol{w}) = \mathrm{col}(\nabla_1 J_i(\boldsymbol{w}), \cdots, \nabla_N J_N(\boldsymbol{w}))$，在博弈中所有参与者的 NE 为

$$\Gamma_{\mathrm{NE}} = \left\{\boldsymbol{w} \in \mathbb{R}^n \middle| \nabla_i J_i(\boldsymbol{w}_i, \boldsymbol{w}_{-i}) = 0, \forall i \in \mathcal{I}\right\} \tag{6.2}$$

假设 6.2　$F : \Omega \to \mathbb{R}^n, F(\boldsymbol{w})$ 是强单调的，$(\boldsymbol{w} - \boldsymbol{v})^{\mathrm{T}}(F(\boldsymbol{w}) - F(\boldsymbol{v})) > \mu\|\boldsymbol{w} - \boldsymbol{v}\|^2$，$\forall \boldsymbol{w}, \boldsymbol{v} \in \mathbb{R}^n, \mu > 0$。$F$ 是局部 Lipschitz 连续，$\|F(\boldsymbol{w}) - F(\boldsymbol{v})\| \leqslant \theta\|\boldsymbol{w} - \boldsymbol{v}\|, \theta > 0$。

在 Nash 均衡中，没有参与者可以通过改变其行动来降低它的成本。由于干扰的存在，参与者可能无法达到 Nash 平衡，只能达到 Nash 平衡的较小范围(ε-NE)。因此本章研究如何找到控制策略 $\boldsymbol{u}_i$，该策略将成本函数 $J_i\left(\boldsymbol{w}_i, \boldsymbol{w}_{-i}\right)$ 最小

化，同时消除了干扰。首先估计干扰 d_i，然后在控制输入 $\boldsymbol{u}_i$ 中进行补偿。

最基本的纳什均衡寻求算法称为梯度下降或梯度博弈，如方程(6.3)所示。在此算法中，每个参与者都尝试通过沿成本函数的负梯度更改其动作来降低其成本函数。

$$\Sigma_i : \dot{x}_i = -\nabla_i J_i(\boldsymbol{x}_i, \boldsymbol{x}_{-i}), \quad \forall i \in \mathcal{I} \tag{6.3}$$

在假设 6.1 下，方程(6.3)对于任意初始条件都有唯一的解。在假设 6.2 的情况下，博弈的纳什均衡是唯一的，并且是全局上渐近稳定[28]的。

6.3　连续时间复合博弈优化算法

6.3.1　连续时间域 Stubborn 干扰观测器设计

在本节中，考虑博弈 $\mathcal{G}$ 中每个智能体的一般模型：

$$\begin{cases} \ddot{\boldsymbol{x}} = \boldsymbol{u} + \boldsymbol{d} \\ \boldsymbol{y} = \boldsymbol{x} \end{cases} \tag{6.4}$$

向一般模型添加一个额外的状态 $\boldsymbol{x}_3 = \boldsymbol{d}$。扩张的 Stubborn 状态观察器的公式如下：

$$\begin{cases} \dot{z}_1 = z_2 + l_1 \operatorname{sat}(\boldsymbol{x}_1 - z_1) \\ \dot{z}_2 = z_3 + \boldsymbol{u} + l_2 \operatorname{sat}(\boldsymbol{x}_1 - z_1) \\ \dot{z}_3 = l_3 \operatorname{sat}(\boldsymbol{x}_1 - z_1) \end{cases} \tag{6.5}$$

对于每个智能体的一般模型，令 $\boldsymbol{e} = \boldsymbol{x} - \boldsymbol{z}$。然后

$$\begin{aligned} \dot{\boldsymbol{e}} &= (\boldsymbol{A} - \boldsymbol{LC})\boldsymbol{e} + \boldsymbol{Lq} + \boldsymbol{D}\dot{\boldsymbol{d}} \\ \boldsymbol{q} &= \boldsymbol{Ce} - \operatorname{sat}(\boldsymbol{Ce}) \end{aligned} \tag{6.6}$$

其中，

$$\boldsymbol{A} = \begin{bmatrix} 0 & 1 & 0 \\ 0 & 0 & 1 \\ 0 & 0 & 0 \end{bmatrix}, \boldsymbol{L} = [l_1\ l_2\ l_3]^{\mathrm{T}}, \boldsymbol{C} = [1 \quad 0 \quad 0], \boldsymbol{D} = [0 \quad 0 \quad 1]^{\mathrm{T}}$$

命题 6.1　给定系统式(6.4)和扩展 Stubborn 状态观测器式(6.5)，存在常数 $\rho = \dfrac{l_1 - 6}{3 l_1 \lambda_{\max}(\boldsymbol{P}) + 1}$，使得估计误差有界：

$$\|\boldsymbol{e}\|^2 \leqslant \mathrm{e}^{-\rho t} \|\boldsymbol{e}(0)\|^2 + \frac{3M^2 \|\boldsymbol{PD}\|^2}{\rho \lambda_{\min}(\boldsymbol{P})} \tag{6.7}$$

满足

$$l_1 > 6$$
$$\boldsymbol{P}(\boldsymbol{A}-\boldsymbol{LC})+(\boldsymbol{A}-\boldsymbol{LC})^{\mathrm{T}}\boldsymbol{P}=-\boldsymbol{I}$$
$$|\boldsymbol{x}_1 - z_1| \leqslant \sigma\sqrt{\frac{2}{3\|\boldsymbol{PL}\|^2}+1}$$

证明 考虑如下 Lyapunov 函数：

$$V=\boldsymbol{e}^{\mathrm{T}}\boldsymbol{Pe}+\eta\max\left\{\boldsymbol{e}^{\mathrm{T}}\boldsymbol{C}^{\mathrm{T}}\boldsymbol{Ce}-\sigma^2,0\right\} \tag{6.8}$$

其中，矩阵 $\boldsymbol{P}$ 满足 $\boldsymbol{P}(\boldsymbol{A}-\boldsymbol{LC})+(\boldsymbol{A}-\boldsymbol{LC})^{\mathrm{T}}\boldsymbol{P}+\boldsymbol{I}=0,\eta>0$。值得注意的是对于任意 $\boldsymbol{e}$，满足以下不等式：

$$\lambda_{\min}(\boldsymbol{P})\|\boldsymbol{e}\|^2 \leqslant V \leqslant (\lambda_{\max}(\boldsymbol{P})+\eta)\|\boldsymbol{e}\|^2 \tag{6.9}$$

Lyapunov 函数 V 在 $\boldsymbol{e}^{\mathrm{T}}\boldsymbol{C}^{\mathrm{T}}\boldsymbol{Ce}=\sigma$ 处不可求导，因此分两种情况讨论。

情况 1：$\boldsymbol{e}^{\mathrm{T}}\boldsymbol{C}^{\mathrm{T}}\boldsymbol{Ce}<\sigma$。在这种情况下，$\boldsymbol{q}=0$，Lyapunov 函数式(6.8)重新写为 $V=\boldsymbol{e}^{\mathrm{T}}\boldsymbol{Pe}$，

$$\dot{V}=\dot{\boldsymbol{e}}^{\mathrm{T}}\boldsymbol{Pe}+\boldsymbol{e}^{\mathrm{T}}\boldsymbol{P}\dot{\boldsymbol{e}}=-\|\boldsymbol{e}\|^2+2\boldsymbol{e}^{\mathrm{T}}\boldsymbol{P}\boldsymbol{D}\dot{\boldsymbol{d}} \tag{6.10}$$

对于方程(6.10)中最后一项，应用不等式：

$$\boldsymbol{MN}^{\mathrm{T}}+\boldsymbol{NM}^{\mathrm{T}} \leqslant \beta\boldsymbol{MM}^{\mathrm{T}}+\beta^{-1}\boldsymbol{NN}^{\mathrm{T}} \tag{6.11}$$

令 $\beta=\dfrac{1}{3}$，我们有

$$\dot{V} \leqslant -\frac{2}{3}\|\boldsymbol{e}\|^2+3\boldsymbol{M}^2\|\boldsymbol{PD}\|^2 \tag{6.12}$$

情况 2：$\boldsymbol{e}^{\mathrm{T}}\boldsymbol{C}^{\mathrm{T}}\boldsymbol{Ce}>\sigma$。在这种情况 $\boldsymbol{q}\neq 0$，Lyapunov 函数式(6.8)可写为 $V=\boldsymbol{e}^{\mathrm{T}}\boldsymbol{Pe}+\eta\left(\boldsymbol{e}^{\mathrm{T}}\boldsymbol{C}^{\mathrm{T}}\boldsymbol{Ce}-\sigma^2\right)$，

$$\begin{aligned}\dot{V}&=\dot{\boldsymbol{e}}^{\mathrm{T}}\boldsymbol{Pe}+\boldsymbol{e}^{\mathrm{T}}\boldsymbol{P}\dot{\boldsymbol{e}}+\eta\dot{\boldsymbol{e}}^{\mathrm{T}}\boldsymbol{C}^{\mathrm{T}}\boldsymbol{Ce}+\eta\boldsymbol{e}^{\mathrm{T}}\boldsymbol{C}^{\mathrm{T}}\boldsymbol{C}\dot{\boldsymbol{e}}\\&=-\|\boldsymbol{e}\|^2+2\boldsymbol{e}^{\mathrm{T}}\boldsymbol{PLq}+2\boldsymbol{e}^{\mathrm{T}}\boldsymbol{PD}\dot{\boldsymbol{d}}+2\eta\boldsymbol{e}^{\mathrm{T}}\boldsymbol{C}^{\mathrm{T}}\boldsymbol{CAe}-2\eta\boldsymbol{e}^{\mathrm{T}}\boldsymbol{C}^{\mathrm{T}}\boldsymbol{CL}\,\mathrm{sat}(\boldsymbol{Ce})\end{aligned} \tag{6.13}$$

令 $\eta=\dfrac{1}{l_1}$，再次使用不等式(6.11)，

$$\dot{V} \leqslant -\left(\frac{1}{3}-\frac{2}{l_1}\right)\|\boldsymbol{e}\|^2+3\|\boldsymbol{PLq}\|^2+3\boldsymbol{M}^2\|\boldsymbol{PD}\|^2-2e_1\,\mathrm{sat}(\boldsymbol{Ce}) \tag{6.14}$$

注意 $|e_1|>|\sigma|$，然后

$$\dot{V} \leqslant -\left(\frac{1}{3}-\frac{2}{l_1}\right)\|\boldsymbol{e}\|^2 + 3\boldsymbol{M}^2\|\boldsymbol{PD}\|^2 + 3\|\boldsymbol{PL}\|^2(e_1^2-\sigma^2)-2\sigma^2 \tag{6.15}$$

因为 $l_1>0$，所以可以通过适当选择 l_1，使得 $\|\boldsymbol{e}\|^2$ 的系数为负，所以 $l_1>6$，进而

$$\dot{V} \leqslant -\left(\frac{1}{3}-\frac{2}{l_1}\right)\|\boldsymbol{e}\|^2 + 3\boldsymbol{M}^2\|\boldsymbol{PD}\|^2 \tag{6.16}$$

其中，$|\boldsymbol{e}_1| \leqslant \sigma\sqrt{\dfrac{2}{3\|\boldsymbol{PL}\|^2}+1}$。

从方程(6.12)和方程(6.16)，易得

$$\dot{V} \leqslant -\left(\frac{1}{3}-\frac{2}{l_1}\right)\|\boldsymbol{e}\|^2 + 3\boldsymbol{M}^2\|\boldsymbol{PD}\|^2 \tag{6.17}$$

再次应用不等式(6.9)，存在一个常数 $\rho=\dfrac{l_1-6}{3l_1\lambda_{\max}(\boldsymbol{P})+1}$ 满足以下方程：

$$\dot{V} \leqslant -\rho V + 3\boldsymbol{M}^2\|\boldsymbol{PD}\|^2 \tag{6.18}$$

求解方程(6.18)，可得

$$V \leqslant \mathrm{e}^{-\rho t}V(0) + \frac{3\boldsymbol{M}^2\|\boldsymbol{PD}\|^2}{\rho} \tag{6.19}$$

注意到 $V(0) \geqslant \lambda_{\min}(\boldsymbol{P})\|\boldsymbol{e}(0)\|^2, V \geqslant \lambda_{\min}(\boldsymbol{P})\|\boldsymbol{e}\|^2$，将其代入方程(6.19)，可得方程 (6.7)。

值得注意的是，由于饱和函数是静态的，因此静态扩张 Stubborn 状态观察器在抵抗极端异常干扰方面有其局限性。基于此静态扩张 Stubborn 状态观测器，可以进一步研究包含动态饱和函数的类似观测器。

6.3.2 连续时间域分布式复合博弈优化策略设计

在本节中，每个智能体的模型为二阶积分形式，然后可以将方程(6.4)重写为

$$\Sigma_i : \begin{cases} \dot{\boldsymbol{x}}_i = \boldsymbol{A}_i\boldsymbol{x}_i + \boldsymbol{B}_i\boldsymbol{u}_i + \boldsymbol{D}_i\boldsymbol{d}_i \\ \boldsymbol{y}_i = \boldsymbol{C}_i\boldsymbol{x}_i \end{cases} \tag{6.20}$$

其中，$\boldsymbol{x}_i = \left[\boldsymbol{x}_{i,1}, \boldsymbol{x}_{i,2}\right]^{\mathrm{T}}, \boldsymbol{u}_i, \boldsymbol{y}_i \in \mathbb{R}$，并且

$$\boldsymbol{A}_i = \begin{bmatrix} 0 & 1 \\ 0 & 0 \end{bmatrix}, \boldsymbol{B}_i = \begin{bmatrix} 0 & 1 \end{bmatrix}^{\mathrm{T}}, \boldsymbol{C}_i = \begin{bmatrix} 1 & 0 \end{bmatrix}, \boldsymbol{D}_i = \begin{bmatrix} 0 & 1 \end{bmatrix}^{\mathrm{T}}$$

每个智能体的成本函数取决于所有智能体的输出 $\boldsymbol{x}_{i,1}$，而与其他状态无关。因此，

成本函数由 $J_i(\boldsymbol{x}_{i,1},\boldsymbol{x}_{-i,1})$ 给出。根据假设 6.2，任何 NE 满足 $\nabla_i J_i(\boldsymbol{x}_{i,1}^*,\boldsymbol{x}_{-i,1}^*)=0$ 。

在假设 6.1 和假设 6.2 的情况下 $\boldsymbol{x}_{i,1}^*$ 是唯一的。考虑如下序列：

$$\varGamma_{NE}=\left\{\boldsymbol{x}\in\mathbb{R}^m \mid \nabla_i J_i\left(\boldsymbol{\varphi}_i,\boldsymbol{\varphi}_{-i}\right)=0,\boldsymbol{x}_{i,2}=0,\forall i\in\mathcal{I}\right\} \tag{6.21}$$

其中，$\boldsymbol{\varphi}_i$ 和 $\boldsymbol{\varphi}_{-i}$ 是每个智能体状态的线性组合。如果每个智能体最小化了一阶状态和二阶状态的线性组合，并且所有二阶状态处于 0 状态，则博弈的 NE 将到达。因此，定义输出 $\boldsymbol{\varphi}_i=\boldsymbol{x}_{i,1}+\boldsymbol{x}_{i,2}$，每个智能体试图使 $J_i(\boldsymbol{\varphi}_i,\boldsymbol{\varphi}_{-i})$ 最小，同时要求 $\boldsymbol{x}_{i,2}=0$ 处于平衡状态。对于每个智能体 i，使用观测器式(6.5)估计扰动 d_i，其估计值为 $\boldsymbol{z}_{i,n_i+1}$。因此，考虑控制量 $\boldsymbol{u}$：

$$\boldsymbol{u}_i=-\nabla_i J_i(\boldsymbol{\varphi}_i,\boldsymbol{\varphi}_{-i})-\boldsymbol{x}_{i,2}-\boldsymbol{z}_{i,3} \tag{6.22}$$

方程(6.20)可以改写为

$$\varSigma_i:\dot{\boldsymbol{x}}_i=\boldsymbol{A}_i\boldsymbol{x}_i-\boldsymbol{B}_i\nabla_i J_i(\boldsymbol{\varphi}_i,\boldsymbol{\varphi}_{-i})+\boldsymbol{D}_i(\boldsymbol{d}_i-\boldsymbol{z}_{i,n_i+1}) \tag{6.23}$$

转化坐标系 $\boldsymbol{x}_{i,1}\mapsto\boldsymbol{\varphi}_i$，方程(6.23)可以改写为

$$\varSigma_i:\begin{cases}\dot{\boldsymbol{\varphi}}_i=-\nabla_i J_i(\boldsymbol{\varphi}_i,\boldsymbol{\varphi}_{-i})+\boldsymbol{d}_i-\boldsymbol{z}_{i,3}\\ \dot{\boldsymbol{x}}_{i,2}=-\nabla_i J_i(\boldsymbol{\varphi}_i,\boldsymbol{\varphi}_{-i})-\boldsymbol{x}_{i,2}+\boldsymbol{d}_i-\boldsymbol{z}_{i,3}\end{cases} \tag{6.24}$$

命题 6.2 考虑完全信息的情况下的博弈 $\mathcal{G}(\mathcal{I},J_i,\mathbb{R}^{n_i})$，以及智能体的动力学方程(6.24)。在假设 6.1 和假设 6.2 下，博弈收敛到 ε-NE：

$$\varepsilon=\frac{\theta}{\mu^2}\left(\mathrm{e}^{-\rho t}\sum_{i=1}^{N}\|\boldsymbol{e}_i(0)\|^2+N\frac{3\|\boldsymbol{PD}\|^2\boldsymbol{M}^2}{\rho\lambda_{\min}(\boldsymbol{P})}\right) \tag{6.25}$$

其中，$\boldsymbol{e}_i(0)$ 是智能体 i 的静态扩张 Stubborn 状态观测器式(6.5)的初始误差向量。

证明 记 $\boldsymbol{e}_{d_i}=\boldsymbol{d}_i-\boldsymbol{z}_{i,3}$，$\boldsymbol{e}_d=\mathrm{col}(e_{d_1},\cdots,e_{d_N})$，$\boldsymbol{\varphi}=\mathrm{col}(\varphi_1,\cdots,\varphi_N)$ 和 $\boldsymbol{x}_2=\mathrm{col}(\boldsymbol{x}_{1,2},\cdots,\boldsymbol{x}_{N,2})$，进而系统的动力学方程为

$$\varSigma:\begin{cases}\dot{\boldsymbol{\varphi}}=-F(\boldsymbol{\varphi})+\boldsymbol{e}_d\\ \dot{\boldsymbol{x}}_2=-F(\boldsymbol{\varphi})-\boldsymbol{x}_2+\boldsymbol{e}_d\end{cases} \tag{6.26}$$

其中，

$$F(\boldsymbol{\varphi})=\mathrm{col}(\nabla_1 J_i(\boldsymbol{\varphi}_1,\boldsymbol{\varphi}_{-1}),\cdots,\nabla_N J_N(\boldsymbol{\varphi}_N,\boldsymbol{\varphi}_{-N}))\,,$$

记 $\tilde{\boldsymbol{\varphi}}=\boldsymbol{\varphi}-\boldsymbol{\varphi}^*$，式中 $\boldsymbol{\varphi}^*=\boldsymbol{x}_1^*=\mathrm{col}(\boldsymbol{x}_{1,1}^*,\cdots,\boldsymbol{x}_{N,1}^*)$。系统的动力学方程可以改写为

$$\dot{\tilde{\boldsymbol{\varphi}}}=-F(\tilde{\boldsymbol{\varphi}}+\boldsymbol{\varphi}^*)+\boldsymbol{e}_d \tag{6.27}$$

$$\dot{\boldsymbol{x}}_2=-F(\tilde{\boldsymbol{\varphi}}+\boldsymbol{\varphi}^*)-\boldsymbol{x}_2+\boldsymbol{e}_d \tag{6.28}$$

考虑关于 $\tilde{\boldsymbol{\varphi}}$ 的 Lyapunov 函数：

$$V_1(\tilde{\boldsymbol{\varphi}})=\frac{1}{2}\|\tilde{\boldsymbol{\varphi}}\|^2 \tag{6.29}$$

对 $V_1(\tilde{\boldsymbol{\varphi}})$ 求导，考虑到 $F\left(\boldsymbol{\varphi}^*\right)=0$，我们有

$$\dot{V}_1=-\tilde{\boldsymbol{\varphi}}^{\mathrm{T}}\left[F(\tilde{\boldsymbol{\varphi}}+\boldsymbol{\varphi}^*)-F(\boldsymbol{\varphi}^*)\right]+\tilde{\boldsymbol{\varphi}}^{\mathrm{T}}\boldsymbol{e}_d\leqslant-\mu\|\tilde{\boldsymbol{\varphi}}\|^2+\|\tilde{\boldsymbol{\varphi}}\|\|\boldsymbol{e}_d\| \tag{6.30}$$

$$\dot{V}_1\leqslant 0,\forall\|\tilde{\boldsymbol{\varphi}}\|\geqslant\frac{\|\boldsymbol{e}_d\|}{\mu}>0 \tag{6.31}$$

同样，考虑 $\boldsymbol{x}_2$ 的 Lyapunov 函数如下：

$$V_2(\boldsymbol{x}_2)=\frac{1}{2}\|\boldsymbol{x}_2\|^2 \tag{6.32}$$

对 $V_2(\boldsymbol{x}_2)$ 求导可得

$$\begin{aligned}\dot{V}_2&=-\boldsymbol{x}_2^{\mathrm{T}}F(\tilde{\boldsymbol{\varphi}}+\boldsymbol{\varphi}^*)-\boldsymbol{x}_2^{\mathrm{T}}\boldsymbol{x}_2+\boldsymbol{x}_2^{\mathrm{T}}\boldsymbol{e}_d\\&\leqslant-\|\boldsymbol{x}_2\|^2+\|\boldsymbol{x}_2\|(\theta\|\tilde{\boldsymbol{\varphi}}\|+\|\boldsymbol{e}_d\|)\\&\leqslant-\|\boldsymbol{x}_2\|^2+\|\boldsymbol{x}_2\|\|\boldsymbol{e}_d\|\left(1+\frac{\theta}{\mu}\right)\end{aligned} \tag{6.33}$$

$$\dot{V}_2\leqslant 0,\forall\|\boldsymbol{x}_2\|\geqslant\left(1+\frac{\theta}{\mu}\right)\|\boldsymbol{e}_d\| \tag{6.34}$$

至此，ε 可以求得

$$\begin{aligned}\varepsilon&=\left\|J(\boldsymbol{\varphi})-J\left(\boldsymbol{\varphi}^*\right)\right\|=\left\|\int_{\varphi^*}^{\tilde{\varphi}+\varphi^*}F(\boldsymbol{\varphi})\mathrm{d}\boldsymbol{\varphi}\right\|\\&\leqslant\left\|\int_{\varphi^*}^{\tilde{\varphi}+\varphi^*}\theta\|\tilde{\boldsymbol{\varphi}}\|\mathrm{d}\boldsymbol{\varphi}\right\|\leqslant\frac{\theta}{\mu^2}\|\boldsymbol{e}_d\|^2\end{aligned} \tag{6.35}$$

联合方程(6.7)，可得方程(6.25)。证毕。

6.4 仿 真 算 例

考虑 5 个航天器在 h=400km 的高度绕圆形轨道运行。航天器的相对运动可以用 C-W 方程描述如下：

$$\begin{cases}\ddot{\boldsymbol{x}}_i-2\omega\dot{\boldsymbol{y}}_i-3\omega^2\boldsymbol{x}_i=f_{ix}\\\ddot{\boldsymbol{y}}_i+2\omega\dot{\boldsymbol{x}}_i=f_{iy}\\\ddot{\boldsymbol{z}}_i+\omega^2\boldsymbol{z}_i=f_{iz}\end{cases} \tag{6.36}$$

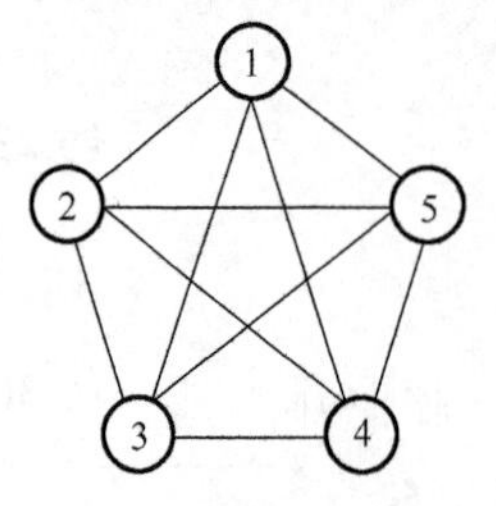

图 6.1 航天器的通讯拓扑图

其中，ω 是参考轨道的角速度；f_{ix}，f_{iy}，f_{iz} 是由于重力和地球重力以外的控制力引起的加速度的参考坐标系中的分量。在此仿真中，$\mathrm{GM}=3.98\times10^{14}\mathrm{m}^3/\mathrm{s}^2$ 表示地心引力常数，地球半径 $R_e=6371\mathrm{km}$。五架航天器绕参考轨道运行，并与他人共享状态。因此，通讯拓扑图为全连接，如图 6.1 所示。

每个航天器的动力学方程可改写为

$$\begin{cases}\dot{\boldsymbol{x}}_{i,1}=\boldsymbol{x}_{i,2}\\ \dot{\boldsymbol{x}}_{i,2}=\boldsymbol{K}_1\boldsymbol{x}_{i,1}+\boldsymbol{K}_2\boldsymbol{x}_{i,2}+\boldsymbol{u}_i+\boldsymbol{d}_i\end{cases} \tag{6.37}$$

其中，

$$\boldsymbol{K}_1=\begin{bmatrix}3\omega^2 & 0 & 0\\ 0 & 0 & 0\\ 0 & 0 & -\omega^2\end{bmatrix},\quad \boldsymbol{K}_2=\begin{bmatrix}0 & 2\omega & 0\\ -2\omega & 0 & 0\\ 0 & 0 & 0\end{bmatrix}$$

在航天器动力学(6.37)中，$\boldsymbol{x}_{i,1}$ 是第 i 个航天器位置信息，$\boldsymbol{x}_{i,2}$ 是第 i 个航天器的速度信息，$\boldsymbol{x}_{i,1},\boldsymbol{x}_{i,2},\boldsymbol{u}_i,\boldsymbol{d}_i\in\mathbb{R}^3$。成本函数 J_i 定义如下：

$$J_i\left(\boldsymbol{x}_{i,1},\boldsymbol{x}_{-i,1}\right)=0.005(i+1)\left\|\boldsymbol{x}_{i,1}\right\|^2+i[123]\boldsymbol{x}_{i,1}+0.005\sum_{j\in\mathcal{I}}\left\|\boldsymbol{x}_{i,1}-\boldsymbol{x}_{j,1}\right\|^2 \tag{6.38}$$

选取 $\sigma=10$，$\boldsymbol{L}=[10\quad10\quad10]^{\mathrm{T}}$。$\boldsymbol{x}_{i,1}$ 和 $\boldsymbol{x}_{i,2}$ 的初始值如表 6.1 所示。静态扩张 Stubborn 观测器的初始值如表 6.2 所示。另外，扰动 $\boldsymbol{d}_i=0.01[\sin(0.1t)\ \sin(0.1t)\ \sin(0.1t)]^{\mathrm{T}}$。

表 6.1 航天器的初始状态

航天器	$\boldsymbol{x}_{i,1}$ / m	$\boldsymbol{x}_{i,2}$ / (m / s)
1	$[629.44\ \ 811.58\ \ -746.02]^{\mathrm{T}}$	$[-3.5811\ -0.7823\ \ 4.1573]^{\mathrm{T}}$
2	$[826.75\ \ 264.71\ \ -804.91]^{\mathrm{T}}$	$[2.9220\ \ 4.5949\ \ 1.5574]^{\mathrm{T}}$
3	$[-443.00\ \ 376.30\ \ 515.01]^{\mathrm{T}}$	$[-4.6428\ \ 3.4912\ \ 4.3399]^{\mathrm{T}}$
4	$[329.77\ \ -684.77\ \ 241.18]^{\mathrm{T}}$	$[1.7873\ \ 2.5774\ \ 2.4313]^{\mathrm{T}}$
5	$[514.33\ \ -292.48\ \ 600.56]^{\mathrm{T}}$	$[-1.0777\ \ 1.5547\ \ -3.2881]^{\mathrm{T}}$

使用静态扩张 Stubborn 状态观测器的结果如图 6.2 所示。很明显，干扰得到了很好的估计，每个航天器都达到 ε-NE。此外，使用扩展状态观察器的另一个示例的结果如图 6.3 所示。扩展状态观测器使用与静态扩张 Stubborn 状态观测器相同的参数，但没有饱和功能。尽管扩张状态观测者对干扰估计有影响，但其开始

时的干扰估计要高于静态扩张 Stubborn 状态观测器。

表 6.2　静态扩张 Stubborn 观测器的初始值

观测器	$z_{i,1}$/m	$z_{i,2}$/(m/s)	$z_{i,3}$
1	$[494.21\ \ 753.76\ \ -880.38]^{\mathrm{T}}$	$[0\ \ 0\ \ 0]^{\mathrm{T}}$	$[0\ \ 0\ \ 0]^{\mathrm{T}}$
2	$[687.72\ \ 251.11\ \ -855.86]^{\mathrm{T}}$	$[0\ \ 0\ \ 0]^{\mathrm{T}}$	$[0\ \ 0\ \ 0]^{\mathrm{T}}$
3	$[-487.80\ \ 242.73\ \ 346.13]^{\mathrm{T}}$	$[0\ \ 0\ \ 0]^{\mathrm{T}}$	$[0\ \ 0\ \ 0]^{\mathrm{T}}$
4	$[260.87\ \ -840.87\ \ 106.11]^{\mathrm{T}}$	$[0\ \ 0\ \ 0]^{\mathrm{T}}$	$[0\ \ 0\ \ 0]^{\mathrm{T}}$
5	$[512.98\ \ -412.91\ \ 523.20]^{\mathrm{T}}$	$[0\ \ 0\ \ 0]^{\mathrm{T}}$	$[0\ \ 0\ \ 0]^{\mathrm{T}}$

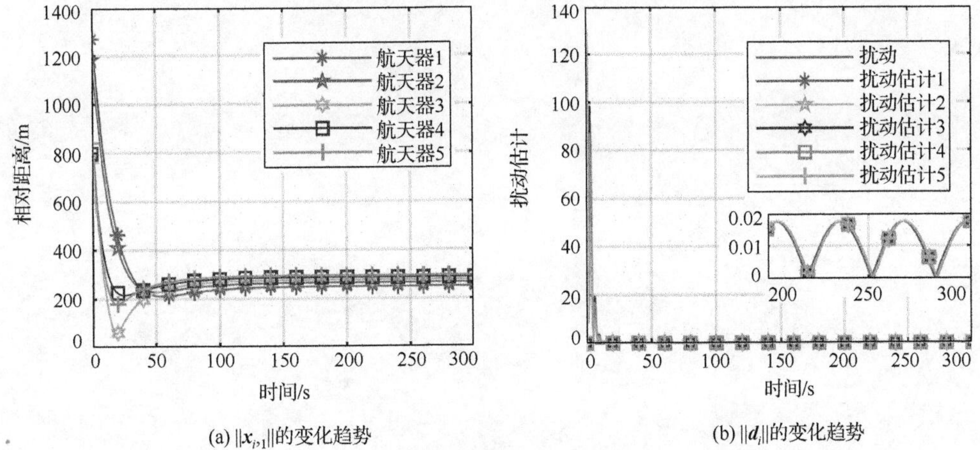

(a) $\|x_{i,1}\|$的变化趋势　　(b) $\|d_i\|$的变化趋势

图 6.2　使用静态扩张 Stubborn 状态观测器的结果

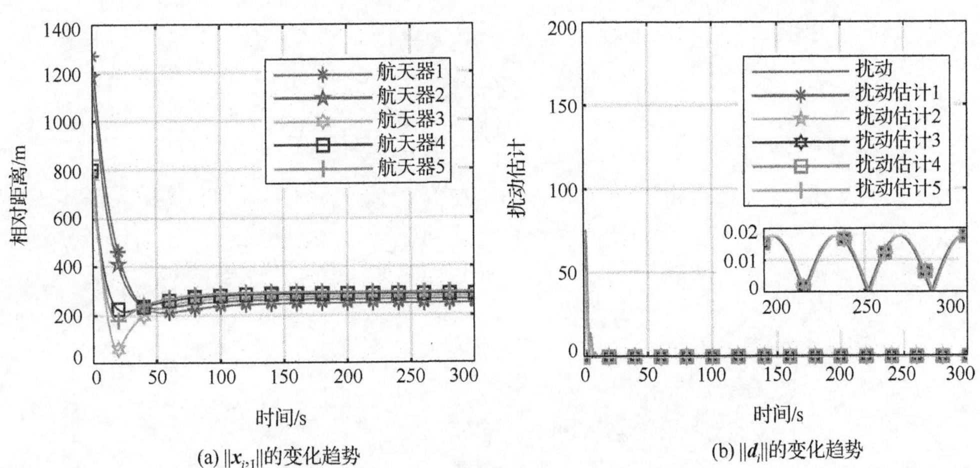

(a) $\|x_{i,1}\|$的变化趋势　　(b) $\|d_i\|$的变化趋势

图 6.3　使用扩张状态观测器的结果

6.5 本章小结

针对二阶积分器系统，本章提出了一种新的静态扩张 Stubborn 状态观测器，用于估计未知干扰和消除孤立干扰对系统的影响。随后，基于对未知干扰的估计，求得了系统的ε-Nash 均衡策略，计算了博弈结果的上界，并通过实例验证了所提策略的有效性。

第 7 章 基于滑模干扰观测器的离散时间域分布式博弈组合策略设计方法

7.1 研究背景与意义

博弈论是研究多个决策者行为的工具，已广泛应用于社会学[155]、经济学[156]、工程[157]等领域。在实际问题中，智能体(或决策者)的成本函数通常会相互制约(如竞争的存在)，并且由于网络带宽、攻防关系或资源平衡的限制，各个成本函数是相互关联的[158]。博弈论指出，纳什均衡或广义纳什均衡是解决此类问题的合适方法。实际上，博弈论的一个重要分支是为各种耦合和冲突及其产生的现象提供理论基础，进行有效的分析和预测，并设计可以达到平衡的学习算法。因此，对于多智能体问题，通过博弈论找到纳什均衡是一个非常有效的解决方案。多智能体系统广泛应用于文献[159]中的许多研究领域，如电力系统[160]、公共交通[161]和航空航天[162]。然而，许多关于多智能体博弈的研究都是在没有考虑动力学或干扰的情况下进行的[159-164]。

在实际问题中，由于模型不确定性、环境噪声、网络攻击等原因，几乎所有系统都会受到一些未知的干扰[82]。事实证明，干扰的存在会影响博弈的结果[165]，因此不能直接忽略干扰的影响，但是目前有关多智能体博弈的许多研究都没有考虑干扰的存在。干扰观测器可以准确估计未知干扰，并提供前馈补偿以消除未知干扰。此外，它的动态响应也非常好[166, 167]。因此，本章设计了一种基于干扰观测器的抗干扰博弈控制策略，使受到未知干扰影响的离散时间域的多智能体系统达到纳什均衡。

7.2 离散时间域含干扰博弈模型

本节介绍一些相关的博弈论和相关参数的定义。

考虑一个 N 个智能体之间的博弈，它由 $\mathcal{G}(\mathcal{I},\mathcal{J}_i,\Omega)$ 表示。$\mathcal{I}=\{1,2,\cdots,N\}$ 是智能体的数量，$\boldsymbol{x}_i$ 是第 i 个智能体的状态，其中，$i\in\mathcal{I}$。所有状态的总集合为 $\Omega=\Omega_1\times\cdots\times\Omega_N\in\mathbb{R}^n$，其中，$\boldsymbol{x}_i\in\Omega_i\in\mathbb{R}^{n_i}$，$n=\sum_{i\in\mathcal{I}}n_i$。第 i 个智能体的成本函

数为 $\mathcal{J}_i:\Omega\mapsto\mathbb{R}$。在多智能体博弈中，智能体是自私的，这意味着每个智能体都将尝试最小化其自身的成本函数。纳什均衡的定义如下。

定义 7.1 考虑一个博弈 $\mathcal{G}(\mathcal{I},\mathcal{J}_i,\Omega)$。如果对于 $\forall\boldsymbol{x}\in\Omega$，$\boldsymbol{x}^*$ 使每个参与者的成本函数满足 $\mathcal{J}_i(\boldsymbol{x}^*)\leqslant\mathcal{J}_i(\boldsymbol{x})$，则 $\boldsymbol{x}^*$ 是博弈的纳什均衡。

根据纳什均衡的定义，我们知道当多智能体系统达到纳什均衡状态时，任何一个智能体都不能通过改变其状态来降低成本函数。因此在纳什均衡中，没有任何个体有动机去主动改变自己的状态。

假设 7.1 状态集 $\Omega_i=\mathbb{R}^{n_i}$，对于 $\forall x\in\mathcal{I}$ 为状态的成本函数 $\mathcal{J}_i$ 在 x_i 中是严格的凸函数，它的参数是 $\mathcal{C}^1$。

根据文献[168]中的推论 4.2，在假设 7.1 成立的条件下，博弈有一个纯 Nash 均衡解。将第 i 个智能体的成本函数的部分梯度定义为

$$\nabla\mathcal{J}_i(\boldsymbol{x})\triangleq\frac{\partial}{\partial\boldsymbol{x}_i}\mathcal{J}_i(\boldsymbol{x}) \tag{7.1}$$

对于 NE 点 $\boldsymbol{x}^*$，有以下等式成立：

$$\nabla\mathcal{J}_i(\boldsymbol{x}^*)=0,\quad \forall i\in\mathcal{N} \tag{7.2}$$

通过定义 $F_i(\boldsymbol{x})\triangleq\nabla\mathcal{J}_i(\boldsymbol{x})$，我们可以将所有智能体的伪梯度向量定义为

$$F(\boldsymbol{x})\triangleq[F_1^{\mathrm{T}}(\boldsymbol{x})\quad F_2^{\mathrm{T}}(\boldsymbol{x})\quad\cdots\quad F_N^{\mathrm{T}}(\boldsymbol{x})]^{\mathrm{T}} \tag{7.3}$$

假设 7.2 伪梯度 $F(\boldsymbol{x})$ 是强单调且 Lipschitz 连续的。

在假设 7.2 下，对于所有 $\boldsymbol{x}_1,\boldsymbol{x}_2\in\mathbb{R}^n$，必然存在 $\sigma,\delta>0$ 使得以下两个不等式成立。

$$(\boldsymbol{x}_1-\boldsymbol{x}_2)^{\mathrm{T}}(F(\boldsymbol{x}_1)-F(\boldsymbol{x}_2))>\sigma\|\boldsymbol{x}_1-\boldsymbol{x}_2\|^2,\sigma>0 \tag{7.4}$$

$$\|F(\boldsymbol{x}_2)-F(\boldsymbol{x}_1)\|\leqslant\delta\|\boldsymbol{x}_2-\boldsymbol{x}_1\|,\delta>0 \tag{7.5}$$

根据文献[168]中的定理 3，在假设 7.1 和 7.2 下，博弈必然具有唯一的 NE 点 $\boldsymbol{x}^*$。

首先，对于 N 个智能体之间的博弈 $\mathcal{G}(\mathcal{I},\mathcal{J}_i,\Omega)$，第 i 个智能体的离散时间动态模型为

$$\boldsymbol{x}_{i,k+1}=\boldsymbol{x}_{i,k}+\mu(\boldsymbol{u}_{i,k}+\boldsymbol{d}_{i,k}) \tag{7.6}$$

其中，μ 是离散时间动力学中的步长，$\boldsymbol{x}_{i,k}$ 是第 k 步时第 i 个智能体的状态，$\boldsymbol{d}_{i,k}$ 是第 k 步时第 i 个智能体的未知干扰。

对于未知扰动 $\boldsymbol{d}_{i,k}$，定义 $\Delta\boldsymbol{d}=\boldsymbol{d}_{i+1,k}-\boldsymbol{d}_{i,k}$，并且要求 $\Delta\boldsymbol{d}$ 有界。很容易得到 $\boldsymbol{D}_{i,k}\triangleq\dfrac{\Delta\boldsymbol{d}}{\mu}$ 也是有界的，因此必须存在满足 $\bar{D}\geqslant\left|\boldsymbol{D}_{i,k}\right|$ 的正常数 $\bar{D}$。

为了能够估计和消除未知干扰 $\boldsymbol{d}_i$，我们首先对 $\boldsymbol{d}_i$ 进行状态的扩张。

$$\Sigma_i \begin{cases} \boldsymbol{x}_{i,k+1} &= \boldsymbol{x}_{i,k} + \mu(\boldsymbol{u}_{i,k} + \boldsymbol{d}_{i,k}) \\ \boldsymbol{d}_{i,k+1} &= \boldsymbol{d}_{i,k} + \mu \boldsymbol{D}_{i,k} \end{cases} \tag{7.7}$$

然后，设计离散时间超扭曲观测器观测扩张系统并估计扰动 $\boldsymbol{d}_i$。

$$\begin{cases} \boldsymbol{z}_{1,i,k+1} = \boldsymbol{z}_{1,i,k} + \mu(\boldsymbol{u}_{i,k} + \boldsymbol{z}_{2,i,k}) - \mu\alpha_1 \left|\boldsymbol{e}_{1,i,k}\right|^{1/2} \operatorname{sign}(\boldsymbol{e}_{1,i,k}) - \alpha_3 \boldsymbol{e}_{1,i,k} \\ \boldsymbol{z}_{2,i,k+1} = \boldsymbol{z}_{2,i,k} - \mu\alpha_2 \operatorname{sign}(\boldsymbol{e}_{1,i,k}) - \alpha_4 \boldsymbol{e}_{1,i,k} \end{cases} \tag{7.8}$$

其中，$\boldsymbol{e}_{1,i,k} \triangleq \boldsymbol{z}_{1,i,k} - \boldsymbol{x}_{i,k}$，定义 $\boldsymbol{e}_{2,i,k} \triangleq \boldsymbol{z}_{2,i,k} - \boldsymbol{d}_{i,k}$。

为了使系统状态达到唯一的纳什均衡点，结合干扰观测器，设计以面的控制策略：

$$\boldsymbol{u}_{i,k} = -\nabla \mathcal{J}_i(\boldsymbol{x}_k) - \boldsymbol{z}_{2,i,k} \tag{7.9}$$

第 i 个智能体的闭环系统可以通过组合式(7.6)、式(7.7)和式(7.9)来获得。

$$\Sigma_i \begin{cases} \boldsymbol{x}_{i,k+1} &= \boldsymbol{x}_{i,k} - \mu\nabla \mathcal{J}_i(\boldsymbol{x}_k) - \mu(\boldsymbol{z}_{2,i,k} - \boldsymbol{d}_{i,k}) \\ \boldsymbol{z}_{1,i,k+1} &= \boldsymbol{z}_{1,i,k} - \mu\nabla \mathcal{J}_i(\boldsymbol{x}_k) - \mu\alpha_1 \left|\boldsymbol{e}_{1,i,k}\right|^{1/2} \operatorname{sign}(\boldsymbol{e}_{1,i,k}) - \alpha_3 \boldsymbol{e}_{1,i,k} \\ \boldsymbol{z}_{2,i,k+1} &= \boldsymbol{z}_{2,i,k} - \mu\alpha_2 \operatorname{sign}(\boldsymbol{e}_{1,i,k}) - \alpha_4 \boldsymbol{e}_{1,i,k} \end{cases} \tag{7.10}$$

为了将系统写为紧凑形式，定义：

$$\begin{gathered} \boldsymbol{d}_k \triangleq \left[\boldsymbol{d}_{1,k}^{\mathrm{T}} \boldsymbol{d}_{2,k}^{\mathrm{T}} \cdots \boldsymbol{d}_{N,k}^{\mathrm{T}}\right]^{\mathrm{T}}, \boldsymbol{x}_k \triangleq \left[\boldsymbol{x}_{1,k}^{\mathrm{T}} \boldsymbol{x}_{2,k}^{\mathrm{T}} \cdots \boldsymbol{x}_{N,k}^{\mathrm{T}}\right]^{\mathrm{T}} \\ \boldsymbol{z}_{1,k} \triangleq \left[\boldsymbol{z}_{1,1,k}^{\mathrm{T}} \boldsymbol{z}_{1,2,k}^{\mathrm{T}} \cdots \boldsymbol{z}_{1,N,k}^{\mathrm{T}}\right]^{\mathrm{T}}, \boldsymbol{z}_{2,k} \triangleq \left[\boldsymbol{z}_{2,1,k}^{\mathrm{T}} \boldsymbol{z}_{2,2,k}^{\mathrm{T}} \cdots \boldsymbol{z}_{2,N,k}^{\mathrm{T}}\right]^{\mathrm{T}} \\ \boldsymbol{e}_{1,k} \triangleq \left[\boldsymbol{e}_{1,1,k}^{\mathrm{T}} \boldsymbol{e}_{1,2,k}^{\mathrm{T}} \cdots \boldsymbol{e}_{1,N,k}^{\mathrm{T}}\right]^{\mathrm{T}}, \boldsymbol{e}_{2,k} \triangleq \left[\boldsymbol{e}_{2,1,k}^{\mathrm{T}} \boldsymbol{e}_{2,2,k}^{\mathrm{T}} \cdots \boldsymbol{e}_{2,N,k}^{\mathrm{T}}\right]^{\mathrm{T}} \\ \boldsymbol{D}_k \triangleq \left[\boldsymbol{D}_{1,k}^{\mathrm{T}} \boldsymbol{D}_{2,k}^{\mathrm{T}} \cdots \boldsymbol{D}_{N,k}^{\mathrm{T}}\right]^{\mathrm{T}}, F(\boldsymbol{x}_k) \triangleq \left[\nabla \mathcal{J}_1(\boldsymbol{x}_k)^{\mathrm{T}} \nabla \mathcal{J}_2(\boldsymbol{x}_k)^{\mathrm{T}} \cdots \nabla \mathcal{J}_N(\boldsymbol{x}_k)^{\mathrm{T}}\right]^{\mathrm{T}} \end{gathered}$$

然后我们可以得到

$$\Sigma \begin{cases} \boldsymbol{x}_{k+1} &= \boldsymbol{x}_k - \mu F(\boldsymbol{x}_k) - \mu(\boldsymbol{z}_{2,k} - \boldsymbol{d}_k) \\ \boldsymbol{z}_{1,k+1} &= \boldsymbol{z}_{1,k} - \mu F(\boldsymbol{x}_k) - \mu\alpha_1 \left|\boldsymbol{e}_{1,k}\right|^{1/2} \operatorname{sign}(\boldsymbol{e}_{1,k}) - \alpha_3 \boldsymbol{e}_{1,k} \\ \boldsymbol{z}_{2,k+1} &= \boldsymbol{z}_{2,k} - \mu\alpha_2 \operatorname{sign}(\boldsymbol{e}_{1,k}) - \alpha_4 \boldsymbol{e}_{1,k} \end{cases} \tag{7.11}$$

同样，也可以得到干扰观测器的误差系统：

$$\begin{cases} \boldsymbol{e}_{1,k+1} = (1-\alpha_3)\boldsymbol{e}_{1,k} + \mu \boldsymbol{e}_{2,k} - \mu\alpha_1 \left|\boldsymbol{e}_{1,k}\right|^{1/2} \operatorname{sign}(\boldsymbol{e}_{1,k}) \\ \boldsymbol{e}_{2,k+1} = \boldsymbol{e}_{2,k} - \alpha_4 \boldsymbol{e}_{1,k} - \mu\alpha_2 \operatorname{sign}(\boldsymbol{e}_{1,k}) - \mu \boldsymbol{D}_k \end{cases} \tag{7.12}$$

然后定义 $\boldsymbol{e}_k \triangleq [\boldsymbol{e}_{1,k}^{\mathrm{T}} \quad \boldsymbol{e}_{2,k}^{\mathrm{T}}]^{\mathrm{T}}, \boldsymbol{\Phi} = \begin{bmatrix} 1-\alpha_3 & \mu \\ -\alpha_4 & 1 \end{bmatrix}$，$\boldsymbol{\Psi} \triangleq \begin{bmatrix} -\mu\alpha_1 \mid \boldsymbol{e}_{1,k} \mid^{1/2} \\ -\mu(\alpha_2 + \boldsymbol{D}_k) \end{bmatrix}$，对式(7.12)进行重写如下：

$$\boldsymbol{e}_{k+1} = \boldsymbol{\Phi}\boldsymbol{e}_k + \boldsymbol{\Psi}\mathrm{sign}(\boldsymbol{e}_{1,k}) \tag{7.13}$$

然后引入文献[169]中引理，该引理将在以后的证明中使用。

引理 7.1　对于正定矩阵 $\boldsymbol{\Lambda} \in \mathcal{R}^{n\times n}$ 和两个向量 $\boldsymbol{A}, \boldsymbol{B} \in \mathcal{R}^{n\times m}$，有以下不等式成立：

$$\boldsymbol{A}^{\mathrm{T}}\boldsymbol{\Lambda}\boldsymbol{A} + \boldsymbol{B}^{\mathrm{T}}\boldsymbol{\Lambda}\boldsymbol{B} \geqslant \boldsymbol{A}^{\mathrm{T}}\boldsymbol{\Lambda}\boldsymbol{B} + \boldsymbol{B}^{\mathrm{T}}\boldsymbol{\Lambda}\boldsymbol{A} \tag{7.14}$$

7.3　离散时间域复合博弈优化算法

如上所述，干扰的存在会影响博弈的最终结果，但是对于离散时间的多智能体博弈在未知干扰下的研究很少。在本节中，我们将首先基于离散时间超扭曲算法设计离散时间干扰观测器，以估计未知干扰，并证明观测器的收敛性。然后，我们将使用干扰观测器设计博弈控制策略，系统将达到唯一的纳什均衡点。然后证明系统的收敛性。

7.3.1　离散时间域 Stubborn 干扰观测器设计

定理 7.1　对于第 i 个智能体的状态方程，如果 $\boldsymbol{d}_i' \leqslant \bar{\boldsymbol{D}}$ 并且 $\boldsymbol{H} = \boldsymbol{H}^{\mathrm{T}} > 0$ 是以下线性矩阵不等式(7.15)的正定解：

$$\begin{bmatrix} \boldsymbol{\Gamma} - (1-\gamma)\boldsymbol{H} & * & * \\ \boldsymbol{H}\boldsymbol{\Phi} & -\boldsymbol{I} & * \\ \boldsymbol{H}\boldsymbol{\Phi} & 0 & -\boldsymbol{H} \end{bmatrix} < 0 \tag{7.15}$$

其中，

$$\boldsymbol{M} = \boldsymbol{M}^{\mathrm{T}} > 0, \boldsymbol{\Gamma} = \boldsymbol{\Gamma}^{\mathrm{T}} > 0, \quad 0 < \gamma < 1$$

则干扰观测器式(7.8)将会收敛，最终误差 $\boldsymbol{e}_{i,k}$ 的上界为 $\hat{e}$。

$$\hat{e} = \sqrt{\frac{C}{\lambda_1\theta}} \tag{7.16}$$

其中，

$$C = \hat{\kappa}_2 + \frac{1}{4}\hat{\kappa}_1^2 \| \boldsymbol{\Gamma}^{-1/2} \|^2, \quad \lambda_1 = \lambda_{min}\{\boldsymbol{H}\}, \quad Q = (\boldsymbol{M}^{-1} + \boldsymbol{H}) = \begin{bmatrix} q_{11} & q_{12} \\ q_{21} & q_{22} \end{bmatrix}$$

$$\hat{\kappa}_1 = \mu^2(\alpha_1^2 q_{11} + 1), \quad \hat{\kappa}_2 = \mu^2(\alpha_2 + \bar{D})^2(\alpha_1^2 q_{12}^2 + q_{22}), \quad 0 < \theta < 1$$

证明 首先设定 Lyapunov 函数如下：

$$V(\boldsymbol{e}_{i,k}) = \|\boldsymbol{e}_{i,k}\|_H^2 \tag{7.17}$$

然后可得

$$\begin{aligned}\Delta V(\boldsymbol{e}_{i,k}) &= V(\boldsymbol{e}_{i,k+1}) - V(\boldsymbol{e}_{i,k})n \\ &= \boldsymbol{e}_{i,k+1}^{\mathrm{T}}\boldsymbol{H}\boldsymbol{e}_{i,k+1} - \boldsymbol{e}_{i,k}^{\mathrm{T}}\boldsymbol{H}\boldsymbol{e}_{i,k}n \\ &= \boldsymbol{e}_{i,k}^{\mathrm{T}}(\boldsymbol{\Phi}^{\mathrm{T}}\boldsymbol{H}\boldsymbol{\Phi} - \boldsymbol{H})\boldsymbol{e}_{i,k} + \boldsymbol{e}_{i,k}^{\mathrm{T}}\boldsymbol{\Phi}^{\mathrm{T}}\boldsymbol{H}\boldsymbol{\Psi}\operatorname{sign}(\boldsymbol{e}_{i,k}) \\ &\quad + \boldsymbol{\Psi}^{\mathrm{T}}\boldsymbol{H}\boldsymbol{\Phi}\boldsymbol{e}_{i,k}\operatorname{sign}(\boldsymbol{e}_{1,i,k}) + \boldsymbol{\Psi}^{\mathrm{T}}\boldsymbol{H}\boldsymbol{\Psi}\end{aligned} \tag{7.18}$$

通过对 $\boldsymbol{e}_{i,k}^{\mathrm{T}}\boldsymbol{\Phi}^{\mathrm{T}}\boldsymbol{H}\boldsymbol{\Phi}\operatorname{sign}(\boldsymbol{e}_{i,k}) + \boldsymbol{\Phi}^{\mathrm{T}}\boldsymbol{H}\boldsymbol{\Phi}\boldsymbol{e}_{i,k}\operatorname{sign}(\boldsymbol{e}_{i,k})$ 这一项使用引理 7.1 的不等式(7.14)可以得到

$$\begin{aligned}\Delta V(\boldsymbol{e}_{i,k}) &\leqslant \boldsymbol{e}_{i,k}^{\mathrm{T}}(\boldsymbol{\Phi}^{\mathrm{T}}(\boldsymbol{H} + \boldsymbol{HMH})\boldsymbol{\Phi} - (1-\theta)\boldsymbol{H})\boldsymbol{e}_{i,k} \\ &\quad + \boldsymbol{\Psi}^{\mathrm{T}}(\boldsymbol{H} + \boldsymbol{M}^{-1})\boldsymbol{\Psi} - \theta V(\boldsymbol{e}_{i,k})n \\ &= \boldsymbol{e}_{i,k}^{\mathrm{T}}(\boldsymbol{\Phi}^{\mathrm{T}}(\boldsymbol{H} + \boldsymbol{HMH})\boldsymbol{\Phi} - (1-\theta)\boldsymbol{H})\boldsymbol{e}_{i,k} - \theta V(\boldsymbol{e}_{i,k}) \\ &\quad + \kappa_1\left|\boldsymbol{e}_{1,i,k}\right| + 2\kappa_2\left|\boldsymbol{e}_{1,i,k}\right|^{1/2} + \kappa_3\end{aligned} \tag{7.19}$$

其中，

$$\kappa_1 = \mu^2\alpha_1^2 q_{11}, \quad \kappa_2 = \mu^2\alpha_1 q_{12}(\alpha_2 + D_k), \quad \kappa_3 = \mu^2(\alpha_2 + D_k)^2 q_{22}, \quad 0 < \theta < 1$$

然后通过再次对 κ_2 项使用引理 7.1 的不等式(7.14)可以得到

$$2\kappa_2\left|\boldsymbol{e}_{1,i,k}\right|^{1/2} \leqslant \mu^2\alpha_1^2 z_{12}^2(\alpha_2 + d'_{i,k})^2 w^{-1} + \mu^2\left|\boldsymbol{e}_{1,i,k}\right| w \tag{7.20}$$

通过应用线性矩阵不等式(7.15)可以得到

$$\boldsymbol{\Phi}^{\mathrm{T}}(\boldsymbol{H} + \boldsymbol{HMH})\boldsymbol{\Phi} - (1-\gamma)\boldsymbol{H} + \boldsymbol{\Gamma} < 0$$

将上边的不等式应用在式(7.19)得到

$$\begin{aligned}&\Delta V(\boldsymbol{e}_{i,k}) \leqslant -\|\boldsymbol{e}_{i,k}\|_{\Gamma}^2 + \bar{\kappa}_1\|\boldsymbol{\Gamma}^{1/2}\boldsymbol{\Gamma}^{-1/2}\boldsymbol{e}_{i,k}\| + \bar{\kappa}_2 - \theta V(\boldsymbol{e}_{i,k}) \\ &= -(\|\boldsymbol{\Gamma}^{1/2}\boldsymbol{e}_{i,k}\| - \frac{1}{2}\bar{\kappa}_1\|\boldsymbol{\Gamma}^{-1/2}\|)^{\mathrm{T}}(\|\boldsymbol{\Gamma}^{1/2}\boldsymbol{e}_{i,k}\| - \frac{1}{2}\bar{\kappa}_1\|\boldsymbol{\Gamma}^{-1/2}\|) \\ &\quad - \theta V(\boldsymbol{e}_{i,k}) + \bar{\kappa}_2 + \frac{1}{4}\bar{\kappa}_1^2\|\boldsymbol{\Gamma}^{-1/2}\|^2 \\ &\leqslant -\theta V(\boldsymbol{e}_{i,k}) + C\end{aligned} \tag{7.21}$$

其中，

$$\bar{\kappa}_1=\mu^2(\alpha_1^2 q_{11}+1),\quad \bar{\kappa}_2=\mu^2(\alpha_2+d'_{i,k})^2(\alpha_1^2 z_{12}^2+q_{22}),\quad C=\bar{\kappa}_2+\frac{1}{4}\bar{\kappa}_1^2\|\boldsymbol{\Gamma}^{-1/2}\|^2$$

然后可得

$$\begin{aligned}V(\boldsymbol{e}_{i,k+1})&=\Delta V(\boldsymbol{e}_{i,k})+V(\boldsymbol{e}_{i,k})\\&\leqslant(1-\theta)V(\boldsymbol{e}_{i,k})+C\\&\leqslant(1-\theta)^k V(\boldsymbol{e}_{i,0})+\sum_{i=1}^{k}(1-\theta)^{i-1}C\end{aligned}\tag{7.22}$$

因为$0<\theta<1$，

$$\lim_{k\to\infty}V(\boldsymbol{e}_{i,k})\leqslant\frac{C}{\theta}\tag{7.23}$$

通过定义$\lambda_1=\lambda_{\min}\{\boldsymbol{H}\}$，可得

$$e_{i,k}\leqslant\sqrt{\frac{C}{\lambda_1\theta}}\tag{7.24}$$

7.3.2 离散时间域分布式复合博弈优化策略设计

定理 7.2 在假设 7.1 和假设 7.2 的条件下，考虑受到未知干扰d_k的离散时间域多智能体分布式博弈$\mathcal{G}(\mathcal{I},\mathcal{J}_i,\Omega)$，如果满足$\mu<\dfrac{2\sigma}{2\delta^2+1}$，且对于给定的$\boldsymbol{\Gamma}=\boldsymbol{\Gamma}^{\mathrm{T}}>0,0<\gamma<1$，$\boldsymbol{H}=\boldsymbol{H}^{\mathrm{T}}>0$是线性矩阵不等式(7.15)的正定解，则系统状态最终将会收敛到以唯一的纳什均衡点$\boldsymbol{x}^*$为圆心，半径为r的圆内，即$O_r:=\{\hat{\boldsymbol{x}}:\|\hat{\boldsymbol{x}}\|^2<r\}$。

$$r=\frac{k_1k_2}{\theta}\tag{7.25}$$

其中，

$$\hat{\boldsymbol{x}}_k\triangleq\boldsymbol{x}_k-\boldsymbol{x}^*,\quad k_1=\frac{(2\mu^2+1)}{(2\mu^2\delta^2-2\mu\sigma+\mu^2)\lambda_1},\quad k_2=\bar{\kappa}_2+\frac{1}{4}\bar{\kappa}_1^2\|\boldsymbol{\Gamma}^{-1/2}\|^2$$

$$\bar{\kappa}_1=\mu^2(\alpha_1^2 q_{11}+1),\quad \bar{\kappa}_2=\mu^2(|\alpha_2|+\bar{D})^2(\alpha_1^2 z_{12}^2+q_{22}),\quad \boldsymbol{Q}=(\boldsymbol{I}+\boldsymbol{H})=\begin{bmatrix}q_{11}&q_{12}\\q_{21}&q_{22}\end{bmatrix}$$

证明 首先定义 Lyapunov 函数为$V(\hat{\boldsymbol{x}}_k)=\hat{\boldsymbol{x}}_k^{\mathrm{T}}\hat{\boldsymbol{x}}_k$，然后将系统方程(7.11)带入

$$\begin{aligned}\Delta V(\hat{\boldsymbol{x}}_k) &= \hat{\boldsymbol{x}}_{k+1}^{\mathrm{T}}\hat{\boldsymbol{x}}_{k+1} - \hat{\boldsymbol{x}}_k^{\mathrm{T}}\hat{\boldsymbol{x}}_k \\ &= (\hat{\boldsymbol{x}}_k - \mu \boldsymbol{F}(\boldsymbol{x}_k) - \mu \boldsymbol{z}_{2,k} + \mu \boldsymbol{d}_k)^{\mathrm{T}}(\hat{\boldsymbol{x}}_k - \mu \boldsymbol{F}(\boldsymbol{x}_k) - \mu \boldsymbol{z}_{2,k} + \mu \boldsymbol{d}_k) - \hat{\boldsymbol{x}}_k^{\mathrm{T}}\hat{\boldsymbol{x}}_k \\ &= \mu^2 \boldsymbol{F}^{\mathrm{T}}(\boldsymbol{x}_k)\boldsymbol{F}(\boldsymbol{x}_k) - \mu\hat{\boldsymbol{x}}_k^{\mathrm{T}}\boldsymbol{F}(\boldsymbol{x}_k) - \mu\boldsymbol{F}^{\mathrm{T}}(\boldsymbol{x}_k)\hat{\boldsymbol{x}} - \mu\hat{\boldsymbol{x}}_k^{\mathrm{T}}\boldsymbol{e}_{2,k} - \mu\boldsymbol{e}_{2,k}^{\mathrm{T}}\hat{\boldsymbol{x}}_k + \mu^2\boldsymbol{e}_{2,k}^{\mathrm{T}}\boldsymbol{e}_{2,k} \\ &\quad + \mu^2\boldsymbol{F}^{\mathrm{T}}(\boldsymbol{x}_k)\boldsymbol{e}_{2,k} + \mu^2\boldsymbol{e}_{2,k}^{\mathrm{T}}\boldsymbol{F}(\boldsymbol{x}_k)\end{aligned} \tag{7.26}$$

根据假设 7.1 可得 $F(\boldsymbol{x}^*)=0$。然后结合假设 7.2，可以得到

$$\boldsymbol{F}(\boldsymbol{x}_k) = \boldsymbol{F}(\hat{\boldsymbol{x}}_k + \boldsymbol{x}^*) - \boldsymbol{F}(\boldsymbol{x}^*) \leqslant \delta\|\hat{\boldsymbol{x}}_k\| \tag{7.27}$$

$$\hat{\boldsymbol{x}}_k^{\mathrm{T}}\boldsymbol{F}(\boldsymbol{x}_k) = \hat{\boldsymbol{x}}_k^{\mathrm{T}}(\boldsymbol{F}(\hat{\boldsymbol{x}}_k + \boldsymbol{x}^*) - \boldsymbol{F}(\boldsymbol{x}^*)) \geqslant \sigma\|\hat{\boldsymbol{x}}_k\|^2 \tag{7.28}$$

将式(7.27)和式(7.28)代入式(7.26)，然后根据引理 7.1 对其进行重写，得到

$$\begin{aligned}\Delta V(\hat{\boldsymbol{x}}_k)n &\leqslant \mu^2\delta^2\hat{\boldsymbol{x}}_k^2 + 2\mu^2\boldsymbol{F}^{\mathrm{T}}(\boldsymbol{x}_k)\boldsymbol{e}_{2,k} - 2\mu\sigma\hat{\boldsymbol{x}}_k^2 - 2\mu\hat{\boldsymbol{x}}_k^{\mathrm{T}}\boldsymbol{e}_{2,k} + \mu^2\boldsymbol{e}_{2,k}^2 \\ &\leqslant 2\mu^2\delta^2\hat{\boldsymbol{x}}_k^2 - 2\mu\sigma\hat{\boldsymbol{x}}_k^2 - 2\mu\hat{\boldsymbol{x}}_k^{\mathrm{T}}\boldsymbol{e}_{2,k} + 2\mu^2\boldsymbol{e}_{2,k}^2 \\ &\leqslant 2\mu^2\delta^2\hat{\boldsymbol{x}}_k^2 - 2\mu\sigma\hat{\boldsymbol{x}}_k^2 + \mu^2\hat{\boldsymbol{x}}_k^2 + \boldsymbol{e}_{2,k}^2 + 2\mu^2\boldsymbol{e}_{2,k}^2 \\ &= (2\mu^2\delta^2 - 2\mu\sigma + \mu^2)\hat{\boldsymbol{x}}_k^2 + (2\mu^2+1)\boldsymbol{e}_{2,k}^2\end{aligned} \tag{7.29}$$

因为 $\mu < \dfrac{2\sigma}{2\delta^2+1}$，很容易得到 $2\mu^2\delta^2 - 2\mu\sigma + \mu^2 < 0$。当 $\hat{\boldsymbol{x}}_k^2 > \dfrac{(2\mu^2+1)\boldsymbol{e}_{2,k}^2}{2\mu^2\delta^2 - 2\mu\sigma + \mu^2}$ 时，$\Delta V(\hat{\boldsymbol{x}}_k) < 0$， $\hat{\boldsymbol{x}}_k^2$ 将会减少直到满足

$$\hat{\boldsymbol{x}}_k^2 \leqslant \frac{(2\mu^2+1)\boldsymbol{e}_{2,k}^2}{2\mu^2\delta^2 - 2\mu\sigma + \mu^2} \tag{7.30}$$

然后定义 $k_1 = \dfrac{(2\mu^2+1)}{(2\mu^2\delta^2 - 2\mu\sigma + \mu^2)\lambda_1}$，其中，$\lambda_1 = \min\{\boldsymbol{H}\}$，

$$\begin{aligned}\hat{\boldsymbol{x}}_k^2 &\leqslant k_1\boldsymbol{e}_k^{\mathrm{T}}\boldsymbol{H}\boldsymbol{e}_k \\ &= k_1(\boldsymbol{e}_k^{\mathrm{T}}\boldsymbol{H}\boldsymbol{e}_k - \boldsymbol{e}_{k-1}^{\mathrm{T}}\boldsymbol{H}\boldsymbol{e}_{k-1} + \boldsymbol{e}_{k-1}^{\mathrm{T}}\boldsymbol{H}\boldsymbol{e}_{k-1}) \\ &= k_1(\boldsymbol{e}_{k-1}^{\mathrm{T}}(\boldsymbol{\Phi}^{\mathrm{T}}\boldsymbol{H}\boldsymbol{\Phi} - \boldsymbol{H})\boldsymbol{e}_{i,k-1} + \boldsymbol{e}_{k-1}^{\mathrm{T}}\boldsymbol{\Phi}^{\mathrm{T}}\boldsymbol{H}\boldsymbol{\Psi}\operatorname{sign}(\boldsymbol{e}_{k-1}) \\ &\quad + \boldsymbol{\Psi}^{\mathrm{T}}\boldsymbol{H}\boldsymbol{\Phi}\boldsymbol{e}_{i,k-1}\operatorname{sign}(\boldsymbol{e}_{1,i,k-1}) + \boldsymbol{\Psi}^{\mathrm{T}}\boldsymbol{H}\boldsymbol{\Psi} + \boldsymbol{e}_{k-1}^{\mathrm{T}}\boldsymbol{H}\boldsymbol{e}_{k-1})\end{aligned} \tag{7.31}$$

通过应用定理 7.1 可得

$$\boldsymbol{e}_{i,k-1}^{\mathrm{T}}\boldsymbol{\Phi}^{\mathrm{T}}\boldsymbol{H}\boldsymbol{\Psi}\operatorname{sign}(\boldsymbol{e}_{i,k-1}) + \boldsymbol{\Psi}^{\mathrm{T}}\boldsymbol{H}\boldsymbol{\Phi}\boldsymbol{e}_{i,k-1}\operatorname{sign}(\boldsymbol{e}_{1,i,k-1}) \leqslant \boldsymbol{e}_{i,k-1}^{\mathrm{T}}\boldsymbol{\Phi}^{\mathrm{T}}\boldsymbol{H}\boldsymbol{H}\boldsymbol{\Phi}\boldsymbol{e}_{i,k-1} + \boldsymbol{\Psi}^{\mathrm{T}}\boldsymbol{\Psi} \tag{7.32}$$

将式(7.32)代入式(7.31)可得

$$
\begin{aligned}
\hat{\boldsymbol{x}}_k^2 &\leqslant k_1(\boldsymbol{e}_{i,k-1}^{\mathrm{T}}(\boldsymbol{\Phi}^{\mathrm{T}}\boldsymbol{H}\boldsymbol{\Phi}-\boldsymbol{H})\boldsymbol{e}_{i,k-1}+\boldsymbol{e}_{i,k-1}^{\mathrm{T}}\boldsymbol{\Phi}^{\mathrm{T}}\boldsymbol{H}\boldsymbol{H}\boldsymbol{\Phi}\boldsymbol{e}_{i,k-1}+\boldsymbol{\Psi}^{\mathrm{T}}\boldsymbol{\Psi} \\
&\quad +\boldsymbol{\Psi}^{\mathrm{T}}\boldsymbol{H}\boldsymbol{\Psi}+\boldsymbol{e}_{k-1}^{\mathrm{T}}\boldsymbol{H}\boldsymbol{e}_{k-1}) \\
&=k_1(\boldsymbol{e}_{i,k-1}^{\mathrm{T}}(\boldsymbol{\Phi}^{\mathrm{T}}(\boldsymbol{H}+\boldsymbol{H}\boldsymbol{H})\boldsymbol{\Phi}-(1-\theta)\boldsymbol{H})\boldsymbol{e}_{i,k-1}+\boldsymbol{\Psi}^{\mathrm{T}}\boldsymbol{Q}\boldsymbol{\Psi} \\
&\quad +(1-\theta)\boldsymbol{e}_{i,k-1}^{\mathrm{T}}\boldsymbol{H}\boldsymbol{e}_{i,k-1}) \\
&=k_1(\boldsymbol{e}_{i,k-1}^{\mathrm{T}}(\boldsymbol{\Phi}^{\mathrm{T}}(\boldsymbol{H}+\boldsymbol{H}\boldsymbol{H})\boldsymbol{\Phi}-(1-\theta)\boldsymbol{H})\boldsymbol{e}_{i,k-1}+(1-\theta)\boldsymbol{e}_{i,k-1}^{\mathrm{T}}\boldsymbol{H}\boldsymbol{e}_{i,k-1}) \\
&\quad +\kappa_1\left|\boldsymbol{e}_{1,i,k}\right|+2\kappa_2\left|\boldsymbol{e}_{1,i,k}\right|^{1/2}+\kappa_3
\end{aligned}
\tag{7.33}
$$

其中，

$$
\kappa_1=\mu^2\alpha_1^2q_{11},\quad \kappa_2=\mu^2\alpha_1q_{12}(\alpha_2+D_{i,k}),\quad \kappa_3=\mu^2(\alpha_2+D_{i,k})^2q_{22},\quad 0<\theta<1
$$

然后将引理 7.1 用于 $2\kappa_2\left|\boldsymbol{e}_{1,i,k}\right|^{1/2}$：

$$
2\kappa_2\left|\boldsymbol{e}_{1,i,k}\right|^{1/2}\leqslant\mu^2\alpha_1^2z_{12}^2(\alpha_2+D_{i,k})^2+\mu^2\left|\boldsymbol{e}_{1,i,k}\right| \tag{7.34}
$$

根据矩阵的 Schur 补引理性质，线性矩阵不等式(7.15)与以下不等式等价：

$$
\boldsymbol{\Phi}^{\mathrm{T}}(\boldsymbol{H}+\boldsymbol{H}\boldsymbol{H})\boldsymbol{\Phi}-(1-\theta)\boldsymbol{H}+\boldsymbol{\Gamma}<0 \tag{7.35}
$$

通过式(7.34)和式(7.35)重写式(7.33)：

$$
\begin{aligned}
\hat{\boldsymbol{x}}_k^2 &\leqslant k_1(-\|\boldsymbol{e}_{i,k}\|_{\Gamma}^2+\bar{\kappa}_1\|\boldsymbol{\Gamma}^{1/2}\boldsymbol{\Gamma}^{-1/2}\boldsymbol{e}_{i,k}\|+\bar{\kappa}_2+(1-\theta)\boldsymbol{e}_{i,k-1}^{\mathrm{T}}\boldsymbol{H}\boldsymbol{e}_{i,k-1}) \\
&=k_1(-(\|\boldsymbol{\Gamma}^{1/2}\boldsymbol{e}_{i,k}\|-\frac{1}{2}\bar{\kappa}_1\|\boldsymbol{\Gamma}^{-1/2}\|)^{\mathrm{T}}(\|\boldsymbol{\Gamma}^{1/2}\boldsymbol{e}_{i,k}\|-\frac{1}{2}\bar{\kappa}_1\|\boldsymbol{\Gamma}^{-1/2}\|) \\
&\quad +(1-\theta)\boldsymbol{e}_{i,k-1}^{\mathrm{T}}\boldsymbol{H}\boldsymbol{e}_{i,k-1}+\bar{\kappa}_2+\frac{1}{4}\bar{\kappa}_1^2\|\boldsymbol{\Gamma}^{-1/2}\|^2) \\
&\leqslant k_1((1-\theta)\boldsymbol{e}_{i,k-1}^{\mathrm{T}}\boldsymbol{H}\boldsymbol{e}_{i,k-1}+k_2)
\end{aligned}
\tag{7.36}
$$

其中，

$$
\bar{\kappa}_1=\mu^2(\alpha_1^2q_{11}+1),\ \ \bar{\kappa}_2=\mu^2(|\alpha_2|+\bar{D})^2(\alpha_1^2z_{12}^2+q_{22}),\ \ k_2=\bar{\kappa}_2+\frac{1}{4}\bar{\kappa}_1^2\|\boldsymbol{\Gamma}^{-1/2}\|^2
$$

通过简单的迭代我们可以得到

$$
\begin{aligned}
\hat{\boldsymbol{x}}_k^2 &\leqslant k_1\boldsymbol{e}_k^{\mathrm{T}}\boldsymbol{H}\boldsymbol{e}_k \\
&\leqslant k_1((1-\theta)\boldsymbol{e}_{k-1}^{\mathrm{T}}\boldsymbol{H}\boldsymbol{e}_{k-1}+k_2) \\
&\leqslant k_1((1-\theta)((1-\theta)\boldsymbol{e}_{k-2}^{\mathrm{T}}\boldsymbol{H}\boldsymbol{e}_{k-2}+k_2)+k_2) \\
&\leqslant k_1((1-\theta)^k\boldsymbol{e}_0^{\mathrm{T}}\boldsymbol{H}\boldsymbol{e}_0+\sum_{i=1}^{k}(1-\theta)^{i-1}k_2)
\end{aligned}
\tag{7.37}
$$

因为$0<\theta<1$，所以

$$\lim_{k\to\infty}\hat{x}_k^2 \leqslant \frac{k_1 k_2}{\theta} \tag{7.38}$$

7.4　仿 真 算 例

在这一部分中，为了验证该理论的正确性和有效性，我们考虑了在多卫星通信任务中网络层发生的攻防博弈。

$N_d \triangleq \{1,2,3,4,5,6\}$和$N_a \triangleq \{7,8\}$分别代表普通卫星和敌对卫星。在这种情况下，我们可以将其他卫星的信号建模为干扰信号[170]。卫星i在其他卫星j影响下的信噪比(signal interference plus noise ratio，SINR)，给出为

$$\gamma_j^i = \frac{g_i^j x_i}{\sum_{s\in\mathcal{N},s\neq i,j} g_s^j x_s + \eta_j^2} \tag{7.39}$$

其中，x_i是卫星i的发射功率；η_j^2是背景噪声功率；g_s^j是从卫星i到j的信道增益，其中，g_s^j的表达式[17]为

$$g_i^j = \frac{\pi^2 D_T^2 D_R^2}{16\lambda^2 R_{ij}^2} \mathrm{e}^{-\frac{\pi^2}{\lambda^2}(D_T^2\Theta_T^2 + D_R^2\Theta_R^2)} \tag{7.40}$$

其中，D_T表示发射器的天线孔径，D_R表示接收器的天线孔径；Θ_T和Θ_R分别是发射机和接收机的指向损耗；λ表示工作波长；R_{ij}表示卫星i和j之间的距离，矩阵$\mathcal{R}=[R_{ij}]_{8\times8}$表示卫星之间的距离为

$$\mathcal{R} = \begin{bmatrix} 0 & 5 & 8 & 7 & 6 & 9 & 10 & 7 \\ 5 & 0 & 7 & 3 & 12 & 7 & 8 & 8 \\ 8 & 7 & 0 & 7 & 5 & 6 & 7 & 4 \\ 7 & 3 & 7 & 0 & 11 & 4 & 10 & 7 \\ 6 & 12 & 5 & 11 & 0 & 5 & 9 & 5 \\ 9 & 7 & 6 & 4 & 5 & 0 & 10 & 6 \\ 10 & 8 & 7 & 10 & 9 & 10 & 0 & 5 \\ 7 & 8 & 4 & 7 & 5 & 6 & 5 & 0 \end{bmatrix} \times 10^6$$

然后，第i个正常卫星的成本函数为

$$J_i(x_i, x_{-i}) = a_i x_i + \frac{0.01}{x_i} + \frac{0.01}{P_{\max} - x_i} - c_i \sum_{j\in\mathcal{N}_i^d} \ln(1+\gamma_j^i)$$

其中，$\mathcal{N}_i^d$ 代表与卫星 i 通信的普通卫星的集合。a_i 和 c_i 是权重参数。在此示例中，权重参数 c_i 的集合为

$$C = \begin{bmatrix}1 & 1.5 & 2 & 3 & 2.6 & 1.6 & 0.8 & 2\end{bmatrix}^{\mathrm{T}}$$

各参数取值如表 7.1 所示。然后，敌对卫星 $i(i \in N_a)$ 的成本函数为

$$J_i(x_i, x_{-i}) = a_i x_i + \frac{0.01}{x_i} + \frac{0.01}{P_{\max} - x_i} + c_i \sum_{i \in \mathcal{N}_i^d} \Big(\sum_{j \in \mathcal{N}_i^d} \ln(1+\gamma_j^i)\Big)$$

表 7.1　参数取值

参数	λ	D_T	Θ_T	k_1	k_3	a_i
取值	1550 nm	25 cm	1.5μrad	7.4	0.1	0.1
参数	η	D_R	Θ_R	k_2	k_4	μ
取值	10^{-6}	30 cm	1μrad	14.2	0.02	0.001

然后我们用 d_i 表示对卫星 i 的干扰：

$$\boldsymbol{d}_{i,k} = \boldsymbol{d}_{i,0} + \sin(0.1\pi k \mu i + \boldsymbol{\varphi}_i)$$

其中，

$$\boldsymbol{d}_{i,0} = \begin{bmatrix}0.2 & 0.1 & -0.2 & 0.5 & 0.3 & 0.2 & -0.1 & 1.2\end{bmatrix}^{\mathrm{T}}，\boldsymbol{\varphi}_i = \begin{bmatrix}1 & 1.5 & 2 & 3 & 2 & 2.6 & 1.6 & 0.8 & 2\end{bmatrix}^{\mathrm{T}}$$

图 7.1 是仿真结果，验证了所提方法可以有效消除干扰的影响并使系统达到 Nash 均衡。

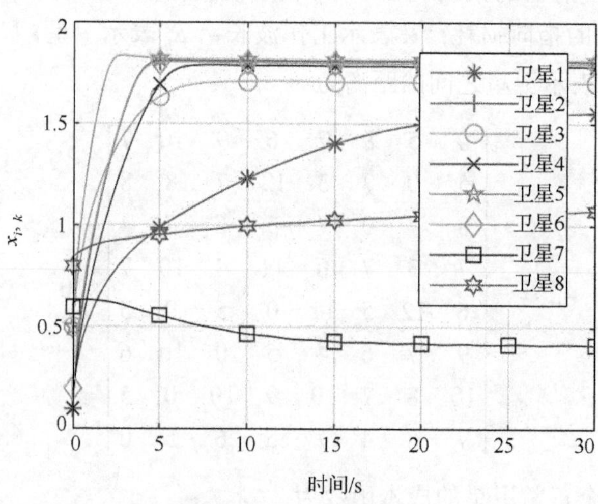

图 7.1　受到未知扰动的博弈系统式(7.11)

7.5　本 章 小 结

本章针对离散多智能体分布式博弈系统，设计了一种基于干扰观测器的抗干扰博弈策略。该方法优化了智能体的成本函数，估计并补偿了未知干扰，最终使系统达到了纳什均衡。本章证明了该方法的收敛性，最后提供了一个仿真实例，验证了该方法的正确性和适用性。

第 8 章　DoS 攻击下非合作博弈策略的设计与分析方法

8.1　研究背景与意义

非合作分散网络控制系统(non-cooperative distributed networked control systems，ND-NCSs)具有简单有效、容易实现的优点。与集中式网络控制系统(centralized networked control systems，C-NCSs)不同，ND-NCSs 不要求控制器有共同的控制目标，且控制器之间也不需要通信。因此 ND-NCSs 在实际应用中具有更强的可扩展性、鲁棒性和安全性[171]。对非合作分散控制的相关研究成果进行分析不难发现，已有的非合作分散控制方法，特别是离散时间方法，在如下方面还有待进一步深入研究和探索。

(1)针对性还有待进一步加强：目前非合作分散控制方法大多没有针对 NCSs 的特性进行设计，仅有的文献是针对 NCSs 中出现时延的情况，将原系统扩张为一个不含时延的系统[79]，而针对存在丢包的 ND-NCSs 研究相对较少。

(2)针对 DoS 攻击条件下的 ND-NCSs 研究很少，在 DoS 攻击下，ND-NCSs 的性能下降主要是由两部分原因造成：首先是分散控制器之间缺乏通信和合作而造成的控制性能下降；其次是受到 DoS 攻击而造成的控制性能下降。基于以上两点分析，本章以控制器执行器间传输网络遭受 DoS 攻击的 ND-NCSs 为对象，引入了无政府代价[17,172](price of anarchy，PoA)来描述因控制器之间缺乏合作而造成的控制性能下降；类似的，引入受攻击代价(price of DoS attack，PoDA)来描述 ND-NCSs 由于受到 DoS 攻击而造成控制性能下降。分析 PoA 和 PoDA 的理论上界并通过仿真实验进行验证。

8.2　DoS 攻击下合作/非合作博弈模型

首先在图 8.1 中给出受到 DoS 攻击的 ND-NCSs 和 C-NCSs 示意图。如图 8.1 所示，所研究的 NCSs 主要由 4 个基本环节组成：被控对象、传输网络、控制器和执行器。由于 NCSs 中各个控制器和执行器之间的传输网络受到了 DoS 攻击，因此会发生数据包的丢失[173]。

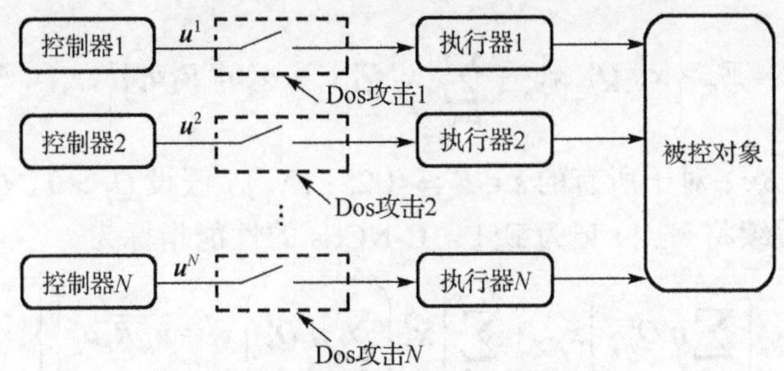

图 8.1　DoS 攻击下 NCSs 示意图

(1)被控对象由离散时间状态方程(8.1)描述：

$$\boldsymbol{x}_{k+1}=\boldsymbol{A}_k\boldsymbol{x}_k+\sum_{i=1}^{N}\alpha_k^i\boldsymbol{B}_k^i\boldsymbol{u}_k^i \tag{8.1}$$

其中，$\boldsymbol{x}_k\in\mathbb{R}^n$ 为状态向量；$\boldsymbol{u}_k^i\in\mathbb{R}^m$ 为控制器发出的控制信号；$\boldsymbol{A}_k$和$\boldsymbol{B}_k^i$为具有合适维数的常数矩阵，k 为离散时间变量，N 为控制器数量 $i\in\boldsymbol{N}:=\{1,2,\cdots,N\}$；$\alpha_k^i$ 为随机序列，当 $\alpha_k^i=1$ 时，执行器 i 能够收到控制器 i 发出的控制信号；$\alpha_k^i=0$ 表明因为 DoS 攻击而造成执行器 i 无法接收控制器 i 发出的信号。这里假设对于任意 $i\neq j,i,j\in\boldsymbol{N}$，$\alpha_k^i$和$\alpha_k^j$相互独立。$\alpha_k^i$ 为独立同分布序列且

$$\mathbb{P}\{\alpha_k^i=1\}=\alpha^i,\ \mathbb{P}\{\alpha_k^i=0\}=1-\alpha^i,\ \forall k\in\boldsymbol{K},i\in\boldsymbol{N} \tag{8.2}$$

其中，$\boldsymbol{R}:=\{1,2,\cdots,N_T\}$，$N_T$ 为有限时间长度。定义攻击集合为 $\alpha:=\{\alpha^1,\alpha^2,\cdots,\alpha^N\}$，攻击集合 α 也可以视为 DoS 攻击者的策略集合，当 DoS 攻击者选定攻击集合 α 后，ND-NCSs 或 C-NCSs 将受到确定的 DoS 攻击。

对于各个控制器和执行器之间的传输网络，这里仅考虑数据包采用传输控制协议(transmission control protocol，TCP)且控制器采用全状态反馈的情况。将控制器的信息向量记为 $\boldsymbol{I}_k$；定义集合 $\alpha_k:=\{\alpha_k^1,\alpha_k^2,\cdots,\alpha_k^N\}$；如果数据传输采用 TCP 协议且控制器采用全状态反馈，则有 $\mathcal{I}_0=\{x_0\},\mathcal{I}_k=\{x_1,x_2,\cdots,x_k,\alpha_0,\alpha_1,\cdots,\alpha_{k-1}\}$。将时刻 k 的 ND-NCSs 的控制策略记为 μ_k，将 C-NCSs 的控制策略记为 ν_k；μ_k 和 ν_k 都可以定义为将信息向量 $\mathcal{I}_k$ 映射到 $\boldsymbol{u}_k$ 的函数，即 $\boldsymbol{u}_k=\mu_k(\mathcal{I}_k)$ 或 $\boldsymbol{u}_k=\nu_k(\mathcal{I}_k)$，其中，$\boldsymbol{u}_k=[\boldsymbol{u}_k^{1\mathrm{T}}\quad \boldsymbol{u}_k^{2\mathrm{T}}\quad\cdots\quad \boldsymbol{u}_k^{N\mathrm{T}}]^{\mathrm{T}}$。引入函数 μ 和 ν 作为在所有离散时间点上 μ_k 和 ν_k 的集合：

$$\mu=\{\mu_0,\cdots,\mu_k,\cdots,\mu_{N-1}\}$$
$$\nu=\{\nu_0,\cdots,\nu_k,\cdots,\nu_{N-1}\}$$

为了表示区别，在后文使用 $\bar{\boldsymbol{u}}_k$ 来表示 C-NCSs 的控制行为。

(2)考虑 ND-NCSs 和 C-NCSs 两种控制方法。ND-NCSs 的性能指标函数如下：

$$J^i = \mathbb{E}_{\alpha_k}\left\{\boldsymbol{x}_{N_T}^{\mathrm{T}}\boldsymbol{Q}_{N_T}^i\boldsymbol{x}_{N_T} + \sum_{k=0}^{N_T-1}\left\{\boldsymbol{x}_k^{\mathrm{T}}\boldsymbol{Q}_k^i\boldsymbol{x}_k + \alpha_k^i\boldsymbol{u}_k^{i\mathrm{T}}\boldsymbol{R}_k^i\boldsymbol{u}_k^i\right\}\right\},\quad i\in\boldsymbol{N} \tag{8.3}$$

其中，$\|\boldsymbol{x}\|_S^2=\boldsymbol{x}^{\mathrm{T}}\boldsymbol{S}\boldsymbol{x}$；对于所有的 $k\in\boldsymbol{K}:=\{1,2,\cdots,N_T\}$，假设 $\boldsymbol{Q}_T>0$，$\boldsymbol{Q}_k>0$，$\boldsymbol{R}_k>0$；为行文简洁，后续将 $\mathbb{E}_{\alpha_k}\{\cdot\}$ 记为 $\mathbb{E}\{\cdot\}$。C-NCSs 的性能指标为

$$J^i = \mathbb{E}_{\alpha_k}\left\{\boldsymbol{x}_{N_T}^{\mathrm{T}}\left(\sum_{i=1}^{N}\eta^i\boldsymbol{Q}_{N_T}^i\right)\boldsymbol{x}_{N_T} + \sum_{k=0}^{N_T-1}\left\{\boldsymbol{x}_k^{\mathrm{T}}\left(\sum_{i=1}^{N}\eta^i\boldsymbol{Q}_k^i\right)\boldsymbol{x}_k + \boldsymbol{u}_k^{\mathrm{T}}\overline{\boldsymbol{R}}_k\boldsymbol{u}_k\right\}\right\},\quad i\in\boldsymbol{N} \tag{8.4}$$

其中，

$$\overline{R}_k = \mathrm{diag}([\alpha_k^1\eta^1R_k^1\quad \alpha_k^2\eta^2R_k^2\quad \cdots\quad \alpha_k^N\eta^NR_k^N])$$

(3) ND-NCSs 和 C-NCSs 的算法区别如图 8.2 所示，其中，$P_i, i=1,2,\cdots,N$ 代表控制器 i。从图 8.2 中可以看出，对于 ND-NCSs，每个控制器的控制目标可以不同，且控制器之间不存在合作；而 C-NCSs 则是将所有的控制器联合起来对同一个代价函数进行优化。ND-NCSs 的设计目标以纳什均衡点的形式给出。在纳什均衡点，任何博弈参与者单独改变策略都不会得到任何好处；也就是说，如果有一个策略组合，使得当所有其他博弈参与者不改变策略时，没有人会改变自己的策略，则我们称该策略组合是一个纳什均衡策略。下面的定理给出纳什均衡策略的数学定义。

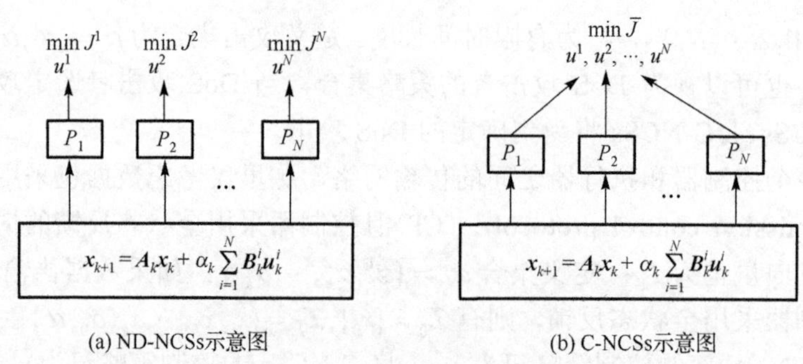

(a) ND-NCSs示意图　　(b) C-NCSs示意图

图 8.2　控制算法示意图

定义 8.1　如果存在一个策略集 $(\mu^{1*},\mu^{2*},\cdots,\mu^{N*})$，使得下面的不等式成立：

$$\begin{aligned}J^1(\mu^{1*},\mu^{2*},\cdots,\mu^{N*}) &\leqslant J^1(\mu^{1},\mu^{2*},\cdots,\mu^{N*})\\ J^2(\mu^{1*},\mu^{2*},\cdots,\mu^{N*}) &\leqslant J^2(\mu^{1*},\mu^{2},\cdots,\mu^{N*})\\ J^N(\mu^{1*},\mu^{2*},\cdots,\mu^{N*}) &\leqslant J^N(\mu^{1*},\mu^{2*},\cdots,\mu^{N})\end{aligned} \tag{8.5}$$

则策略集 $(\mu^{1*},\mu^{2*},\cdots,\mu^{N*})$ 可以称为纳什均衡策略。

ND-NCSs 的设计目标就是求解出纳什均衡策略 $(\mu^{1*},\mu^{2*},\cdots,\mu^{N*})$ 和博弈值：

$$J^1(\mu^{1*},\mu^{2*},\cdots,\mu^{N*}),\ \cdots,\ J^N(\mu^{1*},\mu^{2*},\cdots,\mu^{N*})$$

为了表示方便，在下文中使用 $J^N(\mu^{1*},\mu^{2*},\cdots,\mu^{N*})$ 表示博弈值。

C-NCSs 的设计目标是寻找最优策略集 $(\nu^{1*},\nu^{2*},\cdots,\nu^{N*})$ 使得下列不等式成立：

$$\bar{J}(\nu^{1*},\nu^{2*},\cdots,\nu^{N*})\leqslant\bar{J}(\nu^1,\nu^2,\cdots,\nu^N) \tag{8.6}$$

针对非 ND-NCSs 和 C-NCSs 性能指标之间的差异，引入 PoA 进行描述。

定义 8.2 PoA 可以定义为 C-NCSs 极值与 ND-NCSs 博弈值之和的最大值之间的比值，即

$$\mathrm{PoA}(N_T,\eta,N,\alpha)=\bar{J}^*/\max_{\mu^*\in\Gamma^*}J_\eta^* \tag{8.7}$$

其中，$J_\eta^*=\sum_{i=1}^{N}\eta^iJ^{i*}$，$\alpha:=\{\alpha^1,\alpha^2,\cdots,\alpha^N\}$，集合 Γ^* 代表所有纳什均衡策略的集合。

从定义中可以看出，PoA 取决于每个博弈参与者的权重 η^i、博弈参与者的数目 N、有限时间长度 N_T，以及递包率的集合 α。PoA 指标在博弈论、经济学和通信方面有非常广泛的应用，通常用来描述由博弈参与者之间缺乏合作而造成的效率和性能上的损失。

对于 ND-NCSs，控制性能的下降不仅仅由于博弈参与者之间缺乏合作，更因为受到 DoS 的攻击发生了传输网络中数据包的丢失。因此，类似于 PoA，这里引入 PoDA 来描述 ND-NCSs 由于受到 DoS 攻击而发生控制性能下降。

定义 8.3 PoDA 可以定义为在不同递包率集合 α_1 和 α_2 条件下 ND-NCSs 博弈值之和的最大值之间的比值，即

$$\mathrm{PoDA}(\alpha_1,\alpha_2)=\max_{\mu_{\alpha_2}\in\Gamma_{\alpha_2}^*}J_{\eta,\alpha_2}^*/\max_{\mu_{\alpha_1}\in\Gamma_{\alpha_1}^*}J_{\eta,\alpha_1}^* \tag{8.8}$$

其中，α_1 和 α_2 均为递包率集合；$\Gamma_{\alpha_1}^*$ (或$\Gamma_{\alpha_2}^*$) 表示递包率集合 α_1 (或 α_2) 条件下所有纳什均衡策略的集合。μ_{α_1} (或μ_{α_2}) 表示在递包率集合 α_1 (或 α_2) 条件下 ND-NCSs 的纳什均衡策略。

从 PoDA 的定义可见，如果 $\mathrm{PoDA}(\alpha_1,\alpha_2)<1$，则说明递包率集合为 α_1 的 DoS 攻击对 ND-NCSs 的危害更大。

注释 8.1 实质上，PoA 和 PoDA 还与控制策略所利用的信息集合有关；由于本章只关注 TCP 协议下控制器采用全状态反馈的情况，因此忽略信息集对博弈值和极值的影响。

注释 8.2 控制器之间缺乏合作会导致整体控制性能的下降，因此有 PoA⩽1。如果 α_2 为元素均为 1 的递包率集合，则一定有 PoDA⩽1。DoS 攻击会引起控制器执行器间传输网络发生数据丢包，从而导致控制性能下降。

8.3 DoS 攻击下博弈优化算法

8.3.1 DoS 攻击下非合作博弈优化策略设计

首先给出 ND-NCSs 中纳什均衡策略存在的条件和解析形式。

定理 8.1 对于 ND-NCSs，如果递包率集合 α 已知，则

①如果不等式 $\boldsymbol{R}_k^i+\boldsymbol{B}_k^{i\mathrm{T}}\boldsymbol{Z}_{k+1}^i\boldsymbol{B}_k^i>0$ 成立，且 $\boldsymbol{\Phi}_k, k\in\boldsymbol{K}$ 为可逆矩阵，则 ND-NCSs 存在唯一的纳什均衡解，其中，$\boldsymbol{\Phi}_k(i,i)=\boldsymbol{R}_k^i+\boldsymbol{B}_k^{i\mathrm{T}}\boldsymbol{Z}_{k+1}^i\boldsymbol{B}_k^i, \boldsymbol{\Phi}_k(i,j)=\alpha^j\boldsymbol{B}_k^{i\mathrm{T}}\boldsymbol{Z}_{k+1}^i\boldsymbol{B}_k^j$；

②离散 Riccati 方程的迭代解为 $\boldsymbol{Z}_{N_T}^i=\boldsymbol{Q}_{N_T}^i$：

$$
\begin{aligned}
\boldsymbol{Z}_k^i=\boldsymbol{Q}_k^i+\alpha^i\boldsymbol{P}_k^i\boldsymbol{P}_k^i\boldsymbol{P}_k^i+\left(\boldsymbol{A}_k-\sum_{i=1}^N\alpha^i\boldsymbol{B}_k^i\boldsymbol{P}_k^i\right)^{\mathrm{T}}\boldsymbol{Z}_{k+1}\left(\boldsymbol{A}_k-\sum_{i=1}^N\alpha^i\boldsymbol{B}_k^i\boldsymbol{P}_k^i\right)\\
+\sum_{i=1}^N\overline{\alpha}^j\boldsymbol{P}_k^{j\mathrm{T}}\boldsymbol{B}_k^{j\mathrm{T}}\boldsymbol{Z}_{k+1}^i B_k^j\boldsymbol{P}_k^j
\end{aligned}
\tag{8.9}
$$

其中，$\overline{\alpha}^j=\alpha^j-(\alpha^j)^2$。

③在条件①成立情况下，控制器的纳什均衡策略为 $\boldsymbol{u}_k^{i*}=-\boldsymbol{P}_k^i\boldsymbol{x}_k$，其中，

$$
\boldsymbol{P}_k^i=(\boldsymbol{R}_k^i+\boldsymbol{B}_k^{i\mathrm{T}}\boldsymbol{Z}_{k+1}^i\boldsymbol{B}_k^i)^{-1}\left(\boldsymbol{B}_k^{i\mathrm{T}}\boldsymbol{Z}_{k+1}^i\boldsymbol{A}_k\boldsymbol{x}_k+\boldsymbol{B}_k^{\mathrm{T}}\boldsymbol{Z}_{k+1}^i\sum_{j=1,j\neq i}^N\alpha^j\boldsymbol{B}_k^j\boldsymbol{u}_k^j\right)
\tag{8.10}
$$

④在条件①成立情况下，博弈值为 $J^{i*}=\boldsymbol{x}_0^{\mathrm{T}}\boldsymbol{Z}_0^i\boldsymbol{x}_0$。

证明 假设目标函数为二次型函数 $V^i(\boldsymbol{x}_k)=\boldsymbol{x}_k^{\mathrm{T}}\boldsymbol{Z}_k^i\boldsymbol{x}_k$，其中，$\boldsymbol{Z}_k^i>0$。根据动态规划：

$$
\begin{aligned}
V^i(\boldsymbol{x}_k)&=\min_{\boldsymbol{u}_k^i}\mathbb{E}\{\boldsymbol{x}_k^{\mathrm{T}}\boldsymbol{Q}_k^i\boldsymbol{x}_k+\alpha_k^i\boldsymbol{u}_k^{\mathrm{T}}\boldsymbol{R}_k^i\boldsymbol{u}_k+V^i(\boldsymbol{x}_{k+1})\}\\
&=\min_{\boldsymbol{u}_k^i}\mathbb{E}\{\boldsymbol{x}_k^{\mathrm{T}}\boldsymbol{Q}_k^i\boldsymbol{x}_k+\alpha_k^i\boldsymbol{u}_k^{\mathrm{T}}\boldsymbol{R}_k^i\boldsymbol{u}_k+\boldsymbol{x}_{k+1}^{\mathrm{T}}\boldsymbol{Z}_{k+1}^i\boldsymbol{x}_{k+1})\}\\
&=\min_{\boldsymbol{u}_k^i}\mathbb{E}\left\{\boldsymbol{x}_k^{\mathrm{T}}\boldsymbol{Q}_k^i\boldsymbol{x}_k+\alpha_k^i\boldsymbol{u}_k^{\mathrm{T}}\boldsymbol{R}_k^i\boldsymbol{u}_k+\left(\boldsymbol{A}_k\boldsymbol{x}_k+\sum_{i=1}^N\alpha_k^i\boldsymbol{B}_k^i\boldsymbol{u}_k^i\right)^{\mathrm{T}}\boldsymbol{Z}_{k+1}^i\left(\boldsymbol{A}_k\boldsymbol{x}_k+\sum_{i=1}^N\alpha_k^i\boldsymbol{B}_k^i\boldsymbol{u}_k^i\right)\right\}
\end{aligned}
\tag{8.11}
$$

$$
V^i(\boldsymbol{x}_{N_T})=\boldsymbol{x}_{N_T}^{\mathrm{T}}\boldsymbol{Q}_{N_T}^i\boldsymbol{x}_{N_T}
\tag{8.12}
$$

为了设计 $\boldsymbol{u}_k^i$ 使得目标函数 $V^i(\boldsymbol{x}_k)$ 最小，要求条件 $\boldsymbol{R}_k^i+\boldsymbol{B}_k^{i\mathrm{T}}\boldsymbol{Z}_{k+1}^i\boldsymbol{B}_k^i>0$ 必须成立。对式(8.11)右侧求一阶导数并使之为 0 可得

$$
\begin{aligned}
&\boldsymbol{u}_k^{i\mathrm{T}}\boldsymbol{R}_k^i+\boldsymbol{R}_k^i\boldsymbol{u}_k^i+\boldsymbol{x}_k^{\mathrm{T}}\boldsymbol{A}_k^{\mathrm{T}}\boldsymbol{Z}_{k+1}^i\boldsymbol{B}_k^{\mathrm{T}}+\boldsymbol{B}_k^{i\mathrm{T}}\boldsymbol{Z}_{k+1}^i\boldsymbol{A}_k\boldsymbol{x}_k+\left(\sum_{j=1,j\neq 1}^{N}\alpha^j\boldsymbol{u}_k^{j\mathrm{T}}\boldsymbol{B}_k^{j\mathrm{T}}\right)\boldsymbol{Z}_{k+1}^i\boldsymbol{B}_k^i \\
&+\boldsymbol{B}_k^{i\mathrm{T}}\boldsymbol{Z}_{k+1}^i\sum_{j=1,j\neq 1}^{N}\alpha^j\boldsymbol{B}_k^j\boldsymbol{u}_k^j+\boldsymbol{u}_k^{i\mathrm{T}}\boldsymbol{B}_k^{i\mathrm{T}}\boldsymbol{Z}_{k+1}^i\boldsymbol{B}_k^i+\boldsymbol{B}_k^{i\mathrm{T}}\boldsymbol{Z}_{k+1}^i\boldsymbol{B}_k^i\boldsymbol{u}_k^i=0
\end{aligned}
\tag{8.13}
$$

从式(8.13)中解出 $\boldsymbol{u}_k^i=-\boldsymbol{P}_k^i\boldsymbol{x}_k$，其中，

$$
\boldsymbol{P}_k^i=(\boldsymbol{R}_k^i+\boldsymbol{B}_k^i\boldsymbol{Z}_{k+1}^i\boldsymbol{B}_k^i)^{-1}\left(\boldsymbol{B}_k^{i\mathrm{T}}\boldsymbol{Z}_{k+1}^i\boldsymbol{A}_k\boldsymbol{x}_k+\boldsymbol{B}_k^{i\mathrm{T}}\boldsymbol{Z}_{k+1}^i\sum_{j=1,j\neq i}^{N}\alpha^j\boldsymbol{B}_k^j\boldsymbol{u}_k^j\right) \tag{8.14}
$$

将 $\boldsymbol{u}_k^i=-\boldsymbol{P}_k^i\boldsymbol{x}_k$ 代入式(8.14)可得

$$
\boldsymbol{P}_k^i=(\boldsymbol{R}_k^i+\boldsymbol{B}_k^{i\mathrm{T}}\boldsymbol{Z}_{k+1}^i\boldsymbol{B}_k^i)^{-1}\left(\boldsymbol{B}_k^{i\mathrm{T}}\boldsymbol{Z}_{k+1}^i\boldsymbol{A}_k\boldsymbol{x}_k+\boldsymbol{B}_k^{i\mathrm{T}}\boldsymbol{Z}_{k+1}^i\sum_{j=1,j\neq i}^{N}\alpha^j\boldsymbol{B}_k^j\boldsymbol{u}_k^j\right) \tag{8.15}
$$

如果等式(8.15)对所有 $\boldsymbol{x}_k$ 都成立则

$$
\boldsymbol{P}_k^i=(\boldsymbol{R}_k^i+\boldsymbol{B}_k^{i\mathrm{T}}\boldsymbol{Z}_{k+1}^i\boldsymbol{B}_k^i)^{-1}\boldsymbol{B}_k^{i\mathrm{T}}\boldsymbol{Z}_{k+1}^i\left(\boldsymbol{A}_k-\sum_{j=1,j\neq i}^{N}\alpha^j\boldsymbol{B}_k^j\boldsymbol{P}_k^j\right) \tag{8.16}
$$

式(8.16)可以改写为

$$
\boldsymbol{\Phi}_k\tilde{\boldsymbol{P}}_k=\boldsymbol{\Pi}_k \tag{8.17}
$$

其中，$\boldsymbol{\Phi}_k(i,i)=\boldsymbol{R}_k^i+\boldsymbol{B}_k^{i\mathrm{T}}\boldsymbol{Z}_{k+1}^i\boldsymbol{B}_k^i$，$\boldsymbol{\Phi}_k(i,j)=\alpha^j\boldsymbol{B}_k^{i\mathrm{T}}\boldsymbol{Z}_{k+1}^i\boldsymbol{B}_k^j$；$\boldsymbol{\Pi}_k(i,i)=\boldsymbol{B}_k^{i\mathrm{T}}\boldsymbol{Z}_{k+1}^i\boldsymbol{A}_k$，$\boldsymbol{\Pi}_k(i,j)=0$，$\tilde{\boldsymbol{P}}_k=[\boldsymbol{P}_k^1\quad \boldsymbol{P}_k^2\quad \cdots\quad \boldsymbol{P}_k^N]$。因此如果要求纳什均衡解唯一，矩阵 $\boldsymbol{\Phi}_k,k\in\boldsymbol{K}$ 必须为可逆矩阵。将 $\boldsymbol{u}_k^i=-\boldsymbol{P}_k^i\boldsymbol{x}_k$ 代入式(8.11)可得

$$
\begin{aligned}
\boldsymbol{Z}_k^i=&\boldsymbol{Q}_k^i+\alpha^i\boldsymbol{P}_k^{i\mathrm{T}}\boldsymbol{R}_k^i\boldsymbol{P}_k^i+\left(\boldsymbol{A}_k-\sum_{i=1}^{N}\alpha^i\boldsymbol{B}_k^i\boldsymbol{P}_k^i\right)^{\mathrm{T}}\boldsymbol{Z}_{k+1}\left(\boldsymbol{A}_k-\sum_{i=1}^{N}\alpha^i\boldsymbol{B}_k^i\boldsymbol{P}_k^i\right) \\
&+\sum_{j=1}^{N}\bar{\alpha}^j\boldsymbol{P}_k^{j\mathrm{T}}\boldsymbol{B}_k^{j\mathrm{T}}\boldsymbol{Z}_{k+1}^i\boldsymbol{B}_k^j\boldsymbol{P}_k^j
\end{aligned}
\tag{8.18}
$$

其中，$\bar{\alpha}^j=\alpha^j-(\alpha^j)^2$。证明完成。

8.3.2 DoS 攻击下合作博弈优化策略设计

下面给出 C-NCSs 的最优控制策略。

定理 8.2　对于 C-NCSs，如果递包率集合 α 已知，则

①如果下列不等式成立：

$$\begin{aligned}&\operatorname{diag}(\alpha^1\eta^1\boldsymbol{R}_k^1 \quad \alpha^2\eta^2\boldsymbol{R}_k^2 \quad \cdots \quad \alpha^N\eta^N\boldsymbol{R}_k^N])\\&+[\alpha^1\boldsymbol{B}_k^1 \quad \alpha^2\boldsymbol{B}_k^2 \quad \cdots \quad \alpha^N\boldsymbol{B}_k^N]^{\mathrm{T}}\bar{\boldsymbol{Z}}_{k+1}[\alpha^1\boldsymbol{B}_k^1 \quad \alpha^2\boldsymbol{B}_k^2 \quad \cdots \quad \alpha^N\boldsymbol{B}_k^N]\\&+\operatorname{diag}([\alpha^1(1-\alpha^1)\boldsymbol{B}_k^{1\mathrm{T}}\bar{\boldsymbol{Z}}_{k+1}\boldsymbol{B}_k^1\cdots\alpha^N(1-\alpha^N)\boldsymbol{B}_k^{N\mathrm{T}}\bar{\boldsymbol{Z}}_{k+1}\boldsymbol{B}_k^N])>0\end{aligned} \tag{8.19}$$

且矩阵 $\boldsymbol{\Xi}$ 为可逆矩阵，则集中式控制问题存在唯一的最优控制策略，其中，

$$\begin{aligned}\boldsymbol{\Xi}=&\operatorname{diag}([\alpha^1\eta^1\boldsymbol{R}_k^1+\alpha^1(1-\alpha^1)\boldsymbol{B}_k^1\bar{\boldsymbol{Z}}_{k+1}\boldsymbol{B}_k^1\cdots\alpha^N\eta^N\boldsymbol{R}_k^N+\alpha^N(1-\alpha^N)\boldsymbol{B}_k^{N\mathrm{T}}\bar{\boldsymbol{Z}}_{k+1}\boldsymbol{B}_k^N])\\&+[\alpha^1\boldsymbol{B}_k^1 \quad \cdots \quad \alpha^N\boldsymbol{B}_k^N]^{\mathrm{T}}\bar{\boldsymbol{Z}}_{k+1}[\alpha^1\boldsymbol{B}_k^1\cdots\alpha^N\boldsymbol{B}_k^N]\end{aligned}$$

②离散 Riccati 方程的迭代解为 $\bar{\boldsymbol{Z}}_{N_T}=\sum_{i=1}^{N}\boldsymbol{Q}_{N_T}^i$：

$$\begin{aligned}\bar{\boldsymbol{Z}}_k=&\sum_{i=1}^{N}\eta^i\boldsymbol{Q}_k^i+\boldsymbol{A}_k^{\mathrm{T}}\bar{\boldsymbol{Z}}_{k+1}(\boldsymbol{I}-[\alpha^1\boldsymbol{B}_k^1 \quad \alpha^2\boldsymbol{B}_k^2 \quad \cdots \quad \alpha^N\boldsymbol{B}_k^N]\\&(\operatorname{diag}([\alpha^1\eta^1\boldsymbol{R}_k^1+\alpha^1(1-\alpha^1)\boldsymbol{B}_k^{\mathrm{T}}\bar{\boldsymbol{Z}}_{k+1}\boldsymbol{B}_k^1 \quad \cdots \quad \alpha^N\eta^N\boldsymbol{R}_k^N+\alpha^N(1-\alpha^N)\boldsymbol{B}_k^{N\mathrm{T}}\bar{\boldsymbol{Z}}_{k+1}\boldsymbol{B}_k^N])\\&+[\alpha^1\boldsymbol{B}_k^1 \quad \cdots \quad \alpha^N\boldsymbol{B}_k^N]^{\mathrm{T}}\bar{\boldsymbol{Z}}_{k+1}[\alpha^1\boldsymbol{B}_k^1 \quad \cdots \quad \alpha^N\boldsymbol{B}_k^N])^{-1}[\alpha^1\boldsymbol{B}_k^1 \quad \cdots \quad \alpha^N\boldsymbol{B}_k^N]^{\mathrm{T}}\bar{\boldsymbol{Z}}_{k+1})\boldsymbol{A}_k\end{aligned} \tag{8.20}$$

③在条件式(8.19)成立情况下，集中式控制器的控制策略为 $\bar{\boldsymbol{u}}_k^*=-\bar{\boldsymbol{P}}_k\boldsymbol{x}_k$，其中，

$$\begin{aligned}\bar{\boldsymbol{P}}_k=&(\operatorname{diag}([\alpha^1\eta^1\boldsymbol{R}_k^1+\alpha^1(1-\alpha^1)\boldsymbol{B}_k^{1\mathrm{T}}\bar{\boldsymbol{Z}}_{k+1}\boldsymbol{B}_k^1 \quad \cdots \quad \alpha^N\eta^N\boldsymbol{R}_k^N+\alpha^N(1-\alpha^N)\boldsymbol{B}_k^{N\mathrm{T}}\bar{\boldsymbol{Z}}_{k+1}\boldsymbol{B}_k^N])\\&+[\alpha^1\boldsymbol{B}_k^1 \quad \cdots \quad \alpha^N\boldsymbol{B}_k^N]^{\mathrm{T}}\bar{\boldsymbol{Z}}_{k+1}[\alpha^1\boldsymbol{B}_k^1 \quad \cdots \quad \alpha^N\boldsymbol{B}_k^N])^{-1}[\alpha^1\boldsymbol{B}_k^1 \quad \cdots \quad \alpha^N\boldsymbol{B}_k^N]^{\mathrm{T}}\bar{\boldsymbol{Z}}_{k+1}\boldsymbol{A}_k\end{aligned} \tag{8.21}$$

④在条件式(8.19)成立情况下，最优值为 $\bar{J}^*=\boldsymbol{x}_0^{\mathrm{T}}\bar{\boldsymbol{Z}}_0\boldsymbol{x}_0$。

证明 假设目标函数为二次型函数 $\bar{V}(\boldsymbol{x}_k)=\boldsymbol{x}_k^{\mathrm{T}}\bar{\boldsymbol{Z}}_k\boldsymbol{x}_k$，其中，$\bar{\boldsymbol{Z}}_k>0$。根据动态规划：

$$\begin{aligned}\bar{V}(\boldsymbol{x}_k)&=\min_{\bar{\boldsymbol{u}}_k}\mathbb{E}\left\{\sum_{i=1}^{N}\eta^i\boldsymbol{x}_k^{\mathrm{T}}\boldsymbol{Q}_k^i\boldsymbol{x}_k+\bar{\boldsymbol{u}}_k^{\mathrm{T}}\operatorname{diag}([\alpha_k^1\eta^1\boldsymbol{R}_k^1 \quad \alpha_k^2\eta^2\boldsymbol{R}_k^2 \quad \cdots \quad \alpha_k^N\eta^N\boldsymbol{R}_k^N])\bar{\boldsymbol{u}}_k+\bar{V}(\boldsymbol{x}_{k+1})\right\}\\&=\min_{\bar{\boldsymbol{u}}_k}\mathbb{E}\left\{\sum_{i=1}^{N}\eta^i\boldsymbol{x}_k^{\mathrm{T}}\boldsymbol{Q}_k^i\boldsymbol{x}_k+\bar{\boldsymbol{u}}_k\operatorname{diag}([\alpha_k^1\eta^1\boldsymbol{R}_k^1 \quad \alpha_k^2\eta^2\boldsymbol{R}_k^2\cdots\alpha_k^N\eta^N\boldsymbol{R}_k^N])\bar{\boldsymbol{u}}_k+\boldsymbol{x}_{k+1}^{\mathrm{T}}\bar{\boldsymbol{Z}}_{k+1}\boldsymbol{x}_{k+1}\right\}\\&=\min_{\bar{\boldsymbol{u}}_k}\mathbb{E}\left\{\sum_{i=1}^{N}\eta^i\boldsymbol{x}_k^{\mathrm{T}}\boldsymbol{Q}_k^i\boldsymbol{x}_k+\bar{\boldsymbol{u}}_k\operatorname{diag}([\alpha_k^1\eta^1\boldsymbol{R}_k^1 \quad \alpha_k^2\eta^2\boldsymbol{R}_k^2\cdots\alpha_k^N\eta^N\boldsymbol{R}_k^N])\bar{\boldsymbol{u}}_k\right.\\&\qquad\left.+\left(\boldsymbol{A}_k\boldsymbol{x}_k+\sum_{i=1}^{N}\alpha_k^i\boldsymbol{B}_k^i\boldsymbol{u}_k^i\right)^{\mathrm{T}}\bar{\boldsymbol{Z}}_{k+1}\left(\boldsymbol{A}_k\boldsymbol{x}_k+\sum_{i=1}^{N}\alpha_k^i\boldsymbol{B}_k^i\boldsymbol{u}_k^i\right)\right\}\end{aligned} \tag{8.22}$$

通过计算可得

$$
\begin{aligned}
\bar{V}(\boldsymbol{x}_k) = \min_{\bar{\boldsymbol{u}}_k} & \sum_{i=1}^{N} \eta^i \boldsymbol{x}_k^{\mathrm{T}} \boldsymbol{Q}_k^i \boldsymbol{x}_k + \bar{\boldsymbol{u}}_k^{\mathrm{T}} \operatorname{diag}([\alpha^1 \eta^1 \boldsymbol{R}_k^1 \quad \alpha^2 \eta^2 \boldsymbol{R}_k^2 \quad \cdots \quad \alpha^N \eta^N \boldsymbol{R}_k^N]) \bar{\boldsymbol{u}}_k + \boldsymbol{x}_k^{\mathrm{T}} \boldsymbol{A}_k^{\mathrm{T}} \bar{\boldsymbol{Z}}_{k+1} \boldsymbol{A}_k \boldsymbol{x}_k \\
& + \bar{\boldsymbol{u}}_k^{\mathrm{T}} [\alpha^1 \boldsymbol{B}_k^1 \quad \alpha^2 \boldsymbol{B}_k^2 \quad \cdots \quad \alpha^N \boldsymbol{B}_k^N]^{\mathrm{T}} \bar{\boldsymbol{Z}}_{k+1} \boldsymbol{A}_k \boldsymbol{x}_k + \boldsymbol{x}_k^{\mathrm{T}} \boldsymbol{A}_k^{\mathrm{T}} \bar{\boldsymbol{Z}}_{k+1} [\alpha^1 \boldsymbol{B}_k^1 \quad \alpha^2 \boldsymbol{B}_k^2 \quad \cdots \quad \alpha^N \boldsymbol{B}_k^N] \bar{\boldsymbol{u}}_k \\
& + \bar{\boldsymbol{u}}_k^{\mathrm{T}} \operatorname{diag}([\alpha^1 \boldsymbol{B}_k^{\mathrm{T}} \bar{\boldsymbol{Z}}_{k+1} \boldsymbol{B}_k^1 \quad \alpha^2 \boldsymbol{B}_k^{2\mathrm{T}} \bar{\boldsymbol{Z}}_{k+1} \boldsymbol{B}_k^2 \quad \cdots \quad \alpha^N \boldsymbol{B}_k^{N\mathrm{T}} \bar{\boldsymbol{Z}}_{k+1} \boldsymbol{B}_k^N]) \bar{\boldsymbol{u}}_k \\
& + \bar{\boldsymbol{u}}_k^{\mathrm{T}} \begin{bmatrix} 0 & \alpha^1 \alpha^2 \boldsymbol{B}_k^1 \bar{\boldsymbol{Z}}_{k+1} \boldsymbol{B}_k^2 & \cdots & \alpha^1 \alpha^N \boldsymbol{B}_k^{1\mathrm{T}} \bar{\boldsymbol{Z}}_{k+1} \boldsymbol{B}_k^N \\ \alpha^2 \alpha^1 \boldsymbol{B}_k^{2\mathrm{T}} \bar{\boldsymbol{Z}}_{k+1} \boldsymbol{B}_k^1 & 0 & \cdots & \alpha^2 \alpha^N \boldsymbol{B}_k^{2\mathrm{T}} \bar{\boldsymbol{Z}}_{k+1} \boldsymbol{B}_k^N \\ \vdots & \vdots & \ddots & \vdots \\ \alpha^N \alpha^1 \boldsymbol{B}_k^{N\mathrm{T}} \bar{\boldsymbol{Z}}_{k+1} \boldsymbol{B}_k^1 & \alpha^N \alpha^2 \boldsymbol{B}_k^{N\mathrm{T}} \bar{\boldsymbol{Z}}_{k+1} \boldsymbol{B}_k^2 & \cdots & 0 \end{bmatrix} \bar{\boldsymbol{u}}_k
\end{aligned}
\tag{8.23}
$$

$$
\begin{aligned}
= \min_{\bar{\boldsymbol{u}}_k} & \sum_{i=1}^{N} \eta^i \boldsymbol{x}_k^{\mathrm{T}} \boldsymbol{Q}_k^i \boldsymbol{x}_k + \bar{\boldsymbol{u}}_k^{\mathrm{T}} \operatorname{diag}([\alpha^1 \eta^1 \boldsymbol{R}_k^1 \quad \alpha^2 \eta^2 \boldsymbol{R}_k^2 \quad \cdots \quad \alpha^N \eta^N \boldsymbol{R}_k^N]) \bar{\boldsymbol{u}}_k + \boldsymbol{x}_k^{\mathrm{T}} \boldsymbol{A}_k^{\mathrm{T}} \bar{\boldsymbol{Z}}_{k+1} \boldsymbol{A}_k \boldsymbol{x}_k \\
& + \bar{\boldsymbol{u}}_k^{\mathrm{T}} [\alpha^1 \boldsymbol{B}_k^1 \quad \alpha^2 \boldsymbol{B}_k^2 \quad \cdots \quad \alpha^N \boldsymbol{B}_k^N]^{\mathrm{T}} \bar{\boldsymbol{Z}}_{k+1} \boldsymbol{A}_k \boldsymbol{x}_k + \boldsymbol{x}_k^{\mathrm{T}} \boldsymbol{A}_k^{\mathrm{T}} \bar{\boldsymbol{Z}}_{k+1} [\alpha^1 \boldsymbol{B}_k^1 \quad \alpha^2 \boldsymbol{B}_k^2 \quad \cdots \quad \alpha^N \boldsymbol{B}_k^N] \bar{\boldsymbol{u}}_k \\
& + \bar{\boldsymbol{u}}_k^{\mathrm{T}} ([\alpha^1 \boldsymbol{B}_k^1 \quad \alpha^2 \boldsymbol{B}_k^2 \quad \cdots \quad \alpha^N \boldsymbol{B}_k^N]^{\mathrm{T}} \bar{\boldsymbol{Z}}_{k+1} [\alpha^1 \boldsymbol{B}_k^1 \quad \alpha^2 \boldsymbol{B}_k^2 \quad \cdots \quad \alpha^N \boldsymbol{B}_k^N] \\
& + \operatorname{diag}([\alpha^1 (1-\alpha^1) \boldsymbol{B}_k^{1\mathrm{T}} \bar{\boldsymbol{Z}}_{k+1} \boldsymbol{B}_k^1 \quad \cdots \quad \alpha^N (1-\alpha^N) \boldsymbol{B}_k^{N\mathrm{T}} \bar{\boldsymbol{Z}}_{k+1} \boldsymbol{B}_k^N]) \bar{\boldsymbol{u}}_k
\end{aligned}
\tag{8.24}
$$

因为 $\bar{\boldsymbol{u}}_k$ 使目标函数最小化，所以要求下面条件成立：

$$
\begin{aligned}
& \operatorname{diag}([\alpha^1 \eta^1 \boldsymbol{R}_k^1 \quad \alpha^2 \eta^2 \boldsymbol{R}_k^2 \quad \cdots \quad \alpha^N \eta^N \boldsymbol{R}_k^N]) \\
& + \left[\alpha^1 \boldsymbol{B}_k^1 \quad \alpha^2 \boldsymbol{B}_k^2 \quad \cdots \quad \alpha^N \boldsymbol{B}_k^N\right]^{\mathrm{T}} \bar{\boldsymbol{Z}}_{k+1} \left[\alpha^1 \boldsymbol{B}_k^1 \quad \alpha^2 \boldsymbol{B}_k^2 \quad \cdots \quad \alpha^N \boldsymbol{B}_k^N\right] \\
& + \operatorname{diag}([\alpha^1 (1-\alpha^1) \boldsymbol{B}_k^{1\mathrm{T}} \bar{\boldsymbol{Z}}_{k+1} \boldsymbol{B}_k^1 \quad \alpha^2 (1-\alpha^2) \boldsymbol{B}_k^{2\mathrm{T}} \bar{\boldsymbol{Z}}_{k+1} \boldsymbol{B}_k^2 \quad \cdots \quad \alpha^N (1-\alpha^N) \boldsymbol{B}_k^{N\mathrm{T}} \bar{\boldsymbol{Z}}_{k+1} \boldsymbol{B}_k^N])
\end{aligned}
\tag{8.25}
$$

对式(8.24)右侧求一阶导数并使之为 0，可得 $\bar{\boldsymbol{u}}_k = -\bar{\boldsymbol{P}}_k \boldsymbol{x}_k$，其中，

$$
\begin{aligned}
\bar{\boldsymbol{P}}_k = & (\operatorname{diag}([\alpha^1 \eta^1 \boldsymbol{R}_k^1 + \alpha^1 (1-\alpha^1) \boldsymbol{B}_k^{1\mathrm{T}} \bar{\boldsymbol{Z}}_{k+1} \boldsymbol{B}_k^1 \quad \cdots \quad \alpha^N \eta^N \boldsymbol{R}_k^N + \alpha^N (1-\alpha^N) \boldsymbol{B}_k^{N\mathrm{T}} \bar{\boldsymbol{Z}}_{k+1} \boldsymbol{B}_k^N]) \\
& + [\alpha^1 \boldsymbol{B}_k^1 \quad \cdots \quad \alpha^N \boldsymbol{B}_k^N]^{\mathrm{T}} \bar{\boldsymbol{Z}}_{k+1} [\alpha^1 \boldsymbol{B}_k^1 \quad \cdots \quad \alpha^N \boldsymbol{B}_k^N])^{-1} [\alpha^1 \boldsymbol{B}_k^1 \quad \cdots \quad \alpha^N \boldsymbol{B}_k^N]^{\mathrm{T}} \bar{\boldsymbol{Z}}_{k+1} \boldsymbol{A}_k
\end{aligned}
\tag{8.26}
$$

从式(8.26)易知，当矩阵 $\boldsymbol{\Xi}$ 为可逆矩阵时，存在唯一的最优控制策略，其中，

$$
\begin{aligned}
\boldsymbol{\Xi} = & \operatorname{diag}([\alpha^1 \mu^1 \boldsymbol{R}_k^1 + \alpha^1 (1-\alpha^1) \boldsymbol{B}_k^{1\mathrm{T}} \bar{\boldsymbol{Z}}_{k+1} \boldsymbol{B}_k^1 \quad \cdots \quad \alpha^N \eta^N \boldsymbol{R}_k^N + \alpha^N (1-\alpha^N) \boldsymbol{B}_k^{N\mathrm{T}} \bar{\boldsymbol{Z}}_{k+1} \boldsymbol{B}_k^N]) \\
& + [\alpha^1 \boldsymbol{B}_k^1 \quad \cdots \quad \alpha^N \boldsymbol{B}_k^N]^{\mathrm{T}} \bar{\boldsymbol{Z}}_{k+1} [\alpha^1 \boldsymbol{B}_k^1 \quad \cdots \quad \alpha^N \boldsymbol{B}_k^N]
\end{aligned}
$$

将 $\bar{\boldsymbol{u}}_k = -\bar{\boldsymbol{P}}_k \boldsymbol{x}_k$ 代入式(8.24)，并使其对所有 $\boldsymbol{x}_k$ 都成立可得

$$\bar{\boldsymbol{Z}}_k=\sum_{i=1}^{N}\eta^i\boldsymbol{Q}_k^i+\boldsymbol{A}_k^{\mathrm{T}}\bar{\boldsymbol{Z}}_{k+1}(\boldsymbol{I}-[\alpha^1\boldsymbol{B}_k^1\quad\alpha^2\boldsymbol{B}_k^2\quad\cdots\quad\alpha^N\boldsymbol{B}_k^N]$$
$$(\mathrm{diag}([\alpha^1\eta^1\boldsymbol{R}_k^1+\alpha^1(1-\alpha^1)\boldsymbol{B}_k^{\mathrm{T}}\bar{\boldsymbol{Z}}_{k+1}\boldsymbol{B}_k^1\quad\cdots\quad\alpha^N\eta^N\boldsymbol{R}_k^N+\alpha^N(1-\alpha^N)\boldsymbol{B}_k^{N\mathrm{T}}\bar{\boldsymbol{Z}}_{k+1}\boldsymbol{B}_k^N])$$
$$+[\alpha^1\boldsymbol{B}_k^1\quad\cdots\quad\alpha^N\boldsymbol{B}_k^N]^{\mathrm{T}}\bar{\boldsymbol{Z}}_{k+1}[\alpha^1\boldsymbol{B}_k^1\quad\cdots\quad\alpha^N\boldsymbol{B}_k^N])^{-1}[\alpha^1\boldsymbol{B}_k^1\quad\cdots\quad\alpha^N\boldsymbol{B}_k^N]^{\mathrm{T}}\bar{\boldsymbol{Z}}_{k+1})\boldsymbol{A}_k \tag{8.27}$$

证明完成。

注释 8.3　在纳什均衡策略唯一的情况下，PoA 和 PoDA 的值分别为 $\mathrm{PoA}=\bar{J}^*/J_\eta^*$ 和 $\mathrm{PoDA}=J_{\mu,\alpha_2}^*/J_{\mu,\alpha_1}^*$。

8.4　仿 真 算 例

考虑动力学模型如下所示[170]：

$$\boldsymbol{x}_{k+1}=\boldsymbol{A}\boldsymbol{x}_k+\alpha_k^1\boldsymbol{B}^1\boldsymbol{u}_k^1+\alpha_k^2\boldsymbol{B}^2\boldsymbol{u}_k^2$$

其中，

$$\boldsymbol{A}=\begin{bmatrix}0&1\\-3&-4\end{bmatrix},\quad\boldsymbol{B}^1=[0\quad 1]^{\mathrm{T}},\quad\boldsymbol{B}^2=[1\quad 1]^{\mathrm{T}}$$

$$\boldsymbol{Q}_1=\boldsymbol{Q}_2=\begin{bmatrix}1&0\\0&1\end{bmatrix},\quad\boldsymbol{R}_1=\boldsymbol{R}_2=1,\quad N_T=200$$

对状态变量 $\boldsymbol{x}_k$ 设初始值为 $\boldsymbol{x}_0=[1\quad 0]^{\mathrm{T}}$，递包率集合为 $\alpha=\{0.95,0.95\}$，则 ND-NCSs 和 C-NCSs 的控制效果分别如图 8.3 和图 8.4 所示。

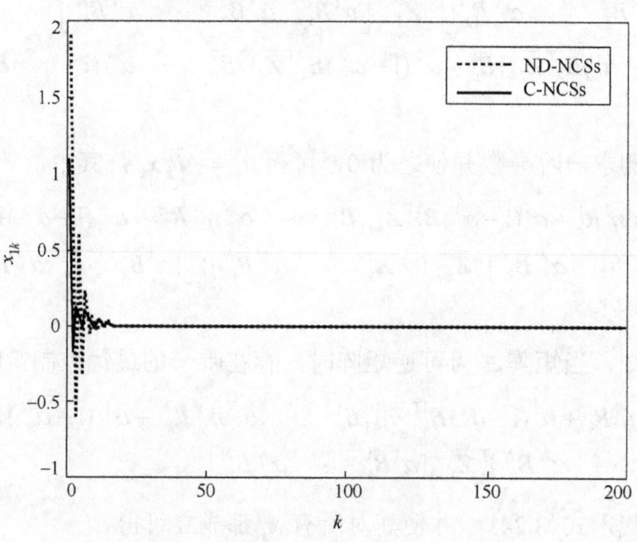

图 8.3　状态变量 x_{1k} 控制结果比较

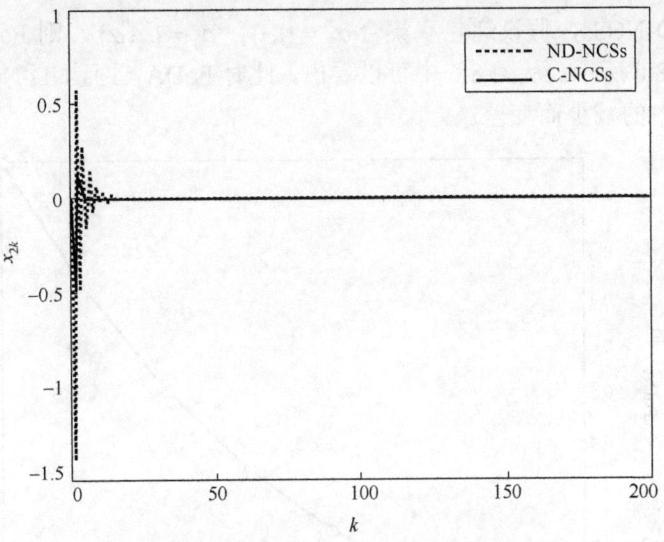

图 8.4 状态变量 x_{2k} 控制结果比较

从图 8.3 和图 8.4 中可以看出 C-NCSs 的控制效果要明显优于 ND-NCSs。假设控制器 $\boldsymbol{u}_k^1$ 和 $\boldsymbol{u}_k^2$ 与执行器间递包率均为 α，分别采用本章 C-NCSs 和 ND-NCSs 两种方法进行计算，可以得到 PoA 随递包率 α 的变化曲线如图 8.5 所示。从图 8.5 中可以看出，在同样的递包率条件下，总是有 PoA<1，表明非合作分散控制算法由于控制器间缺乏通信与合作，造成了控制性能的下降。

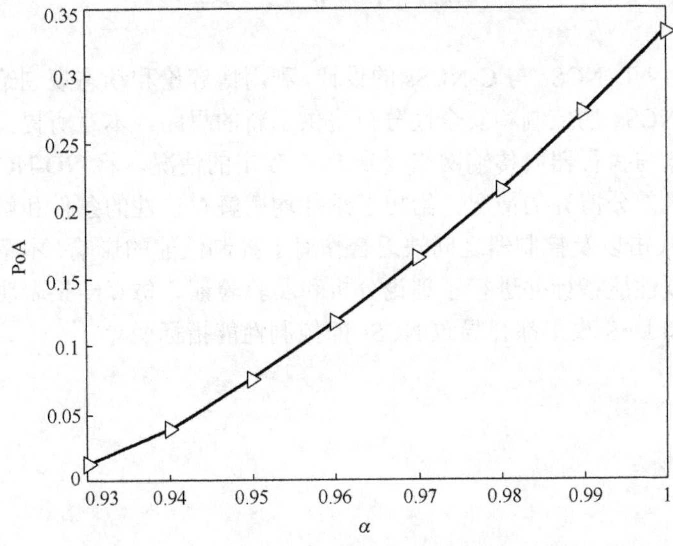

图 8.5　PoA 随递包率变化曲线

对于 ND-NCSs，假设递包率集合 $\alpha_2 = \{1,1\}$，$\alpha_1 = \{\alpha,\alpha\}$，则 PoDA 随 α 的变化规律如图 8.6 所示。从图 8.6 中可以看出，此时 PoDA < 1 且 ND-NCSs 的控制性能随着递包率的减少而变差。

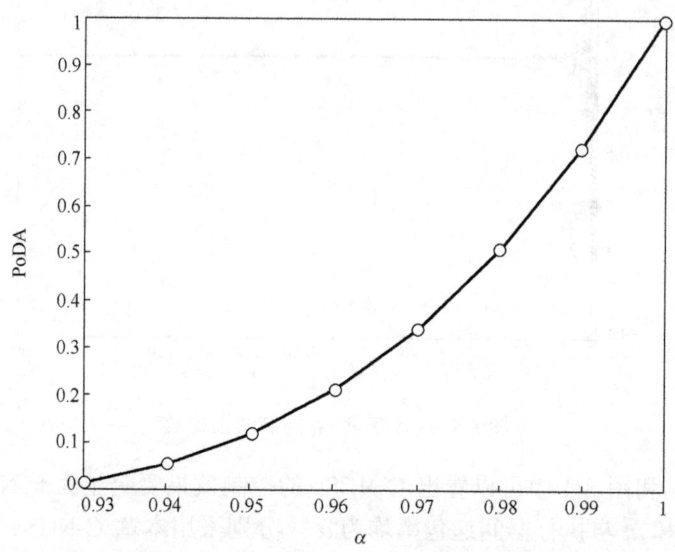

图 8.6　PoDA 随递包率变化曲线

8.5　本 章 小 结

本章针对 ND-NCSs 与 C-NCSs 的设计，利用博弈论和动态规划给出了一套解决方法，为 NCSs 的控制和安全性分析提供了新的思路。本章所提方法综合考虑了各个控制器与执行器间传输网络受到 DoS 攻击的情况，将 ND-NCSs 建模为一个非合作随机差分博弈的情况，给出了纳什均衡解存在性的条件和解析形式。为了表明 DoS 攻击以及控制器之间缺乏合作对于控制性能的影响，本章给出了 PoA 和 PoDA 两项性能指标并进行了理论分析和实验验证。仿真结果表明，控制器之间缺乏合作和 DoS 攻击都会导致 NCSs 的控制性能指标变差。

第 9 章 基于嵌套式纳什博弈的控制与防御策略耦合设计方法

9.1 研究背景与意义

鉴于网络攻击能够造成 NCSs 控制性能的下降，可以结合控制算法设计各种滤波算法，使得网络攻击发生时可以迅速发出警报。在 NCSs 的安全性研究中，将滤波算法和控制算法相结合的工作主要有以下两类：①基于故障检测和隔离(fault detection and isolation，FDI)的方法，这种方法主要是通过比较测量值估计值之差和给定阈值的大小来决定是否发出警报[4,173-175]；②基于入侵检测器(intrusion detection system，IDS)的方法[47,176,177]，这种方法主要是通过在传输网络中布置 IDS 对网络攻击进行过滤。方法①的研究工作目前主要集中在针对欺骗攻击的研究；方法②可以在网络攻击对控制系统造成影响之前将其过滤从而防患于未然。

本章在控制器与执行器之间的传输网络中引入 IDS，并针对传输网络中发生数据丢包以及同时发生数据丢包和通信时延两种情况的 NCSs 设计 IDS 配置和 H_∞ 控制耦合算法，使得 NCSs 能够同时抵御外部干扰和 DoS 攻击。最后给出了 IDS 保护 NCSs 的判定条件。本章所给的方法在不间断电源网络控制[178]的仿真实验中得到了较好的效果。

9.2 嵌套式纳什博弈模型

IDS 可以抵御针对 NCSs 中传输网络的 DoS 攻击，H_∞ 控制器可以抑制外部干扰，利用 IDS 和 H_∞ 控制器同时抵御 DoS 攻击和外部干扰的结构框图如图 9.1 所示，所研究的对象主要由 5 个基本环节组成：被控对象、传输网络、IDS、控制器和执行器。由于 NCSs 中控制器和执行器之间的传输网络受到了 DoS 攻击，因此会发生数据包的丢失[179]，同时可以考虑传输网络本身具有的时延；下文中所研究的 NCSs 受到 DoS 攻击的场景都如图 9.1 所示。

这里采用嵌套式博弈方法来处理 IDS 和控制器的耦合设计问题。如图 9.2 所示，将 IDS 和 DoS 攻击之间的交互定义为攻击模型，将 H_∞ 控制器和外部干扰之

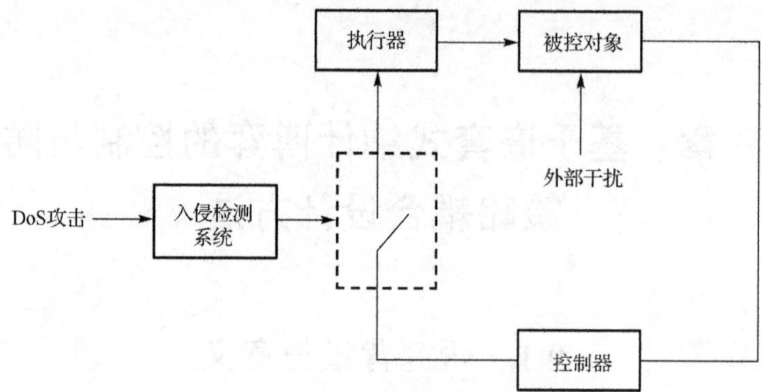

图 9.1　IDSs 与 NCSs 耦合示意图

间的交互定义为控制模型；利用嵌套式博弈中的内层博弈来描述攻击模型，记为$\mathcal{G}_1$；用嵌套式博弈中的外层博弈来描述控制模型，记为$\mathcal{G}_2$。嵌套式博弈框架中内层博弈$\mathcal{G}_1$的解会影响外层博弈$\mathcal{G}_2$的解。这与图 8.1 中 DoS 攻击 NCSs 的实际情况一致：NCSs 的控制性能受到 IDS 与 DoS 攻击者相互作用的影响。下面我们可以分层对图 9.2 所示的嵌套式博弈框架进行详细说明。将嵌套式博弈中的博弈参与者记为 $\boldsymbol{P}_{a1}$，$\boldsymbol{P}_{a2}$，$\boldsymbol{P}_{b1}$，$\boldsymbol{P}_{b2}$，其中，$\{\boldsymbol{P}_{ai}\}_{i=1,2}$ 是$\mathcal{G}_1$ 中的博弈参与者，$\{\boldsymbol{P}_{bi}\}_{i=1,2}$ 是$\mathcal{G}_2$中的博弈参与者。

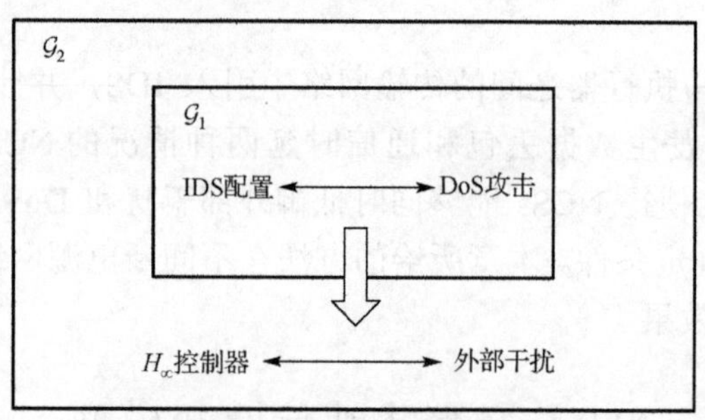

图 9.2　嵌套式博弈框架

对于内层博弈$\mathcal{G}_1$，博弈参与者 $\boldsymbol{P}_{a1}$ 代表 IDS，并且需要决定加载防御库的策略；集合 $\mathcal{A}:=\{a_1,a_2,\cdots,a_m\}$ 是攻击策略集合，DoS 攻击者需要从攻击集合中选择攻击行为来攻击 NCSs；$\mathcal{L}:=\{L_1,L_2,\cdots,L_n\}$ 是防御库集合，$\overline{\mathcal{L}}$ 是防御库集合所有子集的集合且其基为 $|\overline{\mathcal{L}}|=2^n$ 。引入函数 $f:\overline{\mathcal{L}}\to[0,1]$ 和 $g:\mathcal{A}\to[0,1]$，则混合策略可以记为 $f(F_p)$ 和 $g(a_q)$。混合策略 $f(F_p)$（或 $g(a_q)$）可以视为 IDS（或 DoS 攻击者）选择防御行为 F_p（或攻击行为 a_q）的概率。因此有 $\sum_{p=1}^{2^n} f(F_p)=1$ 和 $\sum_{q=1}^{m} g(a_q)=1$ 。为方便

起见，下文中将 $f(F_p)$ 和 $g(a_q)$ 简化为 f_p 和 g_q。定义 $\boldsymbol{f}$ 和 $\boldsymbol{g}$ 为

$$\boldsymbol{f} := [f_1, \cdots, f_{2^n}]^{\mathrm{T}} \tag{9.1}$$

$$\boldsymbol{g} := [g_1, \cdots, g_m]^{\mathrm{T}} \tag{9.2}$$

对于外层博弈 $\mathcal{G}_2$，$\boldsymbol{P}_{b1}$ 代表 H_∞ 控制，$\boldsymbol{P}_{b2}$ 代表外部干扰。由于受到 DoS 攻击，连接控制器与执行器之间传输网络中的数据包有可能丢失。控制对象的模型如式 (9.3) 所示。

$$\begin{aligned} \boldsymbol{x}_{k+1} &= \boldsymbol{A}_k \boldsymbol{x}_k + \boldsymbol{B}_k \boldsymbol{u}_k^a + \boldsymbol{D}_k \boldsymbol{w}_k + \boldsymbol{C}_k \\ \boldsymbol{u}_k^a &= \alpha_k \boldsymbol{u}_k \end{aligned} \tag{9.3}$$

其中，$\boldsymbol{A}_k$，$\boldsymbol{B}_k$，$\boldsymbol{C}_k$ 和 $\boldsymbol{D}_k$，$k \in \boldsymbol{K} := \{0,1,\cdots,N-1\}$ 为具有合适维数的矩阵；N 代表有限时间区间；$\boldsymbol{x}_k \in \mathbb{R}^{\boldsymbol{m}}$ 代表状态变量，$\boldsymbol{u}_k \in \mathbb{R}^{\boldsymbol{n}_1}$ 是控制器发出的控制信号，$\boldsymbol{u}_k^a \in \mathbb{R}^{\boldsymbol{n}}$ 代表在受到 DoS 攻击后，执行器收到的控制信号。$\boldsymbol{w}_k \in \mathbb{R}^{\boldsymbol{n}_2}$ 代表外部干扰；α_k 是用来描述丢包的随机变量。假设 α_k 为独立同分布且满足如下所示的伯努利分布，即对于所有的 $k \in \boldsymbol{K}$ 而言都有

$$\mathbb{P}\{\alpha_k = 1\} = \alpha, \quad \mathbb{P}\{\alpha_k = 0\} = 1 - \alpha \tag{9.4}$$

α 实质上为控制器和执行器之间的递包率，它取决于 IDS 和 DoS 攻击者之间的博弈结果；因此，也可以将递包率记为 $\alpha(\boldsymbol{f},\boldsymbol{g})$；博弈参与者 IDS 的目标是使递包率最大；DoS 攻击者的目标是使其攻击收益最大化，可以将 DoS 攻击者的攻击收益记为 $\beta(\boldsymbol{f},\boldsymbol{g})$。

本章仅考虑数据包传输采用 TCP 协议[180]，控制器采用闭环完全信息(closed-Loop perfect state，CLPS)或者一步时延闭环完全信息(one-step CLPS，1DCLPS)的信息结构情况进行考虑[117]。CLPS 的信息集合可以记为 $\mathcal{I}_0^1 = \{\boldsymbol{x}_0\}$，$\mathcal{I}_k^1 = \{x_1, x_2, \cdots, x_k, \alpha_0, \alpha_1, \cdots, \alpha_{k-1}\}$；1DCLPS 的信息集合可以记为 $\mathcal{I}_0^2 = \{\boldsymbol{x}_0\}$，$\mathcal{I}_k^2 = \{x_1, x_2, \cdots, x_{k-1}, \alpha_0, \alpha_1, \cdots, \alpha_{k-1}\}$。定义 μ_k 为控制策略、$\boldsymbol{\nu}_k$ 为干扰策略并引入集合 M 和 N 来代表控制策略和外部干扰策略的集合。控制行为 u_k 可以表示为 $\boldsymbol{u}_k = \mu_k(\mathcal{I}_k^i)$，外部干扰行为 $\boldsymbol{w}_k$ 可以表示为 $\boldsymbol{w}_k = \nu_k(\mathcal{I}_k^i)$。在所有的离散时间点上对控制策略 μ_k 和干扰策略 ν_k 进行扩展可以得到

$$\mu = \{\mu_0, \cdots, \mu_k, \cdots, \mu_{N-1}\}, \quad \nu = \{\nu_0, \cdots, \nu_k, \cdots, \nu_{N-1}\} \tag{9.5}$$

博弈 $\mathcal{G}_2$ 的代价函数为

$$J(\mu, \nu, \boldsymbol{f}, \boldsymbol{g}) = \mathbb{E}_{\alpha_k}\left\{ \left\| \boldsymbol{x}_N \right\|_{Q_N}^2 + \sum_{k=0}^{N-1} \left\{ \left\| \boldsymbol{x}_k \right\|_{Q_k}^2 + \alpha_k \left\| \boldsymbol{u}_k \right\|_{R_k}^2 - \gamma^2 \left\| \boldsymbol{w}_k \right\|^2 \right\} \right\} \tag{9.6}$$

其中，$\|\boldsymbol{x}\|_S^2=\boldsymbol{x}^{\mathrm{T}}\boldsymbol{S}\boldsymbol{x}$，并且标量$\gamma$为干扰抑制性能指标。假设对于所有的$k\in\boldsymbol{K}$，都有$\boldsymbol{Q}_N>0$，$\boldsymbol{Q}_k>0$ 和$\boldsymbol{R}_k>0$。为简便起见，在后文中将$\mathbb{E}_{\alpha_k}\{\cdot\}$ 简化为$\mathbb{E}\{\cdot\}$，将$J(\mu,\nu,\boldsymbol{f},\boldsymbol{g})$简化为$J$。

在博弈框架下，IDS 最优配置策略和H最优控制策略都以纳什均衡策略的形式出现。在纳什均衡点，任何博弈参与者单独改变策略都不会得到任何好处。博弈$\mathcal{G}_1$中纳什均衡策略的定义如下所示。

定义 9.1　如果下式成立：

$$\alpha(\boldsymbol{f},\boldsymbol{g}^*)\leqslant\alpha(\boldsymbol{f}^*,\boldsymbol{g}^*) \tag{9.7}$$

$$\beta(\boldsymbol{f}^*,\boldsymbol{g})\leqslant\beta(\boldsymbol{f}^*,\boldsymbol{g}^*) \tag{9.8}$$

则策略集$(\boldsymbol{f}^*,\boldsymbol{g}^*)$可以称之为博弈$\mathcal{G}_1$的纳什均衡策略。为简便起见，在后文中使用$\alpha^*$和$\beta^*$代替$\alpha(\boldsymbol{f}^*,\boldsymbol{g}^*)$和$\beta(\boldsymbol{f}^*,\boldsymbol{g}^*)$。

在嵌套式博弈框架中，内层博弈$\mathcal{G}_1$和外层博弈$\mathcal{G}_2$是按先后顺序求解，因此在博弈$\mathcal{G}_1$结束时会产生一个确定的递包率$\alpha(\boldsymbol{f},\boldsymbol{g})$；在博弈参与者充分理性的基础上，递包率的估计值就是α^*。博弈$\mathcal{G}_2$的纳什均衡策略可以定义如下。

定义 9.2　对于给定的策略$(\boldsymbol{f}^*,\boldsymbol{g}^*)$，如果对于所有的$(\mu,\nu)\in\boldsymbol{M}\times\boldsymbol{N}$都有

$$J(\mu^*,\ \nu,\boldsymbol{f}^*,\boldsymbol{g}^*)\leqslant J(\mu^*,\ \nu^*,\boldsymbol{f}^*,\boldsymbol{g}^*)\leqslant J(\mu,\ \nu^*,\boldsymbol{f}^*,\boldsymbol{g}^*) \tag{9.9}$$

则将$(\mu^*,\ \nu^*)\in\boldsymbol{M}\times\boldsymbol{N}$称之为$\mathcal{G}_2$的纳什均衡策略。为简便起见，在本章后半部分将$J(\mu^*,\ \nu^*,\boldsymbol{f}^*,\boldsymbol{g}^*)$记为$J^*$。

由于$\boldsymbol{f}^*$和μ^*可以视为防御方策略；因此可以将策略集$(\boldsymbol{f}^*,\mu^*)$定义为协同防御策略。本章的第一个设计目标如下所示。

问题 9.1　设计协同防御策略$(\boldsymbol{f}^*,\mu^*)$使得式(9.7)～式(9.9)能够同时成立。将控制系统可以容忍的最大干扰抑制性能指标记为$\hat{\gamma}$，定义当且仅当γ^*大于$\hat{\gamma}$时，IDS 无法保护 NCSs 抵御 DoS 攻击。本章的第二个设计目标如下。

问题 9.2　寻找策略集$(\boldsymbol{f},\boldsymbol{g})$需要满足的充分条件，以使

①IDS 无法保护 NCSs，即$\gamma^*>\hat{\gamma}$；

②IDS 能够保护 NCSs，即$\gamma^*\leqslant\hat{\gamma}$。

9.3　嵌套式纳什博弈算法

9.3.1　面向 IDS 的纳什最优博弈策略设计

在本节中，我们给出 IDS 最优配置策略存在性和唯一性的条件，以及最优配

置策略的求解方法。注意在博弈论框架中，“最优”是指博弈对手在充分理性的条件下采用的最优应对策略。将网络防御方 IDS 和 DoS 攻击者的得益矩阵记为 $\boldsymbol{M}_\alpha$ 和 $\boldsymbol{M}_\beta$，且其可以定义为

$$
\boldsymbol{M}_\alpha := \begin{bmatrix} & a_1 & a_2 & \cdots & a_m \\ F_1 & \alpha_{11} & \alpha_{12} & \cdots & \alpha_{1m} \\ F_2 & \alpha_{21} & \alpha_{22} & \cdots & \alpha_{2m} \\ \vdots & \vdots & \vdots & \ddots & \vdots \\ F_{2^n} & \alpha_{2^n1} & \alpha_{2^n2} & \cdots & \alpha_{2^nm} \end{bmatrix}
$$

$$
\boldsymbol{M}_\beta := \begin{bmatrix} & a_1 & a_2 & \cdots & a_m \\ F_1 & \beta_{11} & \beta_{12} & \cdots & \beta_{1m} \\ F_2 & \beta_{21} & \beta_{22} & \cdots & \beta_{2m} \\ \vdots & \vdots & \vdots & \ddots & \vdots \\ F_{2^n} & \beta_{2^n1} & \beta_{2^n2} & \cdots & \beta_{2^nm} \end{bmatrix}
$$

矩阵中的元素 α_{pq}（或者 β_{pq}），$p=1,\cdots,2^n$，$q=1,\cdots,m$ 可以用来表示当 IDS 采用配置行为 F_p 和 DoS 攻击方采用攻击行为 a_q 时防御方(或攻击方)所获得的利益。下面的定理将给出在博弈 $\mathcal{G}_1$ 中纳什均衡点存在性和唯一性的条件，以及纳什均衡策略的解析表达形式。

定理 9.1　引入矩阵 $\boldsymbol{R}_\beta$，$\boldsymbol{R}_\alpha$，$\boldsymbol{v}_\beta$，$\boldsymbol{v}_\alpha$ 如下所示：

$$
\boldsymbol{R}_\beta = \begin{bmatrix} \beta_{11}-\beta_{12} & \beta_{21}-\beta_{22} & \cdots & \beta_{2^n1}-\beta_{2^n2} \\ \vdots & \vdots & \ddots & \vdots \\ \beta_{11}-\beta_{1m} & \beta_{21}-\beta_{2m} & \cdots & \beta_{2^n1}-\beta_{2^nm} \\ 1 & 1 & \cdots & 1 \end{bmatrix}
$$

$$
\boldsymbol{R}_\alpha = \begin{bmatrix} \alpha_{11}-\alpha_{21} & \alpha_{12}-\alpha_{22} & \cdots & \alpha_{1m}-\alpha_{2m} \\ \vdots & \vdots & \ddots & \vdots \\ \alpha_{11}-\alpha_{2^n1} & \alpha_{21}-\alpha_{2^n2} & \cdots & \alpha_{2^n1}-\alpha_{2^nm} \\ 1 & 1 & \cdots & 1 \end{bmatrix}
$$

$$
\boldsymbol{v}_\beta = \underbrace{\begin{bmatrix} 0 & 0 & \cdots & 0 & 1 \end{bmatrix}^{\mathrm{T}}}_{2^n}, \quad \boldsymbol{v}_\alpha = \underbrace{\begin{bmatrix} 0 & 0 & \cdots & 0 & 1 \end{bmatrix}^{\mathrm{T}}}_{m}
$$

如果矩阵 $\boldsymbol{R}_\beta$ 和 $\boldsymbol{R}_\alpha$ 可逆，且方程

$$
\boldsymbol{R}_\beta \boldsymbol{f}^* = \boldsymbol{v}_\beta, \quad \boldsymbol{R}_\alpha \boldsymbol{g}^* = \boldsymbol{v}_\alpha, \quad 2^n = m \tag{9.10}
$$

有解 $f_p, g_q > 0$，$\forall p \in \{1,\cdots,2^n\}$，$q \in \{1,\cdots,m\}$，则 $\mathcal{G}_1$ 有唯一纳什均衡解。并且纳什

均衡策略$(\boldsymbol{f}^*,\boldsymbol{g}^*)$可以通过下式计算：

$$\boldsymbol{f}^*=\boldsymbol{R}_\beta^{-1}\boldsymbol{v}_\beta,\quad \boldsymbol{g}^*=\boldsymbol{R}_\alpha^{-1}\boldsymbol{v}_\alpha \tag{9.11}$$

证明 根据文献[117]，博弈参与者P_{a1}的混合策略$\boldsymbol{f}^*$可以使P_{a2}所有行为的期望收益相同的，反之亦然。因此可得下式：

$$\left\{\begin{array}{l} f_1^*\beta_{11}+f_2^*\beta_{21}+\ldots+f_{2^n}^*\beta_{2^n1} \\ =f_1^*\beta_{12}+f_2^*\beta_{22}+\ldots+f_{2^n}^*\beta_{2^n2} \\ =\cdots=f_1^*\beta_{1m}+f_2^*\beta_{2m}+\cdots+f_{2^n}^*\beta_{2^nm} \\ g_1^*\alpha_{11}+g_2^*\alpha_{12}+\cdots+g_m^*\alpha_{1m} \\ =g_1^*\alpha_{21}+g_2^*\alpha_{22}+\cdots+g_m^*\alpha_{2m} \\ =\cdots=g_1^*\alpha_{2^n1}+g_2^*\alpha_{2^n2}+\cdots+g_m^*\alpha_{2^nm} \\ \sum_{p=1}^{2^n}f_p=1 \quad \sum_{q=1}^{m}g_q=1 \end{array}\right\} \tag{9.12}$$

上式也可以表示为$\boldsymbol{R}_\beta\boldsymbol{f}^*=\boldsymbol{v}_\beta$ 和 $\boldsymbol{R}_\alpha\boldsymbol{g}^*=\boldsymbol{v}_\alpha$，则证明过程完成。

9.3.2 鲁棒最优控制策略设计

当 IDS 与 DoS 攻击者之间完成博弈$\mathcal{G}_1$后，可以通过式(9.11)得到纳什均衡策略$(\boldsymbol{f}^*,\boldsymbol{g}^*)$从而进一步得到递包率的估计值$\alpha^*$。本章的主要任务是在给定$\alpha^*$的基础上，寻找博弈$\mathcal{G}_2$中纳什均衡解存在的条件及其解析形式。首先引入下面的引理。

引理 9.1 对于给定的对称矩阵$\boldsymbol{A}\in\mathbb{R}^{m_1\times m_1}$，向量$\boldsymbol{b}\in\mathbb{R}^{1\times m_1}$ 和常数$c\in\mathbb{R}^{1\times 1}$，以下结论成立：

①如果对于所有的非零向量$\boldsymbol{x}\in\mathbb{R}^{m_1\times 1}$，都有$\mathcal{F}(\boldsymbol{x})=\boldsymbol{x}^{\mathrm{T}}\boldsymbol{A}\boldsymbol{x}+\boldsymbol{b}\boldsymbol{x}+c\leqslant 0$，则$\boldsymbol{A}\leqslant 0$；

②如果对于所有的非零向量$\boldsymbol{x}\in\mathbb{R}^{m_1\times 1}$，都有$\mathcal{F}(\boldsymbol{x})=\boldsymbol{x}^{\mathrm{T}}\boldsymbol{A}\boldsymbol{x}+\boldsymbol{b}\boldsymbol{x}+c\geqslant 0$，则$\boldsymbol{A}\geqslant 0$。

证明 对于给定的对称矩阵$\boldsymbol{A}$，可以将$\mathcal{F}(\boldsymbol{x})$改写为$\mathcal{F}(\boldsymbol{x})=(\boldsymbol{x}-1/2\boldsymbol{A}^{-1}\boldsymbol{b})^{\mathrm{T}}\boldsymbol{A}(\boldsymbol{x}-1/2\boldsymbol{A}^{-1}\boldsymbol{b})+c-1/4\boldsymbol{b}^{\mathrm{T}}\boldsymbol{A}^{-1}\boldsymbol{b}$。对于①，因为$\boldsymbol{A}$，$\boldsymbol{b}$和$c$均为事先给定的矩阵或向量，如果$\boldsymbol{A}>0$，则一定可以找到可以使得$\mathcal{F}(\boldsymbol{x})>0$成立的$\boldsymbol{x}$；结论②也可以使用类似的方法证明。证明结束。

在给出主要定理之前，定义以下递推关系式：

$$\boldsymbol{Z}_k=\boldsymbol{Q}_k+\boldsymbol{P}_{u_k}^{\mathrm{T}}(\alpha^*\boldsymbol{R}_k+\hat{\alpha}^*\boldsymbol{B}_k^{\mathrm{T}}\boldsymbol{Z}_{k+1}\boldsymbol{B}_k)\boldsymbol{P}_{u_k}-\gamma^2\boldsymbol{P}_{w_k}^{\mathrm{T}}\boldsymbol{P}_{w_k}+\boldsymbol{H}_k^{\mathrm{T}}\boldsymbol{Z}_{k+1}\boldsymbol{H}_k \tag{9.13}$$

$$\boldsymbol{\zeta}_k=F_k(\boldsymbol{\zeta}_{k+1}+2\boldsymbol{Z}_{k+1}\beta_k)+2(\alpha^*\boldsymbol{P}_{u_k}^{\mathrm{T}}\boldsymbol{R}_k\boldsymbol{C}_{u_k}-\gamma^2\boldsymbol{P}_{w_k}^{\mathrm{T}}\boldsymbol{C}_{w_k}) \tag{9.14}$$

$$n_k = n_{k+1} + \boldsymbol{\zeta}_{k+1}^{\mathrm{T}} \boldsymbol{\beta}_k + \boldsymbol{\beta}_k^{\mathrm{T}} \boldsymbol{Z}_{k+1} \boldsymbol{\beta}_k + \alpha^* \boldsymbol{C}_{u_k}^{\mathrm{T}} \boldsymbol{R}_k \boldsymbol{C}_{u_k} - \gamma^2 \boldsymbol{C}_{w_k}^{\mathrm{T}} \boldsymbol{C}_{w_k} \tag{9.15}$$

$$\boldsymbol{Z}_N = \boldsymbol{Q}_N, \quad n_N = 0 \quad S_N = 0$$

其中，

$$\hat{\alpha}^* = \alpha^*(1-\alpha^*) \tag{9.16a}$$

$$\boldsymbol{H}_k = \boldsymbol{A}_k - \alpha^* \boldsymbol{B}_k \boldsymbol{P}_{u_k} + \boldsymbol{D}_k \boldsymbol{P}_{w_k} \tag{9.16b}$$

$$\boldsymbol{\Sigma}_k = \boldsymbol{R}_k + \boldsymbol{B}_k^{\mathrm{T}} \boldsymbol{Z}_{k+1} \boldsymbol{B}_k \tag{9.16c}$$

$$\boldsymbol{\beta}_k = \boldsymbol{C}_k + \boldsymbol{D}_k \boldsymbol{C}_{w_k} - \alpha^* \boldsymbol{B}_k \boldsymbol{C}_{u_k} \tag{9.16d}$$

$$\boldsymbol{C}_{w_k} = \frac{1}{2} \boldsymbol{\Lambda}_{w_k}^{-1} \boldsymbol{T}_{w_k} (\boldsymbol{S}_{k+1} + 2\boldsymbol{Z}_{k+1} \boldsymbol{C}_k) \tag{9.16e}$$

$$\boldsymbol{F}_k = \boldsymbol{A}_k^{\mathrm{T}} - \alpha^* \boldsymbol{P}_{u_k}^{\mathrm{T}} \boldsymbol{B}_k^{\mathrm{T}} + \boldsymbol{P}_{w_k}^{\mathrm{T}} \boldsymbol{D}_k^{\mathrm{T}} \tag{9.16f}$$

$$\boldsymbol{P}_{u_k} = \boldsymbol{\Lambda}_{u_k}^{-1} \boldsymbol{T}_{u_k} \boldsymbol{Z}_{k+1} \boldsymbol{A}_k \tag{9.16g}$$

$$\boldsymbol{P}_{w_k} = \boldsymbol{\Lambda}_{w_k}^{-1} \boldsymbol{T}_{w_k} \boldsymbol{Z}_{k+1} \boldsymbol{A}_k \tag{9.16h}$$

$$\boldsymbol{C}_{u_k} = \frac{1}{2} \boldsymbol{\Lambda}_{u_k}^{-1} \boldsymbol{T}_{u_k} (\boldsymbol{S}_{k+1} + 2\boldsymbol{Z}_{k+1} \boldsymbol{C}_k) \tag{9.16i}$$

$$\boldsymbol{\Lambda}_{u_k} = \boldsymbol{R}_k + \boldsymbol{T}_{u(\alpha)_k} \boldsymbol{Z}_{k+1} \boldsymbol{B}_k \tag{9.16j}$$

$$\boldsymbol{\Lambda}_{w_k} = \gamma^2 \boldsymbol{I} - \boldsymbol{T}_{w_k} \boldsymbol{Z}_{k+1} \boldsymbol{D}_k \tag{9.16k}$$

$$\boldsymbol{T}_{u(\alpha)_k} = \boldsymbol{B}_k^{\mathrm{T}} (\boldsymbol{I} + \alpha^* \boldsymbol{Z}_{k+1} \boldsymbol{D}_k \boldsymbol{\Pi}_k^{-1} \boldsymbol{D}_k^{\mathrm{T}}) \tag{9.16l}$$

$$\boldsymbol{T}_{u_k} = \boldsymbol{B}_k^{\mathrm{T}} (\boldsymbol{I} + \boldsymbol{Z}_{k+1} \boldsymbol{D}_k \boldsymbol{\Pi}_k^{-1} \boldsymbol{D}_k^{\mathrm{T}}) \tag{9.16m}$$

$$\boldsymbol{T}_{w_k} = \boldsymbol{D}_k^{\mathrm{T}} (\boldsymbol{I} - \alpha^* \boldsymbol{Z}_{k+1} \boldsymbol{B}_k \boldsymbol{\Sigma}_k^{-1} \boldsymbol{B}_k^{\mathrm{T}}) \tag{9.16n}$$

定理 9.2　对于博弈 $\mathcal{G}_2$，如果信息集合为 $\mathcal{I}_k^1$，且有限时间长度 N，干扰抑制性能指标 $\gamma > 0$，递包率 $\alpha^* \in (0,1]$ 为给定常值，则有

①当且仅当下式成立时 $\mathcal{G}_2$ 中有唯一的状态反馈纳什均衡解：

$$\boldsymbol{\Pi}_k = \gamma^2 \boldsymbol{I} - \boldsymbol{D}_k^{\mathrm{T}} \boldsymbol{Z}_{k+1} \boldsymbol{D}_k > 0, k \in \boldsymbol{K} \tag{9.17}$$

其中，非递减序列 $\boldsymbol{Z}_k \geqslant 0$ 由迭代关系式(9.13)给出。

②在条件式(9.17)成立的情况下，如果矩阵 $\boldsymbol{\Lambda}_{u_k}$ 和 $\boldsymbol{\Lambda}_{w_k}$ 可逆，则可以通过下式计算状态反馈纳什均衡策略 (μ^*, ν^*)：

$$\boldsymbol{u}_k = \mu^*(\boldsymbol{I}_k^1) = -\boldsymbol{P}_{u_k} \boldsymbol{x}_k - \boldsymbol{C}_{u_k}$$

$$\boldsymbol{w}_k = \nu^*(\boldsymbol{I}_k^1) = \boldsymbol{P}_{w_k}\boldsymbol{x}_k + \boldsymbol{C}_{w_k} \tag{9.18}$$

③博弈值可以通过下式进行计算：

$$J^* = V_0(\boldsymbol{x}_0) = \boldsymbol{x}_0^{\mathrm{T}}\boldsymbol{Z}_0\boldsymbol{x}_0 + \boldsymbol{s}_0^{\mathrm{T}}\boldsymbol{x}_0 + n_0 \tag{9.19}$$

证明 借助动态规划工具和数学归纳法来进行证明。根据数学归纳法[117]，下式对于 $k = N-1$ 成立。

$$V_N(\boldsymbol{x}_N) = \boldsymbol{x}_N^{\mathrm{T}}\boldsymbol{Q}_N\boldsymbol{x}_N \tag{9.20}$$

$$\begin{aligned} V_{N-1}(\boldsymbol{x}_{N-1}) = \min\nolimits_{u_{N-1}} \max\nolimits_{w_{N-1}} \mathbb{E}\Big\{&\|\boldsymbol{x}_{N-1}\|_{Q_{N-1}}^2 + \alpha_{N-1}\|\boldsymbol{u}_{N-1}\|_{R_{N-1}}^2 - \gamma^2\|\boldsymbol{w}_{N-1}\|^2 \\ &+ (\boldsymbol{A}_{N-1}\boldsymbol{x}_{N-1} + \alpha_{N-1}\boldsymbol{B}_{N-1}\boldsymbol{u}_{N-1} + \boldsymbol{D}_{N-1}\boldsymbol{w}_{N-1} + \boldsymbol{C}_{N-1})^{\mathrm{T}}\boldsymbol{Q}_N \\ &(\boldsymbol{A}_{N-1}\boldsymbol{x}_{N-1} + \alpha_{N-1}\boldsymbol{B}_{N-1}\boldsymbol{u}_{N-1} + \boldsymbol{D}_{N-1}\boldsymbol{w}_{N-1} + \boldsymbol{C}_{N-1})\Big\} \end{aligned} \tag{9.21}$$

因为 $\boldsymbol{\Pi}_{N-1} = \gamma^2\boldsymbol{I} - \boldsymbol{D}_{N-1}^{\mathrm{T}}\boldsymbol{Q}_N\boldsymbol{D}_{N-1} > 0$ 和 $\boldsymbol{\Sigma}_{N-1} = \boldsymbol{R}_{N-1} + \boldsymbol{B}_{N-1}^{\mathrm{T}}\boldsymbol{Q}_N\boldsymbol{B}_{N-1} > 0$ 成立，所以上式函数对于 $\boldsymbol{u}_{N-1}$ 为凸函数，对于 $\boldsymbol{w}_{N-1}$ 为凹函数。由凸函数和凹函数的一阶充要条件可得

$$(\boldsymbol{R}_{N-1} + \boldsymbol{B}_{N-1}^{\mathrm{T}}\boldsymbol{Q}_N\boldsymbol{B}_{N-1})\mu^*(\boldsymbol{x}_{N-1}) = -\boldsymbol{B}_{N-1}^{\mathrm{T}}\boldsymbol{Q}_N(\boldsymbol{A}_{N-1}\boldsymbol{x}_{N-1} + \boldsymbol{D}_{N-1}\nu^*(\boldsymbol{x}_{N-1}) + \boldsymbol{C}_{N-1}) \tag{9.22}$$

$$(\gamma^2\boldsymbol{I} - \boldsymbol{D}_{N-1}^{\mathrm{T}}\boldsymbol{Q}_N\boldsymbol{D}_{N-1})\nu^*(\boldsymbol{x}_{N-1}) = \boldsymbol{D}_{N-1}^{\mathrm{T}}\boldsymbol{Q}_N(\boldsymbol{A}_{N-1}\boldsymbol{x}_{N-1} + \alpha^*\boldsymbol{B}_{N-1}\mu^*(\boldsymbol{x}_{N-1}) + \boldsymbol{C}_{N-1}) \tag{9.23}$$

式(9.22)和式(9.23)说明策略 μ_{N-1}^* 和 ν_{N-1}^* 是 $\boldsymbol{x}_{N-1}$ 的仿射。因此，可以将策略表示为 $\boldsymbol{u}_{N-1} = -\boldsymbol{P}_{u_{N-1}}\boldsymbol{x}_{N-1} - \boldsymbol{C}_{u_{N-1}}$ 和 $\boldsymbol{w}_{N-1} = \boldsymbol{P}_{w_{N-1}}\boldsymbol{x}_{N-1} + \boldsymbol{C}_{w_{N-1}}$ 一并代入式(9.22)和式(9.23)中，最终得到 $N-1$ 时刻的式(9.16f)～式(9.16i)。

同样，如果将式(9.22)和式(9.23)代入式(9.24)可以得到 $\boldsymbol{x}_{N-1}^{\mathrm{T}}\boldsymbol{Z}_N\boldsymbol{x}_{N-1} + \boldsymbol{\zeta}_{N-1}^{\mathrm{T}}\boldsymbol{x}_{N-1} + n_{N-1}$，这说明代价函数在 $k = N-1$ 时刻具有仿射二次型。按照同样的方法，可以得到 $(\mu_{N-2}^*, \nu_{N-2}^*)$ 和 $V_{N-2}(\boldsymbol{x}_{N-2})$。对所有的 $k \leqslant N-2$ 重复这些步骤，最终可以在条件①成立的情况下求出条件③中的博弈值。

对于条件①，我们仍然需要证明其必要性部分和 $\boldsymbol{Z}_k$ 的非负性。可以使用反证法来进行证明；假设存在某一时刻 $\bar{k} \in \boldsymbol{K}$ 式(9.17)为负，则外部干扰可以使 $\bar{k}$ 时刻的静态博弈趋向无穷大。序列 $\boldsymbol{Z}_k$，$k \in \boldsymbol{K}$ 的非负定性和非递减性可以通过以下步骤进行证明：对于 $k = N-1$ 有

$$\begin{aligned} V_{N-1}(\boldsymbol{x}_{N-1}) &= \boldsymbol{x}_{N-1}^{\mathrm{T}}\boldsymbol{Z}_{N-1}\boldsymbol{x}_{N-1} + \boldsymbol{\zeta}_{N-1}^{\mathrm{T}}\boldsymbol{x}_{N-1} + n_{N-1} \\ &= \max\nolimits_{w_{N-1}} \min\nolimits_{u_{N-1}} \mathbb{E}\Big\{\|\boldsymbol{x}_{N-1}\|_{Q_{N-1}}^2 + \alpha_{N-1}\|\boldsymbol{u}_{N-1}\|_{R_{N-1}}^2 - \gamma^2\|\boldsymbol{w}_{N-1}\|^2 + \boldsymbol{x}_N^{\mathrm{T}}\boldsymbol{Z}_N\boldsymbol{x}_N\Big\} \\ &= \max\nolimits_{w_{N-1}} \mathbb{E}\Big\{\|\boldsymbol{x}_{N-1}\|_{Q_{N-1}}^2 + \alpha_{N-1}\|\boldsymbol{P}_{u_{N-1}}\boldsymbol{x}_{N-1} + \boldsymbol{C}_{N-1}\|_{R_{N-1}}^2 - \gamma^2\|\boldsymbol{w}_{N-1}\|^2 + \boldsymbol{x}_N^{\mathrm{T}}\boldsymbol{Z}_N\boldsymbol{x}_N\Big\} \\ &\geqslant \mathbb{E}\Big\{\|\boldsymbol{x}_{N-1}\|_{Q_{N-1}}^2 + \alpha_{N-1}\|\boldsymbol{P}_{u_{N-1}}\boldsymbol{x}_{N-1} + \boldsymbol{C}_{N-1}\|_{R_{N-1}}^2 + \boldsymbol{x}_N^{\mathrm{T}}\boldsymbol{Z}_N\boldsymbol{x}_N \mid \boldsymbol{w}_{N-1} = 0\Big\} > 0 \end{aligned} \tag{9.24}$$

根据引理 9.1 有 $\boldsymbol{Z}_{N-1} \geqslant 0$ 和 $\boldsymbol{Z}_{N-1}-\boldsymbol{Z}_N \geqslant 0$，以上步骤可以对所有的 $k \leqslant N-2$ 重复。

矩阵 $\boldsymbol{\Pi}_k$ 和 $\boldsymbol{\Sigma}_k$ 的正定性可以保证纳什均衡策略 (μ^*, ν^*) 的唯一性。将式(9.16l)代入式(9.16j)可得

$$\boldsymbol{\Lambda}_{u_k}=\boldsymbol{R}_k+\boldsymbol{T}_{u(\alpha)_k}\boldsymbol{Z}_{k+1}\boldsymbol{B}_k=\boldsymbol{\Sigma}_k+\alpha^*\boldsymbol{B}_k^{\mathrm{T}}Z_{k+1}\boldsymbol{D}_k\boldsymbol{\Pi}_k^{-1}\boldsymbol{D}_k^{\mathrm{T}}\boldsymbol{Z}_{k+1}\boldsymbol{B}_k>0 \tag{9.25}$$

同样可得

$$\boldsymbol{\Lambda}_{w_k}=\gamma^2\boldsymbol{I}-\boldsymbol{T}_{w_k}\boldsymbol{Z}_{k+1}\boldsymbol{D}_k=\boldsymbol{\Pi}_k+\alpha^*\boldsymbol{D}_k^{\mathrm{T}}\boldsymbol{Z}_{k+1}\boldsymbol{B}_k\boldsymbol{\Sigma}_k^{-1}\boldsymbol{B}_k^{\mathrm{T}}\boldsymbol{Z}_{k+1}\boldsymbol{D}_k>0 \tag{9.26}$$

因此如果矩阵 $\boldsymbol{\Lambda}_{u_k}$ 和 $\boldsymbol{\Lambda}_{w_k}$ 对于所有的 $k\in\boldsymbol{K}$ 可逆，则通过式(9.16f)和式(9.16h)(或者式(9.16g)和式(9.16i))可以得到唯一的 $\boldsymbol{P}_{u_k}$ 和 $\boldsymbol{C}_{u_k}$（或者 $\boldsymbol{P}_{w_k}$ 和 $\boldsymbol{C}_{w_k}$）。

下面的定理对丢包存在条件下 1DCLPS 型 H_∞ 控制器的情况进行考虑。主要采用增添补偿器的方法对系统状态进行重构[117,181]。

定理 9.3　对于博弈 $\mathcal{G}_2$，如果信息集合为 $\mathcal{I}_k^2$，且有限时间长度 N，干扰抑制性能指标 $\gamma>0$，递包率 $\alpha^*\in(0,1]$ 为给定常值，则有

①当且仅当下式成立时，$\mathcal{G}_2$ 存在状态反馈纳什均衡解：

$$Y_k=\gamma^2\boldsymbol{I}-\bar{\boldsymbol{D}}_k^{\mathrm{T}}\tilde{\boldsymbol{Z}}_{k+1}\bar{\boldsymbol{D}}_k>0,\quad \forall k\in\boldsymbol{K} \tag{9.27}$$

其中，

$$\begin{aligned}
\tilde{\boldsymbol{S}}_{k+1}&=\tilde{\boldsymbol{Z}}_{k+1}(\boldsymbol{I}+\bar{\boldsymbol{D}}_k(\gamma^2\boldsymbol{I}-\bar{\boldsymbol{D}}_k^{\mathrm{T}}\tilde{\boldsymbol{Z}}_{k+1}\bar{\boldsymbol{D}}_k)^{-1}\bar{\boldsymbol{D}}_k^{\mathrm{T}}\tilde{\boldsymbol{Z}}_{k+1})\\
\tilde{\boldsymbol{Z}}_k&=\begin{bmatrix}\boldsymbol{Q}_k & 0\\ 0 & \alpha^*\boldsymbol{P}_{u_k}^{\mathrm{T}}\boldsymbol{R}_k\boldsymbol{P}_{u_k}\end{bmatrix}+\begin{bmatrix}\boldsymbol{A}_k^{\mathrm{T}} & \boldsymbol{A}_k^{\mathrm{T}}\\ 0 & \boldsymbol{P}_{w_k}^{\mathrm{T}}\boldsymbol{D}_k^{\mathrm{T}}\end{bmatrix}\tilde{\boldsymbol{S}}_{k+1}\begin{bmatrix}\boldsymbol{A}_k & 0\\ \boldsymbol{A}_k & \boldsymbol{D}_k\boldsymbol{P}_{w_k}\end{bmatrix}\\
&\quad-\alpha^*\begin{bmatrix}\boldsymbol{A}_k^{\mathrm{T}} & \boldsymbol{A}_k^{\mathrm{T}}\\ 0 & \boldsymbol{P}_{w_k}^{\mathrm{T}}\boldsymbol{D}_k^{\mathrm{T}}\end{bmatrix}\tilde{\boldsymbol{S}}_{k+1}\begin{bmatrix}0 & \boldsymbol{B}_k\boldsymbol{P}_{u_k}\\ 0 & \boldsymbol{B}_k\boldsymbol{P}_{u_k}\end{bmatrix}\\
&\quad+\alpha^*\begin{bmatrix}0 & 0\\ \boldsymbol{P}_{u_k}^{\mathrm{T}}\boldsymbol{B}_k^{\mathrm{T}} & \boldsymbol{P}_{u_k}^{\mathrm{T}}\boldsymbol{B}_k^{\mathrm{T}}\end{bmatrix}\tilde{\boldsymbol{S}}_{k+1}\begin{bmatrix}0 & \boldsymbol{B}_k\boldsymbol{P}_{u_k}\\ 0 & \boldsymbol{B}_k\boldsymbol{P}_{u_k}\end{bmatrix}\\
&\quad-\alpha^*\begin{bmatrix}0 & 0\\ \boldsymbol{P}_{u_k}^{\mathrm{T}}\boldsymbol{B}_k^{\mathrm{T}} & \boldsymbol{P}_{u_k}^{\mathrm{T}}\boldsymbol{B}_k^{\mathrm{T}}\end{bmatrix}\tilde{\boldsymbol{S}}_{k+1}\begin{bmatrix}\boldsymbol{A}_k & 0\\ \boldsymbol{A}_k & \boldsymbol{D}_k\boldsymbol{P}_{w_k}\end{bmatrix}\\
\bar{\boldsymbol{D}}_k&=[\boldsymbol{D}_k\quad 0]^{\mathrm{T}},\quad \tilde{\boldsymbol{Z}}_N=\mathrm{diag}\{\boldsymbol{Q}_N,0\}
\end{aligned} \tag{9.28}$$

②在条件式(9.27)成立的条件下，唯一的纳什均衡策略集 (μ^*, ν^*) 可以通过下式进行求解：

$$\begin{aligned}
\boldsymbol{u}_k&=\mu^*(\mathcal{I}_k^2)=-\boldsymbol{P}_{u_k}\xi_k-\boldsymbol{C}_{u_k}\\
\boldsymbol{w}_k&=\nu^*(\mathcal{I}_k^2)=\boldsymbol{P}_{w_k}\xi_k+\boldsymbol{C}_{w_k}
\end{aligned} \tag{9.29}$$

其中，$\boldsymbol{\xi}_k$ 由以下补偿器产生：

$$\boldsymbol{\xi}_{k+1} = \boldsymbol{A}_k \boldsymbol{x}_k + \alpha_k \boldsymbol{B}_k (-\boldsymbol{P}_{u_k} \xi_k - \boldsymbol{C}_{u_k}) + \boldsymbol{D}_k (\boldsymbol{P}_{w_k} \xi_k + \boldsymbol{C}_{w_k}) + \boldsymbol{C}_k \tag{9.30}$$

博弈值可以通过式(9.19)求出。

证明 根据零和博弈纳什均衡点的可交换性[181]可得$(\mu^*(\mathcal{I}_k^2),\nu^*(\mathcal{I}_k^2))$是纳什均衡策略式(9.18)的表达。通过对原系统式(9.3)增添补偿器式(9.30)得到下面的扩张系统：

$$\boldsymbol{\zeta}_{k+1} = \bar{\boldsymbol{A}}_k \boldsymbol{\zeta}_k + \bar{\boldsymbol{D}}_k \boldsymbol{w}_k + \bar{\boldsymbol{C}}_k \tag{9.31}$$

其中，

$$\bar{\boldsymbol{A}}_k = \begin{bmatrix} \boldsymbol{A}_k & -\alpha_k \boldsymbol{B}_k \boldsymbol{P}_{u_k} \\ \boldsymbol{A}_k & -\alpha_k \boldsymbol{B}_k \boldsymbol{P}_{u_k} + \boldsymbol{D}_k \boldsymbol{P}_{w_k} \end{bmatrix}, \quad \bar{\boldsymbol{D}}_k = \begin{bmatrix} D_k \\ 0 \end{bmatrix}$$

$$\bar{\boldsymbol{C}}_k = \begin{bmatrix} \boldsymbol{C}_k - \alpha_k \boldsymbol{B}_k \boldsymbol{C}_{u_k} \\ \boldsymbol{C}_k - \alpha_k \boldsymbol{B}_k \boldsymbol{C}_{u_k} + \boldsymbol{D}_k \boldsymbol{C}_{w_k} \end{bmatrix}, \quad \boldsymbol{\zeta}_k = [\boldsymbol{x}_k \quad \boldsymbol{\zeta}_k]^{\mathrm{T}}$$

类似于定理 9.2 的证明可得

$$\begin{aligned} V_k(\zeta_k) &= \min\nolimits_{u_k} \max\nolimits_{w_k} \mathbb{E}\{\boldsymbol{\zeta}_k^{\mathrm{T}} \tilde{\boldsymbol{Z}}_k \boldsymbol{\zeta}_k + \boldsymbol{\theta}_k^{\mathrm{T}} \boldsymbol{\zeta}_k + \vartheta_k\} \\ &= \min\nolimits_{u_k} \max\nolimits_{w_k} \mathbb{E}\{\boldsymbol{x}_k^{\mathrm{T}} \boldsymbol{Q}_k \boldsymbol{x}_k + \alpha_k \boldsymbol{\xi}_k^{\mathrm{T}} \boldsymbol{P}_{u_k}^{\mathrm{T}} \boldsymbol{R}_k \boldsymbol{P}_{u_k} \boldsymbol{\xi}_k + \alpha_k \boldsymbol{C}_{u_k}^{\mathrm{T}} \boldsymbol{R}_k \boldsymbol{P}_{u_k} \boldsymbol{\xi}_k + \alpha_k \boldsymbol{\xi}_k^{\mathrm{T}} \boldsymbol{P}_{u_k}^{\mathrm{T}} \boldsymbol{R}_k \boldsymbol{C}_{u_k} \\ &\quad + \alpha_k \boldsymbol{C}_{u_k}^{\mathrm{T}} \boldsymbol{R}_k \boldsymbol{C}_{u_k} - \gamma^2 \boldsymbol{w}_k^{\mathrm{T}} \boldsymbol{w}_k + (\bar{\boldsymbol{A}}_k \boldsymbol{\zeta}_k + \bar{\boldsymbol{D}}_k w_k + \bar{\boldsymbol{C}}_k)^{\mathrm{T}} \tilde{\boldsymbol{Z}}_{k+1} (\bar{\boldsymbol{A}}_k \boldsymbol{\zeta}_k + \bar{\boldsymbol{D}}_k \boldsymbol{w}_k + \bar{\boldsymbol{C}}_k) \\ &\quad + \boldsymbol{\theta}_{k+1}^{\mathrm{T}} (\bar{\boldsymbol{A}}_k \boldsymbol{\zeta}_k + \bar{\boldsymbol{D}}_k \boldsymbol{w}_k + \bar{\boldsymbol{C}}_k) + \vartheta_{k+1}\} \end{aligned} \tag{9.32}$$

如果条件式(9.27)满足，则函数$V_k(\boldsymbol{\zeta}_k)$在每个时刻$k$对于$\boldsymbol{w}_k$是凹函数。条件①中必要性部分可以使用反证法证明：假设对于某一时刻$\bar{k} \in \boldsymbol{K}$，式(9.27)为负值，则外部干扰可以使$\bar{k}$时刻的静态博弈趋向无穷大。

函数$V_k(\boldsymbol{\zeta}_k)$对$\boldsymbol{w}_k$为凹函数的一阶充分必要条件为

$$\boldsymbol{w}_k = (\gamma^2 \boldsymbol{I} - \bar{\boldsymbol{D}}_k^{\mathrm{T}} \tilde{\boldsymbol{Z}}_{k+1} \bar{\boldsymbol{D}}_k)^{-1} \bar{\boldsymbol{D}}_k^{\mathrm{T}} (\tilde{\boldsymbol{Z}}_{k+1} \bar{\boldsymbol{A}}_k \zeta_k + \tilde{\boldsymbol{Z}}_{k+1} \bar{\boldsymbol{C}}_k + \theta_{k+1}) \tag{9.33}$$

将$\boldsymbol{w}_k$代入$V_k(\boldsymbol{\zeta}_k)$并要求其对所有$\boldsymbol{x}_k (k \in \boldsymbol{K})$都成立，可以得到式(9.28)。证明完成。

这里针对 CLPS 型H_∞控制器引入最优干扰抑制性能指标：

$$\gamma_c(\tilde{\alpha}, N) = \inf\{\gamma : \gamma^2 \boldsymbol{I} - \boldsymbol{D}_k^{\mathrm{T}} \boldsymbol{Z}_{k+1}(\tilde{\alpha}, \gamma) \boldsymbol{D}_k > 0, k \in \boldsymbol{K}\}$$

针对 1DCLPS 型H_∞控制器引入最优干扰抑制性能指标：

$$\tilde{\gamma}_c(\tilde{\alpha}, N) = \inf\{\gamma : \gamma^2 \boldsymbol{I} - \bar{\boldsymbol{D}}_k^{\mathrm{T}} \tilde{\boldsymbol{Z}}_{k+1}(\tilde{\alpha}, \gamma) \bar{\boldsymbol{D}}_k > 0, k \in \boldsymbol{K}\}$$

根据文献[125]可知，与 CLPS 型H_∞控制器相比，1DCLPS 型H_∞控制器会造

成干扰抑制性能指标的下降，因此$\gamma_c(\tilde{\alpha},N)<\tilde{\gamma}_c(\tilde{\alpha},N)$。同样根据文献[182]，博弈值$J(\mu^*, \nu^*,\boldsymbol{f}^*,\boldsymbol{g}^*)$是$J(\mu^*,w_{[1,N]},\boldsymbol{f}^*,\boldsymbol{g}^*)$的上界，其中，$w_{[1,N]}=\{w_1,\cdots,w_N\}$是$l_2$序列。

9.3.3 基于嵌套式纳什博弈的耦合设计方法

对于问题9.1，协同防御策略$(\boldsymbol{f}^*,\mu^*)$可以根据传输网络中是否存在时延，依次使用定理9.1和定理9.2(或者定理9.3)。这与实际情况相吻合，因为DoS攻击者在对NCSs控制性能造成影响之前必须经过IDS的过滤(求解博弈$\mathcal{G}_1$)。因此协同防御策略$(\boldsymbol{f}^*,\mu^*)$可以通过以下步骤进行求解。

算法9.1 寻找协同防御策略$(\boldsymbol{f}^*,\mu^*)$：

①利用定理9.1来求解$\mathcal{G}_1$的纳什均衡策略$(\boldsymbol{f}^*,\boldsymbol{g}^*)$；

②利用$\alpha^*=\mathbb{E}_{\boldsymbol{f}^*,\boldsymbol{g}^*}\{\boldsymbol{M}_\alpha\}=\boldsymbol{f}^{*\mathrm{T}}\boldsymbol{M}_\alpha\boldsymbol{g}^*$计算递包率的估计值$\alpha^*$；

③利用α^*以及定理 9.2(无时延)或定理 9.3(存在一步时延)来求解$\mathcal{G}_2$的纳什均衡策略(μ^*, ν^*)。

在解决问题9.2之前，需要引入以下证明引理。

引理9.2 对于给定的N和$\alpha_1\leqslant\alpha_2$，有$\gamma_c(\alpha_2,N)\leqslant\gamma_c(\alpha_1,N)$。

证明 根据文献[183]中的引理4可知，代价函数$V_k(\boldsymbol{x}_k)$是递包率的非增函数。因此，如果有$\alpha_1\leqslant\alpha_2$，则对于所有的$\boldsymbol{x}_k$均有

$$\boldsymbol{x}_k^{\mathrm{T}}(\boldsymbol{Z}_k(\alpha_2,\tilde{\gamma})-\boldsymbol{Z}_k(\alpha_1,\tilde{\gamma}))\boldsymbol{x}_k+(\boldsymbol{\zeta}_k^{\mathrm{T}}(\alpha_2,\tilde{\gamma})-\boldsymbol{\zeta}_k^{\mathrm{T}}(\alpha_1,\tilde{\gamma}))\boldsymbol{x}_k+(n_k(\alpha_2,\tilde{\gamma})-n_k(\alpha_1,\tilde{\gamma}))\leqslant 0 \tag{9.34}$$

下面的定理给出了IDS无法保护控制系统的充分条件。

定理9.4 如果$\boldsymbol{P}_{a2}$采用攻击策略$\boldsymbol{g}^*$且$\gamma_c(\alpha(\boldsymbol{f}^*,\boldsymbol{g}^*),N)>\hat{\gamma}$，则对于所有$0\leqslant f\leqslant 1$都有$\gamma_c(\alpha(\boldsymbol{f}^*,\boldsymbol{g}^*),N)>\hat{\gamma}$。

证明 引入集合$\Omega(\boldsymbol{f}):=\{\alpha(\boldsymbol{f},\boldsymbol{g}^*):0<\alpha(\boldsymbol{f},\boldsymbol{g}^*)\leqslant 1\}$。根据式(9.7)可得$\max_{f\in[0,1]}\Omega(\boldsymbol{f})=\alpha^*$，根据引理9.2，有$\gamma_c(\alpha(\boldsymbol{f},\boldsymbol{g}^*),N)\geqslant\gamma_c(\alpha(\boldsymbol{f}^*,\boldsymbol{g}^*),N)$。

IDS可以保护控制系统的充分条件如下所示。

定理9.5 如果$\mathcal{G}_1$是零和博弈，即$\boldsymbol{M}_\alpha=-\boldsymbol{M}_\beta$；若$\gamma_c(\alpha(\boldsymbol{f}^*,\boldsymbol{g}^*),N)\leqslant\hat{\gamma}$，则对于所有的$0\leqslant g\leqslant 1$均有$\gamma_c(\alpha(\boldsymbol{f}^*,\boldsymbol{g}^*),N)\leqslant\hat{\gamma}$。

证明 如果$\mathcal{G}_1$是零和博弈，则不等式(9.7)可以表示为$\alpha(\boldsymbol{f},\boldsymbol{g}^*)\leqslant\alpha(\boldsymbol{f}^*,\boldsymbol{g}^*)\leqslant\alpha(\boldsymbol{f}^*,\boldsymbol{g})$。引入集合$\Phi(\boldsymbol{g}):=\{\alpha(\boldsymbol{f}^*,\boldsymbol{g}):0<\alpha(\boldsymbol{f}^*,\boldsymbol{g})\leqslant 1\}$，则有$\min_{g\in[0,1]}\Phi(\boldsymbol{g})=\alpha^*$。根据引理9.2有$\gamma_c(\alpha(\boldsymbol{f}^*,\boldsymbol{g}),N)\leqslant\gamma_c(\alpha(\boldsymbol{f}^*,\boldsymbol{g}^*),N)$。

定理9.6 说明如果有$\gamma_c(\alpha^*,N)>\hat{\gamma}$且攻击者采用$\boldsymbol{g}^*$作为攻击策略，则无论IDS采用何种配置策略都无法保护控制系统。定理9.5说明如果$\mathcal{G}_1$是一个零和博弈且$\gamma_c(\alpha^*,N)>\hat{\gamma}$，则只要IDS采用配置策略$\boldsymbol{f}^*$就一定能够保护控制系统。

注释 9.1　在文献[183]中，递包率是一个不需要设计的给定值。因此，经典的 H_∞ 控制只依赖于博弈参与者 $\boldsymbol{P}_{b1}$ 和 $\boldsymbol{P}_{b2}$。在本章中，递包率也是一个可控量且其依赖于博弈参与者 $\boldsymbol{P}_{a1}$ 和 $\boldsymbol{P}_{a2}$ 的策略。

9.4　仿 真 算 例

本节以不间断电源为对象，研究其在网络控制条件下的安全性。不间断电源的模型的参数和数值如表 9.1 所示。不间断电源的模型如下所示[179]。

表 9.1　不间断电源参数

参数	数值
电感	$L_f = 1\text{mH}$
电阻	$R_{Lf} = 15\text{m}\Omega$
电容	$C_f = 300\mu\text{F}$
负荷导纳	$Y_o = 1\text{S}$
采样周期	$T_s = 0.0008\text{s}$

$$\boldsymbol{A}=\begin{bmatrix} 1-T_sR_{L_f}/L_f & T_s/L_f & 0 \\ -T_s/C_f & 1-T_sY_o/C_f & 0 \\ 0 & T_s & 1 \end{bmatrix},\quad \boldsymbol{B}=\begin{bmatrix} T_s/L_f \\ 0 \\ 0 \end{bmatrix}$$

$$\boldsymbol{D}=\begin{bmatrix} 0 & T_s/C_f & 0 \\ -T_s/L_f & T_sY_o/C_f & 0 \end{bmatrix}^{\mathrm{T}},\quad \boldsymbol{C}=\begin{bmatrix} 0 & 0 & 0 \end{bmatrix}^{\mathrm{T}} \tag{9.35}$$

$$\boldsymbol{x}_k=[x_{1k}\quad x_{2k}\quad x_{3k}]^{\mathrm{T}},\quad \boldsymbol{w}_k=[i_k^o\quad v_k^{\mathrm{rms}}]^{\mathrm{T}}$$

其中，$[x_{1k}\quad x_{2k}]^{\mathrm{T}}=[i_k^{L_f}\quad v_k^{\mathrm{rms}}\quad -v_k^{\mathrm{orms}}]^{\mathrm{T}}$，$x_{3k+1}=T_sx_{2k}+x_{3k}$，$v_k^{\mathrm{orms}}$ 是电容电压的均方根，v_k^{rms} 是正弦跟踪信号的均方根，$i_k^{L_f}$ 是电感电流，i_k^0 代表输出干扰；令外部干扰为 $\boldsymbol{w}_k=[0\quad \sin(0.5k)]^{\mathrm{T}}$。控制性能指标函数为

$$\mathbb{E}\left\{\|\boldsymbol{x}_{201}\|_{20}^2+\sum_{k=0}^{200}\left\{\|\boldsymbol{x}_k\|_{20}^2+\alpha_k\|\boldsymbol{u}_k\|^2-\gamma^2\|\boldsymbol{w}_k\|^2\right\}\right\}$$

考虑 IDS 和 DoS 攻击者之间的博弈：IDS 有两种防御措施，加载防御库 l_1 或 l_2；DoS 攻击者有两种可以选择攻击方式 a_1 或 a_2。假设防御库 l_1 可以检测出 a_1，防御库 l_2 可以检测出 a_2，博弈 $\mathcal{G}_1$ 的得益矩阵如(9.36)所示：

$$\boldsymbol{M}_\alpha=\begin{bmatrix} & a_1 & a_2 \\ F_1 & 0.9 & 0.77 \\ F_2 & 0.8 & 0.85 \end{bmatrix} \qquad \boldsymbol{M}_\beta=\begin{bmatrix} & a_1 & a_2 \\ F_1 & 0.5 & 2 \\ F_2 & 1.5 & 1 \end{bmatrix} \tag{9.36}$$

首先，通过定理 9.1 计算出 $\boldsymbol{f}^*=[0.25\quad 0.75]^{\mathrm{T}}$ 和 $\boldsymbol{g}^*=[0.4444\quad 0.5556]^{\mathrm{T}}$。递包率的估计值为 $\alpha^*=\mathbb{E}_{\boldsymbol{r}^\cdot,\boldsymbol{g}^\cdot}\{\boldsymbol{M}_\alpha\}=\boldsymbol{f}^{*\mathrm{T}}\boldsymbol{M}_\alpha\boldsymbol{g}^*=0.8278$。在 DoS 攻击者完全理性的情况下，可以引入最优干扰抑制指标为 $\hat{\gamma}_c:=\gamma_c(\boldsymbol{f},\boldsymbol{g}^*)$。IDS 配置策略 f_1 与干扰抑制性能指标 $\hat{\gamma}_c$ 的关系如图 9.3 所示。从图 9.3 中也可以看出，当 $f_1=0.252$ 时干扰抑制性能指标 $\hat{\gamma}_c$ 达到最小值。这与之前的理论计算值 $f_1^*=0.25$ 接近。因此在 DoS 攻击者完全理性的情况下，使用本章所提方法可以得到最优的干扰抑制性能指标。使用递包率 $\alpha^*=0.8278$，$\gamma=100$ 并赋初值 $\boldsymbol{x}_0=[1\quad 1\quad 0]^{\mathrm{T}}$，则 CLPS 型 H_∞ 控制器和 1DCLPS 型 H_∞ 控制器的控制结果如图 9.4 所示。

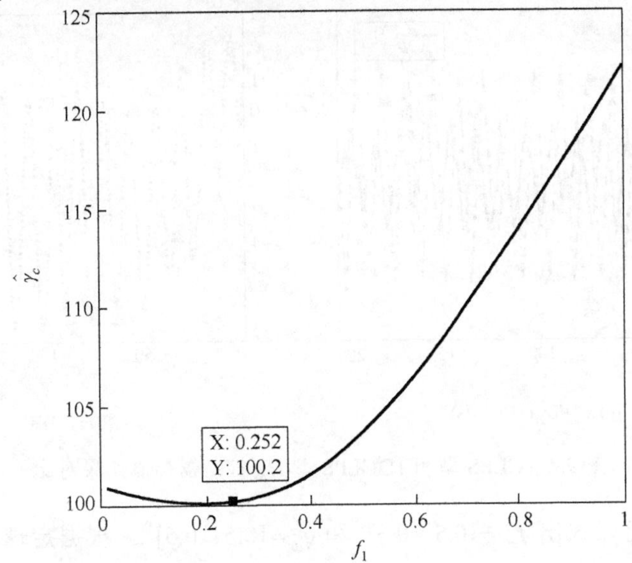

图 9.3　IDS 配置策略 f_1 与干扰抑制性能指标 $\hat{\gamma}_c$ 的关系。

利用定理 9.2 和定理 9.3 可以求出最优的干扰抑制性能指标为 $\gamma_c(0.8278,201)=37.4$ 和 $\tilde{\gamma}_c(0.8278,201)=100.1$。如果控制系统所容许的最大干扰抑制性能指标为 $\hat{\gamma}=36$；则根据定理 9.4 和 $\gamma_c(\alpha^*,201)=37.4>36$ 可知由得益矩阵式(9.36)刻画的 IDS 无法使 NCSs 抵御 DoS 的攻击。如果升级 IDS 后得益矩阵为

$$\boldsymbol{M}_\alpha=-\boldsymbol{M}_\beta=\begin{bmatrix} & a_1 & a_2 \\ F_1 & 0.98 & 0.92 \\ F_2 & 0.92 & 0.98 \end{bmatrix} \tag{9.37}$$

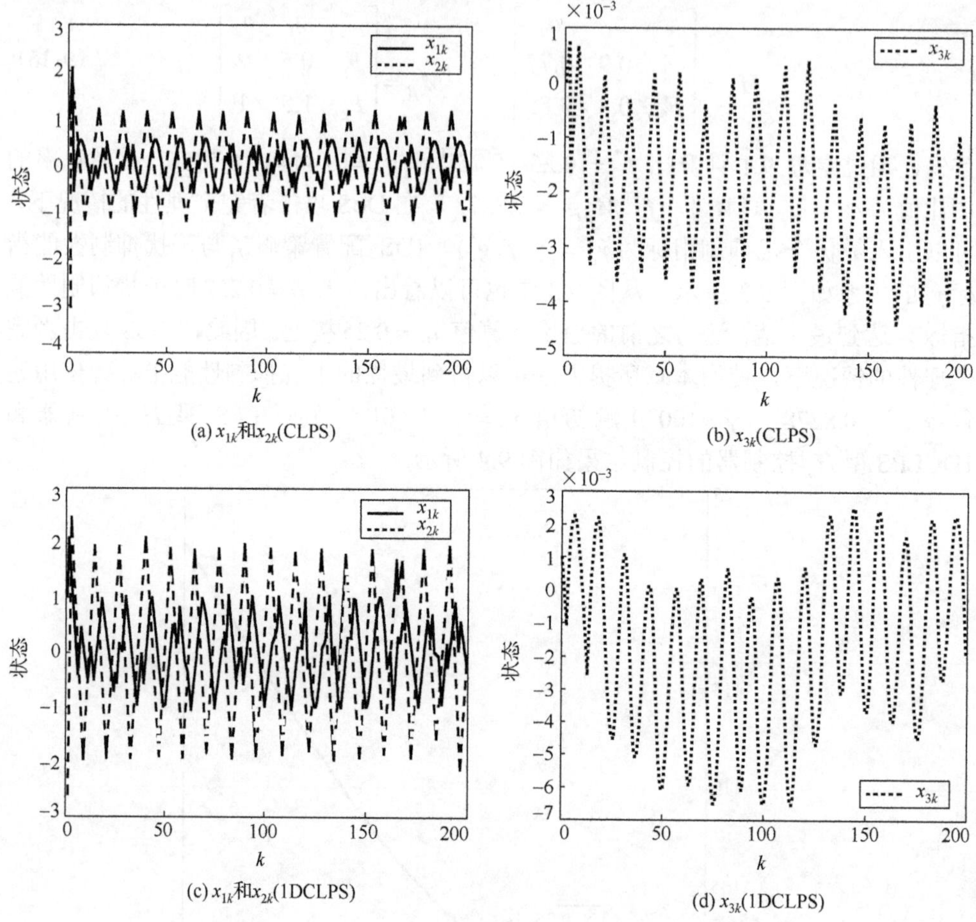

图 9.4　CLPS 型和 1DCLPS 型 H_∞ 控制器控制结果对比

利用定理 9.1 可以求出 $\boldsymbol{f}_e^* = [0.5 \quad 0.5]^{\mathrm{T}}$ 和 $\boldsymbol{g}_e^* = [0.5 \quad 0.5]^{\mathrm{T}}$。根据定理 9.5 和下式:

$$\gamma_c(\alpha^*, 201) = 35.8 < 36$$

可得由得益矩阵式(9.37)刻画的 IDS 能够保护控制系统抵御 DoS 的攻击。

9.5　本 章 小 结

本章研究了 IDS 和 NCSs 的耦合设计问题，给出了一套嵌套式博弈方法。与已有的研究成果最大的不同之处在于，本章中 NCSs 的递包率不再是一个给定的数值，而是依赖于 IDS 和 DoS 攻击之间的博弈结果。利用嵌套式博弈中纳什均衡解的性质，给出了判断 IDS 能否保护 NCSs 的判据。仿真结果表明了所提方法的有效性。

第 10 章　面向智能攻击者的主从博弈攻防策略设计方法

10.1　研究背景与意义

第 9 章给出了一种 IDS 和 NCSs 的耦合设计方法，值得注意的是，第 9 章中所提方法仅适用于博弈参与者所拥有的信息集合相同的情况。而在实际中，DoS 攻击者和 IDS 之间，控制器和外部干扰之间所拥有的信息集合往往各不相同。例如，DoS 攻击者可以提前获悉 IDS 的配置策略并采用相应的最佳攻击策略，控制器可以通过利用外部干扰的信息来提升控制性能。这里将能够掌握 IDS 配置策略的 DoS 攻击者称为智能 DoS 攻击者，而能利用外部干扰信息提高控制性能的 H_∞ 控制器为完全信息 H_∞ 控制器。针对智能 DoS 攻击者，为了实现 IDS 和完全信息 H_∞ 控制器的耦合设计，本章提出了嵌套式主从博弈框架，使得 NCSs 能够同时抵御外部干扰和 DoS 攻击。类似于上一章，本章在最后同样给出了 IDS 是否能保护 NCSs 免受智能 DoS 攻击的判据。本章所提方法在不间断电源和三区域负荷频率控制的仿真实验中得到了较好的效果。

10.2　针对智能攻击者的嵌套式主从博弈模型

用嵌套式主从博弈框架来处理智能 DoS 攻击下的 NCSs 安全性分析，嵌套式主从博弈框架如图 10.1 所示。使用内层博弈 $\mathcal{G}_1$ 描述 IDS 和智能 DoS 攻击者之间的交互关系，使用外层博弈 $\mathcal{G}_2$ 来刻画完全信息 H_∞ 控制。$\mathcal{G}_1$ 和 $\mathcal{G}_2$ 均为主从博弈且 $\mathcal{G}_1$ 的主从博弈均衡解会对 $\mathcal{G}_2$ 的主从博弈均衡解造成影响。嵌套式主从博弈框架与网络攻击入侵 NCSs 的实际情况相吻合，因为网络攻击必须经过 IDS 的过滤才能对 NCSs 造成损害。

下面分层次对嵌套式主从博弈框架进行详细说明。将内层博弈 $\mathcal{G}_1$ 的博弈参与者记为 $\boldsymbol{P}_{ai}$，$i\in\{1,2\}$，其中，$\boldsymbol{P}_{a1}$ 和 $\boldsymbol{P}_{a2}$ 分别代表 IDS 和智能 DoS 攻击者。将外层博弈 $\mathcal{G}_2$ 的博弈参与者记为 $\boldsymbol{P}_{bj}$，$j\in\{1,2\}$，其中，$\boldsymbol{P}_{b1}$ 和 $\boldsymbol{P}_{b2}$ 分别代表完全信息 H_∞ 控制器和外部干扰。可以将博弈参与者 $\boldsymbol{P}_{a1}$ 的策略向量记为 $\boldsymbol{u}_a^1:=[u_{a1}^1\quad u_{a2}^1\quad\cdots\quad u_{am}^1]^{\mathrm{T}}$，将参与者 $\boldsymbol{P}_{a2}$ 的策略向量记为 $\boldsymbol{u}_a^2:=[u_{a1}^1\quad u_{a2}^1\quad\cdots\quad u_{am}^1]^{\mathrm{T}}$。$\boldsymbol{P}_{a1}$ 和 $\boldsymbol{P}_{a2}$ 从策略空间

$U_a^1 := \{\boldsymbol{u}_a^1 \subset \mathbb{R}^m : u_{ai}^1 > 0, i = 1, \cdots, m\}$ 和 $U_a^2 := \{\boldsymbol{u}_a^2 \subset \mathbb{R}^n : u_{aj}^2 > 0, j = 1, \cdots, n\}$ 中选择策略。根据文献[47]中的 IDS 模型，将 IDS 和智能 DoS 攻击者的代价函数记为

$$J_a^1(\boldsymbol{u}_a^1, \boldsymbol{u}_a^2) := r(\boldsymbol{u}_a^2)^{\mathrm{T}} \boldsymbol{P}\bar{\boldsymbol{Q}}\boldsymbol{u}_a^1 + (\boldsymbol{u}_a^1)^{\mathrm{T}} \operatorname{diag}(\boldsymbol{\varphi})\boldsymbol{u}_a^1 + c^1(\boldsymbol{Q}\boldsymbol{u}_a^2 - \bar{\boldsymbol{Q}}\boldsymbol{u}_a^1) \tag{10.1}$$

$$J_a^2(\boldsymbol{u}_a^1, \boldsymbol{u}_a^2) := -r(\boldsymbol{u}_a^2)^{\mathrm{T}} \boldsymbol{P}\bar{\boldsymbol{Q}}\boldsymbol{u}_a^1 + (\boldsymbol{u}_a^2)^{\mathrm{T}} \operatorname{diag}(\boldsymbol{\psi})\boldsymbol{u}_a^2 + c^2(\bar{\boldsymbol{Q}}\boldsymbol{u}_a^1 - \boldsymbol{Q}\boldsymbol{u}_a^2) \tag{10.2}$$

其中，$\boldsymbol{\varphi} := [\varphi_1 \quad \cdots \quad \varphi_m]$ 和 $\boldsymbol{\psi} := [\psi_1 \quad \cdots \quad \psi_n]$ 是元素均为正值的行向量；$\boldsymbol{Q}$ 是对角线元素均大于 1 的非负定矩阵，它可以用来刻画传输网络的脆弱性；$\bar{\boldsymbol{Q}}$ 是元素均为 1 或者 0 的关联矩阵，可以将 IDS 与 DoS 攻击相联系；$\bar{\boldsymbol{P}}$ 代表 DoS 攻击被传感器网络发现的平均概率，并且有 $\boldsymbol{P}(i,j) = -\bar{\boldsymbol{P}}(i,j), i = j$ 和 $\boldsymbol{P}(i,j) = -\bar{\boldsymbol{P}}(i,j), i \neq j$ 。$\boldsymbol{c}^1$ 和 $\boldsymbol{c}^2$ 是元素均为正值的列向量。$r(\boldsymbol{u}_a^2)^{\mathrm{T}} \boldsymbol{P}\bar{\boldsymbol{Q}}\boldsymbol{u}_a^1$ ，$r > 0$ 代表 IDS 的误警率；$r(\boldsymbol{u}_a^2)^{\mathrm{T}} \boldsymbol{P}\bar{\boldsymbol{Q}}\boldsymbol{u}_a^1$ 代表 DoS 攻击者通过欺骗 IDS 而获得的利益；$(\boldsymbol{u}_a^1)^{\mathrm{T}} \operatorname{diag}(\boldsymbol{\varphi})\boldsymbol{u}_a^1$ 代表 IDS 检测 DoS 攻击的成本；$(\boldsymbol{u}_a^2)^{\mathrm{T}} \operatorname{diag}(\boldsymbol{\varphi})\boldsymbol{u}_a^2$ 代表智能 DoS 攻击者发动攻击的成本；$c^1(\boldsymbol{Q}\boldsymbol{u}_a^2 - \bar{\boldsymbol{Q}}\boldsymbol{u}_a^1)$ 是 DoS 攻击者攻击成功后对传输网络造成的损害；$c^2(\boldsymbol{Q}\boldsymbol{u}_a^1 - \bar{\boldsymbol{Q}}\boldsymbol{u}_a^2)$ 代表 IDS 在成功抵御攻击后对攻击者造成的损害。

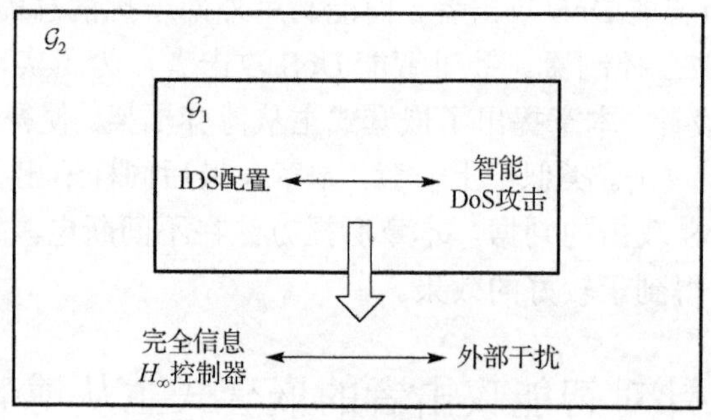

图 10.1　嵌套式主从博弈框架

对于外层博弈 $\mathcal{G}_2$ ，$\boldsymbol{P}_{b1}$ 代表完全信息 H_∞ 控制器并可以决定控制策略；$\boldsymbol{P}_{b2}$ 代表外部干扰。被控系统的模型为

$$\begin{aligned} \boldsymbol{x}_{k+1} &= \boldsymbol{A}_k \boldsymbol{x}_k + \boldsymbol{B}_k \boldsymbol{u}_k^a + \boldsymbol{D}_k \boldsymbol{w}_k \\ \boldsymbol{u}_k^a &= \alpha_k \boldsymbol{u}_k \end{aligned} \tag{10.3}$$

其中，$\boldsymbol{A}_k$ ，$\boldsymbol{B}_k$ ，$\boldsymbol{C}_k$ 和 $\boldsymbol{D}_k$ ，$k \in \boldsymbol{K} := \{0, 1, \cdots, N-1\}$ 为具有合适维数的矩阵；N 代表有限时间区间；$\boldsymbol{x}_k \in \mathbb{R}^m$ 代表状态变量；$\boldsymbol{u}_k \in \mathbb{R}^{n_1}$ 是控制器发出的控制信号；$\boldsymbol{u}_k^a \in \mathbb{R}^{n_1}$ 代表在受到 DoS 攻击后，执行器收到的控制信号；$\boldsymbol{w}_k \in \mathbb{R}^{n_2}$ 代表外部干扰；α_k 是用来描述丢包的随机变量：当 $\alpha_k = 1$ 时，执行器能够接收到控制器发出的控制信号；当 $\alpha_k = 0$ 时，执行器无法接收到控制器发出的控制信号；假设 α_k 独立同分布且满足如下所示的伯努利分布，即对于所有的 $k \in K$ 而言：

$$\mathbb{P}\{\alpha_k = 1\} = \alpha, \quad \mathbb{P}\{\alpha_k = 0\} = 1 - \alpha \tag{10.4}$$

本章仅考虑控制器和执行器之间的传输网络中的数据采用 TCP 协议进行传输；在完全信息 H_∞ 控制中，外部干扰的信息集合为 $\mathcal{I}_0^1 = \{x_0\}$，$\mathcal{I}_k^1 = \{x_1, x_2, \cdots, x_k, \alpha_0, \alpha_1, \cdots, \alpha_{k-1}\}$，控制器的信息集合为 $\mathcal{I}_k^2 = \{\mathcal{I}_k^1, w_k\}$。通过比较控制器和外部干扰的信息集合可以看出，在完全信息 H_∞ 控制中控制器不仅掌握系统的状态变量信息也掌握外部干扰信息。

定义 μ_k 为控制策略，ν_k 为干扰策略并引入 $\mathcal{M}$ 和 $\mathcal{N}$ 代表控制策略和外部干扰策略的集合。控制行为 μ_k 可以表示为 $u_k = \mu_k(\mathcal{I}_k^2)$，外部干扰行为 w_k 可以表示为 $w_k = \nu_k(\mathcal{I}_k^1)$。在所有的离散时间点上扩展控制策略 μ_k 和干扰策略 ν_k 可得

$$\mu = \{\mu_0, \cdots, \mu_k, \cdots, \mu_{N-1}\}, \quad \nu = \{\nu_0, \cdots, \nu_k, \cdots, \nu_{N-1}\} \tag{10.5}$$

根据文献[184], DoS 攻击可以降低传输网络的递包率 α。定义 $\Lambda: \mathbb{R} \to [0,1]$ 为将代价函数 J_a^1 映射到递包率 α 的函数。这里假设如果传输网络中发生了丢包，则 DoS 攻击者的从攻击中的所获得的利益将会增加，即 Λ 是 DoS 攻击者攻击收益的非递增函数。因此递包率 α 可以视为 $\boldsymbol{u}_a^1$ 和 $\boldsymbol{u}_a^2$ 的函数即 $\alpha(\boldsymbol{u}_a^1, \boldsymbol{u}_a^2)$。$\mathcal{G}_2$ 的代价函数由博弈参与者 $\boldsymbol{P}_{a_i}$ 和 $\boldsymbol{P}_{b_j}, i, j \in \{1,2\}$ 的策略共同决定

$$J_b(\mu, \nu, \boldsymbol{u}_a^1, \boldsymbol{u}_a^2) = \mathbb{E}_{\alpha_k}\left\{\|\boldsymbol{x}_N\|_{Q_N}^2 + \sum_{k=0}^{N-1}\left\{\|\boldsymbol{x}_k\|_{Q_k}^2 + \alpha_k(\boldsymbol{u}_a^1, \boldsymbol{u}_a^2)\|\boldsymbol{u}_k\|_{R_k}^2 - \gamma^2\|\boldsymbol{w}_k\|^2\right\}\right\} \tag{10.6}$$

其中，$\|\boldsymbol{x}\|_S^2 = \boldsymbol{x}^{\mathrm{T}}\boldsymbol{S}\boldsymbol{x}$，标量 γ 为干扰抑制性能指标。这里假设对于所有的 $k \in \boldsymbol{K}$ 都有 $\boldsymbol{Q}_N > 0$, $\boldsymbol{Q}_k > 0$ 和 $\boldsymbol{R}_k > 0$。为方便起见，在后文中将 $\mathbb{E}_{\alpha_k}\{\cdot\}$ 简写为 $\mathbb{E}\{\cdot\}$。

在博弈 $\mathcal{G}_1$ 和 $\mathcal{G}_2$ 中，博弈参与者所拥有的信息是不对称的。因此智能 DoS 攻击者和完全信息 H_∞ 控制器可以根据博弈对手的策略做出最优的应对策略。这里引入主从博弈均衡点来描述不对称信息情况下的博弈结果。在信息不对称的情况下，如果博弈参与者充分理性，最后将达到主从博弈均衡点。在主从博弈中，将博弈参与者分为上层决策者和追随者两种角色。在本章的嵌套式主从博弈框架中，博弈参与者角色的划分如表 10.1 所示。$\mathcal{G}_1$ 和 $\mathcal{G}_2$ 主从博弈均衡策略的定义如下。

表 10.1　博弈参与者角色划分

$\boldsymbol{P}_{a_1}$（IDS）	$\boldsymbol{P}_{a_2}$（智能 DoS 攻击者）
$\boldsymbol{P}_{b_2}$（外部干扰）	$\boldsymbol{P}_{b_1}$（完全信息 H_∞ 控制器）

定义 10.1　如果式(10.7)成立，则策略集称为 $\mathcal{G}_1$ 的主从博弈均衡点：

$$J_a^{1*}(\boldsymbol{u}_a^{1*}, \boldsymbol{u}_a^{2*}) := J_a^1(\boldsymbol{u}_a^{1*}, R_2(\boldsymbol{u}_a^{1*})) = \min_{\boldsymbol{u}_a^1 \in U_a^1} J_a^1(\boldsymbol{u}_a^1, R_2(\boldsymbol{u}_a^1)) \tag{10.7}$$

其中，$R_2(\boldsymbol{u}_a^1)=\{\varpi\in U_a^2:J_a^2(\boldsymbol{u}_a^1,\varpi)\leqslant J_a^2(\boldsymbol{u}_a^1,\boldsymbol{u}_a^2),\forall\boldsymbol{u}_a^2\in U_a^2\}$ 是 $\boldsymbol{P}_{a2}$ 对 $\boldsymbol{P}_{a1}$ 策略 $\boldsymbol{u}_a^1\in U_a^1$ 的最优反应集合。

嵌套式主从博弈框架中的 $\mathcal{G}_1$ 和 $\mathcal{G}_2$ 需要依次求解；当内层博弈 $\mathcal{G}_1$ 求解完毕后可以得到递包率为 $\alpha^*=\Lambda(J_a^{1*}(\boldsymbol{u}_a^{1*},\boldsymbol{u}_a^{2*}))$，即递包率的估计值。博弈 $\mathcal{G}_2$ 的主从博弈均衡策略可以定义如下。

定义 10.2 对于确定的策略集 $(\boldsymbol{u}_a^{1*},\boldsymbol{u}_a^{2*})$，如果式(10.8)成立，则策略集 $(\mu^*,\nu^*)\in\mathcal{M}\times\mathcal{N}$ 和 $\mathcal{G}_2$ 的主从均衡策略：

$$J_b^*(\mu^*,\nu^*,\boldsymbol{u}_a^{1*},\boldsymbol{u}_a^{2*}):=J_b(R(\nu^*),\nu^*,\boldsymbol{u}_a^{1*},\boldsymbol{u}_a^{2*})=\max_{\nu\in\mathcal{N}}J_b(R(\nu),\nu,\boldsymbol{u}_a^{1*},\boldsymbol{u}_a^{2*}) \tag{10.8}$$

其中，$R(\nu)=\{\varrho\in\mathcal{M}:J_b(\varrho,\nu,\boldsymbol{u}_a^{1*},\boldsymbol{u}_a^{2*})\leqslant J_b(\mu,\nu,\boldsymbol{u}_a^{1*},\boldsymbol{u}_a^{2*}),\forall\mu\in\mathcal{M}\}$ 是 $\boldsymbol{P}_{b1}$ 对 $\boldsymbol{P}_{b2}$ 策略 $\nu\in\mathcal{N}$ 的最优反应集合。

由于 $\boldsymbol{f}^*$ 和 μ^* 是防御方策略，因此将策略集 $(\mu^*,\boldsymbol{u}_a^{1*})$ 定义为协同防御策略。本章中耦合设计的主要目的就是寻找协同防御策略 $(\mu^*,\boldsymbol{u}_a^{1*})$。

10.3 嵌套式主从博弈算法

本章将分别给出 $\mathcal{G}_1$ 和 $\mathcal{G}_2$ 中主从博弈均衡点存在的条件和解析形式，并且给出寻找协同防御策略的方法和 IDS 是否能够使 NCSs 抵御智能 DoS 攻击的判据。

10.3.1 面向 IDS 的主从最优博弈策略设计

本节给出 $\mathcal{G}_1$ 中主从博弈均衡解的存在性和唯一性条件，最后提供主从博弈均衡策略的解析形式。

定理 10.1 $\mathcal{G}_1$ 中存在唯一的主从博弈均衡解，并且如果式(10.9)成立且 $\mathcal{P}\bar{\mathcal{Q}}>0$，

$$r<\frac{\min\limits_i\bar{\mathcal{Q}}^{\mathrm{T}}(\boldsymbol{c}^1)^{\mathrm{T}}}{\bar{\mathcal{Q}}^{\mathrm{T}}\mathcal{P}^{\mathrm{T}}\max\limits_i(\mathrm{diag}(2\boldsymbol{\psi})^{-1}\mathcal{Q}(\boldsymbol{c}^1)^{\mathrm{T}}+(\boldsymbol{\theta})^{\mathrm{T}})} \tag{10.9}$$

则主从博弈均衡策略满足 $\boldsymbol{u}_a^{1*}>0,\ \boldsymbol{u}_a^{2*}>0$ 且

$$\begin{aligned}\boldsymbol{u}_a^{1*}=&[\mathrm{diag}(2\boldsymbol{\varphi})+r^2\bar{\mathcal{Q}}^{\mathrm{T}}\mathcal{P}^{\mathrm{T}}[\mathrm{diag}(\boldsymbol{\psi})]^{-1}\mathcal{P}\bar{\mathcal{Q}}]^{-1}[\bar{\mathcal{Q}}^{\mathrm{T}}(\boldsymbol{c}^1)^{\mathrm{T}}-r\bar{\mathcal{Q}}^{\mathrm{T}}\mathcal{P}^{\mathrm{T}}[\mathrm{diag}(2\boldsymbol{\psi})]^{-1}\mathcal{Q}(\boldsymbol{c}^1)^{\mathrm{T}}\\&-r\bar{\mathcal{Q}}^{\mathrm{T}}\mathcal{P}^{\mathrm{T}}\boldsymbol{\theta}]\end{aligned} \tag{10.10}$$

$$\boldsymbol{u}_a^{2*}=\boldsymbol{\theta}+r[\mathrm{diag}(2\boldsymbol{\psi})]^{-1}\mathcal{P}\bar{\mathcal{Q}}\boldsymbol{u}_a^{1*} \tag{10.11}$$

其中，

$$\boldsymbol{\theta}=[[c^2\mathcal{Q}]_{11}/(2\psi_1),\quad\cdots\quad,[c^2\mathcal{Q}]_{1n}/(2\psi_n)]^{\mathrm{T}}$$

证明　首先注意到代价函数 J_a^i 对于 $\boldsymbol{u}_a^i\ i\in\{1,2\}$ 为凸函数。根据文献[117]，博弈 $\mathcal{G}_1$ 中只存在纯策略。DoS 攻击者对 IDS 配置策略 $\boldsymbol{u}_a^1$ 的最佳反应策略为

$$\boldsymbol{u}_a^2=\boldsymbol{\theta}+r[\mathrm{diag}(2\boldsymbol{\psi})]^{-1}\boldsymbol{\mathcal{P}}\bar{\boldsymbol{\mathcal{Q}}}\boldsymbol{u}_a^1 \tag{10.12}$$

下面在集合 U_a^1 上优化代价函数 $J_a^1(\boldsymbol{u}_a^1,\boldsymbol{u}_a^2)$。因为攻击者的有唯一的反应函数，可以将式(10.12)代入 $J_a^1(\boldsymbol{u}_a^1,\boldsymbol{u}_a^2)$ 中得

$$\begin{aligned}\tilde{J}_a^1=&r(\boldsymbol{\theta}+r[\mathrm{diag}(2\boldsymbol{\psi})]^{-1}\boldsymbol{\mathcal{P}}\bar{\boldsymbol{\mathcal{Q}}}\boldsymbol{u}_a^1)^{\mathrm{T}}\boldsymbol{\mathcal{P}}\bar{\boldsymbol{\mathcal{Q}}}\boldsymbol{u}_a^1+(\boldsymbol{u}_a^1)^{\mathrm{T}}\mathrm{diag}(\boldsymbol{\varphi})\boldsymbol{u}_a^1\\&+\boldsymbol{c}^1(\boldsymbol{\mathcal{Q}}[\boldsymbol{\theta}+r[\mathrm{diag}(2\boldsymbol{\psi})]^{-1}\boldsymbol{\mathcal{P}}\bar{\boldsymbol{\mathcal{Q}}}\boldsymbol{u}_a^1]-\bar{\boldsymbol{\mathcal{Q}}}\boldsymbol{u}_a^1)\end{aligned} \tag{10.13}$$

为了使主从博弈均衡解唯一，必须要求 $\tilde{J}_a^1$ 为凸函数即

$$r^2\bar{\boldsymbol{\mathcal{Q}}}^{\mathrm{T}}\boldsymbol{\mathcal{P}}^{\mathrm{T}}[\mathrm{diag}(2\boldsymbol{\psi})]^{-1}\boldsymbol{\mathcal{P}}\bar{\boldsymbol{\mathcal{Q}}}+\mathrm{diag}(\boldsymbol{\varphi})>0 \tag{10.14}$$

因为 $\boldsymbol{\varphi},\boldsymbol{\psi}>0$，上述条件显然成立。所以博弈 $\mathcal{G}_1$ 中有唯一的主从博弈均衡解。

对 $\tilde{J}_a^1$ 求 $\boldsymbol{u}_a^1$ 的一阶导数可得

$$\begin{aligned}&r(\boldsymbol{\theta})^{\mathrm{T}}\boldsymbol{\mathcal{P}}\bar{\boldsymbol{\mathcal{Q}}}+r^2(\boldsymbol{u}_a^1)^{\mathrm{T}}\bar{\boldsymbol{\mathcal{Q}}}^{\mathrm{T}}\boldsymbol{\mathcal{P}}^{\mathrm{T}}[\mathrm{diag}(\boldsymbol{\psi})]^{-1}\boldsymbol{\mathcal{P}}\bar{\boldsymbol{\mathcal{Q}}}+(\boldsymbol{u}_a^1)^{\mathrm{T}}\mathrm{diag}(2\boldsymbol{\varphi})\\&+r\boldsymbol{c}^1\boldsymbol{\mathcal{Q}}[\mathrm{diag}(2\boldsymbol{\psi})]^{-1}\boldsymbol{\mathcal{P}}\bar{\boldsymbol{\mathcal{Q}}}-\boldsymbol{c}^1\bar{\boldsymbol{\mathcal{Q}}}=0\end{aligned} \tag{10.15}$$

进一步求解式(10.15)可得

$$\begin{aligned}\boldsymbol{u}_a^{1*}=&[\mathrm{diag}(2\boldsymbol{\varphi})+r^2\bar{\boldsymbol{\mathcal{Q}}}^{\mathrm{T}}\boldsymbol{\mathcal{P}}^{\mathrm{T}}[\mathrm{diag}(\boldsymbol{\psi})]^{-1}\boldsymbol{\mathcal{P}}\bar{\boldsymbol{\mathcal{Q}}}]^{-1}[\bar{\boldsymbol{\mathcal{Q}}}^{\mathrm{T}}(\boldsymbol{c}^1)^{\mathrm{T}}\\&-r\bar{\boldsymbol{\mathcal{Q}}}^{\mathrm{T}}\boldsymbol{\mathcal{P}}^{\mathrm{T}}[\mathrm{diag}(2\boldsymbol{\psi})]^{-1}\boldsymbol{\mathcal{Q}}(\boldsymbol{c}^1)^{\mathrm{T}}-r\bar{\boldsymbol{\mathcal{Q}}}^{\mathrm{T}}\boldsymbol{\mathcal{P}}^{\mathrm{T}}\boldsymbol{\theta}]\end{aligned} \tag{10.16}$$

根据式(10.12)可以得出 DoS 攻击者的策略：

$$\boldsymbol{u}_a^{2*}=\boldsymbol{\theta}+r[\mathrm{diag}(2\boldsymbol{\psi})]^{-1}\boldsymbol{\mathcal{P}}\bar{\boldsymbol{\mathcal{Q}}}\boldsymbol{u}_a^{1*} \tag{10.17}$$

因此，如果有式(10.9)成立则有 $\boldsymbol{u}_a^{1*}>0$ 和 $\boldsymbol{u}_a^{2*}>0$。证明完毕。

10.3.2　主从博弈最优控制策略设计

当内层博弈 $\mathcal{G}_1$ 求解完成后，可以得到递包率 $\alpha(\boldsymbol{u}_a^{1*},\boldsymbol{u}_a^{2*})$。下面将给出 $\mathcal{G}_2$ 中主从博弈均衡解存在和唯一的条件及其具体的解析形式。为简便起见，在本章后面的部分将使用 α^* 代替 $\alpha(\boldsymbol{u}_a^{1*},\boldsymbol{u}_a^{2*})$。

定理 10.2　对于博弈 $\mathcal{G}_2$，如果给定递包率 α^* 且外部干扰可以被控制器获得则

①如果式(10.18)对于所有的 $k\in\boldsymbol{K}$ 成立，则存在唯一的主从博弈均衡解：

$$M_k=\gamma^2\boldsymbol{I}-\boldsymbol{D}_k^{\mathrm{T}}(\boldsymbol{I}-\alpha^*\boldsymbol{Z}_{k+1}\boldsymbol{B}_k(\boldsymbol{R}_k+\boldsymbol{B}_k^{\mathrm{T}}\boldsymbol{Z}_{k+1}\boldsymbol{B}_k)^{-1}\boldsymbol{B}_k^{\mathrm{T}})\boldsymbol{Z}_{k+1}\boldsymbol{D}_k>0 \tag{10.18}$$

其中非递增序列 $Z_k>0$ 可以由迭代关系式(10.19)产生。

②引入以下迭代算法：$\boldsymbol{Z}_N=\boldsymbol{Q}_N$ 且

$$\boldsymbol{Z}_k=\boldsymbol{Q}_k+\boldsymbol{P}_{u_k}^{\mathrm{T}}(\alpha^*\boldsymbol{R}_k+\bar{\alpha}^*\boldsymbol{B}_k^{\mathrm{T}}\boldsymbol{Z}_{k+1}\boldsymbol{B}_k)\boldsymbol{P}_{u_k}-\gamma^2\boldsymbol{P}_{w_k}^{\mathrm{T}}\boldsymbol{P}_{w_k}+\boldsymbol{H}_k^{\mathrm{T}}\boldsymbol{Z}_{k+1}\boldsymbol{H}_k \tag{10.19}$$

其中，

$$\bar{\alpha}^*=\alpha^*(1-\alpha^*)$$

$$\boldsymbol{H}_k=\boldsymbol{A}_k-\alpha^*\boldsymbol{B}_k\boldsymbol{P}_{u_k}+\boldsymbol{D}_k\boldsymbol{P}_{w_k}$$

$$\boldsymbol{P}_{u_k}=(\boldsymbol{R}_k+\boldsymbol{B}_k^{\mathrm{T}}\boldsymbol{Z}_{k+1}\boldsymbol{B}_k)^{-1}\boldsymbol{B}_k^{\mathrm{T}}\boldsymbol{Z}_{k+1}(\boldsymbol{D}_k\boldsymbol{P}_{w_k}+\boldsymbol{A}_k)$$

$$\boldsymbol{P}_{w_k}=(\gamma^2\boldsymbol{I}-\boldsymbol{K}_{w_k}\boldsymbol{Z}_{k+1}\boldsymbol{D}_k)^{-1}\boldsymbol{K}_{w_k}\boldsymbol{Z}_{k+1}\boldsymbol{A}_k$$

$$\boldsymbol{K}_{w_k}=\boldsymbol{D}_k^{\mathrm{T}}(\boldsymbol{I}-\alpha^*\boldsymbol{Z}_{k+1}\boldsymbol{B}_k(\boldsymbol{R}_k+\boldsymbol{B}_k^{\mathrm{T}}\boldsymbol{Z}_{k+1}\boldsymbol{B}_k)^{-1}\boldsymbol{B}_k^{\mathrm{T}})$$

则在条件(10.18)成立的条件下主从博弈值为

$$J_b^*(\mu^*,\nu^*,\boldsymbol{u}_a^{1*},\boldsymbol{u}_a^{2*})=\boldsymbol{x}_0^{\mathrm{T}}\boldsymbol{Z}_0\boldsymbol{x}_0 \tag{10.20}$$

其中，$\boldsymbol{x}_0$ 为状态变量的初值。

③在条件式(10.18)成立的条件下控制器的控制策略为

$$\boldsymbol{u}_k^*=\mu_k^*(\mathcal{I}_k^2)=\boldsymbol{L}_k\boldsymbol{w}_k^*+\boldsymbol{F}_k\boldsymbol{x}_k \tag{10.21}$$

其中，

$$\boldsymbol{L}_k=-(\boldsymbol{R}_k+\boldsymbol{B}_k^{\mathrm{T}}\boldsymbol{Z}_{k+1}\boldsymbol{B}_k)^{-1}\boldsymbol{B}_k^{\mathrm{T}}\boldsymbol{Z}_{k+1}\boldsymbol{D}_k$$

$$\boldsymbol{F}_k=-(\boldsymbol{R}_k+\boldsymbol{B}_k^{\mathrm{T}}\boldsymbol{Z}_{k+1}\boldsymbol{B}_k)^{-1}\boldsymbol{B}_k^{\mathrm{T}}\boldsymbol{Z}_{k+1}\boldsymbol{A}_k$$

外部干扰的策略为 $w_k^*=\nu_k^*(\mathcal{I}_k^1)=\boldsymbol{P}_{w_k}\boldsymbol{x}_k$。

根据文献[117]，借助动态规划算法可得

$$V_N(\boldsymbol{x}_N)=\boldsymbol{x}_N^{\mathrm{T}}\boldsymbol{Q}_N\boldsymbol{x}_N, \tag{10.22}$$

$$\begin{aligned}V_{N-1}(\boldsymbol{x}_{N-1})=\max_{w_{N-1}}\min_{u_{N-1}}\mathbb{E}\{&\|\boldsymbol{x}_{N-1}\|_{Q_{N-1}}^2+\alpha_{N-1}\|\boldsymbol{u}_{N-1}\|_{R_{N-1}}^2\\&-\gamma^2\|\boldsymbol{w}_{N-1}\|^2+\boldsymbol{x}_N^{\mathrm{T}}\boldsymbol{Q}_N\boldsymbol{x}_N\}\end{aligned} \tag{10.23}$$

可以通过以下的数学归纳法证明代价函数为二次型函数：利用 $k=N$ 时刻的代价函数求出 $k=N-1$ 时刻的代价函数为

$$\begin{aligned}V_{N-1}(\boldsymbol{x}_{N-1})=\max_{w_{N-1}}\min_{u_{N-1}}\mathbb{E}\{&\|\boldsymbol{x}_{N-1}\|_{Q_{N-1}}^2+\alpha_{N-1}\|\boldsymbol{u}_{N-1}\|_{R_{N-1}}^2-\gamma^2\|\boldsymbol{w}_{N-1}\|^2\\&+(\boldsymbol{A}_{N-1}\boldsymbol{x}_{N-1}+\alpha_{N-1}\boldsymbol{B}_{N-1}\boldsymbol{u}_{N-1}+\boldsymbol{D}_{N-1}\boldsymbol{w}_{N-1})^{\mathrm{T}}\boldsymbol{Q}_N\\&(\boldsymbol{A}_{N-1}\boldsymbol{x}_{N-1}+\alpha_{N-1}\boldsymbol{B}_{N-1}\boldsymbol{u}_{N-1}+\boldsymbol{D}_{N-1}\boldsymbol{w}_{N-1})\}\end{aligned} \tag{10.24a}$$

$$
\begin{aligned}
&= \mathbb{E}\{\|\boldsymbol{x}_{N-1}\|_{Q_{N-1}}^2 + \alpha_{N-1}\|\boldsymbol{u}_{N-1}^*\|_{R_{N-1}}^2 - \gamma^2\|\boldsymbol{w}_{N-1}^*\|^2 \\
&\quad + (\boldsymbol{A}_{N-1}\boldsymbol{x}_{N-1} + \alpha_{N-1}\boldsymbol{B}_{N-1}\boldsymbol{u}_{N-1}^* + \boldsymbol{D}_{N-1}\boldsymbol{w}_{N-1}^*)^{\mathrm{T}}\boldsymbol{Q}_N \\
&\quad (\boldsymbol{A}_{N-1}\boldsymbol{x}_{N-1} + \alpha_{N-1}\boldsymbol{B}_{N-1}\boldsymbol{u}_{N-1}^* + \boldsymbol{D}_{N-1}\boldsymbol{w}_{N-1}^*)\}
\end{aligned} \tag{10.24b}
$$

对式(10.24a)的等式右边求对于 $\boldsymbol{u}_{N-1}$ 的偏导，可以得到控制器对于 $\boldsymbol{w}_{N-1}$ 的最优反应函数为

$$
\boldsymbol{u}_{N-1} = -(\boldsymbol{R}_{N-1} + \boldsymbol{B}_{N-1}^{\mathrm{T}}\boldsymbol{Q}_N\boldsymbol{B}_{N-1})^{-1}\boldsymbol{B}_{N-1}^{\mathrm{T}}\boldsymbol{Q}_N(\boldsymbol{A}_{N-1}\boldsymbol{x}_{N-1} + \boldsymbol{D}_{N-1}\boldsymbol{w}_{N-1}) \tag{10.25}
$$

从式(10.25)可见，$\boldsymbol{u}_{N-1}$ 是 $\boldsymbol{x}_{N-1}$ 和 $\boldsymbol{w}_{N-1}$ 的线性组合，因此可以将 $\boldsymbol{u}_{N-1}$ 记为 $\boldsymbol{u}_{N-1} = \boldsymbol{L}_{N-1}\boldsymbol{w}_{N-1} + \boldsymbol{F}_{N-1}\boldsymbol{x}_{N-1}$。因为 $\boldsymbol{R}_{N-1} + \boldsymbol{B}_{N-1}^{\mathrm{T}}\boldsymbol{Q}_N\boldsymbol{B}_{N-1} > 0$，所以追随者对上层决策者的反应是唯一的。将 u_{N-1} 代入式(10.24a)可得

$$
\begin{aligned}
V_{N-1}(\boldsymbol{x}_{N-1}) &= \alpha^*(\boldsymbol{L}_{N-1}\boldsymbol{w}_{N-1} + \boldsymbol{F}_{N-1}\boldsymbol{x}_{N-1})^{\mathrm{T}}\boldsymbol{R}_{N-1}(\boldsymbol{L}_{N-1}\boldsymbol{w}_{N-1} + \boldsymbol{F}_{N-1}\boldsymbol{x}_{N-1}) \\
&\quad + \alpha^*\boldsymbol{x}_{N-1}^{\mathrm{T}}\boldsymbol{A}_{N-1}^{\mathrm{T}}\boldsymbol{Q}_N\boldsymbol{B}_{N-1}(\boldsymbol{L}_{N-1}\boldsymbol{w}_{N-1} + \boldsymbol{F}_{N-1}\boldsymbol{x}_{N-1}) + \boldsymbol{x}_{N-1}^{\mathrm{T}}\boldsymbol{A}_{N-1}^{\mathrm{T}}\boldsymbol{Q}_N\boldsymbol{D}_{N-1}\boldsymbol{w}_{N-1} \\
&\quad + \alpha^*(\boldsymbol{L}_{N-1}\boldsymbol{w}_{N-1} + \boldsymbol{F}_{N-1}\boldsymbol{x}_{N-1})^{\mathrm{T}}\boldsymbol{B}_{N-1}^{\mathrm{T}}\boldsymbol{Q}_N\boldsymbol{B}_{N-1}(\boldsymbol{L}_{N-1}\boldsymbol{w}_{N-1} + \boldsymbol{F}_{N-1}\boldsymbol{x}_{N-1}) \\
&\quad + \alpha^*(\boldsymbol{L}_{N-1}\boldsymbol{w}_{N-1} + \boldsymbol{F}_{N-1}\boldsymbol{x}_{N-1})^{\mathrm{T}}\boldsymbol{B}_{N-1}^{\mathrm{T}}\boldsymbol{Q}_N\boldsymbol{D}_{N-1}\boldsymbol{w}_{N-1} + \boldsymbol{w}_{N-1}^{\mathrm{T}}\boldsymbol{D}_{N-1}^{\mathrm{T}}\boldsymbol{Q}_N\boldsymbol{A}_{N-1}\boldsymbol{x}_{N-1} \\
&\quad + \alpha^*\boldsymbol{w}_{N-1}^{\mathrm{T}}\boldsymbol{D}_{N-1}^{\mathrm{T}}\boldsymbol{Q}_N\boldsymbol{B}_{N-1}(\boldsymbol{L}_{N-1}\boldsymbol{w}_{N-1} + \boldsymbol{F}_{N-1}\boldsymbol{x}_{N-1}) + \boldsymbol{x}_{N-1}^{\mathrm{T}}\boldsymbol{A}_{N-1}^{\mathrm{T}}\boldsymbol{Q}_N\boldsymbol{A}_{N-1}\boldsymbol{x}_{N-1} \\
&\quad + \alpha^*(\boldsymbol{L}_{N-1}\boldsymbol{w}_{N-1} + \boldsymbol{F}_{N-1}\boldsymbol{x}_{N-1})^{\mathrm{T}}\boldsymbol{B}_{N-1}\boldsymbol{Q}_N\boldsymbol{A}_{N-1}\boldsymbol{x}_{N-1} + \boldsymbol{w}_{N-1}^{\mathrm{T}}\boldsymbol{D}_{N-1}^{\mathrm{T}}\boldsymbol{Q}_N\boldsymbol{D}_{N-1}\boldsymbol{w}_{N-1} \\
&\quad + \boldsymbol{x}_{N-1}^{\mathrm{T}}\boldsymbol{Q}_{N-1}\boldsymbol{x}_{N-1} - \gamma^2\boldsymbol{w}_{N-1}^{\mathrm{T}}\boldsymbol{w}_{N-1}
\end{aligned} \tag{10.26}
$$

为了使代价函数 $V_{N-1}(\boldsymbol{x}_{N-1})$ 对于 $\boldsymbol{w}_{N-1}$ 的最小值唯一，令 $V_{N-1}(\boldsymbol{x}_{N-1})$ 对于 $\boldsymbol{w}_{N-1}$ 为凹函数，即令 $M_{N-1} > 0$。对 $V_{N-1}(\boldsymbol{x}_{N-1})$ 求关于 $\boldsymbol{w}_{N-1}$ 的一阶导数可得 $\boldsymbol{w}_{N-1}^* = \boldsymbol{P}_{w_{N-1}}\boldsymbol{x}_{N-1}$。将 $\boldsymbol{u}_{N-1}^*$ 和 $\boldsymbol{w}_{N-1}^*$ 代入式(10.24b)可得 $V_{N-1}(\boldsymbol{x}_{N-1}) = \boldsymbol{x}_{N-1}^{\mathrm{T}}\boldsymbol{Z}_{N-1}\boldsymbol{x}_{N-1}$；这说明代价函数在 $k = N-1$ 为二次型函数。重复上述过程并得到主从博弈均衡解 $(\boldsymbol{u}_{N-2}^*, \boldsymbol{w}_{N-2}^*)$ 和 $V_{N-2}(\boldsymbol{x}_{N-2})$（在条件 $M_{N-2} > 0$ 成立的情况下）。这一过程可以对所有 $k \leqslant N-2$ 重复并最终得到主从博弈值 $\boldsymbol{x}_0^{\mathrm{T}}\boldsymbol{Z}_0\boldsymbol{x}_0$。

序列 $\boldsymbol{Z}_k, k \in \boldsymbol{K}$ 的非负定性和非递增性可以由以下过程证明：当 $k = N-1$ 时

$$
\begin{aligned}
V_{N-1}(\boldsymbol{x}_{N-1}) &= \boldsymbol{x}_{N-1}^{\mathrm{T}}\boldsymbol{Z}_{N-1}\boldsymbol{x}_{N-1} \\
&= \max_{w_{N-1}}\min_{u_{N-1}}\mathbb{E}\{\|\boldsymbol{x}_{N-1}\|_{Q_{N-1}}^2 + \alpha_{N-1}\|\boldsymbol{u}_{N-1}\|_{R_{N-1}}^2 - \gamma^2\|\boldsymbol{w}_{N-1}\|^2 + \boldsymbol{x}_N^{\mathrm{T}}\boldsymbol{Z}_N\boldsymbol{x}_N\} \\
&= \max_{w_{N-1}}\mathbb{E}\{\|\boldsymbol{x}_{N-1}\|_{Q_{N-1}}^2 + \alpha_{N-1}\|\boldsymbol{P}_{u_{N-1}}\boldsymbol{x}_{N-1}\|_{R_{N-1}}^2 - \gamma^2\|\boldsymbol{w}_{N-1}\|^2 + \boldsymbol{x}_N^{\mathrm{T}}\boldsymbol{Z}_N\boldsymbol{x}_N\} \\
&\geqslant \mathbb{E}\{\|\boldsymbol{x}_{N-1}\|_{Q_{N-1}}^2 + \alpha_{N-1}\|\boldsymbol{P}_{u_{N-1}}\boldsymbol{x}_{N-1}\|_{R_{N-1}}^2 + \boldsymbol{x}_N^{\mathrm{T}}\boldsymbol{Z}_N\boldsymbol{x}_N \mid \boldsymbol{w}_{N-1} = 0\} > 0
\end{aligned} \tag{10.27}
$$

由于 $\boldsymbol{x}_{N-1}$ 是任意向量，因此 $\boldsymbol{Z}_{N-1} \geqslant 0$。根据式(10.27)可得 $\boldsymbol{Z}_{N-1} - \boldsymbol{Z}_N \geqslant 0$；以上过程对所有 $k \leqslant N-2$ 重复则证明完成。

注释 10.1　因为 $\alpha^* \boldsymbol{D}_k^{\mathrm{T}} \boldsymbol{Z}_{k+1} \boldsymbol{B}_k (\boldsymbol{R}_k + \boldsymbol{B}_k^{\mathrm{T}} \boldsymbol{Z}_{k+1} \boldsymbol{B}_k)^{-1} \boldsymbol{B}_k^{\mathrm{T}} \boldsymbol{D}_k > 0$，所以条件式(10.18)与文献[185]中的定理 10.1 相比保守性降低。

定义最优的干扰抑制性能指标 γ^* 为 $\gamma^* := \inf\{\gamma : \gamma \in \Gamma\}$，其中，集合 Γ 为

$$\Gamma := \{\gamma > 0 : \text{条件式(10.18)成立}\}$$

10.3.3 基于嵌套式主从博弈的耦合设计方法

依次应用定理 10.1 和定理 10.2 可以求解出协同防御策略 $(\mu^*, \boldsymbol{u}_a^{1*})$。这与实际情况相吻合，因为 DoS 攻击者在实际对 NCSs 控制性能造成影响之前必须通过 IDS 的过滤(求解博弈 $\mathcal{G}_1$)。协同防御策略 $(\mu^*, \boldsymbol{u}_a^{1*})$ 可以通过以下算法求出。

算法 10.1　求解协同防御策略 $(\mu^*, \boldsymbol{u}_a^{1*})$。

①应用定理 10.1 求解 $\mathcal{G}_1$ 的主从博弈策略 $(\boldsymbol{u}_a^{1*}, \boldsymbol{u}_a^{2*})$。

②通过 $\alpha^* = \Lambda(J_a^{1*}(\boldsymbol{u}_a^{1*}, \boldsymbol{u}_a^{2*}))$ 计算递包率的估计值 α^*。

③应用定理 10.2 和 α^* 求解 $\mathcal{G}_2$ 的主从博弈策略 (μ^*, ν^*)。

下面的定理对内层博弈 $\mathcal{G}_1$ 和外层博弈 $\mathcal{G}_2$ 之间的耦合关系进行讨论。

定理 10.3　如果 DoS 攻击者是充分理性的且选择策略 $\boldsymbol{u}_a^2 = R_2(\boldsymbol{u}_a^1)$，其中，集合 $R_2(\boldsymbol{u}_a^1)$ 是定义 10.1 中 $\boldsymbol{P}_{a2}$ 中 $\boldsymbol{P}_{a2}$ 策略 $\boldsymbol{u}_a^1$ 的最优反应集合；如果 IDS 选择策略 $\boldsymbol{u}_a^{1*}$ 则代价函数 J_b 最小。

证明　可以采用两步法来进行证明。

步骤 1：引入集合 $\Omega(\boldsymbol{u}_a^1) := \{\alpha(\boldsymbol{u}_a^1, R_2(\boldsymbol{u}_a^1)) : 0 < \alpha(\boldsymbol{u}_a^1, R_2(\boldsymbol{u}_a^1) \leqslant 1\}$。此集合可以视为当 DoS 攻击者充分理性时所有可能的递包率集合。根据式(10.7)和函数 Λ 的非递增性可得 $\max\limits_{\boldsymbol{u}_a^1} \Omega(\boldsymbol{u}_a^1) = \Omega(\boldsymbol{u}_a^{1*}) = \alpha^*$。

步骤 2：根据文献[183]的引理 3，博弈 $\mathcal{G}_2$ 的纳什均衡点随着递包率 α 单调递减。根据文献[186]，对于零和博弈纳什均衡策略和主从博弈均衡策略相一致。综上所述，在 DoS 攻击者充分理性的条件下主从博弈值 J_b 将在 α^* 处达到最小值。

定理 10.4　对于预先给定的标量 $\hat{J}_b$，如果 P_{a2} 采用策略 $\boldsymbol{u}_a^2 = R_2(\boldsymbol{u}_a^1)$，则对于所有的 $\boldsymbol{u}_a^1$ 都有 $J_b(\boldsymbol{u}_a^1, \boldsymbol{u}_a^{2*}, \mu^*, \nu^*) > \hat{J}_b$；另一方面，如果 $\mathcal{G}_1$ 是零和博弈，即 $J_a^1 = -J_a^2$，则当 $J_b(\boldsymbol{u}_a^{1*}, \boldsymbol{u}_a^{2*}, \mu^*, \nu^*) < \hat{J}_b$ 时对于任意 $\boldsymbol{u}_a^2$ 都有 $J_b(\boldsymbol{u}_a^{1*}, \boldsymbol{u}_a^2, \mu^*, \nu^*) < \hat{J}_b$。

证明　定理的第一个判据证明与定理 10.3 类似，这里不再赘述。对于第二个判据，由于 $\mathcal{G}_1$ 是零和博弈，因此有不等式 $J_a^1(\boldsymbol{u}_a^{1*}, \boldsymbol{u}_a^2) \leqslant J_a^1(\boldsymbol{u}_a^{1*}, \boldsymbol{u}_a^{2*}) \leqslant J_a^1(\boldsymbol{u}_a^1, \boldsymbol{u}_a^{2*})$ 成立。引入集合：

$$\Theta(\boldsymbol{u}_a^2) := \{\alpha(\boldsymbol{u}_a^{1*}, \boldsymbol{u}_a^2) : 0 < \alpha(\boldsymbol{u}_a^{1*}, \boldsymbol{u}_a^2) \leqslant 1\}$$

并考虑函数 Λ 的非递增性可得 $\min\limits_{\boldsymbol{u}_a^2} \Theta(\boldsymbol{u}_a^2) = \Theta(\boldsymbol{u}_a^{2*}) = \alpha^*$；根据定理 10.3 的步骤 2 可以完成第二个判据的证明。

注释 10.2　定理 10.4 可以用来评估 IDS 是否可以使 NCSs 抵御智能 DoS 攻击。当 $\hat{J}_b$ 是 NCSs 能够容忍的最大性能指标时，根据定理 10.4 的第一个判据，如果 $J_b(\boldsymbol{u}_a^{1*}, \boldsymbol{u}_a^{2*}, \mu^*, \nu^*) > \hat{J}_b$，则无论 IDS 采用何种配置策略都无法保护 NCSs。另一方面，如果定理 10.4 的第二个判据条件满足，则 IDS 只要采用 $\boldsymbol{u}_a^{1*}$ 就一定可以使 NCSs 抵御 DoS 攻击。

10.4　仿 真 算 例

本节将本章所提方法应用于三区域互联负载频率控制，并使用 IDS 保护 NCSs 控制器和执行器间传输网络。

IDS 需要加载不同的防御库来应对不同形式的网络攻击。假设由于防御系统性能限制 IDS 每次只能加载一种防御库，考虑两种防御库 l_1 与 l_2 和两种 DoS 攻击行为 a_1 与 a_2；其中，l_1 能够检测出 a_2，l_2 能够检测出 a_1。假设由于防御系统性能限制 IDS 每次只能加载一种防御库。决策变量 $u_{ai}^1, i=1,2$ 或 $u_{aj}^2, j=1,2$ 可以视为加载 $l_i, i=1,2$ 或使用 $a_j, j=1,2$ 的强度；例如，可以引入度量 $\dfrac{u_{ai}^1}{\sum_{i=1}^2 u_{ai}^1}, i=1,2$ 或 $\dfrac{u_{aj}^2}{\sum_{j=1}^2 u_{aj}^2}, j=1,2$ 来表示加载防御库 $l_i, i=1,2$ 或选择攻击行为 $a_j, j=1,2$ 的概率。选择 $\mathcal{G}_1$ 的参数为

$$\boldsymbol{c}^1 = [50 \quad 50]，\boldsymbol{c}^2 = [10 \quad 10]，\boldsymbol{\mathcal{P}} = \begin{bmatrix} -0.6 & 0.8 \\ 0.4 & -0.2 \end{bmatrix}$$

$$\overline{\boldsymbol{\mathcal{Q}}} = \begin{bmatrix} 0 & 1 \\ 1 & 0 \end{bmatrix}，\boldsymbol{\mathcal{Q}} = \begin{bmatrix} 2 & 0 \\ 0 & 3 \end{bmatrix}，\phi = 10, \psi = 10, r = 3$$

根据文献[184]，连续域的三区域负荷频率控制模型如下所示：

$$\dot{\boldsymbol{x}}_t = \boldsymbol{A}\boldsymbol{x}_t + \boldsymbol{B}\boldsymbol{u}_t + \boldsymbol{D}\boldsymbol{w}_t, \tag{10.28}$$

其中，

$$x_t^i = \left[\Delta f^i \quad \Delta P_m^i \quad \Delta P_v^i \quad \int ACE^i \quad \Delta P_{\text{tie}}^i\right]^{\text{T}},$$

$$\boldsymbol{w}_t = [\Delta P_d^1 \quad \Delta P_d^2 \quad \Delta P_d^3]^{\text{T}}, \boldsymbol{x}_t = [x_t^1 \quad x_t^2 \quad x_t^3]^{\text{T}}, \boldsymbol{u}_t = [u_t^1 \quad u_t^2 \quad u_t^3]^{\text{T}},$$

$$\boldsymbol{D}_i = \begin{bmatrix} \dfrac{-1}{\boldsymbol{M}_i} & 0 & 0 & 0 & 0 \end{bmatrix}^{\text{T}}, \quad \boldsymbol{A} = \begin{bmatrix} \boldsymbol{A}_{11} & \boldsymbol{A}_{12} & \boldsymbol{A}_{13} \\ \boldsymbol{A}_{21} & \boldsymbol{A}_{22} & \boldsymbol{A}_{23} \\ \boldsymbol{A}_{31} & \boldsymbol{A}_{32} & \boldsymbol{A}_{33} \end{bmatrix},$$

$$\boldsymbol{B} = \operatorname{diag}\left[B_1 \quad B_2 \quad B_3\right], \boldsymbol{D} = \operatorname{diag}\left[D_1 \quad D_2 \quad D_3\right], \quad \boldsymbol{B}_i = \begin{bmatrix} 0 & 0 & \dfrac{1}{T_{g_i}} & 0 & 0 \end{bmatrix}^{\text{T}},$$

$$\boldsymbol{A}_{ii} = \begin{bmatrix} -\boldsymbol{D}_i / \boldsymbol{M}_i & 1/\boldsymbol{M}_i & 0 & 0 & -1/\boldsymbol{M}_i \\ 0 & -1/T_{ch_i} & 1/T_{ch_i} & 0 & 0 \\ -1/\boldsymbol{R}_i T_{g_i} & 0 & -1/T_{g_i} & 0 & 0 \\ \beta_i & 0 & 0 & 0 & 1 \\ 2\pi\sum_{j=1, j\neq i}^{3} T_{ij} & 0 & 0 & 0 & 0 \end{bmatrix}, \quad \boldsymbol{A}_{ij} = \begin{bmatrix} 0 & 0 & 0 & 0 & 0 \\ 0 & 0 & 0 & 0 & 0 \\ 0 & 0 & 0 & 0 & 0 \\ 0 & 0 & 0 & 0 & 0 \\ -2\pi T_{ij} & 0 & 0 & 0 & 0 \end{bmatrix},$$

$$T_{ij} = T_{ji}$$

其中，上标或下标 i 代表第 i 个区域；$\boldsymbol{x}_t^i = \left[\Delta f^i \quad \Delta P_m^i \quad \Delta P_v^i \quad \int ACE^i \quad \Delta P_{\text{tie}}^i\right]^{\text{T}}$，$\Delta f^i$ 为第 i 个区域的负荷频率增量，ΔP_m^i 为第 i 个区域的发电机输出功率增量，ΔP_v^i 为第 i 个区域中速度变化器位置的增量，ACE^i 为第 i 个区域的区域控制偏差并且 $ACE^i := \Delta P_{\text{tie}}^i + \beta_i \Delta f^i$，$\beta_i$ 为第 i 个区域负荷频率偏差因子，ΔP_{tie}^i 为第 i 个区域与其他区域之间的联络线的输出功率增量和；$\boldsymbol{u}_t$ 为多区域互联电力系统负荷频率控制变量矢量；$\boldsymbol{w}_t$ 为多区域互联电力系统负荷干扰变量矢量，ΔP_d^i 为第 i 个区域的负荷干扰，$\boldsymbol{M}_i, \boldsymbol{D}_i, T_{g_i}, T_{ch_i}$ 和 $\boldsymbol{R}_i$ 分别为第 i 个区域的发电机转动惯量、发电机震动参数、调速器时间参数、汽轮机时间参数和调速器速度调节参数，T_{ij} 代表第 i 个控制区域和第 j 个控制区域之间的联络线同步参数且有 $T_{12} = 0.1986\text{pu/rad}$，$T_{13} = 0.2148\text{pu/rad}$ 和 $T_{23} = 0.1830\text{pu/rad}$，其余参数如表 10.2 所示。选择采样周期 $T_s = 0.01\text{s}$ 对上述连续域模型进行采样，并考虑因 DoS 攻击而造成的控制器和执行器间通信网络丢包。使用 Simulink 搭建的三区域负荷频率控制的离散模型如图 10.2 所示。控制模型的代价函数参数为

$$\gamma = 100, \quad N = 2000, \quad Q_{2000} = \boldsymbol{I}, \quad \boldsymbol{Q}_k = \begin{bmatrix} \boldsymbol{I} & 0 \\ 0 & 10 \end{bmatrix}, \quad \boldsymbol{R}_k = 0.5\boldsymbol{I}, \forall k \in \{1,2,\cdots,1999\}$$

表 10.2　三区域负荷频率控制参数表

参数	T_{ch}/s	T_g/s	$\boldsymbol{R}$	$\boldsymbol{D}$	β	$\boldsymbol{M}$/s
区域 1	0.3	0.1	0.05	1.0	21.0	10
区域 2	0.4	0.17	0.05	1.5	21.5	12
区域 3	0.35	0.20	0.05	1.8	21.8	12

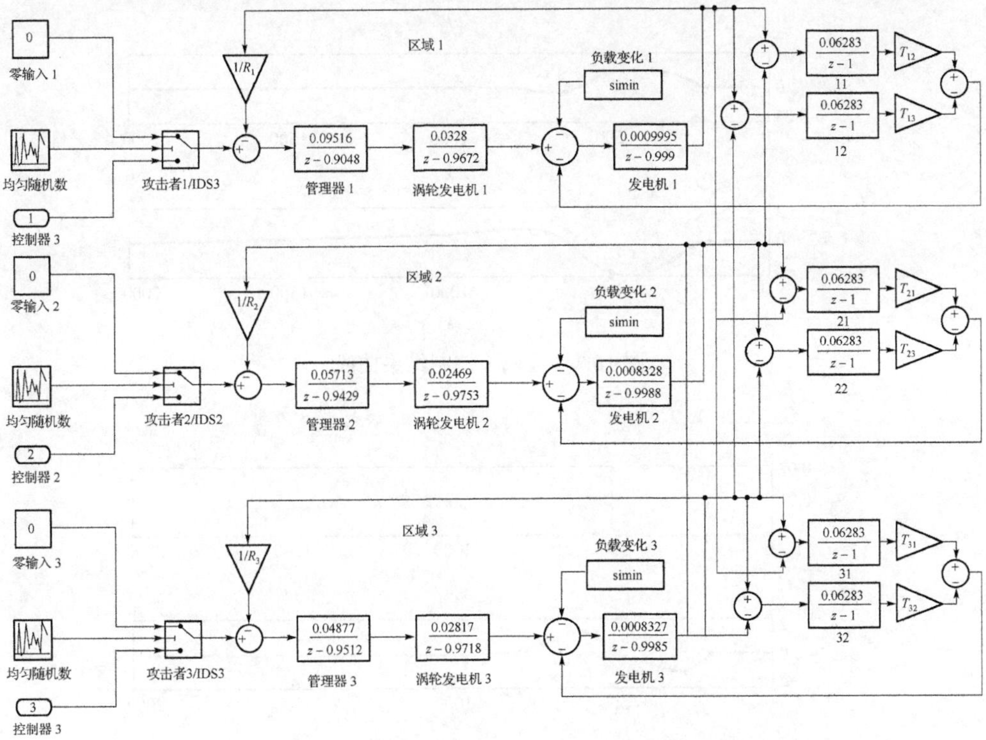

图 10.2　三区域负荷频率控制模型的离散情形

首先检查是否 $\mathcal{G}_1$ 存在唯一满足条件的主从博弈均衡解。因为 $\boldsymbol{\mathcal{P}}\boldsymbol{\mathcal{Q}}=\begin{bmatrix}0.8 & -0.2\\ -0.6 & 0.4\end{bmatrix}>0$ 和 $r=3<4$，所以根据定理 10.1 可知 $\mathcal{G}_1$ 存在大于 0 的主从博弈均衡解且 $\boldsymbol{u}_a^{1*}=[2.0501\quad 2.4933]^{\mathrm{T}},\boldsymbol{u}_a^{2*}=[1.0216\quad 1.5881]^{\mathrm{T}}$。选择函数 $\Lambda(\boldsymbol{x})=0.8\mathrm{e}^{-0.01x}$ 则递包率估计值为 $\alpha^*=0.8808$。在 2～5s 之间在区域 1 和区域 2 加上 0.02pu 的负载；应用定理 10.2 可得三个区域的 Δf^i (pu)，ΔP_m^i (pu) 和 $\Delta P_{\mathrm{tie}}^i$ (pu) 如图 10.3～图 10.5 所示。

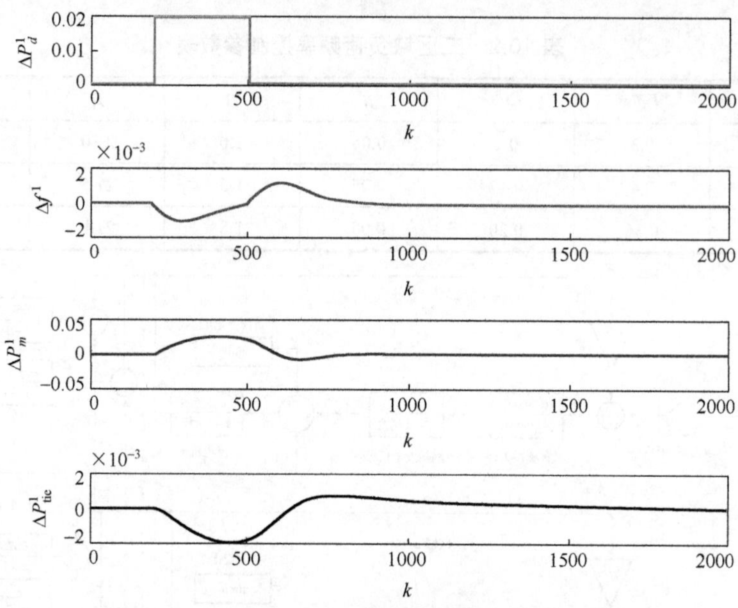

图 10.3　区域 1 控制结果曲线

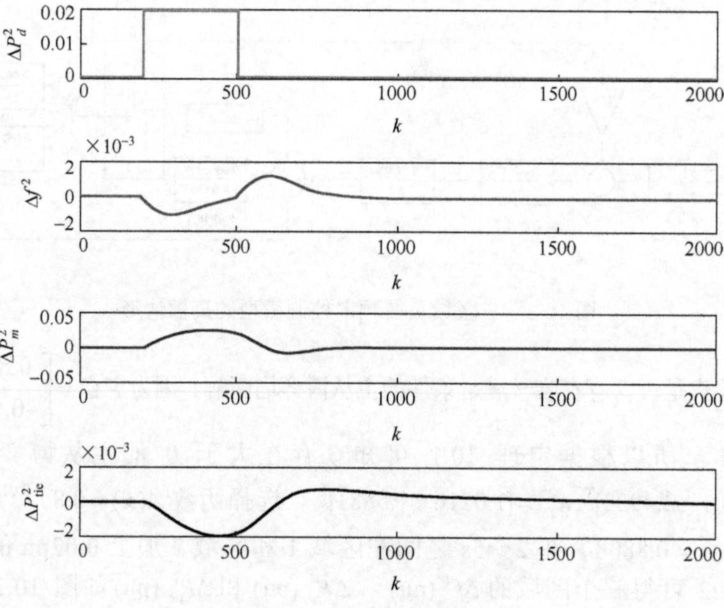

图 10.4　区域 2 控制结果曲线

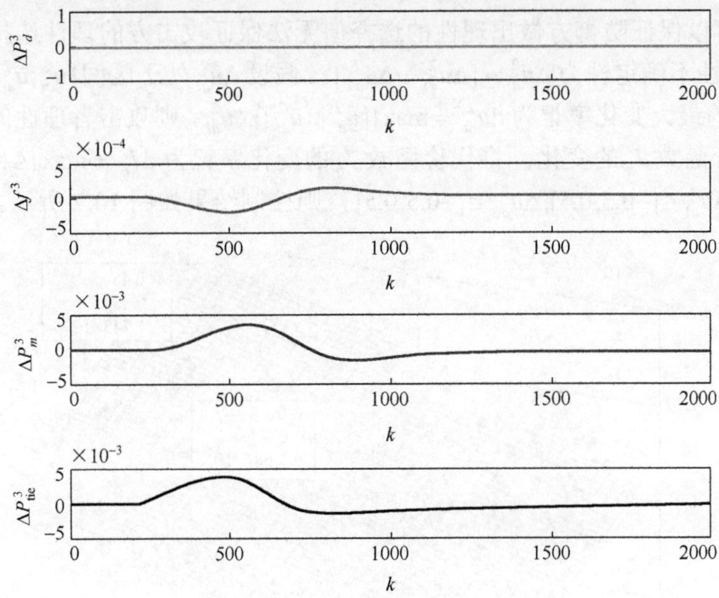

图 10.5　区域 3 控制结果曲线

对三个区域的状态变量赋初值为 $\boldsymbol{x}_0^1=\boldsymbol{x}_0^2=\boldsymbol{x}_0^3=[1\quad 1\quad 0\quad 0\quad 0]^{\mathrm{T}}$ 并令 $\gamma=100$。J_b,u_{a1}^1 和 u_{a2}^1 的关系可以在图 10.6 中表示。当 IDS 采用配置策略 $\boldsymbol{u}_a^{1*}$ 时可以得到最优的 J_b 即 $J_b^*=1.687\times 10^5$。

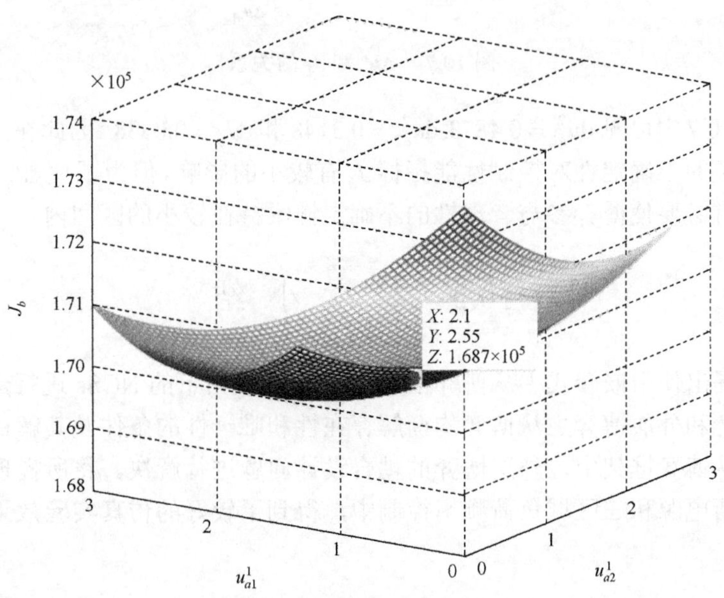

图 10.6　J_b,u_{a1}^1 和 u_{a2}^1 的关系

由于可以保证防御方做出理性的选择但无法保证攻击方的理性选择，因此引入 $\boldsymbol{P}_{a2}$ 的理性不确定性为 $\Delta\boldsymbol{u}_a^2 := [\Delta u_{a1}^2 \quad \Delta u_{a2}^2]^{\mathrm{T}}$。假设 $\Delta\boldsymbol{u}_{ai}^2$ 处于区间 $[\underline{u}_{ai}^2, \overline{u}_{ai}^2], i \in \{1,2\}$。

将 u_{ai}^2 的最大变化率记为 $\mathrm{d}u_{ai}^2 := \max\{|\underline{u}_{ai}^2|, |\overline{u}_{ai}^2|\} / u_{ai}^2$，则攻击者理性的不确定性会导致代价函数 J_b 的变化。将代价函数 J_b 的变化率记为 $\mathrm{d}J_b := \max\{\Delta|J_b|\}/J_b$。令 $\gamma = 100, \Delta u_{a1}^2 \in [-0.5, 0.5], \Delta u_{a2}^2 \in [-0.5, 0.5]$，则控制结果如图 10.7 所示。

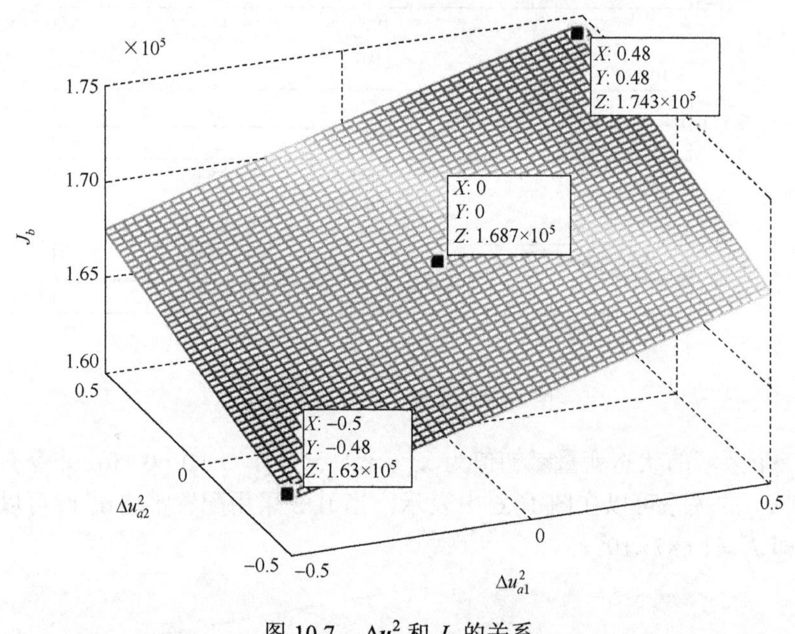

图 10.7　$\Delta\boldsymbol{u}_a^2$ 和 J_b 的关系

从图 10.7 中可见 $\mathrm{d}u_{a1}^2 = 0.4873, \mathrm{d}u_{a2}^2 = 0.3148$ 和 $\mathrm{d}J_b = 0.0338$。因此在本例中 DoS 攻击者理性的不确定性对控制性能指标 J_b 有较小的影响。但为了使 $\mathrm{d}J_b$ 尽可能小，仍然非常有必要使博弈参与者理性的不确定性维持在较小的区间内。

10.5　本 章 小 结

本章提出使用嵌套式主从博弈框架来对 DoS 攻击下的 NCSs 进行建模，给出了内层博弈和外层博弈主从博弈均衡解存在性和唯一性的条件及其解析形式。对嵌套式主从博弈框架中内外层博弈的耦合设计问题进行解决。将所提理论方法应用于不间断电源和三区域负荷频率控制中，得到了较好的仿真实验效果。

第 11 章　基于马尔可夫博弈的随机控制系统控制与防御耦合设计方法

11.1　研究背景与意义

本章对动态网络安全环境下的 IDS 与 NCSs 耦合设计进行研究。本章中传输网络安全环境不再是一成不变的，而是随着 IDS 和 DoS 攻击者的交互行为发生变化和转移。这里引入马尔可夫博弈的方法来对动态的网络安全环境进行建模，并根据马尔可夫链上的不同状态设计相应的 H_∞ 最优控制器；IDS 和 DoS 攻击者的博弈结果会引起马尔可夫链上不同状态之间的转移，H_∞ 控制器可以随着马尔可夫系统的跳变进行相应的切换，适应不同的网络安全环境。

11.2　马尔可夫随机动态博弈模型

本章中所考虑的 IDS 和 H_∞ 耦合设计框架如图 11.1 所示，控制器可以随着 IDS 和 DoS 攻击者之间的博弈结果进行切换。切换逻辑需要决定在时刻 n 将哪个控制器放在控制回路中。

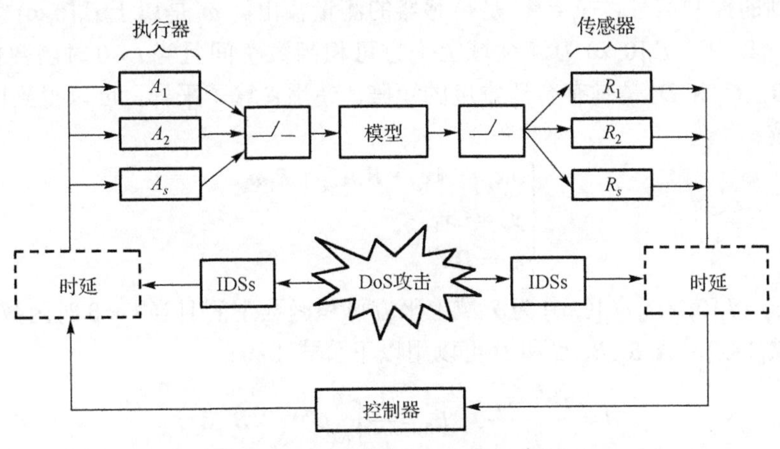

图 11.1　IDS 和 H_∞ 切换控制结构

本章使用以下假设。

假设 11.1　控制器和执行器之间的通信时延以及控制器和观测器之间的通信时延均由 DoS 攻击引起。

假设 11.2　切换控制系统的平均停留时间与子系统的过渡时间相比足够长。

以上两条假设都非常合理。对于假设 11.1，可以从文献[181]看出，传输网络在一般情况下(未受到 DoS 攻击时)的时延是确定值且可以补偿。根据文献[182]，网络安全环境(攻击模型)和控制系统(控制模型)具有不同的时间尺度，假设 11.2 也是合理的。正因为攻击模型和控制模型具有不同的时间尺度，所以引入两种不同的离散算子：q 算子和 δ 算子对攻击模型和控制模型分别建模。q 算子作为传统的离散算子，适合于慢变离散系统的建模，因此用来描述攻击模型；δ 算子在采样频率高的情况下具有更好的数值稳定性，因此可以刻画快变的控制模型。δ 算子的定义如下[122,187,188]：

$$\delta x_k = \begin{cases} \dot{x}_t, & T_s = 0 \\ \dfrac{qx_k - x_k}{T_s}, & T_s \neq 0 \end{cases} \tag{11.1}$$

其中，T_s 为采样频率，q 代表传统的离散算子并且有 $qx_k := x_{k+1}$；被控对象的状态方程如下所示：

$$\begin{cases} \dot{\boldsymbol{x}}_t = \boldsymbol{A}_s \boldsymbol{x}_t + \boldsymbol{B}_{2s} \boldsymbol{u}_{c,t} + \boldsymbol{B}_{1s} \boldsymbol{\omega}_t \\ \boldsymbol{y}_t = \boldsymbol{C}_s \boldsymbol{x}_t \\ \boldsymbol{z}_t = \boldsymbol{D}_s \boldsymbol{x}_t \end{cases} \tag{11.2}$$

其中，$\boldsymbol{x}_t \in \mathbb{R}^n$ 是控制系统的状态变量，$\boldsymbol{z}_t \in \mathbb{R}^r$ 是控制系统的输出，$\boldsymbol{u}_{c,t} \in \mathbb{R}^m$ 是执行器收到的控制信号，$\boldsymbol{y}_t \in \mathbb{R}^p$ 是传感器的测量输出。$\boldsymbol{\omega}_t$ 是属于 $\mathcal{L}_2[0,\infty)$ 空间的外部干扰，其中，$\mathcal{L}_2[0,\infty)$ 为连续域上平方可积函数空间且当 $t<0$ 时函数值为 0。$\boldsymbol{A}_s, \boldsymbol{B}_{1s}, \boldsymbol{B}_{2s}, \boldsymbol{C}_s$ 和 $\boldsymbol{D}_s$ 是具有合适维度的矩阵。使用 δ 算子采样，可以得到以下 δ 域离散系统：

$$\begin{cases} \delta \boldsymbol{x}_k = \boldsymbol{A} \boldsymbol{x}_k + \boldsymbol{B}_2 \boldsymbol{u}_{c,k} + \boldsymbol{B}_1 \boldsymbol{\omega}_k \\ \boldsymbol{y}_k = \boldsymbol{C} \boldsymbol{x}_k \\ \boldsymbol{z}_k = \boldsymbol{D} \boldsymbol{x}_k \end{cases} \tag{11.3}$$

其中，$\boldsymbol{\omega}_k \in l_2[0,\infty)$，$l_2[0,\infty)$ 为 δ 域上平方可积函数空间且当 $k<0$ 时函数值为 0。根据文献[182]，$\boldsymbol{A}, \boldsymbol{B}_1, \boldsymbol{B}_2, \boldsymbol{C}$ 和 $\boldsymbol{D}$ 可以用以下公式求得：

$$\boldsymbol{A} = \frac{\mathrm{e}^{\boldsymbol{A}_s T_s} - \boldsymbol{I}}{T_s}, \quad \boldsymbol{B}_2 = \frac{1}{T_s}\int_0^{T_s} \mathrm{e}^{\boldsymbol{A}_s (T_s - \tau)} \boldsymbol{B}_{2s} \mathrm{d}\tau,$$

$$\boldsymbol{B}_1 = \frac{1}{T_s}\int_0^{T_s} \mathrm{e}^{\boldsymbol{A}_s (T_s - \tau)} \boldsymbol{B}_{1s} \mathrm{d}\tau, \quad \boldsymbol{C} = \boldsymbol{C}_s, \quad \boldsymbol{D} = \boldsymbol{D}_s$$

由于传输网络遭受 DoS 攻击，因此控制器接收到的测量信号和执行器接收到的控制信号会产生时延。

$$\text{测试信号:}\ \boldsymbol{y}_{c,k}=(1-\varsigma^{\theta_n})\boldsymbol{y}_k+\varsigma^{\theta_n}\boldsymbol{y}_{k-1} \tag{11.4}$$

$$\text{控制信号:}\ \boldsymbol{u}_{c,k}=(1-\beta^{\theta_n})\boldsymbol{u}_k+\beta^{\theta_n}\boldsymbol{u}_{k-1} \tag{11.5}$$

其中，$\boldsymbol{y}_{c,k}\in\mathbb{R}^p$ 是 DoS 攻击后的测量输出；$\boldsymbol{u}_k\in\mathbb{R}^m$ 是控制器发出的控制信号；ς^{θ_n} 和 β^{θ_n} 是传感器控制器之间和控制器执行器之间的时延参数。切换信号 θ_n 是一个马尔可夫过程，其初始分布为 π_0 且状态集合为 $\varTheta:=\{1,2,\cdots,s\}$。在给定的马尔可夫状态 $\theta_n=i$，时延参数 ς^i 和 β^i 均为满足伯努力分布的随机变量：

$$\begin{aligned}
&\Pr\{\varsigma^i=1\}=\mathbb{E}\{\varsigma^i\}=\bar{\varsigma}^i\\
&\Pr\{\varsigma^i=0\}=1-\mathbb{E}\{\varsigma^i\}=1-\bar{\varsigma}^i\\
&\Pr\{\beta^i=1\}=\mathbb{E}\{\beta^i\}=\bar{\beta}^i\\
&\Pr\{\beta^i=0\}=1-\mathbb{E}\{\beta^i\}=1-\bar{\beta}^i
\end{aligned} \tag{11.6}$$

其中，$\Pr\{\cdot\}$表示事件“·”发生的概率。根据假设 11.1，时延参数 $\bar{\varsigma}^i$ 和 $\bar{\beta}^i$ 由 IDS 和 DoS 攻击者的策略决定。引入混合策略 $f(i,F_p)$ 和 $g(i,a_q)$，其中，$f(i,F_p)$ 表示防御方 IDS 在状态 $\theta_n=i$ 上选择配置行为 $F_p\in\overline{\mathcal{L}}$ 的概率；$g(i,a_q)$ 表示 DoS 攻击者在状态 $\theta_n=i$ 上选择攻击行为 $a_q\in\mathcal{A}$ 的概率。函数 $f:\varTheta\times\overline{\mathcal{L}}\to[0,1]$ 和 $g:\varTheta\times\mathcal{A}\to[0,1]$ 需要满足 $\sum_{p=1}^{2^N}f(i,F_p)=1$ 和 $\sum_{q=1}^{M}g(i,a_q)=1$ 的条件。定义：

$$\begin{aligned}
&\boldsymbol{f}(i):=[f(i,F_1),\cdots,f(i,F_{2^N})]^{\mathrm{T}}\\
&\boldsymbol{g}(i):=[g(i,a_1),\cdots,g(i,a_M)]^{\mathrm{T}}\\
&\boldsymbol{F}_s:=[\boldsymbol{f}(1),\cdots,\boldsymbol{f}(s)]^{\mathrm{T}}\in\boldsymbol{F}\\
&\boldsymbol{G}_s:=[\boldsymbol{g}(1),\cdots,\boldsymbol{g}(s)]^{\mathrm{T}}\in\boldsymbol{G}
\end{aligned}$$

因为 θ_n 的转移是由防御方 IDS 和 DoS 攻击者共同决定的，所以可以将马尔可夫链的转移矩阵记为 $\boldsymbol{\varLambda}=\{\lambda_{ij}(\boldsymbol{f}(i),\boldsymbol{g}(i))\}_{i,j=1,\cdots,s}$，并且对于 $i\neq j$，有 $\lambda_{ij}(\boldsymbol{f}(i),\boldsymbol{g}(i))\geqslant 0$；对于 $i\in\varTheta$，有 $\lambda_{ii}(\boldsymbol{f}(i),\boldsymbol{g}(i))=-\sum_{j\neq i}\lambda_{ij}(\boldsymbol{f}(i),\boldsymbol{g}(i))$；实质上，时刻 n 从状态 i 转移到时刻 $n+h$ 的状态 j 上的转移概率为

$$\Pr(\theta_{n+h}=j\mid\theta_n=i)=\begin{cases}\lambda_{ij}(\boldsymbol{f}(i),\boldsymbol{g}(i))h+o(h), & j\neq i\\ 1+\lambda_{ii}(\boldsymbol{f}(i),\boldsymbol{g}(i))h+o(h), & j=i\end{cases} \tag{11.7}$$

其中，标量 $h>0$ 与 n 在同一时间尺度，$\lambda_{ij}(\boldsymbol{f}(i),\boldsymbol{g}(i))$ 可以视为 $\bar{\lambda}_{ij}(F_p,a_q)$ 对所有 $F_p\in\overline{\mathcal{L}}$ 和 $a_q\in\mathcal{A}$ 的平均值即

$$\lambda_{ij}(\boldsymbol{f}(i),\boldsymbol{g}(i))=\sum\nolimits_{p=1}^{2^N}\sum\nolimits_{q=1}^{M}\boldsymbol{f}(i)\boldsymbol{g}(i)\overline{\lambda}_{ij}(F_p,a_q)$$

使用基于观测器的控制算法，其中观测器用来对控制系统的状态变量 $\boldsymbol{x}_k$ 进行估计：

$$\text{控制器}:\boldsymbol{u}_k=K^{\theta_n}\hat{\boldsymbol{x}}_k \tag{11.8}$$

$$\text{观测器}:\begin{cases}\delta\hat{\boldsymbol{x}}_k=\boldsymbol{A}\hat{\boldsymbol{x}}_k+\boldsymbol{B}_2\boldsymbol{u}_{c,k}+\boldsymbol{L}^{\theta_n}(\boldsymbol{y}_{c,k}-\overline{\boldsymbol{y}}_{c,k})\\ \overline{\boldsymbol{y}}_{c,k}=(1-\overline{\varsigma}^{\theta_n})\boldsymbol{C}\hat{\boldsymbol{x}}+\overline{\varsigma}^{\theta_n}\boldsymbol{C}\hat{\boldsymbol{x}}_{k-1}\end{cases} \tag{11.9}$$

其中，$\hat{\boldsymbol{x}}_k\in\mathbb{R}^n$ 为观测器估计的状态变量；$\boldsymbol{K}^{\theta_n}\in\mathbb{R}^{m\times n}$ 是控制器增益，$\boldsymbol{L}^{\theta_n}\in\mathbb{R}^{n\times p}$ 是观测器增益，定义观测误差为

$$\boldsymbol{e}_k:=\boldsymbol{x}_k-\hat{\boldsymbol{x}}_k \tag{11.10}$$

将式(11.4)、式(11.5)、式(11.8)和式(11.9)代入式(11.3)和式(11.10)中可以得到以下连续域的闭环系统：

$$\delta\boldsymbol{\eta}_k=\tilde{\boldsymbol{A}}\boldsymbol{\eta}_k+\tilde{\boldsymbol{B}}\boldsymbol{\omega}_k \tag{11.11}$$

其中，矩阵 $\tilde{\boldsymbol{A}}$, $\tilde{\boldsymbol{B}}$ 和 $\boldsymbol{\eta}_k$ 如式(11.12)和式(11.13)所示。

$$\tilde{\boldsymbol{A}}=\begin{bmatrix}\tilde{\boldsymbol{A}}_{11} & \tilde{\boldsymbol{A}}_{12}\\ \boldsymbol{I} & 0\end{bmatrix} \tag{11.12}$$

$$\begin{aligned}\tilde{\boldsymbol{A}}_{11}&=\begin{bmatrix}\boldsymbol{A}+(1-\overline{\beta}^{\theta_n})\boldsymbol{B}_2\boldsymbol{K}^{\theta_n} & -(1-\overline{\beta}^{\theta_n})\boldsymbol{B}_2\boldsymbol{K}^{\theta_n}\\ -(\beta^{\theta_n}-\overline{\beta}^{\theta_n})\boldsymbol{B}_2\boldsymbol{K}^{\theta_n} & +(\beta^{\theta_n}-\overline{\beta}^{\theta_n})\boldsymbol{B}_2\boldsymbol{K}^{\theta_n}\\ (\varsigma^{\theta_n}-\overline{\varsigma}^{\theta_n})\boldsymbol{L}^{\theta_n}\boldsymbol{C} & \boldsymbol{A}-(1-\overline{\varsigma}^{\theta_n})\boldsymbol{L}^{\theta_n}\boldsymbol{C}\end{bmatrix}\\ \tilde{\boldsymbol{A}}_{12}&=\begin{bmatrix}\overline{\beta}^{\theta_n}\boldsymbol{B}_2\boldsymbol{K}^{\theta_n} & -\overline{\beta}^{\theta_n}\boldsymbol{B}_2\boldsymbol{K}^{\theta_n}\\ +(\beta^{\theta_n}-\overline{\beta}^{\theta_n})\boldsymbol{B}_2\boldsymbol{K}^{\theta_n} & -(\beta^{\theta_n}-\overline{\beta}^{\theta_n})\boldsymbol{B}_2\boldsymbol{K}^{\theta_n}\end{bmatrix}\\ \tilde{\boldsymbol{B}}&=[\boldsymbol{B}_1\quad \boldsymbol{B}_1\quad 0\quad 0]^{\mathrm{T}},\ \boldsymbol{\eta}_k=[\boldsymbol{x}_k\quad \boldsymbol{e}_k\quad \boldsymbol{x}_{k-1}\quad \boldsymbol{e}_{k-1}]^{\mathrm{T}}\end{aligned} \tag{11.13}$$

因为 DoS 攻击者在对 NCSs 造成实际损害之前必须经过 IDS 的过滤，IDS 和 H_∞ 控制的耦合设计问题可以视为一个嵌套式决策问题并记为 $\mathcal{D}_1$ 和 $\mathcal{D}_2$。嵌套式决策问题如图 11.2 所示。对于内层决策 $\mathcal{D}_1$，可以定义成本函数为 $r:\Theta\times\overline{\mathcal{L}}\times\mathcal{A}\to\mathbb{R}$。在本章成本函数可以代表控制器执行器间或观测器控制器间时延。定义折扣代价的期望值之和为

$$v_\beta^i(\boldsymbol{F}_s,\boldsymbol{G}_s):=\sum\nolimits_{n=0}^{\infty}\beta^n\mathbb{E}_{\boldsymbol{F}_s,\boldsymbol{G}_s}(r_k\mid\theta_0=i),\forall i\in\Theta \tag{11.14}$$

其中，r_k 表示在时刻 k 的 r 值；θ_0 代表起始状态；指标 $v_\beta^i(\boldsymbol{F}_s,\boldsymbol{G}_s)$ 不仅仅考虑当前的代价，也将未来的代价以折扣的形式进行考虑。折扣系数 β 满足 $\beta\in(0,1]$。IDS 的目标是使折扣代价的期望值之和最小，而 DoS 攻击者的目标是使折扣代价的期

望值之和最大；$v_{\beta}^{i}(\boldsymbol{F}_s,\boldsymbol{G}_s)$ 表示以 $\theta_0=i$ 为起始状态，使用策略集 $(\boldsymbol{F}_s,\boldsymbol{G}_s)$ 得到的折扣代价的期望值之和。$v_{\beta}^{i}(\boldsymbol{F}_s,\boldsymbol{G}_s)$ 也可以视为网络安全性能指标。

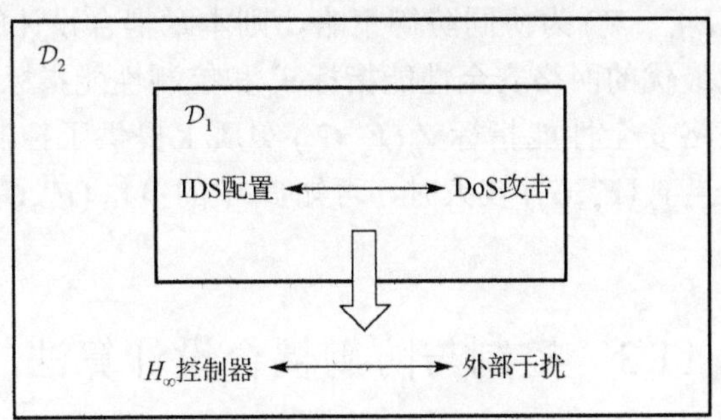

图 11.2　嵌套式决策框架

动态网络安全环境中最优的 IDS 配置策略以马尔可夫博弈纳什均衡策略的形式给出。在纳什均衡点，任何博弈参与者单独改变策略都不会得到任何好处。马尔可夫博弈的纳什均衡策略定义如下所示。

定义 11.1

$$\boldsymbol{v}_{\beta}(\boldsymbol{F}_s,\boldsymbol{G}_s)=[v_{\beta}^{1},\cdots,v_{\beta}^{s}]^{\mathrm{T}}$$

如果对所有 $i\in\Theta$，都有

$$v_{\beta}^{i}(\boldsymbol{F}_s^{*},\boldsymbol{G}_s)\leqslant v_{\beta}^{i}(\boldsymbol{F}_s^{*},\boldsymbol{G}_s^{*})\leqslant v_{\beta}^{i}(\boldsymbol{F}_s,\boldsymbol{G}_s^{*}) \tag{11.15}$$

则 $(\boldsymbol{F}_s^{*},\boldsymbol{G}_s^{*})$ 称之为马尔可夫博弈的纳什均衡策略。为了简便起见在后文中使用 v_{β}^{i*} 代替 $v_{\beta}^{i}(\boldsymbol{F}_s^{*},\boldsymbol{G}_s^{*})$。

外层决策问题 $\mathcal{D}_2$ 也可以视为 H_∞ 控制问题，其控制器的设计目标如下。

$\boldsymbol{A}_1$: 闭环系统式(11.11)为全局均方指数稳定，即存在常数 $b_1>0$ 和 $b_2\in(0,1)$ 使得下式成立：

$$\mathbb{E}\{\|\boldsymbol{\eta}_k\|^2\}\leqslant b_1 b_2^{m}\mathbb{E}\{\|\boldsymbol{\eta}_0\|^2\} \tag{11.16}$$

其中，$\boldsymbol{\eta}_0$ 为初值且 $m\in\mathbb{R}_+$。

$\boldsymbol{A}_2$: 对于事先给定的干扰抑制性能指标 γ_i，在初始值为 0 的条件下：

$$\sup_{\omega_k}\frac{\sum_0^{\infty}\mathbb{E}_{\varsigma^i,\beta^i}\{\boldsymbol{z}_k^{\mathrm{T}}\boldsymbol{z}_k\}}{\sum_0^{\infty}\mathbb{E}_{\varsigma^i,\beta^i}\{\boldsymbol{\omega}_k^{\mathrm{T}}\boldsymbol{\omega}_k\}}<\gamma_i^2 \tag{11.17}$$

根据假设 11.1，IDS 和 DoS 攻击者的策略可以决定时延参数 ς^i 和 β^i 进而影响干扰抑制性能指标 γ_i，因此可以将干扰抑制性能指标记为 $\gamma_i(\boldsymbol{F}_s,\boldsymbol{G}_s)$。定义

$\gamma_i^*(\boldsymbol{F}_s,\boldsymbol{G}_s) := \inf_{u_k} \gamma_i(\boldsymbol{F}_s,\boldsymbol{G}_s)$，则最优干扰抑制性能指标为 $\gamma^*(\boldsymbol{F}_s,\boldsymbol{G}_s) := \max_{i\in\Theta}\gamma_i^*(\boldsymbol{F}_s,\boldsymbol{G}_s)$。实现最优干扰抑制性能指标 $\gamma^*(\boldsymbol{F}_s^*,\boldsymbol{G}_s^*)$。

定义 $(\{\boldsymbol{K}^i\}_{i=1}^s,\{\boldsymbol{L}^i\}_{i=1}^s,\boldsymbol{F}_s)$ 为协同防御策略，则本章耦合设计的目标是设计协同防御策略同时实现最优的网络安全性能指标 $\boldsymbol{v}_\beta^*$ 和控制性能指标 $\gamma^*(\boldsymbol{F}_s^*,\boldsymbol{G}_s^*)$。

注释 11.1 网络安全性能指标 $v_\beta^i(\boldsymbol{F}_s,\boldsymbol{G}_s)$ 实质上提供了控制器在理论条件下性能指标的度量。当 $v_\beta^i(\boldsymbol{F}_s^1,\boldsymbol{G}_s^1)$ 较大时，可知 $\mathcal{D}_1$ 中的策略 $(\boldsymbol{F}_s^1,\boldsymbol{G}_s^1)$ 会导致较差的控制性能指标。

11.3 控制与防御耦合设计算法

本章将分层给出求解协同防御策略的条件和方法。

11.3.1 马尔可夫博弈最优防御策略设计

本节主要给出了求解决策问题 $\mathcal{D}_1$ 中纳什均衡策略的方法。

定理 11.1 首先定义函数 $Q:\Theta\times\mathcal{A}\times\overline{\mathcal{L}}\to\mathbb{R}$ 为

$$Q(i,F_p,a_q) := r(i,F_p,a_q) + \beta\sum_{j\in\Theta}\mathbb{P}(j|i,F_p,a_q)v_\beta^j(\boldsymbol{F}_s,\boldsymbol{G}_s) \tag{11.18}$$

并且有 $\boldsymbol{Q}^i := \left[Q(i,F_p,a_q)\right]_{F_p\in\overline{\mathcal{L}},a_q\in\mathcal{A}}$，则在状态转移概率 $\mathbb{P}(j\,|\,i,F_p,a_q),\forall i,j\in\Theta$ 已知的情况下有迭代关系式：

$$v_\beta^{i,N+1} = \mathrm{val}\{\boldsymbol{Q}^{i,N}\} \tag{11.19}$$

其中，$v_\beta{}^{i,N+1}$ 是迭代关系式(11.19)的第 $N+1$ 步，val 是求出零和矩阵博弈的值函数[117]。当迭代关系式(11.19)相邻两步的差小于预先给定的阈值时，可以得到博弈值 v_β^{i*} 如下：

$$v_\beta^{i*} = \mathrm{val}(\boldsymbol{Q}_*^i) \tag{11.20}$$

对所有的 $i\in\Theta$，纳什均衡策略为

$$(\boldsymbol{f}^*(i),\boldsymbol{g}^*(i)) \in \arg\,\mathrm{val}\{\boldsymbol{Q}_*^i\},\forall i\in\Theta \tag{11.21}$$

其中，arg val 代表能够达到博弈值的策略值。

证明 过程可以参见文献[143]。

注释 11.2 定理 11.1 中纳什均衡点的存在性在文献[6]的定理 4 中证明。

11.3.2 马尔可夫切换下控制策略设计

本节将以 LMI 的形式给出闭环系统式(11.11)同时满足 $\boldsymbol{A}_1$ 和 $\boldsymbol{A}_2$ 的条件。首先

引入以下引理。

引理 11.1　令 $V(\boldsymbol{\eta}_k)$ δ 域的 Lyapunov 函数，如果存在标量 $\mu>0$，$\nu>0$，$\psi\in(0,1)$ 和 $T_s\in(0,1)$ 使得

$$\mu\|\boldsymbol{\eta}_k\|^2\leqslant V(\boldsymbol{\eta}_k)\leqslant\nu\|\boldsymbol{\eta}_k\|^2 \tag{11.22}$$

以及

$$\begin{aligned}\mathbb{E}\{\delta V(\boldsymbol{\eta}_k)\}&=\frac{\mathbb{E}\{V(\boldsymbol{\eta}_{k+1})|\boldsymbol{\eta}_k\}-V(\boldsymbol{\eta}_k)}{T_s}\\&\leqslant-\psi V(\boldsymbol{\eta}_k)\end{aligned} \tag{11.23}$$

成立，则当 $\boldsymbol{\omega}_k=0$ 时，闭环系统式(11.11)全局均方指数稳定。

证明　证明的主要过程与文献[186]类似。

以下定理以矩阵不等式的形式给出了闭环系统式(11.11)全局均方指数稳定的条件。

定理 11.2　对于给定的 T_s，$\{\bar{\varsigma}^i\}_{i=1}^s$，$\{\bar{\beta}^i\}_{i=1}^s$，$\{\boldsymbol{K}^i\}_{i=1}^s$ 和 $\{\boldsymbol{L}^i\}_{i=1}^s$，如果对于所有的 $i\in\Theta$，都有矩阵 $\boldsymbol{P}_1^i>0,\boldsymbol{P}_2^i>0,\boldsymbol{S}_1^i>0,\boldsymbol{S}_2^i>0$ 使得下列的矩阵不等式成立：

$$\boldsymbol{\Pi}^i=\begin{bmatrix}\boldsymbol{\Pi}_{11}^i & *\\ \boldsymbol{\Pi}_{21}^i & \boldsymbol{\Pi}_{22}^i\end{bmatrix}<0 \tag{11.24}$$

其中，

$$\boldsymbol{\Pi}_{11}^i=\begin{bmatrix}\boldsymbol{\Pi}_{111}^i & * & * & *\\ \boldsymbol{\Pi}_{121}^i & \boldsymbol{\Pi}_{122}^i & * & *\\ \bar{\beta}^i\boldsymbol{K}^{i\mathrm{T}}\boldsymbol{B}_2^{\mathrm{T}}\boldsymbol{P}_1^i & 0 & -\boldsymbol{P}_2^i & *\\ -\bar{\beta}^i\boldsymbol{K}^{i\mathrm{T}}\boldsymbol{B}_2^{\mathrm{T}}\boldsymbol{P}_1^i & -\bar{\varsigma}^i\boldsymbol{C}^{\mathrm{T}}\boldsymbol{L}^{i\mathrm{T}}\boldsymbol{S}_1^i & 0 & -\boldsymbol{S}_2^i\end{bmatrix},$$

$$\boldsymbol{\Pi}_{21}^i=\begin{bmatrix}\boldsymbol{\Pi}_{211}^i & -(1-\bar{\beta}^i)\boldsymbol{B}_2\boldsymbol{K}^i & \bar{\beta}^i\boldsymbol{B}_2\boldsymbol{K}^i & -\bar{\beta}^i\boldsymbol{B}_2\boldsymbol{K}^i\\ 0 & \boldsymbol{\Pi}_{212}^i & 0 & -\bar{\varsigma}^i\boldsymbol{L}^i\boldsymbol{C}\\ \boldsymbol{B}_2\boldsymbol{K}^i & -\boldsymbol{B}_2\boldsymbol{K}^i & -\boldsymbol{B}_2\boldsymbol{K}^i & \boldsymbol{B}_2\boldsymbol{K}^i\\ \boldsymbol{L}^i\boldsymbol{C} & 0 & -\boldsymbol{L}^i\boldsymbol{C} & 0\end{bmatrix},$$

$$\boldsymbol{\Pi}_{22}^i=-\frac{1}{T_s}\mathrm{diag}\{\boldsymbol{P}_1^{i-1},\boldsymbol{S}_1^{i-1},\alpha_1^{i-2}\boldsymbol{P}_1^{i-1},\alpha_2^{i-2}\boldsymbol{S}_1^{i-1}\},$$

$$\boldsymbol{\Pi}_{111}^i=\boldsymbol{P}_2^i+\boldsymbol{A}^{\mathrm{T}}\boldsymbol{P}_1^i+(1-\bar{\beta}^i)\boldsymbol{K}^{i\mathrm{T}}\boldsymbol{B}_2^{\mathrm{T}}\boldsymbol{P}_1^i+\boldsymbol{P}_1^i\boldsymbol{A}+(1-\bar{\beta}^i)\boldsymbol{P}_1^i\boldsymbol{B}_2\boldsymbol{K}^i,$$

$$\boldsymbol{\Pi}_{122}^i=\boldsymbol{S}_2^i+\boldsymbol{A}-(1-\bar{\varsigma}^i)\boldsymbol{L}^i\boldsymbol{C}^{\mathrm{T}}\boldsymbol{S}_1^i+\boldsymbol{S}_1^i\boldsymbol{A}-(1-\bar{\varsigma}^i)\boldsymbol{L}^i\boldsymbol{C},$$

$$\boldsymbol{\Pi}_{211}^i=\boldsymbol{A}+(1-\bar{\beta}^i)\boldsymbol{B}_2\boldsymbol{K}^i,$$

$$\boldsymbol{\Pi}_{212}^{i}=\boldsymbol{A}-(1-\bar{\varsigma}^{i})\boldsymbol{L}^{i}\boldsymbol{C},$$

$$\alpha_{1}^{i}=[(1-\bar{\beta}^{i})\bar{\beta}^{i}]^{1/2},\alpha_{2}^{i}=[(1-\bar{\varsigma}^{i})\bar{\varsigma}^{i}]^{1/2}$$

则闭环系统式(11.11)为全局均方指数稳定。

证明 定义δ域的 Lyapunov 函数如下：

$$V(\boldsymbol{\eta}_{k})=V_{1}(\boldsymbol{x}_{k})+V_{2}(\boldsymbol{x}_{k-1})+V_{3}(\boldsymbol{e}_{k})+V_{4}(\boldsymbol{e}_{k-1}) \tag{11.25}$$

其中，

$$\begin{aligned}
V_{1}(\boldsymbol{x}_{k})&=\boldsymbol{x}_{k}^{\mathrm{T}}\boldsymbol{P}_{1}^{i}\boldsymbol{x}_{k},\\
V_{2}(\boldsymbol{x}_{k-1})&=T_{s}\boldsymbol{x}_{k-1}^{\mathrm{T}}\boldsymbol{P}_{2}^{i}\boldsymbol{x}_{k-1},\\
V_{3}(\boldsymbol{e}_{k})&=\boldsymbol{e}_{k}^{\mathrm{T}}\boldsymbol{S}_{1}^{i}\boldsymbol{e}_{k},\\
V_{4}(\boldsymbol{e}_{k-1})&=T_{s}\boldsymbol{e}_{k-1}^{\mathrm{T}}\boldsymbol{S}_{2}^{i}\boldsymbol{e}_{k-1}
\end{aligned}$$

根据文献[122，187]中δ算子的线性性质，式(11.25)可以改写为

$$\begin{aligned}
\mathbb{E}_{\varsigma^{i},\beta^{i}}\{\delta V(\boldsymbol{\eta}_{k})\}=&\ \mathbb{E}_{\varsigma^{i},\beta^{i}}\{\delta V_{1}(\boldsymbol{x}_{k})\}+\mathbb{E}_{\varsigma^{i},\beta^{i}}\{\delta V_{2}(\boldsymbol{x}_{k-1})\}\\
&+\mathbb{E}_{\varsigma^{i},\beta^{i}}\{\delta V_{3}(\boldsymbol{e}_{k})\}+\mathbb{E}_{\varsigma^{i},\beta^{i}}\{\delta V_{4}(\boldsymbol{e}_{k-1})\}
\end{aligned} \tag{11.26}$$

根据δ域 Lyapunov 函数的性质可得

$$\begin{aligned}
\mathbb{E}_{\varsigma^{i},\beta^{i}}\{\delta V_{1}(\boldsymbol{x}_{k})\}=&\ \mathbb{E}_{\varsigma^{i},\beta^{i}}\{(\delta\boldsymbol{x}_{k})^{\mathrm{T}}\boldsymbol{P}_{1}^{i}\boldsymbol{x}_{k}\}+\mathbb{E}_{\varsigma^{i},\beta^{i}}\{\boldsymbol{x}_{k}^{\mathrm{T}}\boldsymbol{P}_{1}^{i}\delta\boldsymbol{x}_{k}\}+\mathbb{E}_{\varsigma^{i},\beta^{i}}\{T_{s}(\delta\boldsymbol{x}_{k})^{\mathrm{T}}\boldsymbol{P}_{1}^{i}\delta\boldsymbol{x}_{k}\}\\
=&\ \{[\boldsymbol{A}+(1-\bar{\beta}^{i})\boldsymbol{B}_{2}\boldsymbol{K}^{i}]\boldsymbol{x}_{k}-(1-\bar{\beta}^{i})\boldsymbol{B}_{2}\boldsymbol{K}^{i}\boldsymbol{e}_{k}+\bar{\beta}^{i}\boldsymbol{B}_{2}\boldsymbol{K}^{i}\boldsymbol{x}_{k-1}\\
&-\bar{\beta}^{i}\boldsymbol{B}_{2}\boldsymbol{K}^{i}\boldsymbol{e}_{k-1}\}\boldsymbol{P}_{1}^{i}\boldsymbol{x}_{k}+\boldsymbol{x}_{k}^{\mathrm{T}}\boldsymbol{P}_{1}^{i}\{[\boldsymbol{A}+(1-\bar{\beta}^{i})\boldsymbol{B}_{2}\boldsymbol{K}^{i}]\boldsymbol{x}_{k}-(1-\bar{\beta}^{i})\boldsymbol{B}_{2}\boldsymbol{K}^{i}\boldsymbol{e}_{k}\\
&+\bar{\beta}^{i}\boldsymbol{B}_{2}\boldsymbol{K}^{i}\boldsymbol{x}_{k-1}-\bar{\beta}^{i}\boldsymbol{B}_{2}\boldsymbol{K}^{i}\boldsymbol{e}_{k-1}\}+\{[\boldsymbol{A}+(1-\bar{\beta}^{i})\boldsymbol{B}_{2}\boldsymbol{K}^{i}]\boldsymbol{x}_{k}\\
&-(1-\bar{\beta}^{i})\boldsymbol{B}_{2}\boldsymbol{K}^{i}\boldsymbol{e}_{k}+\bar{\beta}^{i}\boldsymbol{B}_{2}\boldsymbol{K}^{i}\boldsymbol{x}_{k-1}-\bar{\beta}^{i}\boldsymbol{B}_{2}\boldsymbol{K}^{i}\boldsymbol{e}_{k-1}\}^{\mathrm{T}}\boldsymbol{P}_{1}^{i}\{[\boldsymbol{A}+(1-\bar{\beta}^{i})\boldsymbol{B}_{2}\boldsymbol{K}^{i}]\boldsymbol{x}_{k}\\
&-(1-\bar{\beta}^{i})\boldsymbol{B}_{2}\boldsymbol{K}^{i}\boldsymbol{e}_{k}+\bar{\beta}^{i}\boldsymbol{B}_{2}\boldsymbol{K}^{i}\boldsymbol{x}_{k-1}-\bar{\beta}^{i}\boldsymbol{B}_{2}\boldsymbol{K}^{i}\boldsymbol{e}_{k-1}\}\\
&+T_{s}(1-\bar{\beta}^{i})\bar{\beta}^{i}\{\boldsymbol{B}_{2}\boldsymbol{K}^{i}\boldsymbol{x}_{k}-\boldsymbol{B}_{2}\boldsymbol{K}^{i}\boldsymbol{e}_{k}-\boldsymbol{B}_{2}\boldsymbol{K}^{i}\boldsymbol{x}_{k-1}\\
&+\boldsymbol{B}_{2}\boldsymbol{K}^{i}\boldsymbol{e}_{k-1}\}^{\mathrm{T}}\boldsymbol{P}_{1}^{i}\{\boldsymbol{B}_{2}\boldsymbol{K}^{i}\boldsymbol{x}_{k}-\boldsymbol{B}_{2}\boldsymbol{K}^{i}\boldsymbol{e}_{k}-\boldsymbol{B}_{2}\boldsymbol{K}^{i}\boldsymbol{x}_{k-1}+\boldsymbol{B}_{2}\boldsymbol{K}^{i}\boldsymbol{e}_{k-1}\}
\end{aligned} \tag{11.27}$$

$$\begin{aligned}
\mathbb{E}_{\varsigma^{i},\beta^{i}}\{\delta V_{3}(\boldsymbol{e}_{k})\}=&\ \mathbb{E}_{\varsigma^{i},\beta^{i}}\{(\delta\boldsymbol{e}_{k})^{\mathrm{T}}\boldsymbol{S}_{1}^{i}\boldsymbol{e}_{k}\}+\mathbb{E}_{\varsigma^{i},\beta^{i}}\{\boldsymbol{e}_{k}^{\mathrm{T}}\boldsymbol{S}_{1}^{i}\delta\boldsymbol{e}_{k}\}+\mathbb{E}_{\varsigma^{i},\beta^{i}}\{T_{s}(\delta\boldsymbol{e}_{k})^{\mathrm{T}}\boldsymbol{S}_{1}^{i}\delta\boldsymbol{e}_{k}\}\\
=&\ \{[\boldsymbol{A}-(1-\bar{\varsigma}^{i})\boldsymbol{L}^{i}\boldsymbol{C}]\boldsymbol{e}_{k}-\bar{\varsigma}^{i}\boldsymbol{L}^{i}\boldsymbol{C}\boldsymbol{e}_{k-1}\}^{\mathrm{T}}\boldsymbol{S}_{1}^{i}\boldsymbol{x}_{k}+\boldsymbol{x}_{k}^{\mathrm{T}}\boldsymbol{S}_{1}^{i}\{[\boldsymbol{A}-(1-\bar{\varsigma}^{i})\boldsymbol{L}^{i}\boldsymbol{C}]\boldsymbol{e}_{k}\\
&-\bar{\varsigma}^{i}\boldsymbol{L}^{i}\boldsymbol{C}\boldsymbol{e}_{k-1}\}+\boldsymbol{T}_{s}\{[\boldsymbol{A}-(1-\bar{\varsigma}^{i})\boldsymbol{L}^{i}\boldsymbol{C}]\boldsymbol{e}_{k}-\bar{\varsigma}^{i}\boldsymbol{L}^{i}\boldsymbol{C}\boldsymbol{e}_{k-1}\\
&+(\varsigma^{i}-\bar{\varsigma}^{i})\boldsymbol{L}^{i}\boldsymbol{C}\boldsymbol{x}_{k}-(\varsigma^{i}-\bar{\varsigma}^{i})\boldsymbol{L}^{i}\boldsymbol{C}\boldsymbol{x}_{k-1}\}^{\mathrm{T}}\boldsymbol{S}_{1}^{i}\{[\boldsymbol{A}-(1-\bar{\varsigma}^{i})\boldsymbol{L}^{i}\boldsymbol{C}]\boldsymbol{e}_{k}-\bar{\varsigma}^{i}\boldsymbol{L}^{i}\boldsymbol{C}\boldsymbol{e}_{k-1}\\
&+(\varsigma^{i}-\bar{\varsigma}^{i})\boldsymbol{L}^{i}\boldsymbol{C}\boldsymbol{x}_{k}-(\varsigma^{i}-\bar{\varsigma}^{i})\boldsymbol{L}^{i}\boldsymbol{C}\boldsymbol{x}_{k-1}\}
\end{aligned} \tag{11.28}$$

$$\mathbb{E}_{\varsigma^i,\beta^i}\{\delta V_2(\boldsymbol{x}_{k-1})\} = \mathbb{E}_{\varsigma^i,\beta^i}\left\{\frac{V_2(\boldsymbol{x}_k)-V_2(\boldsymbol{x}_{k-1})}{T_s}\right\} \\ = \boldsymbol{x}_k^{\mathrm{T}}\boldsymbol{P}_2^i\boldsymbol{x}_k - \boldsymbol{x}_{k-1}^{\mathrm{T}}\boldsymbol{P}_2^i\boldsymbol{x}_{k-1} \tag{11.29}$$

$$\mathbb{E}_{\varsigma^i,\beta^i}\{\delta V_4(\boldsymbol{e}_{k-1})\} = \mathbb{E}_{\varsigma^i,\beta^i}\left\{\frac{V_4(\boldsymbol{e}_k)-V_4(\boldsymbol{e}_{k-1})}{T_s}\right\} \\ = \boldsymbol{e}_k^{\mathrm{T}}\boldsymbol{S}_2^i\boldsymbol{e}_k - \boldsymbol{e}_{k-1}^{\mathrm{T}}\boldsymbol{S}_2^i\boldsymbol{e}_{k-1} \tag{11.30}$$

将式(11.27)～式(11.30)代入式(11.26)并应用 Schur 补定理[179,189]可得

$$\mathbb{E}_{\varsigma^i,\beta^i}\{\delta V(\boldsymbol{\eta}_k)\} = \boldsymbol{\eta}_k^{\mathrm{T}}\boldsymbol{\Pi}^i\boldsymbol{\eta}_k \tag{11.31}$$

进而可得

$$\mathbb{E}_{\varsigma^i,\beta^i}\{\delta V(\boldsymbol{x}_k)\} = \boldsymbol{\eta}_k^{\mathrm{T}}\boldsymbol{\Pi}^i\boldsymbol{\eta}_k \leqslant -\lambda_{\min}(-\boldsymbol{\Pi}^i)\boldsymbol{\eta}_k^{\mathrm{T}}\boldsymbol{\eta}_k \\ < -\alpha^i\boldsymbol{\eta}_k^{\mathrm{T}}\boldsymbol{\eta}_k \tag{11.32}$$

其中,

$$0 < \alpha^i < \min\{\lambda_{\min}(-\boldsymbol{\Pi}^i), \sigma^i\}$$
$$\sigma^i := \max\{\lambda_{\max}(\boldsymbol{P}_1^i), \lambda_{\max}(\boldsymbol{S}_1^i), \lambda_{\max}(\boldsymbol{P}_2^i), \lambda_{\max}(\boldsymbol{S}_2^i)\}$$

显然

$$\mathbb{E}_{\varsigma^i,\beta^i}\{\delta V(\boldsymbol{\eta}_k)\} < -\alpha^i\boldsymbol{\eta}_k^{\mathrm{T}}\boldsymbol{\eta}_k < -\psi^i V(\boldsymbol{\eta}_k)$$

其中，$\psi^i = \dfrac{\alpha^i}{\sigma^i}$，则闭环系统式(11.11)在两次切换之间的子系统均方指数稳定；其全局均方指数稳定性可以由假设 11.2 和文献[190]中的引理 9 得出。证明完毕。

以下定理以 LMI 的形式给出了闭环系统式(11.11)同时满足 $\boldsymbol{A}_1$ 和 $\boldsymbol{A}_2$ 的条件。

定理 11.3 对于给定的 T_s，$\{\gamma_i\}_{i=1}^s$，$\{\overline{\varsigma}^i\}_{i=1}^s$ 和 $\{\overline{\beta}^i\}_{i=1}^s$，如果对于所有的 $i\in\Theta$，存在矩阵 $\boldsymbol{P}_{11}^i>0, \boldsymbol{P}_{22}^i>0, \boldsymbol{P}_2^i>0, \boldsymbol{S}_1^i>0, \boldsymbol{S}_2^i>0, \boldsymbol{M}^i, \boldsymbol{N}^i$ 使得下列 LMI 成立:

$$\boldsymbol{\Gamma}^i = \begin{bmatrix} \boldsymbol{\Gamma}_{11}^i & * \\ \boldsymbol{\Gamma}_{21}^i & \boldsymbol{\Gamma}_{22}^i \end{bmatrix} < 0 \tag{11.33}$$

其中,

$$\boldsymbol{\Gamma}_{11}^i = \begin{bmatrix} \boldsymbol{\Gamma}_{111}^i & * & * & * & * \\ \boldsymbol{\Gamma}_{121}^i & \boldsymbol{\Gamma}_{122}^i & * & * & * \\ \overline{\beta}^i\boldsymbol{M}^{i\mathrm{T}}\boldsymbol{B}_2^{\mathrm{T}} & 0 & -\boldsymbol{P}_2^i & * & * \\ -\overline{\beta}^i\boldsymbol{M}^{i\mathrm{T}}\boldsymbol{B}_2^{\mathrm{T}} & -\overline{\varsigma}^i\boldsymbol{C}^{\mathrm{T}}\boldsymbol{N}^{i\mathrm{T}} & 0 & -\boldsymbol{S}_2^i & * \\ \boldsymbol{B}_1^{\mathrm{T}}\boldsymbol{P}_1^i & \boldsymbol{B}_1^{\mathrm{T}}\boldsymbol{S}_1^i & 0 & 0 & -{\gamma_i}^2\boldsymbol{I} \end{bmatrix},$$

$$\boldsymbol{\Gamma}_{21}^{i}=\begin{bmatrix}\boldsymbol{\Gamma}_{211}^{i} & \boldsymbol{\Gamma}_{212}^{i} & \bar{\beta}^{i}\boldsymbol{B}_2\boldsymbol{M}^{i} & -\bar{\beta}^{i}\boldsymbol{B}_2\boldsymbol{M}^{i} & \boldsymbol{P}_1^{i}\boldsymbol{B}_1\\ 0 & \boldsymbol{\Gamma}_{222}^{i} & 0 & -\bar{\varsigma}^{i}\boldsymbol{N}^{i}\boldsymbol{C} & \boldsymbol{S}_1^{i}\boldsymbol{B}_1\\ \boldsymbol{B}_2\boldsymbol{M}^{i} & -\boldsymbol{B}_2\boldsymbol{M}^{i} & -\boldsymbol{B}_2\boldsymbol{M}^{i} & \boldsymbol{B}_2\boldsymbol{M}^{i} & 0\\ \boldsymbol{N}^{i}\boldsymbol{C} & 0 & -\boldsymbol{N}^{i}\boldsymbol{C} & 0 & 0\\ D & 0 & 0 & 0 & 0\end{bmatrix},$$

$$\begin{aligned}
&\boldsymbol{\Gamma}_{22}^{i}=\mathrm{diag}\left\{\frac{1}{T_s}\boldsymbol{P}_1^{i-1},\frac{1}{T_s}\boldsymbol{S}_1^{i-1},\frac{1}{T_s}\alpha_1^{i-2}\boldsymbol{P}_1^{i-1},\frac{1}{T_s}\alpha_2^{i-2}\boldsymbol{S}_1^{i-1},-\boldsymbol{I}\right\},\\
&\boldsymbol{\Gamma}_{111}^{i}=\boldsymbol{P}_2^{i}+\boldsymbol{A}^{\mathrm{T}}\boldsymbol{P}_1^{i}+\boldsymbol{P}_1^{i}\boldsymbol{A}+(1-\bar{\beta}^{i})\boldsymbol{M}^{i\mathrm{T}}\boldsymbol{B}_2^{\mathrm{T}}+(1-\bar{\beta}^{i})B_2\boldsymbol{M}^{i},\\
&\boldsymbol{\Gamma}_{121}^{i}=-(1-\bar{\beta}^{i})\boldsymbol{M}^{i\mathrm{T}}\boldsymbol{B}_2^{\mathrm{T}},\\
&\boldsymbol{\Gamma}_{122}^{i}=\boldsymbol{S}_2^{i}+\boldsymbol{A}^{\mathrm{T}}\boldsymbol{S}_1^{i}-(1-\bar{\varsigma}^{i})\boldsymbol{C}^{\mathrm{T}}\boldsymbol{N}^{i\mathrm{T}}+\boldsymbol{S}_1^{i}\boldsymbol{A}-(1-\bar{\varsigma}^{i})\boldsymbol{N}^{i}\boldsymbol{C},\\
&\boldsymbol{\Gamma}_{211}^{i}=\boldsymbol{P}_1^{i}\boldsymbol{A}+(1-\bar{\beta}^{i})\boldsymbol{B}_2\boldsymbol{M}^{i},\\
&\boldsymbol{\Gamma}_{212}^{i}=-(1-\bar{\beta}^{i})\boldsymbol{B}_2\boldsymbol{M}^{i},\\
&\boldsymbol{\Gamma}_{222}^{i}=\boldsymbol{S}_1^{i}\boldsymbol{A}-(1-\bar{\varsigma}^{i})\boldsymbol{N}^{i}\boldsymbol{C},\\
&\alpha_1^{i}=[(1-\bar{\beta}^{i})\bar{\beta}^{i}]^{1/2},\alpha_2^{i}=[(1-\bar{\varsigma}^{i})\bar{\varsigma}^{i}]^{1/2},\\
&\boldsymbol{P}_1^{i}:=\boldsymbol{U}_1^{i\mathrm{T}}\boldsymbol{P}_{11}^{i}\boldsymbol{U}_1^{i}+\boldsymbol{U}_2^{i\mathrm{T}}\boldsymbol{P}_{22}^{i}\boldsymbol{U}_2^{i}
\end{aligned}\tag{11.34}$$

$\boldsymbol{U}^{i}\in\mathbb{R}^{n\times n}$ 和 $\boldsymbol{V}^{i}\in\mathbb{R}^{m\times m}$ 是满足以下条件的正交矩阵：

$$\boldsymbol{U}^{i}\boldsymbol{B}_2\boldsymbol{V}^{i}=\begin{bmatrix}\boldsymbol{U}_1^{i}\\ \boldsymbol{U}_2^{i}\end{bmatrix}\boldsymbol{B}_2\boldsymbol{V}^{i}=\begin{bmatrix}\boldsymbol{\Sigma}^{i}\\ 0\end{bmatrix}\tag{11.35}$$

$\boldsymbol{\Sigma}=\mathrm{diag}\{\sigma_1,\cdots,\sigma_m\}$，其中，$\sigma_i\ (i=1,\cdots,m)$ 为 $\boldsymbol{B}_2$ 的非零奇异值，则闭环系统式(11.11)为全局均方指数稳定且满足 H_∞ 性能指标式(11.17)。控制器和观测器为

$$K^{i}=\boldsymbol{V}^{i}\boldsymbol{\Sigma}^{i-1}\boldsymbol{P}_{11}^{i-1}\boldsymbol{\Sigma}^{i}\boldsymbol{V}^{i\mathrm{T}}\boldsymbol{M}^{i},\ \boldsymbol{L}^{i}=\boldsymbol{S}_1^{i-1}\boldsymbol{N}^{i},\quad\forall i\in\Theta\tag{11.36}$$

证明　基于定理 11.2，证明过程可参照文献[178]中定理 4 的证明完成。

从定理 11.3 中可以看出，采样周期 T_s 在 δ 域的 LMI 条件中显式表达。根据文献[178]，δ 域中的 LMI 条件可以克服因采样周期小而产生的数值不稳定。实际上，文献[178]中的定理 4 是本章定理 11.3 中采样周期为 $T_s=1$ 时的特殊情况。

可以将求出满足条件 $\boldsymbol{A}_1$ 和 $\boldsymbol{A}_2$ 的解的过程视为求解以下最优化问题：

$$\gamma_i^{*}=\inf_{\substack{\boldsymbol{P}_{11}^{i}>0,\boldsymbol{P}_{22}^{i}>0,\boldsymbol{P}_2^{i}>0\\ \boldsymbol{S}_1^{i}>0,\boldsymbol{S}_2^{i}>0,\boldsymbol{M}^{i},\boldsymbol{N}^{i}}}\gamma_i,\quad\forall i\in\Theta\tag{11.37}$$

在分别求出 $\mathcal{D}_1$ 和 D_2 最优策略的基础上，将在下一节解决 IDS 和切换 H_∞ 控制的耦合设计问题。

11.3.3　协同策略耦合设计方法

基于上节的结论，本节将给出协同控制策略的耦合设计问题。定义函数$H:\varTheta\times\overline{\mathcal{L}}\times\mathcal{A}\to\mathbb{R}$和$W:\varTheta\times\overline{\mathcal{L}}\times\mathcal{A}\to\mathbb{R}$，则$\overline{\varsigma}^i$和$\overline{\beta}^i$可以视为函数$H$和$W$的函数值即$H(i,F_p,a_q)=\overline{\varsigma}^i$和$W(i,F_p,a_q)=\overline{\beta}^i$。实质上，$H(i,F_p,a_q)=\overline{\varsigma}^i$和$W(i,F_p,a_q)=\overline{\beta}^i$均为先验知识且可以视为式(11.14)中的代价函数r。定义

$$\boldsymbol{H}^i=[H(i,F_p,a_q)]_{F_p\in\overline{\mathcal{L}},a_q\in\mathcal{A}} \tag{11.38}$$

$$\boldsymbol{W}^i=[W(i,F_p,a_q)]_{F_p\in\overline{\mathcal{L}},a_q\in\mathcal{A}} \tag{11.39}$$

在策略集上对函数$\boldsymbol{H}^i$和$\boldsymbol{W}^i$进行扩展。分别定义$H_1^i:\boldsymbol{F}\times\boldsymbol{G}\to\mathbb{R}$和$W_1^i:\boldsymbol{F}\times\boldsymbol{G}\to\mathbb{R}$为

$$\boldsymbol{H}_1^i(\boldsymbol{f}(i),\boldsymbol{g}(i)):=\boldsymbol{f}(i)^{\mathrm{T}}\boldsymbol{H}^i\boldsymbol{g}(i) \tag{11.40}$$

$$\boldsymbol{W}_1^i(\boldsymbol{f}(i),\boldsymbol{g}(i)):=\boldsymbol{f}(i)^{\mathrm{T}}\boldsymbol{W}^i\boldsymbol{g}(i) \tag{11.41}$$

当 IDS 和 DoS 攻击者均为理性的博弈参与者时$\mathcal{D}_1$的输出为博弈值$\boldsymbol{v}_\beta(\boldsymbol{F}_s^*,\boldsymbol{G}_s^*)$；并且对于所有的$i\in\varTheta$都有以下时延参数：

$$\overline{\varsigma}_*^i=\mathbb{E}_{\boldsymbol{f}^*(i),\boldsymbol{g}^*(i)}\{\boldsymbol{H}_1^i\}=\boldsymbol{f}^*(i)^{\mathrm{T}}\boldsymbol{H}^i\boldsymbol{g}^*(i) \tag{11.42}$$

$$\overline{\beta}_*^i=\mathbb{E}_{\boldsymbol{f}^*(i),\boldsymbol{g}^*(i)}\{\boldsymbol{W}_1^i\}=\boldsymbol{f}^*(i)^{\mathrm{T}}\boldsymbol{W}^i\boldsymbol{g}^i(i) \tag{11.43}$$

综上所述，提出以下算法对协同防御策略进行求解。

算法 11.1　协同防御策略求解算法。

输入：$T_s,\varepsilon>0,\beta,\boldsymbol{H}^i,\boldsymbol{W}^i$和$\mathbb{P}(j\,|\,i,F_p,a_q),\forall i,j\in\boldsymbol{\varTheta},F_p\in\overline{\mathcal{L}},a_q\in\mathcal{A}$。

输出：$\{\boldsymbol{K}^i\}_{i=1}^s$和$\{\boldsymbol{L}^i\}_{i=1}^s;(\boldsymbol{F}_s^*,\ \boldsymbol{G}_s^*),\gamma^*(\boldsymbol{F}_s^*,\boldsymbol{G}_s^*),\boldsymbol{v}_\beta^*$。

①初始化。

②令$\boldsymbol{v}_\beta^0=[v_\beta^{1,0},v_\beta^{2,0},\cdots,v_\beta^{s,0}]^{\mathrm{T}}$。

③Begin while。

④当$(\boldsymbol{v}_\beta^{N+1}-\boldsymbol{v}_\beta^N>[\varepsilon,\varepsilon,\cdots,\varepsilon]_{1\times s}^{\mathrm{T}})$时，

⑤令代价函数r为$\overline{\varsigma}^i$或$\overline{\beta}^i$，利用式(11.18)计算Q函数$Q(i,F_p,a_q)$。

⑥使用式(11.19)计算$\boldsymbol{v}_\beta^{N+1}$，其中，$\boldsymbol{v}_\beta^N=[v_\beta^{1,N},v_\beta^{2,N},\cdots,v_\beta^{s,N}]^{\mathrm{T}}$。

⑦End while。

⑧当循环结束时得到$\boldsymbol{v}_\beta^*$，

⑨使用式(11.21)求出$\boldsymbol{F}_s^*$和$\boldsymbol{G}_s^*$，

⑩使用式(11.42)和式(11.43)分别求出时延参数的估计值，

⑪使用时延参数估计值$\overline{\varsigma}_*^i$和$\overline{\beta}_*^i$求解式(11.37)得到γ_i^*，$\boldsymbol{K}^i$和$\boldsymbol{L}^i,\forall i\in\varTheta$。

11.4 仿 真 算 例

本节将本章中所提的 IDS 和 NCSs 耦合切换控制方法应用于不间断电源的控制中。不间断电源常用于向数据存储系统、生命支持系统或其他重要系统提供高质量的可靠电力供应。因此，安全性对于不间断电源的控制至关重要。从以下仿真可以看出，使用 IDS 和 NCSs 的耦合切换控制方法，能够在 DoS 攻击和外部干扰的情况下使不间断电源有较好的输出。

考虑文献[178]中的不间断电源模型。令采样周期为 $T_s = 0.01\text{s}$，使用δ算子对模型进行采样，可以得到如下δ域模型：

$$
\begin{aligned}
\boldsymbol{A} &= \begin{bmatrix} -7.7400 & -63.3000 & 0 \\ 100.0000 & -100.0000 & 0 \\ 0 & 100.0000 & -100.0000 \end{bmatrix} \\
\boldsymbol{B}_1 &= \begin{bmatrix} 50 \\ 0 \\ 20 \end{bmatrix}, \quad \boldsymbol{B}_2 = \begin{bmatrix} 100 \\ 0 \\ 0 \end{bmatrix} \\
\boldsymbol{D} &= \begin{bmatrix} 0.1 & 0 & 0 \end{bmatrix}, \quad \boldsymbol{C} = \begin{bmatrix} 23.738 & 20.287 & 0 \end{bmatrix}
\end{aligned}
\tag{11.44}
$$

对于 $\mathcal{D}_1$，可以考虑有两个状态的马尔可夫链：正常状态 1 和受损状态 2。假设 l_1 可以用来检测 a_1，l_2 可以用来检测 a_2。如果由于系统限制，IDS 每次只能够加载一个防御库。IDS 和 DoS 攻击间博弈的得益矩阵如下所示，矩阵中的每个元素为 $(H(i,F_p,a_q)$，$W(i,F_p,a_q))$。在状态 1 有

	a_1	a_2
F_1	(0.02,0.02)	(0.06,0.06)
F_2	(0.04,0.04)	(0.02,0.02)

在状态 2 有

	a_1	a_2
F_1	(0.05,0.05)	(0.1,0.1)
F_2	(0.08,0.08)	(0.05,0.05)

转移概率矩阵中每个元素为 $(\bar{\lambda}_{11},\bar{\lambda}_{12})$，状态 1 向状态 2 的转移概率矩阵为

	a_1	a_2
F_1	(0.8,0.2)	(0.2,0.8)
F_2	(0.2,0.8)	(0.8,0.2)

状态 2 向状态 1 的转移概率矩阵中每个元素为 $(\bar{\lambda}_{21},\bar{\lambda}_{22})$。且与上面的矩阵一致。

可以使用算法 11.1 求出 $\mathcal{D}_1$ 的博弈值 $\boldsymbol{v}_\beta^*$，令 $\beta=0.01$ 则求解过程如图 11.3 所示；改变 β 值，求解结果如表 11.1 所示；$\mathcal{D}_1$ 的纳什均衡策略如表 11.2 所示。

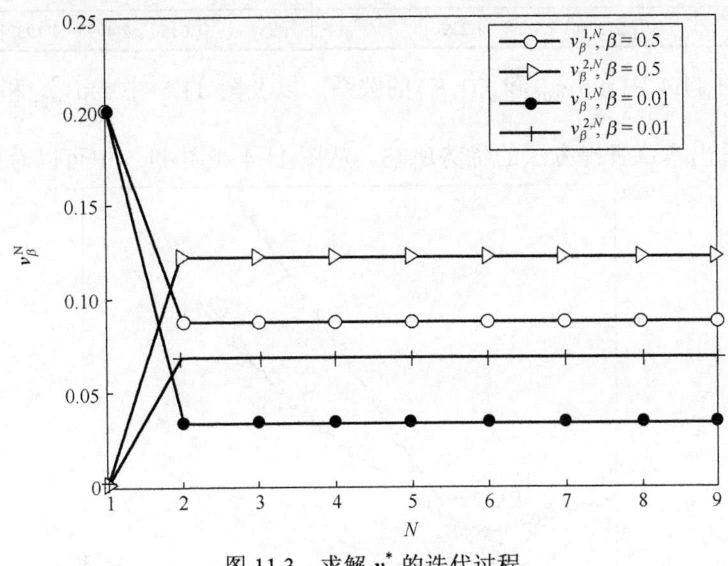

图 11.3　求解 $\boldsymbol{v}_\beta^*$ 的迭代过程

表 11.1　不同 β 下的博弈值 $\boldsymbol{v}_\beta^*$

	$\beta=0.5$	$\beta=0.01$
$\boldsymbol{v}_\beta^*$	$[0.0852\quad 0.1205]^{\mathrm{T}}$	$[0.0339\quad 0.0693]^{\mathrm{T}}$

表 11.2　$\mathcal{D}_1$ 的纳什均衡策略

	$\beta=0.5$	$\beta=0.01$
$\boldsymbol{f}^*(1)$	$[0.3528\quad 0.6472]^{\mathrm{T}}$	$[0.3342\quad 0.6658]^{\mathrm{T}}$
$\boldsymbol{f}^*(2)$	$[0.4131\quad 0.5869]^{\mathrm{T}}$	$[0.3758\quad 0.6242]^{\mathrm{T}}$
$\boldsymbol{g}^*(1)$	$[0.5961\quad 0.4039]^{\mathrm{T}}$	$[0.6656\quad 0.3344]^{\mathrm{T}}$
$\boldsymbol{g}^*(2)$	$[0.5897\quad 0.4103]^{\mathrm{T}}$	$[0.6250\quad 0.3750]^{\mathrm{T}}$

不失一般性，可以令 $\beta=0.01$。根据式(11.42)和式(11.43)，时滞参数的期望值为 $\bar{\varsigma}_*^1=\bar{\beta}_*^1=0.0333,\ \bar{\varsigma}_*^2=\bar{\beta}_*^2=0.0688$。

利用 MATLAB 工具包 YALMIP[117]对定理 11.3 进行求解从而得到 H_∞ 最优控制器和观测器。利用式(11.37)可得 $\gamma_1^*=0.1284$ 和 $\gamma_2^*=0.2372$。相应的控制器增益和观测器增益如表 11.3 所示。

表 11.3　控制器与观测器增益

	$i=1$	$i=2$
$\boldsymbol{K}^i$	$[-0.9415\quad 0.6467\quad -0.0000]$	$[-0.7450\quad 0.7591\quad -0.0001]$
$\boldsymbol{L}^i$	$[2.7270\quad 2.9664\quad 1.2396]^{\mathrm{T}}$	$[1.6350\quad 2.4993\quad 1.1939]^{\mathrm{T}}$

通过图 11.4 中 $\sup\limits_{G_s} v_{0.01}^1$ 和 $f(1,F_1)$ 的关系，以及图 11.5 中 $\sup\limits_{G_s} v_{0.01}^2$ 和 $f(2,F_1)$ 的关系可以看出本章所提方法的优势所在。从图 11.4 和图 11.5 中可以看出，使用

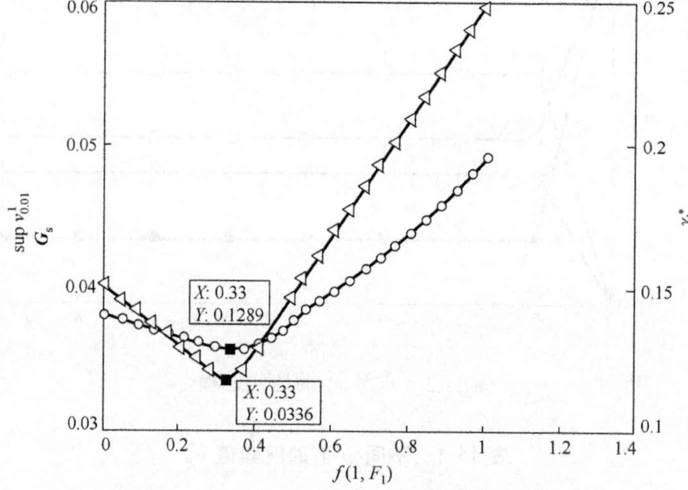

图 11.4　$\sup\limits_{G_s} v_{0.01}^1$ 和 γ_1^* 与 $f(1,F_1)$ 的关系

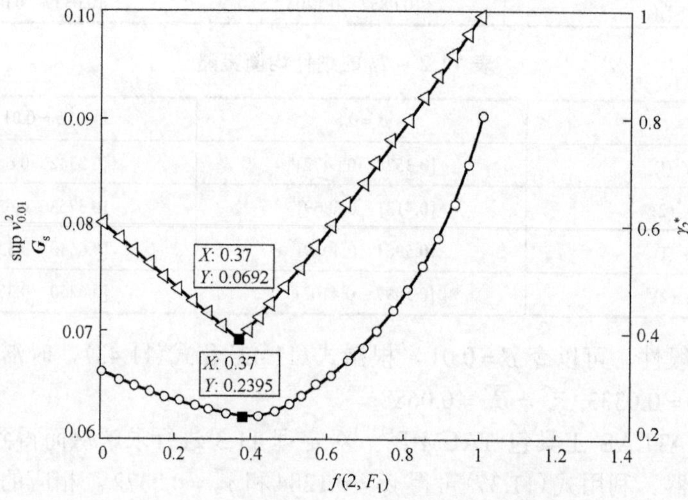

图 11.5　$\sup\limits_{G_s} v_{0.01}^2$ 和 γ_2^* 与 $f(2,F_1)$ 的关系

IDS 配置策略 $\boldsymbol{f}^{p}(1)=[0.33\quad 0.67]^{\mathrm{T}}$ 和 $\boldsymbol{f}^{p}(2)=[0.37\quad 0.63]^{\mathrm{T}}$ 可以得到最小的干扰抑制性能指标，且 $\boldsymbol{f}^{p}(1)$ 和 $\boldsymbol{f}^{p}(2)$ 与我们的理论计算结果 $\boldsymbol{f}^{*}(1)=[0.3342\quad 0.6658]^{\mathrm{T}}$ 和 $\boldsymbol{f}^{*}(2)=[0.3758\quad 0.6242]^{\mathrm{T}}$ 非常接近。这是因为在 DoS 攻击者采用攻击策略 $\boldsymbol{G}_{s}^{*}$ 的前提下，使用 IDS 配置策略 $\boldsymbol{F}_{s}^{*}$ 可以得到最小的丢包率从而导致最小的干扰抑制性能指标。

11.5　本 章 小 结

本章研究了动态网络安全环境下 IDS 和 H_{∞} 切换控制器的耦合设计问题，提出了一种寻找 IDS 和 H_{∞} 控制器协同防御策略的方法，并在不间断电源的控制中得到了较好的效果。

第 12 章　基于异构博弈的信息物理系统弹性策略设计

12.1　研究背景与意义

无线网络传输方式较有线网络可以节省布线、更加灵活、降低设备安装和维修成本[177]，因此无线网络通信方式更适合于节点分布广泛的信息物理系统[5,6,179,184]。但无线网络易变性强，无线网络环境变化与天气变化、传输距离、多径传播、多普勒频移等相关，传输信道的条件可用信道增益描述。在无线蜂窝网络的研究成果中，有大量成果研究信道增益变化对蜂窝网络中功率控制和信道分配的干扰管理问题的影响，设计鲁棒功率分配和/或信道选择策略提升系统性能[191]。现有文献[191]将信道的信道增益建模为概率分布模型并未考虑时间序列的关系。本章考虑无线网络信道增益与上一时刻的相关，将信道增益的取值建模为有限状态的离散时间 Markov 跳变过程。

无线传输网络开放度高，较有线网络相比更易受到网络攻击。干扰攻击是无线网络中 DoS 攻击的具体形式，攻击者通过发射干扰信号影响有用信号到达目的节点的质量[192,193]，进一步影响系统的性能。文献[56,194]等将干扰攻击对系统的影响建模为 Bernoulli 丢包模型。Hu 等在文献[195]中将非周期 DoS 攻击建模为切换系统。文献[196]建立 DoS 攻击影响下的 Markov 丢包模型，将系统连续丢包的个数建立为 Markov 跳变过程的状态，通过求解 LMI 得到状态转移概率已知和未知情况下的安全控制器增益。与已有文献对攻击影响的建模不同，本章建立干扰攻击与 Gilbert-Elliott 信道模型的关系，进一步分析控制系统的性能。

为了便于分析，本章将信息物理系统划分为网络层和物理层，分别对网络层和物理层进行建模分析，并将两层的耦合关系建模为异构博弈模型。本章将信息物理系统网络层的传输者和攻击者的功率传输策略问题建模为零和 Markov 博弈模型；考虑物理层 Gilbert-Elliott 信道模型，建立 DoS 攻击诱导丢包概率与两状态 Markov 丢包模型的关系，通过求解 δ 域 minimax 问题得到最优 H_∞ 控制策略；进一步，将跨层弹性策略设计问题建模为异构博弈模型，分别通过价值迭代和 Q 学习方法求解异构博弈问题得到最优功率传输策略和控制策略。

12.2　异构博弈模型与设计目标

DoS 攻击下的信息物理系统模型如图 12.1 所示，控制器与执行器间通过无线网络连接，传感器与控制器间通过可靠网络连接。在无线网络中，存在以干扰无线信号的传输为目标的 DoS 攻击者。在扰动和 DoS 攻击影响下分别建立物理层和网络层的系统模型。

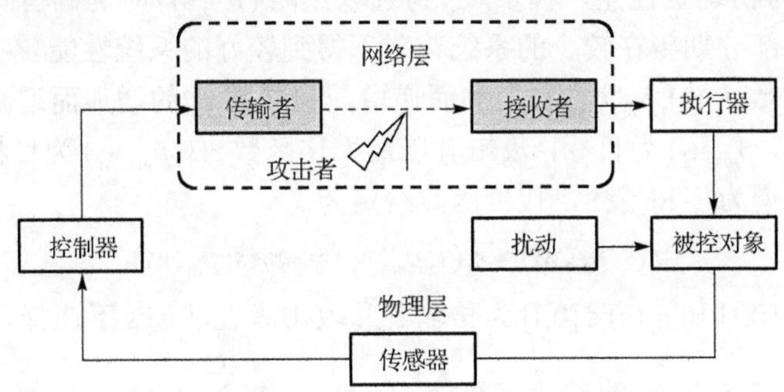

图 12.1　DoS 攻击下 CPS 的分层结构图

12.2.1　基于 SINR 的信息传输模型

在网络层，传输者的传输功率 p_m 可取 M 个不同的值记作 $\boldsymbol{p}=\{p_1,p_2,\cdots,p_M\}$，$\mathcal{M}=\{1,2,\cdots,M\}$。攻击者的传输策略 w_l 从集合 $\boldsymbol{w}=\{w_1,w_2,\cdots,w_L\}$，$\mathcal{L}=\{1,2,\cdots,L\}$ 中取值。在实际中，无线通信网络环境随时间变化，假设网络是随机的且满足有限状态离散 Markov 跳变过程 $\varPi=\{1,2,\cdots,S\}$。在状态 $s,s\in\varPi$ 下，传输者的信道增益为 ζ_s，记 $\zeta_s\in\varXi=\{\zeta_1,\zeta_2,\cdots,\zeta_S\}$，攻击者的干扰增益为 η_s，其中，$\eta_s\in\varGamma=\{\eta_1,\eta_2,\cdots,\eta_S\}$。从 n 时刻的状态 s 转移到 $n+1$ 时刻的状态 s' 的转移概率为

$$\lambda_{s,s'}=\Pr\{s'(n+1)\mid s(n)\},s'(n+1),\quad s(n)\in\varPi \tag{12.1}$$

且满足 $\sum\limits_{s'\in\varPi}\lambda_{s,s'}=1,\forall s\in\varPi$。在 DoS 攻击影响下，传输信号的 SINR 表示为

$$\gamma_{T,s}=\frac{\zeta_s p_m}{\eta_s w_l+\sigma^2},s\in\varPi,\ m\in\mathcal{M},l\in\mathcal{L} \tag{12.2}$$

其中，σ^2 为高斯白噪声的功率谱密度。根据数字通信理论可知丢包率（packet error ratio，PER）与 SINR 之间的关系为[197]

$$\mathrm{PER}(s)=2Q(\sqrt{\kappa\gamma_{T,s}}) \tag{12.3}$$

其中，

$$Q(x) \triangleq \frac{1}{\sqrt{2\pi}} \int_x^{\infty} \exp(-\tau^2/2) \mathrm{d}\tau$$

$\kappa > 0$ 为常数。

$r: \Pi \times \boldsymbol{p} \times \boldsymbol{w} \to \mathbb{R}$ 为状态 s 下行为变量 (p_m, w_l) 的函数，给定如下：

$$r(s, p_m, w_l) = \mathcal{F}(J_p(s), p_m, w_l, C_{ml}) \tag{12.4}$$

其中，$J_p(s)$ 为物理层性能，标量 C_{ml} 为选取策略 (p_m, w_l) 时的固有代价。传输者作为系统的一部分期望在较少的系统花费下得到较好的系统性能。在实际场景中，函数 $\mathcal{F}(\cdot)$ 随参数 $J_p(s), p_m, C_{ml}$ 的增加而递增，随参数 w_l 的增加而递减。传输者以最小化函数 $r(s, p_m, w_l)$ 为目标，攻击者以最大化函数 $r(s, p_m, w_l)$ 为目标。传输者和攻击者可以建模为零和博弈，代价函数给定为

$$r(s, p_m, w_l) = r_T(s, p_m, w_l) = -r_J(s, p_m, w_l)$$

记 $f_m(s) \in [0,1]$ 和 $g_l(s) \in [0,1]$ 为传输者和攻击者在状态 s 下选择行为 $p_m \in \boldsymbol{p}$ 和 $w_l \in \boldsymbol{w}$ 的概率。对特定的状态 s 有 $\sum_{m=1}^{M} f_m(s) = 1$ 和 $\sum_{l=1}^{L} g_l(s) = 1$。记 $\boldsymbol{f}(s) = [f_1(s), f_2(s), \cdots, f_M(s)]$, $\boldsymbol{g}(s) = [g_1(s), g_2(s), \cdots, g_L(s)]$, $\forall s \in \Pi$，对于所有状态有 $\boldsymbol{F} = [\boldsymbol{f}(1), \boldsymbol{f}(2), \cdots, \boldsymbol{f}(S)]$, $\boldsymbol{G} = [\boldsymbol{g}(1), \boldsymbol{g}(2), \cdots, \boldsymbol{g}(S)]$。

引入代价函数 J_c 来表示网络层折扣代价的期望：

$$J_c(s) = \mathbb{E}_s^{\boldsymbol{f}(s), \boldsymbol{g}(s)} \left(\sum_{n=1}^{+\infty} \rho^n r(s, p_m, w_l) \right) \tag{12.5}$$

其中，s 是从集合 Π 中选取的初始状态；n 为以环境变化为尺度的时间步数；参数 $\rho \in (0,1)$ 为对未来收益的折扣因子。

12.2.2 控制系统模型

考虑扰动影响下的时不变连续系统：

$$\dot{\boldsymbol{x}}(t) = \boldsymbol{A}_0 \boldsymbol{x}(t) + \boldsymbol{B}_0 \boldsymbol{u}(t) + \boldsymbol{D}_0 \boldsymbol{\omega}(t) \tag{12.6}$$

其中，$\boldsymbol{x}(t) \in \mathbb{R}^n$ 为状态向量，$\boldsymbol{u}(t) \in \mathbb{R}^m$ 为控制信号，$\boldsymbol{\omega}(t) \in \mathbb{R}^p$ 为扰动。$\boldsymbol{A}_0 \in \mathbb{R}^{n \times n}$，$\boldsymbol{B}_0 \in \mathbb{R}^{n \times m}$，$\boldsymbol{D}_0 \in \mathbb{R}^{n \times p}$ 为系统矩阵。在不同网络负载条件下，将系统式(12.6)以时变采样周期 T_k 离散化为 δ 域的时变系统：

$$\delta \boldsymbol{x}(t_k) = \boldsymbol{A}(t_k) \boldsymbol{x}(t_k) + v(t_k) \boldsymbol{B}(t_k) \boldsymbol{u}(t_k) + \boldsymbol{D}(t_k) \boldsymbol{\omega}(t_k) \tag{12.7}$$

其中，$\boldsymbol{A}(t_k) = \frac{\mathrm{e}^{A_0 T_k} - \boldsymbol{I}}{T_k}$，$\boldsymbol{B}(t_k) = \frac{1}{T_k} \int_0^{T_k} \mathrm{e}^{A_0 (T_k - \tau)} B_0 \mathrm{d}\tau$，$\boldsymbol{D}(t_k) = \frac{1}{T_k} \int_0^{T_k} \mathrm{e}^{A_0 (T_k - \tau)} \boldsymbol{D}_0 \mathrm{d}\tau$

δ 算子的自定义已在第 2 章中给出。

初始状态 $\boldsymbol{x}(t_0)$ 是零均值协方差为 Σ 的满足高斯分布的随机向量。在方程 (12.7) 中，$\{\nu(t_k)\}$ 满足 Markov 过程是攻击引起的丢包，服从分布：

$$\begin{bmatrix} \Pr(\nu(t_{k+1})=0|\nu(t_k)=0) & \Pr(\nu(t_{k+1})=1|\nu(t_k)=0) \\ \Pr(\nu(t_{k+1})=0|\nu(t_k)=1) & \Pr(\nu(t_{k+1})=1|\nu(t_k)=1) \end{bmatrix} = \begin{bmatrix} 1-\alpha & \alpha \\ \beta & 1-\beta \end{bmatrix} \tag{12.8}$$

由上式看出，数据包的丢失与否与上一步数据包的接收情况有关，变量满足 $0<\alpha\leqslant 1, 0<\beta\leqslant 1$。Markov 丢包过程是 Bernoulli 丢包的推广形式，平均驻留时间为 $(1-\alpha)/\alpha$。DoS 攻击者通过使系统产生连续丢包破坏系统的性能。因此，将传输者和攻击者相互作用的结果建模为数据包连续丢失的概率 α。根据方程(12.3)和下文中的结论可知：

$$\alpha = 1-\mathrm{PER} \tag{12.9}$$

注释 12.1 ①实际场景中，通信信道的状态通常与之前时刻的状态有关，也就是说，信道状态在时间上不是独立的，因此在前面章节，时间上独立的满足 Bernoulli 丢包的信道状态无法对此场景下的信道充分描述。为了表示信道条件在时间上的相关性，采用 Gilbert-Elliott 信道模型。

②物理层两状态 Markov 丢包模型的时间尺度是秒，网络层 Markov 跳变过程的时间尺度为小时。网络动态变化的时间尺度远大于物理系统运行时间的尺度。因此，在研究网络层攻防策略时假设控制系统已经进入稳定状态。

静态情况下，所有迭代步数的概率是相同的，即

$$\Pr(\nu(t_0)=0)=\cdots=\Pr(\nu(t_k)=0)=\beta/(\alpha+\beta)$$

和

$$\Pr(\nu(t_0)=1)=\cdots=\Pr(\nu(t_k)=1)=\alpha/(\alpha+\beta), \forall k>0$$

假设网络采用传输控制协议(transmission control protocol，TCP)协议，第 k 步已知的信息集 $\mathcal{I}(t_k)$ 给定为

$$\mathcal{I}(t_0)=\{\boldsymbol{x}(t_0)\}, \mathcal{I}(t_k)=\{\boldsymbol{x}(t_0),\cdots,\boldsymbol{x}(t_k),\nu(t_0),\cdots,\nu(t_{k-1})\} \tag{12.10}$$

将控制序列 $\{\boldsymbol{u}(t_k)\}$ 和扰动序列 $\{\boldsymbol{\omega}(t_k)\}$ 分别记为 $\mu(\mathcal{I}(t_k))$ 和 $\nu(\mathcal{I}(t_k))$。本章的目标是在最坏扰动情况下确定最优行为 $\mu^*(\mathcal{I}(t_k))$ 下的最小化系统性能：

$$\begin{aligned} J_p(\mu,\nu,\boldsymbol{F}^*,\boldsymbol{G}^*) = \mathbb{E}_{\nu(t_k)}\Big\{ & \boldsymbol{x}^{\mathrm{T}}(t_K)\boldsymbol{Q}_K\boldsymbol{x}(t_K) \\ & + T_k\sum_{k=0}^{K-1}\left\{\boldsymbol{x}^{\mathrm{T}}(t_k)\boldsymbol{Q}\boldsymbol{x}(t_k)+\nu(t_k)\boldsymbol{u}^{\mathrm{T}}(t_k)\boldsymbol{R}\boldsymbol{u}(t_k)-\gamma^2\|\boldsymbol{\omega}^2(t_k)\|\right\}\Big\} \end{aligned} \tag{12.11}$$

其中，固定的常值γ是$\mathcal{L}_2$干扰抑制性能的上界，$\boldsymbol{Q}\geqslant 0$，$\boldsymbol{Q}_K\geqslant 0$，$\boldsymbol{R}>0$为权重系数矩阵。

12.2.3 设计目标

根据上面章节的介绍可知，网络层和物理层都由具有相反目标的参与者构成。两层的零和博弈问题分别给定如下。

问题 12.1 在给定策略(μ,ν)情况下，如果下列不等式：

$$\mathcal{G}_1:\boldsymbol{J}_c(\boldsymbol{F}^*,\boldsymbol{G})\leqslant \boldsymbol{J}_c(\boldsymbol{F}^*,\boldsymbol{G}^*)\leqslant \boldsymbol{J}_c(\boldsymbol{F},\boldsymbol{G}^*) \tag{12.12}$$

成立，策略$(\boldsymbol{F}^*,\boldsymbol{G}^*)$为零和博弈的鞍点解，其中，$\boldsymbol{J}_c=[J_c(1),J_c(2),\cdots,J_c(S)]$。

问题 12.2 在给定网络层最优策略$(\boldsymbol{F}^*,\boldsymbol{G}^*)$下，如果对于所有的可行策略$(\mu,\nu)$存在：

$$\mathcal{G}_2:J_p(\mu^*,\nu,\boldsymbol{F}^*,\boldsymbol{G}^*)\leqslant J_p(\mu^*,\nu^*,\boldsymbol{F}^*,\boldsymbol{G}^*)\leqslant J_p(\mu,\nu^*,\boldsymbol{F}^*,\boldsymbol{G}^*) \tag{12.13}$$

那么(μ^*,ν^*)为鞍点解，最优系统性能为$J_p(\mu^*,\nu^*,\boldsymbol{F}^*,\boldsymbol{G}^*)$。

采用异构博弈模型来描述系统的跨层关系。在异构博弈中，网络层博弈和物理层博弈嵌套更新。最优的网络层博弈策略$(\boldsymbol{F}^*,\boldsymbol{G}^*)$引起特定的 Markov 丢包转移概率$\alpha$。同时，受 Markov 丢包影响的控制系统的性能是网络层代价的一部分。基于博弈论方法，在攻击和最优H_∞控制器下，网络层最优传输策略给定为鞍点，两层的联合策略设计可以提升系统的弹性。

注释 12.2 ①假设由环境引起的扰动是变化的且受一个虚拟的敌对者控制，为控制器设计提供了一种最坏情况。因此，控制器和扰动看作问题 12.2 中具有相反目标的参与者。用该方法设计的控制器对随机扰动具有鲁棒性。

②为了分析简便，假设 DoS 攻击发生在反馈通道，前向通道由可靠链路连接。我们设计的方法可被扩展到两个通道同时受到攻击的情况。例如，可将传输者和攻击者的策略集扩展，同时考虑物理层的线性二次型高斯(linear quadratic Gaussian, LQG)问题。

12.3 异构博弈的弹性策略算法

系统网络层和物理层的设计目标的解以鞍点的形式给出，网络层和物理层的关系由异构博弈描述，在状态转移概率已知和未知的情况下分别用价值迭代和Q学习方法求解。

12.3.1 内层博弈策略设计

分别采用价值迭代和Q学习方法求解博弈问题$\mathcal{G}_1$，给出下列引理。

引理 12.1[198]　问题式(12.5)的解可以通过迭代方法搜索满足 Bellman 方程：

$$Q(s,p_m,w_l)=r(s,p_m,w_l)+\rho\sum_{s'\in\Pi}\Pr(s'|s)J_c(s',n) \tag{12.14}$$

的不动点得到。

定理 12.1　零和随机博弈存在向量 $\boldsymbol{J}_c^*$ 是方程：

$$\boldsymbol{J}_c^*=\mathrm{val}([\boldsymbol{Q}(s)]_{s\in\Pi}) \tag{12.15}$$

取最优值时唯一的代价函数的值，其中，函数 val(·) 是满足零和矩阵博弈的代价值。$\boldsymbol{Q}(s)$ 为辅助矩阵满足：

$$\boldsymbol{Q}(s)=[Q(s,p_m,w_l)]_{m\in\mathcal{M},l\in\mathcal{L}} \tag{12.16}$$

其中，$Q(s,p_m,w_l)$ 如引理 12.1 中的方程(12.14)所示。

证明　上述结果可根据 Shapley's 定理得到[183]，证明省略。

在文献[183]中，采用价值迭代方法求解零和随机博弈式(12.15)，先给定博弈代价值的初始值，根据下式迭代：

$$\boldsymbol{J}_c(n+1)=\mathrm{val}([\boldsymbol{Q}(s,\boldsymbol{J}_c(n))]_{s\in\Pi}) \tag{12.17}$$

定理 12.1 利用价值迭代方法求解，传输者和攻击者必须知道动态环境的状态转移概率矩阵。然而，参与者可能无法得到该信息，在此情况下，利用 Q 学习方法来求解，给出下列引理。

定理 12.2　如果转移概率矩阵 $\boldsymbol{\lambda}_{s,s'},\forall s,s'\in\Pi$ 未知，$\boldsymbol{Q}_{n+1}(s,p_m,w_l)$ 可根据下式迭代：

$$\begin{aligned}\boldsymbol{Q}_{n+1}(s,p_m,w_l)=&(1-\theta_n(s,p_m,w_l))\boldsymbol{Q}_n(s,p_m,w_l)\\&+\theta_n(s,p_m,w_l)(r(s,p_m,w_l)+\rho J_c^*(s'))\end{aligned} \tag{12.18}$$

其中，$\boldsymbol{Q}_{n+1}(s,p_m,w_l)$ 为式(12.18)中的第 $n+1$ 步迭代。标量 $\theta_n(s,p_m,w_l)$ 是学习速率给定为

$$\theta_n(s,p_m,w_l)=\begin{cases}1/(\mathrm{flag}_n(s,p_m,w_l)+1), & \text{如果}(s,p_m,w_l)=(s(n),p_m(n),w_l(n))\\0, & \text{其他}\end{cases} \tag{12.19}$$

其中，$\mathrm{flag}_n(s,p_m,w_l)$ 为状态 s、行为 p_m 和 w_l 出现的次数。鞍点值 $J_c^*(s')$ 可通过计算式：

$$J_c^*(s')=\min_{f(s')}\max_{g(s')}\sum_{p_m,w_l}\boldsymbol{Q}(s',p_m,w_l)f_m(s')g_l(s') \tag{12.20}$$

得到。

证明　上述结论与文献[173]中的定理类似，省略。

由定理 12.2 可知，Q 学习的收敛速率与折扣因子 ρ 相关，根据辅助矩阵 $\boldsymbol{Q}^*$、混合鞍点策略 $\boldsymbol{f}^*(s),\boldsymbol{g}^*(s)$ 和最优值 $J_c^*(s),s\in\Pi$ 通过方程(12.20)计算得到。

12.3.2 外层博弈策略设计

在最优的传输和攻击策略 $(\boldsymbol{F}^*,\boldsymbol{G}^*)$ 下，可通过下列定理求解问题 12.2。先给出定理中需要用到的引理和标记函数。

给出下列 Riccati 方程：

$$\begin{aligned}-\delta\mathcal{S}(t_k)=&\boldsymbol{Q}+\alpha\boldsymbol{P}_{u0}^{\mathrm{T}}(t_k)\boldsymbol{R}\boldsymbol{P}_{u0}(t_k)-\gamma^2\boldsymbol{P}_{\omega0}^{\mathrm{T}}(t_k)\boldsymbol{P}_{\omega0}(t_k)\\&+(1-\alpha)(T_k\mathcal{X}_{\mathcal{S}_0}^{\mathrm{T}}(t_k)\mathcal{S}(t_{k+1})\mathcal{X}_{\mathcal{S}_0}(t_k)+\mathcal{S}(t_{k+1})\mathcal{X}_{\mathcal{S}_0}(t_k)\\&+\mathcal{X}_{\mathcal{S}_0}^{\mathrm{T}}(t_k)\mathcal{S}(t_{k+1}))+\alpha(T_k\mathcal{X}_{\mathcal{R}_0}^{\mathrm{T}}(t_k)\mathcal{R}(t_{k+1})\mathcal{X}_{\mathcal{R}_0}(t_k)\\&+\mathcal{R}(t_{k+1})\mathcal{X}_{\mathcal{R}_0}(t_k)+\mathcal{X}_{\mathcal{R}_0}^{\mathrm{T}}(t_k)\mathcal{R}(t_{k+1}))+\frac{\alpha}{T_k}(\mathcal{R}(t_{k+1})-\mathcal{S}(t_{k+1}))\end{aligned}\tag{12.21}$$

$$\mathcal{S}(t_k)=\mathcal{S}(t_{k+1})-T_k\delta\mathcal{S}(t_k)$$

$$\begin{aligned}-\delta\mathcal{R}(t_k)=&\boldsymbol{Q}+(1-\beta)\boldsymbol{P}_{u1}^{\mathrm{T}}(t_k)\boldsymbol{R}\boldsymbol{P}_{u1}(t_k)-\gamma^2\boldsymbol{P}_{\omega1}^{\mathrm{T}}(t_k)\boldsymbol{P}_{\omega1}(t_k)\\&+\beta(T_k\mathcal{X}_{\mathcal{S}_1}^{\mathrm{T}}(t_k)\mathcal{S}(t_{k+1})\mathcal{X}_{\mathcal{S}_1}(t_k)+\mathcal{S}(t_{k+1})\mathcal{X}_{\mathcal{S}_1}(t_k)\\&+\mathcal{X}_{\mathcal{S}_1}^{\mathrm{T}}(t_k)\mathcal{S}(t_{k+1}))+(1-\beta)(T_k\mathcal{X}_{\mathcal{R}_1}^{\mathrm{T}}(t_k)\mathcal{R}(t_{k+1})\mathcal{X}_{\mathcal{R}_1}(t_k)\\&+\mathcal{R}(t_{k+1})\mathcal{X}_{\mathcal{R}_1}(t_k)+\mathcal{X}_{\mathcal{R}_1}^{\mathrm{T}}(t_k)\mathcal{R}(t_{k+1}))+\frac{\beta}{T_k}(\mathcal{S}(t_{k+1})-\mathcal{R}(t_{k+1}))\end{aligned}\tag{12.22}$$

$$\mathcal{R}(t_k)=\mathcal{R}(t_{k+1})-T_k\delta\mathcal{R}(t_k)$$

其中，

$$\boldsymbol{\Theta}(t_k)=\boldsymbol{R}+T_k\boldsymbol{B}^{\mathrm{T}}(t_k)\mathcal{R}(t_{k+1})\boldsymbol{B}(t_k)$$

$$\boldsymbol{\Lambda}_0(t_k)=-\gamma^2+(1-\alpha)T_k\boldsymbol{D}^{\mathrm{T}}(t_k)\mathcal{S}(t_{k+1})\boldsymbol{D}(t_k)+\alpha T_k\boldsymbol{D}^{\mathrm{T}}(t_k)\mathcal{R}(t_{k+1})\boldsymbol{D}(t_k)$$

$$\boldsymbol{\Lambda}_1(t_k)=-\gamma^2+\beta T_k\boldsymbol{D}^{\mathrm{T}}(t_k)\mathcal{S}(t_{k+1})\boldsymbol{D}(t_k)+(1-\beta)T_k\boldsymbol{D}^{\mathrm{T}}(t_k)\mathcal{R}(t_{k+1})\boldsymbol{D}(t_k)$$

$$\boldsymbol{\Pi}_{u0}(t_k)=\boldsymbol{\Theta}(t_k)-\alpha T_k^2\boldsymbol{B}^{\mathrm{T}}(t_k)\mathcal{R}(t_{k+1})\boldsymbol{D}(t_k)\boldsymbol{\Lambda}_0^{-1}(t_k)\boldsymbol{D}^{\mathrm{T}}(t_k)\mathcal{R}(t_{k+1})\boldsymbol{B}(t_k)$$

$$\boldsymbol{\Pi}_{\omega0}(t_k)=\boldsymbol{\Lambda}_0(t_k)-\alpha T_k^2\boldsymbol{D}^{\mathrm{T}}(t_k)\mathcal{R}(t_{k+1})\boldsymbol{B}(t_k)\boldsymbol{\Theta}^{-1}(t_k)\boldsymbol{B}^{\mathrm{T}}(t_k)\mathcal{R}(t_{k+1})\boldsymbol{D}(t_k)$$

$$\boldsymbol{\Pi}_{u1}(t_k)=\boldsymbol{\Theta}(t_k)-(1-\beta)T_k^2\boldsymbol{B}^{\mathrm{T}}(t_k)\mathcal{R}(t_{k+1})\boldsymbol{D}(t_k)\boldsymbol{\Lambda}_1^{-1}(t_k)\boldsymbol{D}^{\mathrm{T}}(t_k)\mathcal{R}(t_{k+1})\boldsymbol{B}(t_k)$$

$$\boldsymbol{\Pi}_{\omega1}(t_k)=\boldsymbol{\Lambda}_1(t_k)-(1-\beta)T_k^2\boldsymbol{D}^{\mathrm{T}}(t_k)\mathcal{R}(k+1)\boldsymbol{B}(t_k)\boldsymbol{\Theta}^{-1}(t_k)\boldsymbol{B}^{\mathrm{T}}(t_k)\mathcal{R}(t_{k+1})\boldsymbol{D}(t_k)$$

$$\boldsymbol{\Xi}_{u0}(t_k)=\boldsymbol{I}-T_k\boldsymbol{D}(t_k)\boldsymbol{\Lambda}_0^{-1}(t_k)((1-\alpha)\boldsymbol{D}^{\mathrm{T}}\mathcal{S}(t_{k+1})+\alpha\boldsymbol{D}^{\mathrm{T}}\mathcal{R}(t_{k+1}))$$

$$\boldsymbol{\Xi}_{\omega0}(t_k)=(1-\alpha)\mathcal{S}(t_{k+1})+\alpha\mathcal{R}(t_{k+1})-\alpha T_k\boldsymbol{D}^{\mathrm{T}}\mathcal{R}(t_{k+1})\boldsymbol{B}\boldsymbol{\Theta}^{-1}(k)\boldsymbol{B}^{\mathrm{T}}\mathcal{R}(t_{k+1})$$

$$\boldsymbol{\Xi}_{u1}(t_k)=\boldsymbol{I}-T_k\boldsymbol{D}\boldsymbol{\Lambda}_1^{-1}\boldsymbol{D}^{\mathrm{T}}(\beta\boldsymbol{\mathcal{S}}(t_{k+1})+(1-\beta)\boldsymbol{\mathcal{R}}(t_{k+1}))$$

$$\boldsymbol{\Xi}_{\omega1}(t_k)=\beta\boldsymbol{\mathcal{S}}(t_{k+1})+(1-\beta)\boldsymbol{\mathcal{R}}(t_{k+1})-(1-\beta)T_k\boldsymbol{D}^{\mathrm{T}}(t_k)\boldsymbol{\mathcal{R}}(t_{k+1})\boldsymbol{B}(t_k)\boldsymbol{\Theta}^{-1}(t_k)\boldsymbol{B}^{\mathrm{T}}(t_k)\boldsymbol{\mathcal{R}}(t_{k+1})$$

$$\boldsymbol{P}_{u0}(t_k)=-\boldsymbol{\Pi}_{u0}^{-1}(t_k)\boldsymbol{B}^{\mathrm{T}}(t_k)\boldsymbol{\mathcal{R}}(t_{k+1})\boldsymbol{\Xi}_{u0}(t_k)(T_k\boldsymbol{A}(t_k)+\boldsymbol{I})$$

$$\boldsymbol{P}_{\omega0}(t_k)=-\boldsymbol{\Pi}_{\omega0}^{-1}(t_k)\boldsymbol{D}^{\mathrm{T}}(t_k)\boldsymbol{\Xi}_{\omega0}(t_k)(T_k\boldsymbol{A}(t_k)+\boldsymbol{I})$$

$$\boldsymbol{P}_{u1}(t_k)=-\boldsymbol{\Pi}_{u1}^{-1}(t_k)\boldsymbol{B}^{\mathrm{T}}(t_k)\boldsymbol{\mathcal{R}}(t_{k+1})\boldsymbol{\Xi}_{u1}(t_k)(T_k\boldsymbol{A}(t_k)+\boldsymbol{I})$$

$$\boldsymbol{P}_{\omega1}(t_k)=-\boldsymbol{\Pi}_{\omega1}^{-1}(t_k)\boldsymbol{D}^{\mathrm{T}}(t_k)\boldsymbol{\Xi}_{\omega1}(t_k)(T_k\boldsymbol{A}(t_k)+\boldsymbol{I})$$

$$\boldsymbol{\mathcal{X}}_{\mathcal{S}_0}(t_k)=\boldsymbol{A}(t_k)+\boldsymbol{D}(t_k)\boldsymbol{P}_{\omega0}(t_k)$$

$$\boldsymbol{\mathcal{X}}_{\mathcal{R}_0}(t_k)=\boldsymbol{A}(t_k)+\boldsymbol{B}(t_k)\boldsymbol{P}_{u0}(t_k)+\boldsymbol{D}(t_k)\boldsymbol{P}_{\omega0}(t_k)$$

$$\boldsymbol{\mathcal{X}}_{\mathcal{S}_1}(t_k)=\boldsymbol{A}(t_k)+\boldsymbol{D}(t_k)\boldsymbol{P}_{\omega1}(t_k)$$

$$\boldsymbol{\mathcal{X}}_{\mathcal{R}_1}(t_k)=\boldsymbol{A}(t_k)+\boldsymbol{B}(t_k)\boldsymbol{P}_{u1}(t_k)+\boldsymbol{D}(t_k)\boldsymbol{P}_{\omega1}(t_k)$$

定理 12.3　在给定的传输和攻击策略、信息集$\mathcal{I}(t_k)$、给定值$\gamma>0$和固定的有限时间K下，物理层博弈$\mathcal{G}_2$可以得到下列约束。

(1) 当且仅当

$$\boldsymbol{\Theta}(t_k)>0,\boldsymbol{\Lambda}_0(t_k)<0,\boldsymbol{\Lambda}_1(t_k)<0,\forall k\in\{0,1,\cdots,K-1\} \tag{12.23}$$

成立时，博弈$\mathcal{G}_2$存在唯一的鞍点解，其中，$\boldsymbol{\mathcal{R}}(t_k)$和$\boldsymbol{\mathcal{S}}(t_k)$满足 Riccati 递推方程(12.21)和方程(12.22)，且假设$\boldsymbol{\mathcal{R}}(t_K)=\boldsymbol{\mathcal{S}}(t_K)=\boldsymbol{Q}^K$。

(2) 如果矩阵$\boldsymbol{\Pi}_{u0}(t_k)$，$\boldsymbol{\Pi}_{\omega0}(t_k)$，$\boldsymbol{\Pi}_{u1}(t_k)$和$\boldsymbol{\Pi}_{\omega1}(t_k)$是可逆的，在条件(1)下，反馈鞍点解$(\mu^*(\mathcal{I}(t_k)),\nu^*(\mathcal{I}(t_k)))$给定为

① $\nu(t_{k-1})=0$，

$$\begin{cases}\boldsymbol{u}_0(t_k)=\mu^*(\mathcal{I}(t_k))=\boldsymbol{P}_{u0}(t_k)\boldsymbol{x}(t_k)\\ \boldsymbol{\omega}_0(t_k)=\nu^*(\mathcal{I}(t_k))=\boldsymbol{P}_{\omega0}(t_k)\boldsymbol{x}(t_k)\end{cases} \tag{12.24}$$

② $\nu(t_{k-1})=1$，

$$\begin{cases}\boldsymbol{u}_1(t_k)=\mu^*(\mathcal{I}(t_k))=\boldsymbol{P}_{u1}(t_k)\boldsymbol{x}(t_k)\\ \boldsymbol{\omega}_1(t_k)=\nu^*(\mathcal{I}(t_k))=\boldsymbol{P}_{\omega1}(t_k)\boldsymbol{x}(t_k)\end{cases} \tag{12.25}$$

(3) 相应的系统性能计算为

$$J_K^*=\frac{\Sigma}{\alpha+\beta}(\beta\boldsymbol{\mathcal{S}}(t_0)+\alpha\boldsymbol{\mathcal{R}}(t_0)) \tag{12.26}$$

证明　在物理层两状态 Markov 丢包过程影响下，基于t_{k-1}时刻的状态建立二次型代价函数$V(\boldsymbol{x}(t_k))$如下：

$$V(\boldsymbol{x}(t_k))=\begin{cases}\mathbb{E}\{\boldsymbol{x}^{\mathrm{T}}(t_k)\boldsymbol{\mathcal{S}}(t_k)\boldsymbol{x}(t_k)\},\nu(t_{k-1})=0\\ \mathbb{E}\{\boldsymbol{x}^{\mathrm{T}}(t_k)\boldsymbol{\mathcal{R}}(t_k)\boldsymbol{x}(t_k)\},\nu(t_{k-1})=1\end{cases} \tag{12.27}$$

那么第 $k+1$ 步满足

$$V(\boldsymbol{x}(t_{k+1}))=\begin{cases}\mathbb{E}\{T_k\delta(\boldsymbol{x}^{\mathrm{T}}(t_k)\boldsymbol{\mathcal{S}}(t_k)\boldsymbol{x}(t_k))+\boldsymbol{x}^{\mathrm{T}}(t_k)\boldsymbol{\mathcal{S}}(t_k)\boldsymbol{x}(t_k)\},v(t_k)=0\\ \mathbb{E}\{T_k\delta(\boldsymbol{x}^{\mathrm{T}}(t_k)\boldsymbol{\mathcal{R}}(t_k)\boldsymbol{x}(t_k))+\boldsymbol{x}^{\mathrm{T}}(t_k)\boldsymbol{\mathcal{R}}(t_k)\boldsymbol{x}(t_k)\},v(t_k)=1\end{cases}$$

进一步可得

$$V(\boldsymbol{x}(t_{k+1}))=\begin{cases}T_k^2\delta\boldsymbol{x}_{\mathcal{S}}^{\mathrm{T}}(t_k)\boldsymbol{\mathcal{S}}(t_{k+1})\delta\boldsymbol{x}_{\mathcal{S}}(t_k)+T_k\delta\boldsymbol{x}_{\mathcal{S}}^{\mathrm{T}}(t_k)\boldsymbol{\mathcal{S}}(t_{k+1})\boldsymbol{x}(t_k)\\ +T_k\boldsymbol{x}^{\mathrm{T}}(t_k)\boldsymbol{\mathcal{S}}(t_{k+1})\delta\boldsymbol{x}_{\mathcal{S}}(t_k)+\boldsymbol{x}^{\mathrm{T}}(t_k)\boldsymbol{\mathcal{S}}(t_{k+1})\boldsymbol{x}(t_k),v(t_k)=0\\ T_k^2\delta\boldsymbol{x}_{\mathcal{R}}^{\mathrm{T}}(t_k)\boldsymbol{\mathcal{R}}(t_{k+1})\delta\boldsymbol{x}_{\mathcal{R}}(t_k)+T_k\delta\boldsymbol{x}_{\mathcal{R}}^{\mathrm{T}}(t_k)\boldsymbol{\mathcal{R}}(t_{k+1})\boldsymbol{x}(t_k)\\ +T_k\boldsymbol{x}^{\mathrm{T}}(t_k)\boldsymbol{\mathcal{R}}(t_{k+1})\delta\boldsymbol{x}_{\mathcal{R}}(t_k)+\boldsymbol{x}^{\mathrm{T}}(t_k)\boldsymbol{\mathcal{R}}(t_{k+1})\boldsymbol{x}(t_k),v(t_k)=1\end{cases}$$

其中，

$$\delta\boldsymbol{x}_{\mathcal{S}}(t_k)=\boldsymbol{A}(t_k)\boldsymbol{x}(t_k)+\boldsymbol{D}(t_k)\boldsymbol{\omega}(t_k)$$
$$\delta\boldsymbol{x}_{\mathcal{R}}(t_k)=\boldsymbol{A}(t_k)\boldsymbol{x}(t_k)+\boldsymbol{B}(t_k)\boldsymbol{u}(t_k)+\boldsymbol{D}(t_k)\boldsymbol{\omega}(t_k)$$

基于动态规划方法，当 $v(t_{k-1})=0$ 时，t_k 时刻的代价函数满足

$$\begin{aligned}
&V(\boldsymbol{x}(t_k))=\mathbb{E}\{\boldsymbol{x}^{\mathrm{T}}(t_k)\boldsymbol{\mathcal{S}}(t_k)\boldsymbol{x}(t_k)\}\\
&=\min\nolimits_{\boldsymbol{u}_0(t_k)}\max\nolimits_{\boldsymbol{\omega}_0(t_k)}\mathbb{E}\{T_k\boldsymbol{x}^{\mathrm{T}}(t_k)\boldsymbol{Q}\boldsymbol{x}(t_k)+T_kv(t_k)\boldsymbol{u}_0^{\mathrm{T}}(t_k)\boldsymbol{R}\boldsymbol{u}_0(t_k)-T_k\gamma^2\boldsymbol{\omega}_0^2(t_k)+V(\boldsymbol{x}(t_{k+1}))\}\\
&=\min\nolimits_{\boldsymbol{u}_0(t_k)}\max\nolimits_{\boldsymbol{\omega}_0(t_k)}\mathbb{E}\{T_k\boldsymbol{x}^{\mathrm{T}}(t_k)\boldsymbol{Q}\boldsymbol{x}(t_k)+T_kv(t_k)\boldsymbol{u}_0^{\mathrm{T}}(t_k)\boldsymbol{R}\boldsymbol{u}_0(t_k)-T_k\gamma^2\boldsymbol{\omega}_0^2(t_k)\\
&\quad+\mathbb{P}(v(t_k)=0\mid v(t_{k-1})=0)(T_k^2\delta\boldsymbol{x}_{\mathcal{S}}^{\mathrm{T}}(t_k)\boldsymbol{\mathcal{S}}(t_{k+1})\delta\boldsymbol{x}_{\mathcal{S}}(t_k)+T_k\delta\boldsymbol{x}_{\mathcal{S}}^{\mathrm{T}}(t_k)\boldsymbol{\mathcal{S}}(t_{k+1})\boldsymbol{x}(t_k)\\
&\quad+T_k\boldsymbol{x}^{\mathrm{T}}(t_k)\boldsymbol{\mathcal{S}}(t_{k+1})\delta\boldsymbol{x}_{\mathcal{S}}(t_k)+\boldsymbol{x}^{\mathrm{T}}(t_k)\boldsymbol{\mathcal{S}}(t_{k+1})\boldsymbol{x}(t_k))\\
&\quad+\mathbb{P}(v(t_k)=1\mid v(t_{k-1})=0)(T_k^2\delta\boldsymbol{x}_{\mathcal{R}}^{\mathrm{T}}(t_k)\boldsymbol{\mathcal{R}}(t_{k+1})\delta\boldsymbol{x}_{\mathcal{R}}(t_k)\\
&\quad+T_k\delta\boldsymbol{x}_{\mathcal{R}}^{\mathrm{T}}(t_k)\boldsymbol{\mathcal{R}}(t_{k+1})\boldsymbol{x}(t_k)+T_k\boldsymbol{x}^{\mathrm{T}}(t_k)\boldsymbol{\mathcal{R}}(t_{k+1})\delta\boldsymbol{x}_{\mathcal{R}}(t_k)+\boldsymbol{x}^{\mathrm{T}}(t_k)\boldsymbol{\mathcal{R}}(t_{k+1})\boldsymbol{x}(t_k))\}\\
&=\min\nolimits_{\boldsymbol{u}_0(t_k)}\max\nolimits_{\boldsymbol{\omega}_0(t_k)}\{T_k\boldsymbol{x}^{\mathrm{T}}(t_k)\boldsymbol{Q}\boldsymbol{x}(t_k)+T_k\alpha\boldsymbol{u}_0^{\mathrm{T}}(t_k)\boldsymbol{R}\boldsymbol{u}_0(t_k)-T_k\gamma^2\boldsymbol{\omega}_0^2(t_k)\\
&\quad+(1-\alpha)((T_k\boldsymbol{A}(t_k)+\boldsymbol{I})\boldsymbol{x}(t_k)+T_k\boldsymbol{D}(t_k)\boldsymbol{\omega}_0(t_k))^{\mathrm{T}}\boldsymbol{\mathcal{S}}(t_{k+1})((T_k\boldsymbol{A}(t_k)+\boldsymbol{I})\boldsymbol{x}(t_k)\\
&\quad+T_k\boldsymbol{D}(t_k)\boldsymbol{\omega}_0(t_k))+\alpha((T_k\boldsymbol{A}(t_k)+\boldsymbol{I})\boldsymbol{x}(t_k)+T_k\boldsymbol{B}(t_k)\boldsymbol{u}_0(t_k)+T_k\boldsymbol{D}(t_k)\boldsymbol{\omega}_0(t_k))^{\mathrm{T}}\\
&\quad\times\boldsymbol{\mathcal{R}}(t_{k+1})((T_k\boldsymbol{A}(t_k)+\boldsymbol{I})\boldsymbol{x}(t_k)+T_k\boldsymbol{B}(t_k)\boldsymbol{u}_0(t_k)+T_k\boldsymbol{D}(t_k)\boldsymbol{\omega}_0(t_k))\}
\end{aligned}$$

在定理 12.3 中条件(1) $\boldsymbol{\Theta}(t_k)>0$ 和 $\boldsymbol{\Lambda}_0(t_k)<0$ 满足时，$V(\boldsymbol{x}(t_k))$ 是 $\boldsymbol{u}_0(t_k)$ 的凸函数，是 $\boldsymbol{\omega}_0(t_k)$ 的凹函数。函数 $V(\boldsymbol{x}(t_k))$ 对 $\boldsymbol{u}_0(t_k)$ 的一阶导数为

$$\begin{aligned}\frac{\partial V(\boldsymbol{x}(t_k))}{\partial\boldsymbol{u}_0(t_k)}&=2\alpha T_k\boldsymbol{R}\boldsymbol{u}_0(t_k)+2\alpha T_k^2\boldsymbol{B}^{\mathrm{T}}(t_k)\boldsymbol{\mathcal{R}}(t_{k+1})\boldsymbol{B}(t_k)\boldsymbol{u}_0(t_k)\\
&\quad+2\alpha T_k\boldsymbol{B}^{\mathrm{T}}(t_k)\boldsymbol{\mathcal{R}}(t_{k+1})(T_k\boldsymbol{A}(t_k)+\boldsymbol{I})\boldsymbol{x}(t_k)\\
&\quad+2\alpha T_k^2\boldsymbol{B}^{\mathrm{T}}(t_k)\boldsymbol{\mathcal{R}}(t_{k+1})\boldsymbol{D}(t_k)\boldsymbol{\omega}_0(t_k)\end{aligned}$$

$$\begin{aligned}\frac{\partial V(\boldsymbol{x}(t_k))}{\partial \boldsymbol{\omega}_0(t_k)} &= -2\gamma^2 T_k \boldsymbol{\omega}_0(t_k) + 2(1-\alpha)T_k \boldsymbol{D}^{\mathrm{T}}(t_k)\boldsymbol{\mathcal{S}}(t_{k+1})(T_k\boldsymbol{A}(t_k)+\boldsymbol{I})\boldsymbol{x}(t_k)\\ &\quad + 2(1-\alpha)T_k^2 \boldsymbol{D}^{\mathrm{T}}(t_k)\boldsymbol{\mathcal{S}}(t_{k+1})\boldsymbol{D}(t_k)\boldsymbol{\omega}_0(t_k) + 2\alpha T_k^2 \boldsymbol{D}^{\mathrm{T}}(t_k)\boldsymbol{\mathcal{R}}(t_{k+1})\boldsymbol{D}(t_k)\boldsymbol{\omega}_0(t_k)\\ &\quad + 2\alpha T_k \boldsymbol{D}^{\mathrm{T}}(t_k)\boldsymbol{\mathcal{R}}(t_{k+1})(T_k\boldsymbol{A}(t_k)+\boldsymbol{I})x(t_k) + 2\alpha T_k^2 \boldsymbol{D}^{\mathrm{T}}(t_k)\boldsymbol{\mathcal{R}}(t_{k+1})\boldsymbol{B}(t_k)\boldsymbol{u}_0(t_k)\end{aligned}$$

满足凸性和凹性的充要条件为

$$\begin{aligned}&(\boldsymbol{R}+T_k\boldsymbol{B}^{\mathrm{T}}(t_k)\boldsymbol{\mathcal{R}}(t_{k+1})\boldsymbol{B}(t_k))\boldsymbol{u}_0(t_k)\\ &= -(\boldsymbol{B}^{\mathrm{T}}(t_k)\boldsymbol{\mathcal{R}}(t_{k+1})(T_k\boldsymbol{A}(t_k)+\boldsymbol{I})\boldsymbol{x}(t_k) + T_k\boldsymbol{B}^{\mathrm{T}}(t_k)\boldsymbol{\mathcal{R}}(t_{k+1})\boldsymbol{D}(t_k)\boldsymbol{\omega}_0(t_k))\end{aligned} \tag{12.28}$$

和

$$\begin{aligned}&(-\gamma^2+(1-\alpha)T_k\boldsymbol{D}^{\mathrm{T}}(t_k)\boldsymbol{\mathcal{S}}(t_{k+1})\boldsymbol{D}(t_k)+\alpha T_k\boldsymbol{D}^{\mathrm{T}}(t_k)\boldsymbol{\mathcal{R}}(t_{k+1})\boldsymbol{D}(t_k))\boldsymbol{\omega}_0(t_k)\\ &= -((1-\alpha)\boldsymbol{D}^{\mathrm{T}}(t_k)\boldsymbol{\mathcal{S}}(t_{k+1})(T_k\boldsymbol{A}(t_k)+\boldsymbol{I})\boldsymbol{x}(t_k)\\ &\quad + \alpha\boldsymbol{D}^{\mathrm{T}}(t_k)\boldsymbol{\mathcal{R}}(t_{k+1})(T_k\boldsymbol{A}(t_k)+\boldsymbol{I})\boldsymbol{x}(t_k) + \alpha\boldsymbol{D}^{\mathrm{T}}(t_k)\boldsymbol{\mathcal{R}}(t_{k+1})\boldsymbol{B}(t_k)\boldsymbol{u}_0(t_k))\end{aligned} \tag{12.29}$$

结合式(12.28)和式(12.29)，可求得鞍点 $\mu^*(\mathcal{I}(t_k))$ 和 $\nu^*(\mathcal{I}(t_k))$ 如式(12.24)。类似地，将式(12.28)和式(12.29)带入到式(12.27)中，得到递推 Riccati 方程(12.21)。

采用类似的方法，当 $\nu(t_{k-1})=1$ 时，可得到鞍点式(12.25)和 Riccati 递推方程(12.22)。

有限时域优化问题的系统性能 J_p^* 可通过计算：

$$\begin{aligned}J_p^* &= \mathbb{E}\{V(\boldsymbol{x}(t_0))\}\\ &= \Pr(\nu(t_{-1})=0)(\mathbb{E}\{\boldsymbol{x}^{\mathrm{T}}(t_0)\boldsymbol{\mathcal{S}}(t_0)\boldsymbol{x}(t_0)\}) + \Pr(\nu(t_{-1})=1)(\mathbb{E}\{\boldsymbol{x}^{\mathrm{T}}(t_0)\boldsymbol{\mathcal{R}}(t_0)\boldsymbol{x}(t_0)\})\end{aligned}$$

得到。假设 Markov 丢包过程是静止的，可得 $\Pr(\nu(t_{-1})=0)=\beta/(\alpha+\beta)$，$\Pr(\nu(t_{-1})=1)=\alpha/(\alpha+\beta)$，则

$$J_p^* = \frac{1}{\alpha+\beta}\mathrm{tr}(\beta\Sigma\boldsymbol{\mathcal{S}}(t_0)+\alpha\Sigma\boldsymbol{\mathcal{R}}(t_0)) \tag{12.30}$$

证毕。

注释 12.3　控制系统中的信号通过采样器采样得到，根据网络负荷条件选取合适的采样周期来提升网络传输性能。在 δ 算子系统中，采样周期为显示参数，可以方便地分析出不同负荷条件对系统性能的影响。因此，本章在 δ 域中使用时变采样周期对系统进行建模分析，该建模方法在网络负荷条件变化时有显著优势。相对网络层，物理层在一个小的时间尺度上进行建模分析。随着传感技术的发展，现代工业系统中采样周期变小，控制系统中的采样问题非常关键。物理层的 δ 算子建模分析方法可以有效克服系统由于高频采样带来的数值缺陷。

假设采用固定的采样周期 T，系统方程(12.7)可以写为

$$\delta \boldsymbol{x}(t_k) = \boldsymbol{A}\boldsymbol{x}(t_k) + \nu(t_k)\boldsymbol{B}\boldsymbol{u}(t_k) + \boldsymbol{D}\boldsymbol{\omega}(t_k) \tag{12.31}$$

将上述有限时域系统优化问题式(12.11)拓展到无穷时域情况。定义无穷时域平均代价为 $J_p^\infty = \lim\limits_{K\to\infty} J_p / K$。在下文中，给出当干扰抑制$\gamma$趋于无穷时保证系统性能 J_p^∞ 收敛的充要条件。

推论 12.1 假设 $\boldsymbol{A}$ 是不稳定的，$\boldsymbol{B}$ 是可逆的，在随机扰动下保证系统稳定，即 J_p^∞ 在无穷时域取有限值的充要条件是 $\alpha > 1 - 1/\lambda_{\max}^2(T\boldsymbol{A}+\boldsymbol{I})$。

证明 假设扰动 $\boldsymbol{\omega}(t_k)$ 是零均值方差为 $\varXi$ 的高斯白噪声。物理层的目标函数(12.11)可重新给定为

$$J_p(\mu, \boldsymbol{F}^*, \boldsymbol{G}^*) = \mathbb{E}_{\nu(t_k)}\left\{\boldsymbol{x}^{\mathrm{T}}(t_k)\boldsymbol{Q}_K\boldsymbol{x}(t_k) + T\sum_{k=0}^{K-1}\left\{\boldsymbol{x}^{\mathrm{T}}(t_k)\boldsymbol{Q}\boldsymbol{x}(t_k) + \nu(t_k)\boldsymbol{u}^{\mathrm{T}}(t_k)\boldsymbol{R}\boldsymbol{u}(t_k)\right\}\right\} \tag{12.32}$$

该函数是定理 12.3 中$\gamma\to\infty$时的特殊情况，因为此时对参与者扰动的惩罚项为无穷，扰动将不再参与博弈。此时定理 12.3 中的 Riccati 方程可重新写为

$$\begin{aligned}
-\delta\boldsymbol{\mathcal{S}}(t_k) &= \boldsymbol{Q} + \alpha(T\boldsymbol{A}^{\mathrm{T}}\boldsymbol{\mathcal{R}}(t_{k+1})\boldsymbol{A} + \boldsymbol{A}^{\mathrm{T}}\boldsymbol{\mathcal{R}}(t_{k+1}) + \boldsymbol{\mathcal{R}}(t_{k+1})\boldsymbol{A}) \\
&\quad - \alpha(T\boldsymbol{A}+\boldsymbol{I})^{\mathrm{T}}\boldsymbol{\mathcal{R}}(t_{k+1})\boldsymbol{B}(\boldsymbol{R}+T\boldsymbol{B}^{\mathrm{T}}\boldsymbol{\mathcal{R}}(t_{k+1})\boldsymbol{B})^{-1}\boldsymbol{B}^{\mathrm{T}}\boldsymbol{\mathcal{R}}(t_{k+1})(T\boldsymbol{A}+\boldsymbol{I}) \\
&\quad + (1-\alpha)(T\boldsymbol{A}^{\mathrm{T}}\boldsymbol{\mathcal{S}}(t_{k+1})\boldsymbol{A} + \boldsymbol{A}^{\mathrm{T}}\boldsymbol{\mathcal{S}}(t_{k+1}) + \boldsymbol{\mathcal{S}}(t_{k+1})\boldsymbol{A}) + \frac{\alpha}{T}(\boldsymbol{\mathcal{R}}(t_{k+1}) - \boldsymbol{\mathcal{S}}(t_{k+1})) \\
-\delta\boldsymbol{\mathcal{R}}(t_k) &= \boldsymbol{Q} + (1-\beta)(T\boldsymbol{A}^{\mathrm{T}}\boldsymbol{\mathcal{R}}(t_{k+1})\boldsymbol{A} + \boldsymbol{A}^{\mathrm{T}}\boldsymbol{\mathcal{R}}(t_{k+1}) + \boldsymbol{\mathcal{R}}(t_{k+1})\boldsymbol{A}) \\
&\quad - (1-\beta)(T\boldsymbol{A}+\boldsymbol{I})^{\mathrm{T}}\boldsymbol{\mathcal{R}}(t_{k+1})\boldsymbol{B}(\boldsymbol{R}+T\boldsymbol{B}^{\mathrm{T}}\boldsymbol{\mathcal{R}}(t_{k+1})\boldsymbol{B})^{-1}\boldsymbol{B}^{\mathrm{T}}\boldsymbol{\mathcal{R}}(t_{k+1})(T\boldsymbol{A}+\boldsymbol{I}) \\
&\quad + \beta(T\boldsymbol{A}^{\mathrm{T}}\boldsymbol{\mathcal{S}}(t_{k+1})\boldsymbol{A} + \boldsymbol{A}^{\mathrm{T}}\boldsymbol{\mathcal{S}}(t_{k+1}) + \boldsymbol{\mathcal{S}}(t_{k+1})\boldsymbol{A}) + \frac{\beta}{T}(\boldsymbol{\mathcal{S}}(t_{k+1}) - \boldsymbol{\mathcal{R}}(t_{k+1})) \\
-\delta c(t_k) &= \alpha T\operatorname{tr}\{\boldsymbol{D}^{\mathrm{T}}\boldsymbol{\mathcal{R}}(t_{k+1})\boldsymbol{D}\boldsymbol{\varXi}\} + (1-\alpha)T\operatorname{tr}\{\boldsymbol{D}^{\mathrm{T}}\boldsymbol{\mathcal{S}}(t_{k+1})\boldsymbol{D}\boldsymbol{\varXi}\} + \frac{\alpha}{T}(d(t_{k+1}) - c(t_{k+1})) \\
-\delta d(t_k) &= (1-\beta)T\operatorname{tr}\{\boldsymbol{D}^{\mathrm{T}}\boldsymbol{\mathcal{R}}(t_{k+1})\boldsymbol{D}\boldsymbol{\varXi}\} + \beta T\operatorname{tr}\{\boldsymbol{D}^{\mathrm{T}}\boldsymbol{\mathcal{S}}(t_{k+1})\boldsymbol{D}\boldsymbol{\varXi}\} + \frac{\beta}{T}(c(t_{k+1}) - d(t_{k+1})) \\
\boldsymbol{\mathcal{S}}(t_K) &= \boldsymbol{\mathcal{R}}(t_K) = \boldsymbol{Q},\ c(t_K) = d(t_K) = 0
\end{aligned}$$

控制器通过下式计算

$$\boldsymbol{u}^*(t_k) = -(\boldsymbol{R}+T\boldsymbol{B}^{\mathrm{T}}\boldsymbol{\mathcal{R}}(t_{k+1})\boldsymbol{B})^{-1}\boldsymbol{B}^{\mathrm{T}}\boldsymbol{\mathcal{R}}(t_{k+1})(T\boldsymbol{A}+\boldsymbol{I})\boldsymbol{x}(t_k) \tag{12.33}$$

$c(t_k)$和$d(t_k)$用来量化由高斯噪声引起的性能下降。最优性能给定为

$$J_p^* = \frac{1}{\alpha+\beta}\operatorname{tr}\left\{\beta\Sigma\boldsymbol{\mathcal{S}}(t_0) + \alpha\Sigma\boldsymbol{\mathcal{R}}(t_0) + T^2\sum_{k=1}^{K-1}\boldsymbol{D}^{\mathrm{T}}(\alpha\boldsymbol{\mathcal{R}}(t_{k+1}) + \beta\boldsymbol{\mathcal{S}}(t_{k+1}))\boldsymbol{D}\boldsymbol{\varXi}\right\} \tag{12.34}$$

记 $\boldsymbol{\mathcal{A}} = T\boldsymbol{A}+\boldsymbol{I}$，定义

$$\begin{aligned}\mathcal{S} &= TQ + \alpha\mathcal{A}^{\mathrm{T}}\mathcal{R}\mathcal{A} + (1-\alpha)\mathcal{A}^{\mathrm{T}}\mathcal{S}\mathcal{A} - \alpha T\mathcal{A}^{\mathrm{T}}\mathcal{R}\boldsymbol{B}(\boldsymbol{R} + T\boldsymbol{B}^{\mathrm{T}}\mathcal{R}\boldsymbol{B})^{-1}\boldsymbol{B}^{\mathrm{T}}\mathcal{R}\mathcal{A} \\ \mathcal{R} &= TQ + \beta\mathcal{A}^{\mathrm{T}}\mathcal{S}\mathcal{A} + (1-\beta)\mathcal{A}^{\mathrm{T}}\mathcal{R}\mathcal{A} - (1-\beta)T\mathcal{A}^{\mathrm{T}}\mathcal{R}\boldsymbol{B}(\boldsymbol{R} + T\boldsymbol{B}^{\mathrm{T}}\mathcal{R}\boldsymbol{B})^{-1}\boldsymbol{B}^{\mathrm{T}}\mathcal{R}\mathcal{A}\end{aligned} \tag{12.35}$$

当且仅当 $\alpha > 1 - 1/\lambda_{\max}^2(T\boldsymbol{A} + \boldsymbol{I})$ 时，带有 Markov 丢包的控制系统式(12.31)是稳定的。由归纳法可得，采用控制器 $\boldsymbol{u}^*(t_k)$ 使最优代价 J_p^∞ 为有限值的充要条件是 $\alpha > 1 - 1/\lambda_{\max}^2(T\boldsymbol{A} + \boldsymbol{I})$。证毕。

根据推论 12.1 可知，在随机扰动下，保证系统在迭代过程中稳定的充要条件是

$$\min_{\forall s\in\Pi, m\in\mathcal{M}, l\in\mathcal{L}} \alpha = 1 - 2\boldsymbol{Q}\left(\sqrt{\kappa\frac{\zeta(s)p_m}{\eta(s)w_l + \sigma^2}}\right) > 1 - 1/\lambda_{\max}^2(T\boldsymbol{A} + \boldsymbol{I}) \tag{12.36}$$

由上述条件可以看出，参数 α 随传输功率 w_l 的增加而单调递减。当攻击者能力强大，以足够高的功率干扰控制信号的传输时，条件式(12.36)可能不再成立，因此可能导致系统发散。

12.3.3　异构博弈迭代方法

在本章研究的异构博弈算法中，网络层通过参数 α 影响物理层的系统性能。同时，网络层参与者可以观测到物理层系统的运行状态，将物理层的系统性能考虑在优化函数内，即如方程(12.4)给出的 $J_p(s)$ 为传输者和攻击者代价函数的一部分。网络层的混合鞍点策略 $\boldsymbol{f}^*(s)$ 和 $\boldsymbol{g}^*(s)$ 可以通过价值迭代和 Q 学习的方法求得。两种算法的实现过程在算法 12.1 和算法 12.2 中给出。算法 12.1 中，采用价值迭代方法求解零和博弈可收敛到固定的鞍点。由定理 12.2 可知 Q 学习迭代算法收敛。

算法 12.1　价值迭代算法。

①Require　$p_m \in \boldsymbol{p}, w_l \in \boldsymbol{w}$。

②初始化 $\rho, J_c(s,0), \forall s \in \Pi$，给定足够小的标量 ε。

③While $\|\boldsymbol{J}_c(n+1) - \boldsymbol{J}_c(n)\| > \varepsilon$。

④For　$s = 1, 2, \cdots, S$。

⑤根据方程(12.21)、方程(12.22)、方程(12.24)和方程(12.25)，计算递推 Riccati 方程和最优控制策略，得到最优的系统性能 $J_p^*(s,n)$，并基于式(12.4)计算代价函数 $r(s, p_m, w_l)$。

⑥通过(12.16)计算代价矩阵 $\boldsymbol{Q}(s)$。

⑦通过求解线性规划问题 LP 得到最优值 $J_c^*(s, n+1)$。

$$\begin{gathered}\mathrm{LP}: 1/J_c(s, n+1) = \max_{\tilde{y}(s)} \tilde{\boldsymbol{y}}^{\mathrm{T}}(s)\boldsymbol{1}_M \\ \mathrm{s.t.}\boldsymbol{Q}^{\mathrm{T}}(s)\tilde{\boldsymbol{y}}(s) \leqslant \boldsymbol{1}_L, \tilde{\boldsymbol{y}}(s) \geqslant 0\end{gathered}$$

⑧Endfor。

⑨ $n \leftarrow n+1$。

⑩Endwhile。

⑪计算 $\boldsymbol{f}^*(s)=\tilde{\boldsymbol{y}}(s)J_c^*(s,n)$, $s\in\boldsymbol{\Pi}$ 可得最优混合策略 $\boldsymbol{F}^*$。攻击者的最优混合策略 $\boldsymbol{G}^*$ 可通过求解 LP 的对偶问题得到。

⑫输出由环境变化引起的不同状态下的最优传输和最优控制策略。

算法 12.2　Q 学习算法。

①Require $p_m\in\boldsymbol{p}$, $w_l\in\boldsymbol{w}$ 。

②初始化 ρ , N , $Q(s,p_m,w_l),\forall s\in\Pi,m\in\mathcal{M},l\in\mathcal{L}$ 。

③While　$n\leqslant N$ 。

④选择行为 p_m。观察攻击者的行为 w_l 和下一步 Markov 状态 s' 。

⑤根据方程(12.21)、方程(12.22)、方程(12.24)和方程(12.25)，计算递推 Riccati 方程和最优的控制策略。得到最优的系统性能 $J_p^*(s,n)$ ，进一步基于(12.4)计算代价函数 $r(s,p_m,w_l)$ 。

⑥根据式(12.18)更新 $\boldsymbol{Q}_{n+1}(s)$ 。

⑦通过式(12.20)计算 $J_c^*(s)$ 和混合策略 $\boldsymbol{f}^*(s)$,$\boldsymbol{g}^*(s)$ 。

⑧ $n\leftarrow n+1$。

⑨Endwhile。

⑩输出最优传输和最优控制策略 $\boldsymbol{f}^*(s)$,$\boldsymbol{g}^*(s),\forall s\in\Pi$, $\mu^*(\mathcal{I}(t_k))$,$\nu^*(\mathcal{I}(t_k))$ 。

12.4　仿 真 算 例

为了验证所提算法的有效性，与第 4 章类似，将设计的方案用到相互作用的两区域 LFC 系统中。在电网系统中，控制信号通过存在 DoS 攻击的无线网络进行传输，系统结构如图 12.2 所示。

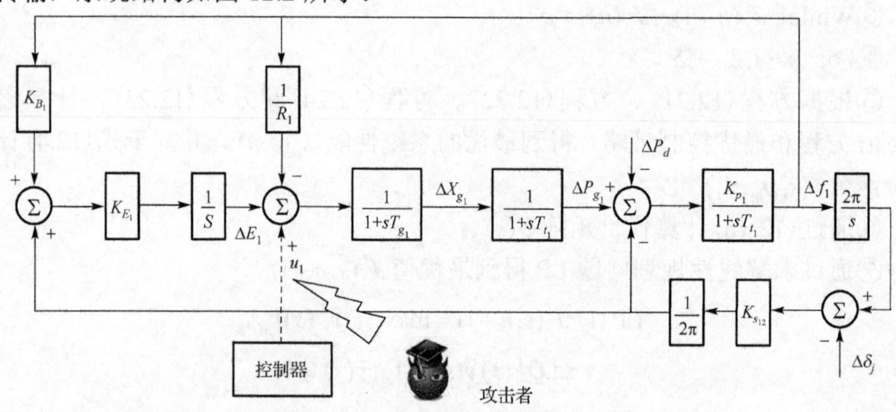

图 12.2　DoS 攻击下 LFC 系统结构图

相互作用的两区域系统方程给定为

$$\dot{\boldsymbol{x}}(t) = \boldsymbol{A}\boldsymbol{x}(t) + \boldsymbol{B}\boldsymbol{u}(t) + \boldsymbol{F}\boldsymbol{P}_d(t) \tag{12.37}$$

其中，

$$\boldsymbol{x}(t) = [\boldsymbol{x}_1^{\mathrm{T}}(t) \quad \boldsymbol{x}_2^{\mathrm{T}}(t)]^{\mathrm{T}},\ \boldsymbol{u}(t) = [\boldsymbol{u}_1^{\mathrm{T}}(t) \quad \boldsymbol{u}_2^{\mathrm{T}}(t)]^{\mathrm{T}}$$

$$\boldsymbol{A} = \begin{bmatrix} \boldsymbol{A}_{11} & \boldsymbol{A}_{12} \\ \boldsymbol{A}_{21} & \boldsymbol{A}_{22} \end{bmatrix},\ \boldsymbol{B} = \operatorname{diag}\{\boldsymbol{B}_1 \quad \boldsymbol{B}_2\},\ \boldsymbol{F} = [\boldsymbol{F}_1 \quad \boldsymbol{F}_2]^{\mathrm{T}}$$

$$\boldsymbol{A}_{ii} = \begin{bmatrix} -\dfrac{1}{T_{p_i}} & \dfrac{K_{p_i}}{T_{p_i}} & 0 & 0 & -\dfrac{K_{p_i}}{2\pi T_{p_i}} \displaystyle\sum_{j\in \boldsymbol{S}, j\neq i} K_{s_{ij}} \\ 0 & -\dfrac{1}{T_{t_i}} & \dfrac{1}{T_{t_i}} & 0 & 0 \\ -\dfrac{1}{R_i T_{g_i}} & 0 & -\dfrac{1}{T_{g_i}} & \dfrac{1}{T_{g_i}} & 0 \\ K_{E_i} K_{B_i} & 0 & 0 & 0 & \dfrac{K_{E_i}}{2\pi} \displaystyle\sum_{j\in \boldsymbol{S}, j\neq i} K_{s_{ij}} \\ 2\pi & 0 & 0 & 0 & 0 \end{bmatrix}$$

$$\boldsymbol{B}_i = \begin{bmatrix} 0 & 0 & \dfrac{1}{T_{g_i}} & 0 & 0 \end{bmatrix}^{\mathrm{T}},\ \boldsymbol{F}_i = \begin{bmatrix} \dfrac{K_{p_i}}{T_{p_i}} & 0 & 0 & 0 & 0 \end{bmatrix}^{\mathrm{T}}$$

$$\boldsymbol{A}_{ij} = \begin{bmatrix} 0 & 0 & 0 & 0 & -\dfrac{K_{p_i}}{2\pi T_{p_i}} K_{s_{ij}} \\ 0 & 0 & 0 & 0 & 0 \\ 0 & 0 & 0 & 0 & 0 \\ 0 & 0 & 0 & 0 & \dfrac{K_{E_i}}{2\pi} K_{s_{ij}} \\ 0 & 0 & 0 & 0 & 0 \end{bmatrix}$$

$$\boldsymbol{x}_i(t) = \begin{bmatrix} \Delta f_i(t) \\ \Delta P_{g_i}(t) \\ \Delta X_{g_i}(t) \\ \Delta E_i(t) \\ \Delta \delta_i(t) \end{bmatrix},\quad i, j \in \{1,2\}$$

变量 $\Delta f_i(t)$、$\Delta P_{g_i}(t)$、$\Delta X_{g_i}(t)$、$\Delta E_i(t)$ 和 $\Delta\delta_i(t)$ 分别表示频率变化、功率输出、调压阀位置、积分控制和转子角偏差。$\Delta \boldsymbol{P}_{d_i}(t) \in \mathbb{R}^k$ 为负荷扰动向量。参数 T_{p_i}、T_{t_i} 和

T_{g_i} 为电网系统、涡轮机和调速器的时间常数。常数 K_{p_i} 、K_{E_i} 、K_{B_i} 分别为电网系统增益、积分控制增益和频率偏差系数，参数 $K_{s_{ij}}$ 为区域 i 和 j ，$i \neq j$ 的相互作用参数。参数 R_i 为速度调节系数。参数取值可参考文献[73]中的表 I。

受到攻击的网络存在两个状态 $\boldsymbol{\Pi}=\{1,2\}$ 。信道增益集合为 $\boldsymbol{\Xi}=[0.5,0.2]$ 和 $\boldsymbol{\Gamma}=[0.3,0.1]$ 。从状态 1 到状态 2 的转移概率为 0.4 ，从状态 2 到状态 1 的转移概率为 0.3 。传输者和攻击者的策略集分别为 $\boldsymbol{p}=[8,3]$ ，$\boldsymbol{w}=[0.5,2]$ 。特定地，代价函数有下列形式：

$$r(s,p_m,w_l)=c_0J_p(s)+c_1p_m-c_2w_l+C_{ml}$$

其中，$c_0>0$ 为权重系数。参数 c_1 和 c_2 为传输者和攻击者的单位能量消耗的代价。取值分别为 $c_0=0.05$, $c_1=1$ 和 $c_2=2$ 。忽略固有代价，即 $C_{ml}=0,\forall m\in\mathcal{M},l\in\mathcal{L}$ 。设定网络参数 $\kappa(1)=0.8$, $\kappa(2)=0.9$ 和 $\sigma^2=0.05$ 。两种 Markov 丢包状态下，背景丢包概率分别为 $\beta(1)=0.4$, $\beta(2)=0.6$ 。在控制系统模型中，采样周期在区间 $[0.04,0.06]$ 中服从均匀分布。权重矩阵为 $\boldsymbol{Q}^K=\boldsymbol{Q}=\boldsymbol{I}_{10\times10}$, $\boldsymbol{R}=\boldsymbol{I}_{2\times2}$ 和 $\boldsymbol{\mathcal{S}}(t_K)=\boldsymbol{\mathcal{R}}(t_K)=\boldsymbol{Q}^K$ 。设定干扰抑制值 $\gamma=10$ ，初始状态的协方差为 $\boldsymbol{\Sigma}=\boldsymbol{I}_{10\times10}$ ，有限时域 $K=300$ 。给定初始值 $J_c(1,0)=40$, $J_c(2,0)=40$ ，优化精度 $\varepsilon=0.001$ 。使用算法 12.1，在参数 $\rho=0.5$ 和 $\rho=0.05$ 下博弈 $\mathcal{G}_1$ 的最优值的收敛情况如图 12.3 所示。

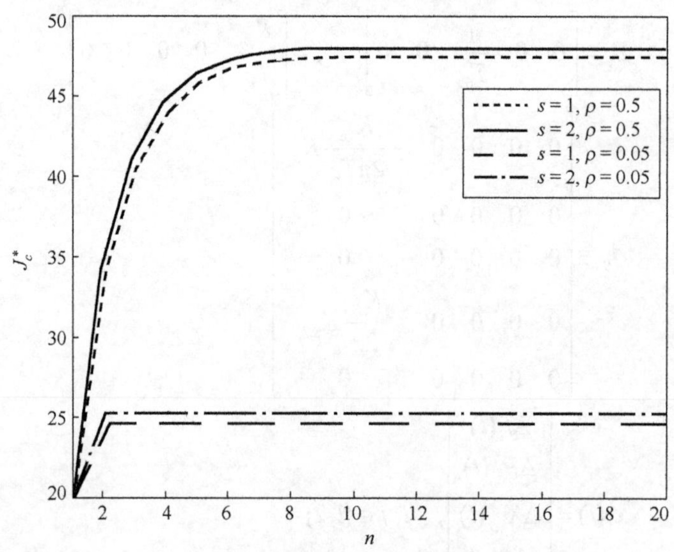

图 12.3　算法 12.1 中的代价值 J_c^*

设定 $N=10000$ ，初始值 $Q(s,p_m,w_l)=40,\forall s\in\Pi,m\in\mathcal{M},l\in\mathcal{L}$ 。利用 Q 学习方法，最优值的收敛情况如图 12.4 给出。算法 12.1 和算法 12.2 的最优解在表 12.1

和表 12.2 中给出。从表中可以看出，用 Q 学习方法可以得到与价值迭代方法相近的解，说明在转移概率未知情况下，采用 Q 学习方法求解是有效的。Q 学习方法与价值迭代方法相比，收敛速度慢，是因为在算法 12.2 中，转移概率必须通过学习得到。图 12.5 和图 12.6 给出在不同折扣因子下，传输者和攻击者的策略收敛情况。在最优功率传输策略下，控制输入和扰动的变化过程如图 12.7 和图 12.8 给出。

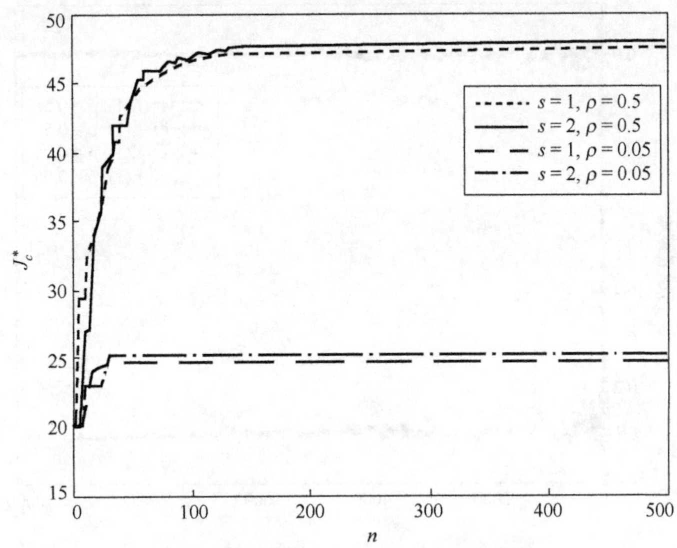

图 12.4　算法 12.2 中的代价值 J_c^*

表 12.1　算法 12.1 和算法 12.2 的最优值比较

	$J_c^*(1)$	$J_c^*(2)$
价值迭代　$\rho=0.5$	47.4786	47.9884
价值迭代 $\rho=0.05$	24.8460	25.4236
Q 学习　$\rho=0.5$	47.4768	47.9851
Q 学习　$\rho=0.05$	24.8460	25.4236

表 12.2　算法 12.1 和算法 12.2 的混合策略比较

	$f(1)$	$f(2)$
价值迭代 $\rho=0.5$	[0.8967　0.1033]	[0.4470　0.5530]
价值迭代 $\rho=0.05$	[0.8967　0.1033]	[0.4471　0.5529]
Q 学习 $\rho=0.5$	[0.8966　0.1034]	[0.4434　0.5566]
Q 学习 $\rho=0.05$	[0.8966　0.1034]	[0.4456　0.5544]

续表

	$\boldsymbol{g}(1)$	$\boldsymbol{g}(2)$
价值迭代 $\rho=0.5$	[0.7793　0.2207]	[0.0786　0.9214]
价值迭代 $\rho=0.05$	[0.7793　0.2207]	[0.0786　0.9214]
Q学习 $\rho=0.5$	[0.7797　0.2203]	[0.0787　0.9213]
Q学习 $\rho=0.05$	[0.7797　0.2203]	[0.0787　0.9213]

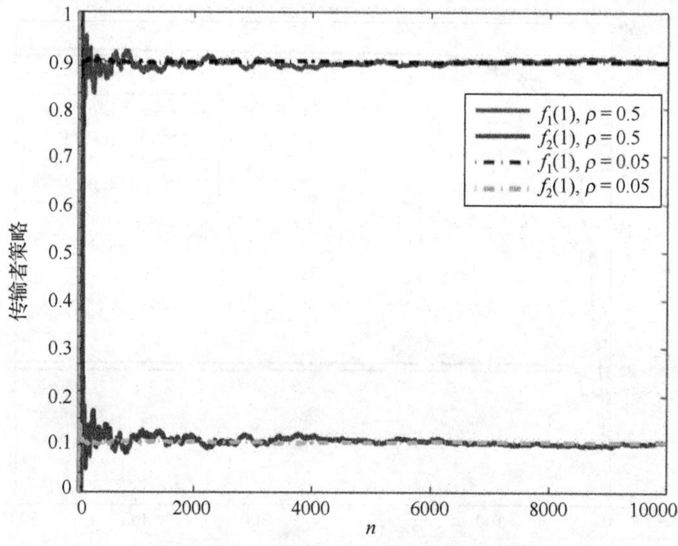

图 12.5　算法 12.2 中传输者的策略

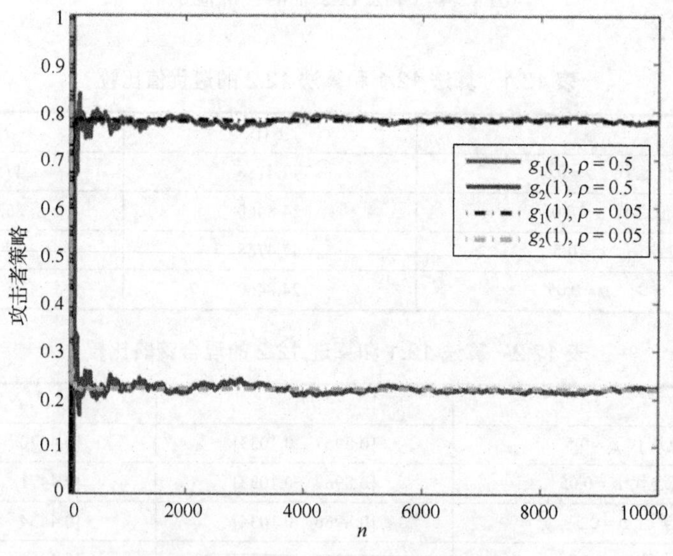

图 12.6　算法 12.2 中攻击者的策略

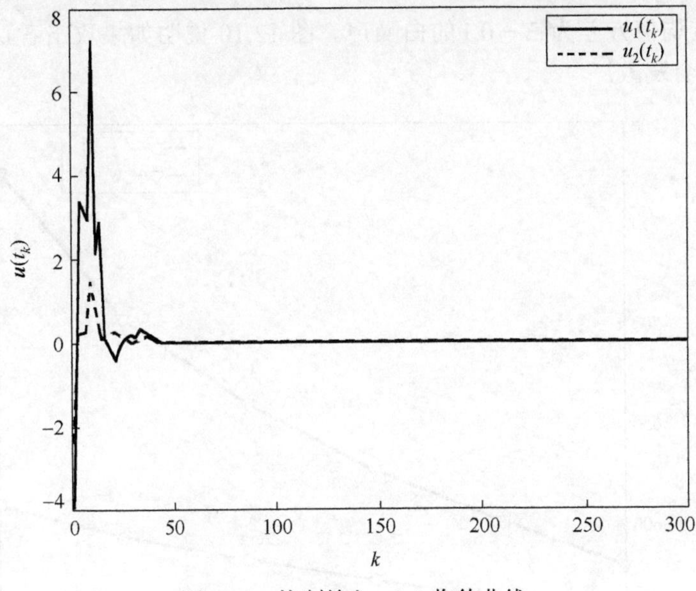

图 12.7　控制输入 $\boldsymbol{u}(t_k)$ 收敛曲线

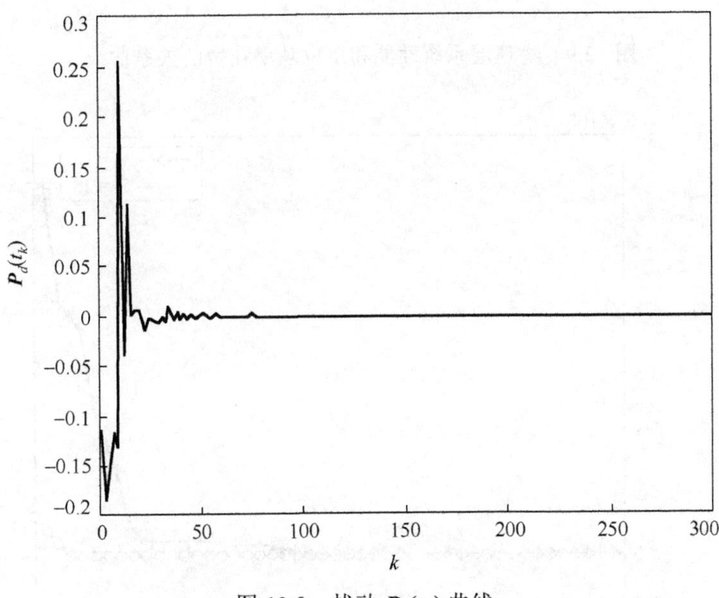

图 12.8　扰动 $\boldsymbol{P}_d(t_k)$ 曲线

图 12.9 给出物理层性能 J_p^* 和单位功率花费 c_1 的关系曲线，可以看出当传输者的单位功率花费增加时，系统性能增加，说明功率花费增加时，系统不再愿意花费较大的功率进行信息传输，因此物理层性能变差。为了验证推论 12.1，假设扰

动 $\boldsymbol{\omega}(t_k)$ 是零均值方差为 $\Xi = 0.1$ 的白噪声。图 12.10 说明如果攻击者功率很大时，控制系统将会发散。

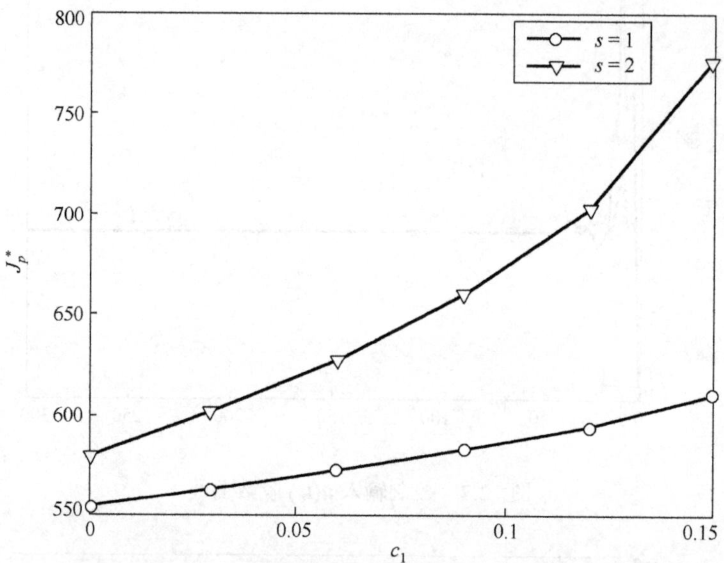

图 12.9　物理层系统性能和单位功率花费的关系曲线

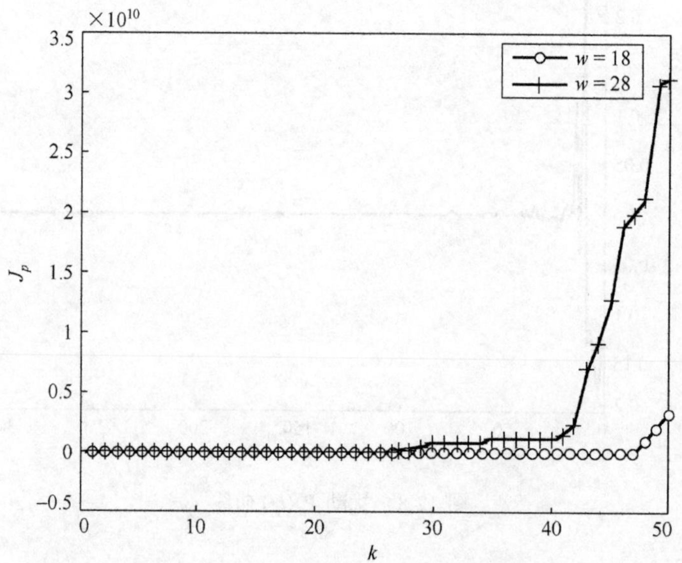

图 12.10　攻击者使系统发散的过程

12.5 本 章 小 结

本章通过异构博弈方法研究系统在 DoS 攻击下的弹性策略设计问题。将系统建模为网络安全层和物理控制层，用零和 Markov 博弈描述网络层传输者和攻击者的相互作用。在攻击诱导的 Markov 丢包影响下，建立了时变网络负荷条件 δ 域变采样周期的 minimax 控制模型。通过价值迭代和 Q 学习方法求解异构博弈问题，得到网络层最优功率传输策略和物理层 H_∞ 控制策略。通过在 LFC 电网系统进行仿真证明了算法的有效性。

第 13 章　高级持续性威胁下基于主从博弈的控制系统防御策略分析

13.1　研究背景与意义

基于先进的感知、处理、存储和云计算技术，基于云技术的复杂控制系统可以为实时收集的数据提供存储、转换、共享、搜索和分析等服务。云计算将基础设施、计算、存储、网络以及其他基础资源虚拟化为可获取的标准化服务，分层架构实现了软件即服务(software as a service，SaaS)、平台即服务(platform as a service，PaaS)、基础设施即服务(infrastructure as a service，IaaS)。基于云平台的信息物理控制系统有大量设备同时接入，任务的计算时间受服务资源和云端配置等多方面影响，控制系统中的信号时延具有较大的不确定性。

支持云计算的控制系统可使异构组件在集成系统中提供服务。例如，云资源可以为物理系统提供数据聚合、存储和处理。图 13.1 所示的与被控对象相关的传感器可以通过上行链路将数据发送到远程控制器，而控制命令可以通过下行链路发送回执行器。信息传输的两个方向都是通过云实现的。具体来说，采集到的大量传感器数据可以存储和聚合在云端，控制器可以在云端检索数据和计算控制命令。因此，支持云计算的框架为物理系统的远程控制提供了一种有效的方法。基于云计算的控制系统可以分为两层，包括网络层和物理层。物理层的设备和网络层的云属于两个不同的实体，例如，物理设备利用网络设施来传输控制指令或传感信息。

云端攻击可能从云服务的认证与身份管理、虚拟化、数据存储、数据和计算的完整性等多方面破坏系统服务，进一步降低系统的性能[199]。综上所述可能出现的威胁方式，一种新的攻击类型——高级持续性威胁(advanced persistent threats，APTs)通过长时间观察系统的运行状况窃取系统信息，设计攻击策略对系统造成严重的破坏[200]。文献[201]将 APTs 攻击者和防御者建模为隐匿并购博弈(stealthy takeover game)，又称作 FlipIt。文献[202]中 Chen 等研究 APTs 将安全风险和云端服务质量(quality of service，QoS)建模为合约 Flipcloud 博弈，考虑物理系统的性能设计了一种安全即服务价格机制。

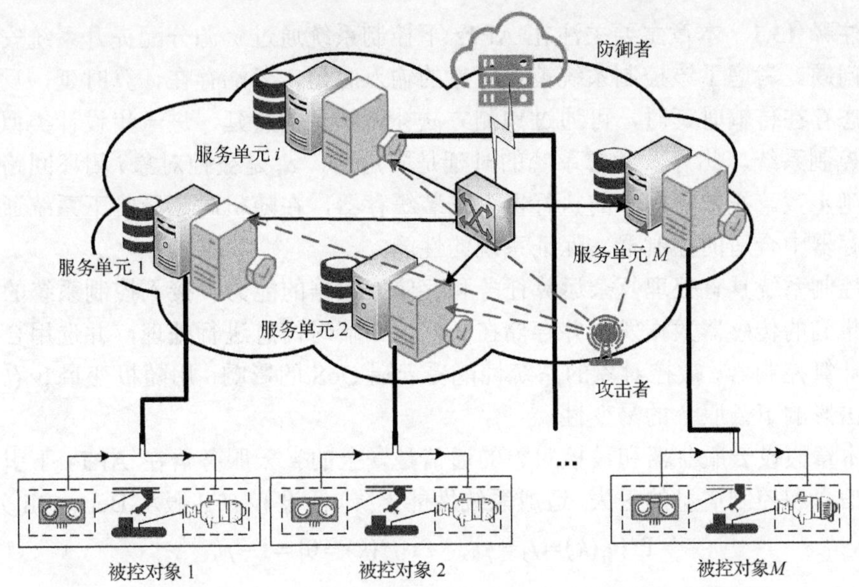

图 13.1　基于云计算技术的复杂控制系统云端资源分配图

基于云计算技术的控制系统中云端多个服务单元(包括服务器、虚拟机或容器等)为多个同时接入云端的被控对象提供服务。为了满足被控对象的控制任务需求，云服务器管理机制将防御资源[12]分配给不同的服务单元并将服务资源分配给被控对象。与文献[202,203]设计单个系统的云安全机制不同，本章基于控制系统的大规模、分布式特性研究防御资源的最优分配问题；考虑攻防双方有决策的先后顺序，将资源受限的双方建模为 Stackelberg 博弈模型；分析不同资源约束条件下攻防双方博弈问题，并通过求解混合整数非线性规划(mixed integer nonlinear programming，MINLP)问题得到 Stackelberg 均衡点。

13.2　高级持续性攻击下的博弈模型

多个具有不同任务的设备同时接入云端，为了评估系统的性能，研究接入系统设备的系统性能。考虑 M 个相互独立的系统接入相同的云端，共享云服务资源。在不安全的云服务、计算时延和传输时延的影响下，设备 i 的动态特性给定为

$$\boldsymbol{x}_i(k+1)=\boldsymbol{A}_i\boldsymbol{x}_i(k)+\nu_i(k)\boldsymbol{B}_i\boldsymbol{u}_i(k-d_i) \tag{13.1}$$

式中，$\boldsymbol{x}_i(k)\in\mathbb{R}^{n_{x_i}}$ 为系统的状态，$\boldsymbol{u}_i(k-d_i)\in\mathbb{R}^{n_{u_i}}$ 是时延为 $d_i\geqslant 0$ 的控制输入。$\boldsymbol{A}_i$ 和 $\boldsymbol{B}_i$ 是具有合适维数的系统矩阵。对所有 $i\in\mathcal{M}\triangleq\{1,2,\cdots,M\}$，初始值 $\boldsymbol{x}_i(0)$，$\boldsymbol{u}_i(l),l=-d_i,\cdots,-1$ 是已知的。用随机量 $\{\nu_i(k)\}$ 描述云服务的易变性，表征云端信息是否被成功的存储、处理和传输。

注释 13.1 本章主要关注在 APTs 下控制系统通过资源分配提升系统安全性能的问题。考虑了该控制系统被控对象的输入时延，云端存在计算时延，反馈通道状态存在传输时延时，可通过预测方法补偿状态的时延，进一步设计类似的控制器控制系统。此外，考虑系统的时延是固定的，d_i 是被控对象 i 闭环回路的最大时延步数。在被控对象的执行器上安装缓存器，在随机时延影响下系统通过选择缓存器中合适的控制器，保证系统的性能。

控制系统具有处理复杂运算任务和存储大数据的能力。接入控制系统的设备将收集到的传感器数据发送并存储在云端，云端对信息进行处理，并选用合适的算法计算控制器。被控对象的系统性能受云端 QoS 的影响，用随机变量 $\{\nu_i(k)\}$ 表征攻击影响下云服务的易变性。

本章假设云服务器和被控对象的通信是安全的。云服务器在 APTs 下引起传感器信息和控制信息的丢失，造成系统性能下降。假设 $\{\nu_i(k)\}$ 服从 Bernoulli 分布：

$$\Pr\{\nu_i(k)=1\}=\rho_i, \quad \Pr\{\nu_i(k)=0\}=1-\rho_i \tag{13.2}$$

式中，$\nu_i(k)=0$ 表示云服务被破坏，控制指令无法准确到达执行器；否则，当数据的存储、处理满足系统要求，计算服务正常时，$\nu_i(k)=1$。ρ_i 表示系统 i 控制输入数据包的递包率，也表示云服务器的 QoS。

给出被控对象无穷时域的最优控制方案。给定云服务器的 QoS 为 ρ_i，被控对象以最小化下列二次型代价函数为目标：

$$J_i(\boldsymbol{x}_i(0),\boldsymbol{u}_i(k))=\sum_{k=0}^{\infty}\mathbb{E}\{\boldsymbol{x}_i^{\mathrm{T}}(k)\boldsymbol{Q}\boldsymbol{x}_i(k)+\nu_i(k)\boldsymbol{u}_i^{\mathrm{T}}(k-d_i)\boldsymbol{R}\boldsymbol{u}_i(k-d_i)\} \tag{13.3}$$

其中，$\boldsymbol{Q}\geqslant 0$，$\boldsymbol{R}>0$ 表示状态偏离和控制代价的权重矩阵。选定 $\boldsymbol{Q}$ 和 $\boldsymbol{R}$ 为单位矩阵，在下列引理中给出最优控制策略和最优系统性能。

引理 13.1 若系统 $(\boldsymbol{A}_i,\boldsymbol{B}_i)$ 是可稳定的，则存在唯一的 $\boldsymbol{P}_i>0$ 满足下列时延相关的代数 Riccati 方程：

$$\boldsymbol{P}_i=\boldsymbol{A}_i^{\mathrm{T}}\boldsymbol{P}_i\boldsymbol{A}_i+\boldsymbol{I}-\boldsymbol{\Pi}_i^{\mathrm{T}}\boldsymbol{\Psi}_i^{-1}\boldsymbol{\Pi}_i$$

其中，

$$\boldsymbol{\Psi}_i=\rho_i^2\boldsymbol{B}_i^{\mathrm{T}}\boldsymbol{P}_i\boldsymbol{B}_i+(\rho_i-\rho_i^2)\boldsymbol{B}_i^{\mathrm{T}}(\boldsymbol{A}_i^{\mathrm{T}})^{d_i}\boldsymbol{P}_i\boldsymbol{A}_i^{d_i}\boldsymbol{B}_i+(\rho_i-\rho_i^2)\sum_{l=0}^{d_i-1}\boldsymbol{B}_i^{\mathrm{T}}(\boldsymbol{A}_i^{\mathrm{T}})^l\boldsymbol{A}_i^l\boldsymbol{B}_i+\rho_i\boldsymbol{I}$$

$$\boldsymbol{\Pi}_i=\rho_i\boldsymbol{B}_i^{\mathrm{T}}\boldsymbol{P}_i\boldsymbol{A}_i$$

最优控制策略满足

$$\boldsymbol{u}_i^*(k-d_i)=-\boldsymbol{\Psi}_i^{-1}\boldsymbol{\Pi}_i\hat{\boldsymbol{x}}_i(k\,|\,k-d_i), \quad k\geqslant d_i \tag{13.4}$$

使系统$(\boldsymbol{A}_i,\boldsymbol{B}_i)$稳定且使代价函数式(13.3)最小，其中，

$$\hat{\boldsymbol{x}}_i(k\,|\,k-d_i)=\boldsymbol{A}_i^{d_i}\boldsymbol{x}_i(k-d_i)+\sum_{l=1}^{d_i}\boldsymbol{A}_i^{l-1}\boldsymbol{B}_i\boldsymbol{u}_i(k-d_i-l)$$

系统的最优性能为

$$J_i^*=\boldsymbol{x}_i^{\mathrm{T}}(0)\boldsymbol{P}_i\boldsymbol{x}_i(0)-\sum_{k=0}^{d_i-1}\boldsymbol{u}_i^{\mathrm{T}}(k-d_i)\boldsymbol{u}_i(k-d_i)+\sum_{k=0}^{d_i-1}\mathbb{E}\{\boldsymbol{\Delta}_i^{\mathrm{T}}\boldsymbol{\Psi}_i\boldsymbol{\Delta}_i\}\tag{13.5}$$

其中，

$$\boldsymbol{\Delta}_i=\boldsymbol{u}_i(k-d_i)+\boldsymbol{\Psi}_i^{-1}\boldsymbol{\Pi}_i\hat{\boldsymbol{x}}_i(k\,|\,k-d_i)$$

证明　根据文献[204]中的定理 3，将结论中的$\boldsymbol{A},\bar{\boldsymbol{A}},\boldsymbol{B},\bar{\boldsymbol{B}},\boldsymbol{\omega}(k)$分别替换为$\boldsymbol{A}_i,0,\rho_i\boldsymbol{B}_i,\boldsymbol{B}_i,\nu_i(k)-\rho_i,\forall i\in\mathcal{M}$即可得到上述结果。

为了防御云服务器的 APTs，云端需为不同的服务单元分配防御资源，使系统以较高时间占比处于正常运行状态。当云服务器的防御者投入较多的防御资源时，信息会以较高的概率被收集、存储和处理。文献[202]考虑了控制系统的单个被控对象，将防御和攻击的频率定义为防御者和攻击者的策略，在不考虑投入资源受限情况时进行优化。本章研究云端多个服务单元同时服务于多个被控对象的系统模型，在大规模系统中必须考虑防御者和攻击者的资源约束。防御者分配给服务单元i的资源为$\xi_i,0\leqslant\xi_i\leqslant\xi_i^{\max},i\in\mathcal{M}$，控制系统的防御策略记作向量$\boldsymbol{\xi}\triangleq[\xi_1,\xi_2,\cdots,\xi_M]^{\mathrm{T}}$。

防御策略的总体代价为

$$\mathcal{C}_d=\mathbf{1}^{\mathrm{T}}\boldsymbol{\xi}$$

假设攻击者以相同的攻击策略g对服务单元进行攻击，但攻击者可攻击的服务单元数目是受限的，攻击者可攻击的数目为$R_0,R_0<M$。攻击者的策略给定为

$$\boldsymbol{\gamma}\triangleq[\gamma_1,\gamma_2,\cdots,\gamma_M]^{\mathrm{T}}$$

其中，$\gamma_i\in\{0,1\},i\in\mathcal{M}$表示攻击者是否攻击服务单元$i$。

在攻击策略$\gamma_i=1$下，数据包成功传输的概率与防御资源投入ξ_i呈单调递增关系，记作函数$f_i(\cdot):\mathbb{R}^+\cup\{0\}\to\mathbb{R}^+\cup\{0\}$，即

$$\rho_i=f_i(\xi_i),\quad f_i(0)=0\tag{13.6}$$

其中，函数$f_i(\cdot),i\in\mathcal{M}$与服务器配置、物理被控对象的特性等相关，定义为防御者的收益函数。当攻击者不攻击服务单元i时，即$\gamma_i=0$，被控对象i的递包率记作$\rho_i=c_i$，是与防御资源投入ξ_i无关的常数，且满足

$$c_i>f_i(\xi_i),\forall 0\leqslant\xi_i\leqslant\xi_i^{\max},\quad\forall i\in\mathcal{M}\tag{13.7}$$

注释 13.2　若将控制系统性能 J_i^* 作为目标函数分析安全策略会导致问题难以求解，本章将云端 QoS 定义为防御者的收益函数。通过 Monte-Carlo 仿真可验证被控对象的代价值随递包率的增加而减小，因此设定是合理的。

本章考虑控制系统中防御者和攻击者的性能优化，防御者和攻击者是具有多种策略的对立双方，从博弈论角度对 APTs 下的控制系统进行建模。

防御者的目标是使控制系统安全，也就是在考虑防御资源花费下最大化所有被控对象的递包率。防御者的效用函数为

$$\mathcal{U}_d(\boldsymbol{\xi}, \boldsymbol{\gamma}) = \mathcal{R}_d - \beta\mathcal{C}_d$$

其中，

$$\mathcal{R}_d = (\mathbf{1}-\boldsymbol{\gamma})^{\mathrm{T}}\boldsymbol{c} + \boldsymbol{\gamma}^{\mathrm{T}}\boldsymbol{f}(\boldsymbol{\xi})$$

为收益函数，包括有攻击和无攻击下系统递包率。参数β为权重矩阵。防御者的行为集为 $\boldsymbol{A}_d \triangleq [\mathbf{0}, \boldsymbol{\xi}^{\max}]$，标记 $\boldsymbol{c} \triangleq [c_1, c_2, \cdots, c_M]^{\mathrm{T}}$ 为系统不受攻击时的递包率。

攻击者以最小化递包率为目标，定义攻击者的目标函数为

$$\mathcal{U}_a(\boldsymbol{\xi}, \boldsymbol{\gamma}) = -\mathcal{R}_d$$

满足约束条件 $\mathbf{1}^{\mathrm{T}}\boldsymbol{\gamma} \leqslant R_0$。

命题 13.1　攻击者的效用函数 $\mathcal{U}_a(\boldsymbol{\xi}, \boldsymbol{\gamma})$ 为攻击策略变量 $\boldsymbol{\gamma}$ 的增函数。

证明　攻击者的效用函数满足

$$\mathcal{U}_a(\boldsymbol{\xi}, \boldsymbol{\gamma}) = -(\mathbf{1}-\boldsymbol{\gamma})^{\mathrm{T}}\boldsymbol{c} - \boldsymbol{\gamma}^{\mathrm{T}}\boldsymbol{f}(\boldsymbol{\xi}) = -\mathbf{1}^{\mathrm{T}}\boldsymbol{c} + \boldsymbol{\gamma}^{\mathrm{T}}(\boldsymbol{c} - \boldsymbol{f}(\boldsymbol{\xi}))$$

根据不等式(13.7)可得 $\boldsymbol{c} - \boldsymbol{f}(\boldsymbol{\xi}) \geqslant \mathbf{0}$，即可以得到结论 $\mathcal{U}_a(\boldsymbol{\xi}, \boldsymbol{\gamma})$ 为 $\boldsymbol{\gamma}$ 的单调增函数。

根据命题 13.1 可知攻击者的最优效用将在策略 $\mathbf{1}^{\mathrm{T}}\boldsymbol{\gamma} = R_0$ 成立时取得，因此攻击者共有 $\mathbb{C}_M^{R_0}$ 种策略。攻击者的策略集合表示为

$$\boldsymbol{A}_a \triangleq \left\{ \gamma_i, \forall i \in \mathcal{M} \,\middle|\, \sum_{i=1}^{M} \gamma_i = R_0 \right\} = \{\boldsymbol{\gamma}_1, \boldsymbol{\gamma}_2, \cdots, \boldsymbol{\gamma}_L\}$$

其中，$L = \mathbb{C}_M^{R_0}$。攻击者的策略表示为 $\boldsymbol{\gamma}_l \in \boldsymbol{A}_a$，$l \in \mathcal{L} \triangleq \{1, 2, \cdots, L\}$。

现有关于系统安全的文献如[12,205]考虑参与者同时执行策略，基于“NE”对参与者的行为进行分析。在本章中，考虑攻击者具有智能性，参与者以先后顺序采取行为策略。假设防御者先实施策略，攻击者可能知道防御者的部分或者全部的策略信息。攻击者将尽可能获取防御者的信息，随着获取信息的增加，攻击成功的概率将增大。因此，本章考虑攻击者已知防御者策略信息的最坏情况，将攻防双方建模为 Stackelberg 博弈，其中，防御者为领导者，攻击者为追随者。与文献[12]考虑物理层 SINR 模型不同的是本章考虑控制系统中防御者的资源分配和攻击者攻击策略问题。

问题 13.1　将防御者和攻击者的相互作用定义为博弈 $\boldsymbol{G}_S$。求解防御者的策略 $\xi^* \in \boldsymbol{A}_d$ 满足

$$\mathcal{U}_d(\xi^*, \Gamma(\xi^*)) \geqslant \mathcal{U}_d(\xi, \Gamma(\xi)), \forall \xi \in \boldsymbol{A}_d \tag{13.8}$$

其中，$\Gamma(\xi)$ 为攻击者策略的最优响应满足

$$\Gamma(\xi) = \{\boldsymbol{\psi} \in \boldsymbol{A}_a \mid \mathcal{U}_a(\xi, \boldsymbol{\psi}) \geqslant \mathcal{U}_a(\xi, \gamma), \forall \gamma \in \boldsymbol{A}_a\} \tag{13.9}$$

攻击者的最优策略为 $\boldsymbol{\gamma}^* = \Gamma(\xi^*)$。因此得到最优策略 (ξ^*, γ^*) 为控制系统中攻击者和防御者的 SE。

13.3　高级持续性攻击下主从博弈算法

控制系统中 Stackelberg 博弈 $\boldsymbol{G}_S$ 按下列步骤执行：在给定防御策略下，攻击者计算最优响应策略，基于攻击者的最优响应策略防御者计算最优防御策略。防御者和攻击者的博弈问题 13.1 的解总结为下列定理。

定理 13.1　控制系统的 Stackelberg 安全博弈等价为如下 maximin 问题：

$$\max_{\xi \in \boldsymbol{A}_d} \min_{\gamma \in \boldsymbol{A}_a} \mathcal{U}_d(\xi, \gamma) \tag{13.10}$$

安全博弈 $\boldsymbol{G}_S$ 的解满足性质：

①防御者的最优策略 $\boldsymbol{\xi}^*$ 满足

$$\begin{aligned} &\max_{\xi \in \boldsymbol{A}_d} \varepsilon \\ &\text{s.t.} \quad (\boldsymbol{1} - \gamma_l)^{\mathrm{T}} \boldsymbol{c} + \gamma_l^{\mathrm{T}} \boldsymbol{f}(\xi) - \beta \boldsymbol{1}^{\mathrm{T}} \xi \geqslant \varepsilon, \forall l \in \mathcal{L} \end{aligned} \tag{13.11}$$

②攻击者的最优策略表示为

$$\boldsymbol{\gamma}^* = \arg\min_{l \in \mathcal{L}} \{(\boldsymbol{1} - \gamma_l)^{\mathrm{T}} \boldsymbol{c} + \gamma_l^{\mathrm{T}} \boldsymbol{f}(\xi^*)\} \tag{13.12}$$

证明　Stackelberg 博弈中参与者以先后顺序执行策略。基于防御者的策略，攻击者以最大程度破坏控制系统为目标实施策略。在防御策略 ξ 下，攻击者的最优策略为

$$\Gamma(\xi) = \arg\max_{\gamma \in \boldsymbol{A}_a} \mathcal{U}_a(\xi, \gamma)$$

给定策略 $\boldsymbol{\Gamma}(\xi)$，防御者选择策略 ξ^* 以最大化其效用函数，可以写为

$$\xi^* = \arg\max_{\xi \in \boldsymbol{A}_d} \mathcal{U}_d(\xi, \Gamma(\xi))$$

通过观察效用函数式(13.8)和式(13.9)，显然，可以得到下列结论：

$$\Gamma(\xi) = \arg\max_{\gamma \in \boldsymbol{A}_a} \mathcal{U}_a(\xi, \gamma) = \arg\min_{\gamma \in \boldsymbol{A}_a} \mathcal{U}_d(\xi, \gamma)$$

因此，Stackelberg 博弈可以转化为求解

$$\max_{\xi\in A_d}\min_{\gamma\in A_a}\mathcal{U}_d(\xi,\gamma) \tag{13.13}$$

利用 Wald maximin 模型，问题式(13.13)可以转化为等价形式：

$$\begin{aligned}\max_{\xi\in A_d}\min_{\gamma\in A_a}\mathcal{U}_d(\xi,\gamma) &= \max_{\xi\in A_d}\min_{l\in\mathcal{L}}\{\mathcal{U}_d(\xi,\gamma_1),\mathcal{U}_d(\xi,\gamma_2),\cdots,\mathcal{U}_d(\xi,\gamma_L)\}\\ &= \max_{\xi\in A_d,\varepsilon\in\mathbb{R}}\{\varepsilon\mid\varepsilon\leqslant\mathcal{U}_d(\xi,\gamma_l),\forall l\in\mathcal{L}\}\\ &= \max_{\xi\in A_d,\varepsilon\in\mathbb{R}}\{\varepsilon\mid\varepsilon\leqslant(\boldsymbol{1}-\boldsymbol{\gamma}_l)^{\mathrm{T}}\boldsymbol{c}+\boldsymbol{\gamma}_l^{\mathrm{T}}\boldsymbol{f}(\boldsymbol{\xi})-\beta\boldsymbol{1}^{\mathrm{T}}\boldsymbol{\xi},\forall l\in\mathcal{L}\}\end{aligned} \tag{13.14}$$

等价于求解问题：

$$\begin{aligned}&\max_{\xi\in A_d,\varepsilon\in\mathbb{R}}\varepsilon\\ &\text{s.t.}(\mathbf{1}-\boldsymbol{\gamma}_l)^{\mathrm{T}}\boldsymbol{c}+\boldsymbol{\gamma}_l^{\mathrm{T}}\boldsymbol{f}(\boldsymbol{\xi})-\beta\mathbf{1}^{\mathrm{T}}\boldsymbol{\xi}\geqslant\varepsilon,\quad\forall l\in\mathcal{L}\end{aligned}$$

因此完成①的证明。

基于策略$\boldsymbol{\xi}^*$，可以通过计算下式得到攻击者的最优攻击策略向量：

$$\boldsymbol{\gamma}^*=\arg\min_{l\in\mathcal{L}}\{(\mathbf{1}-\boldsymbol{\gamma}_l)^{\mathrm{T}}\boldsymbol{c}+\boldsymbol{\gamma}_l^{\mathrm{T}}\boldsymbol{f}(\boldsymbol{\xi}^*)\}$$

即得到②。证毕。

问题式(13.11)可以重新整理为

$$\begin{aligned}&\max_{\xi\in A_d,\varepsilon\in\mathbb{R}}\varepsilon\\ &\text{s.t.}\mathcal{F}(\boldsymbol{\xi})+\boldsymbol{\mathcal{B}}\geqslant\varepsilon\mathbf{1}\end{aligned} \tag{13.15}$$

其中，$\mathcal{F}(\boldsymbol{\xi})=[\mathcal{F}_1(\boldsymbol{\xi}),\mathcal{F}_2(\boldsymbol{\xi}),\cdots,\mathcal{F}_L(\boldsymbol{\xi})]^{\mathrm{T}}$，式中，$\mathcal{F}_l(\boldsymbol{\xi})=\sum_{i=1}^{M}(\gamma_{l,i}f_i(\xi_i)-\beta\xi_i),\forall l\in\mathcal{L}$；$\boldsymbol{\mathcal{B}}=[\mathcal{B}_1,\mathcal{B}_2,\cdots,\mathcal{B}_L]^{\mathrm{T}}$，式中，$\mathcal{B}_l=(\mathbf{1}-\boldsymbol{\gamma}_l)^{\mathrm{T}}\boldsymbol{c},\forall l\in\mathcal{L}$。

给定满足表达式(13.6)和式(13.7)的代价函数$f_i(\cdot)$如

$$f_i(\xi_i)=c_i(1-\mathrm{e}^{-b_i\xi_i}),\quad\forall i\in\mathcal{M} \tag{13.16}$$

式中，$c_i>0,b_i>0$与被控对象i的特性有关。防御者优化问题式(13.15)中的变量可重新表示为

$$\mathcal{F}_l(\boldsymbol{\xi})=\sum_{i=1}^{M}(\gamma_{l,i}c_i(1-\mathrm{e}^{-b_i\xi_i})-\beta\xi_i),\quad\forall l\in\mathcal{L}$$

和

$$\mathcal{B}_l=(\boldsymbol{1}-\boldsymbol{\gamma}_l)^{\mathrm{T}}\boldsymbol{c},\quad\forall l\in\mathcal{L}$$

式(13.16)中的函数$f_i(\cdot)$基于经济学的边际效用选取，函数$f_i(\cdot)$的增长率随ξ_i，$\forall i\in\mathcal{M}$的增加而递减。

在上述章节中，仅考虑攻击者具有显示约束情况，而防御者考虑软约束，即在效用函数$\mathcal{U}_d$中有惩罚项$-\beta\mathbf{1}^{\mathrm{T}}\boldsymbol{\xi}$。在实际中，防御者的防御资源可能是受限的，

且由于物理资源限制防御者可保护服务单元的数目也是受限的，在本节中讨论此情况下攻防双方策略优化问题。

13.3.1　防御资源受限情况

设定防御者的防御资源总量为 Ω。在效用函数中不再考虑对防御资源投入的惩罚，即 $\beta=0$。因此，问题式(13.15)可扩展到求解下列问题。

推论 13.1　在有限防御资源 Ω 约束下，防御者的资源分配 $\boldsymbol{\xi}$ 可通过求解问题：

$$\begin{aligned}&\max\nolimits_{\xi\in A_d,\varrho\in\mathbb{R}}\ \varrho\\&\text{s.t.}\widetilde{\boldsymbol{\mathcal{F}}}(\boldsymbol{\xi})+\boldsymbol{\mathcal{B}}\geqslant\varrho\mathbf{1},\quad \mathbf{1}^{\mathrm{T}}\boldsymbol{\xi}\leqslant\Omega\end{aligned}\tag{13.17}$$

得到，其中，$\widetilde{\boldsymbol{\mathcal{F}}}(\boldsymbol{\xi})=[\widetilde{\mathcal{F}}_1(\boldsymbol{\xi}),\widetilde{\mathcal{F}}_2(\boldsymbol{\xi}),\cdots,\widetilde{\mathcal{F}}_L(\boldsymbol{\xi})]^{\mathrm{T}}$，式中，$\widetilde{\mathcal{F}}_l(\boldsymbol{\xi})=\sum_{i=1}^{M}\gamma_{l,i}f_i(\xi_i)$。

上述优化问题式(13.17)在固定防御资源 Ω 下最大化辅助变量 ϱ 等价于其对偶问题，即在固定 ϱ 约束下最小化变量 Ω，优化问题写为

$$\begin{aligned}&\min\nolimits_{\xi\in A_d,\Omega\in\mathbb{R}}.\ \Omega\\&\text{s.t.}\quad \widetilde{\boldsymbol{\mathcal{F}}}(\boldsymbol{\xi})+\boldsymbol{\mathcal{B}}\geqslant\varrho\mathbf{1},\quad \mathbf{1}^{\mathrm{T}}\boldsymbol{\xi}\leqslant\Omega\end{aligned}\tag{13.18}$$

消去辅助变量 Ω，问题式(13.18)等价于

$$\begin{aligned}&\min\nolimits_{\xi\in A_d}\ \mathbf{1}^{\mathrm{T}}\boldsymbol{\xi}\\&\text{s.t.}\widetilde{\boldsymbol{\mathcal{F}}}(\boldsymbol{\xi})+\boldsymbol{\mathcal{B}}\geqslant\varrho\mathbf{1}\end{aligned}\tag{13.19}$$

问题式(13.19)中参数 ϱ 的物理意义是控制系统的 QoS 需求。根据问题式(13.19)中的约束，在固定防御资源 Ω 下，通过下式得到对参数 ϱ 的估计：

$$\begin{aligned}\varrho&\leqslant\widetilde{\mathcal{F}}_l(\boldsymbol{\xi})+\mathcal{B}_l,\quad\forall l\in\mathcal{L}\\&\leqslant\max\nolimits_{l\in\mathcal{L}}\left(\max\nolimits_{i\in\mathcal{M}}\gamma_{l,i}\tilde{f}_i\cdot\sum_{i=1}^{M}\xi_i+\sum_{i=1}^{M}(1-\gamma_{l,i})\,c_i\right)\\&\leqslant\hat{b}_\gamma\Omega+\hat{c}_\gamma\end{aligned}\tag{13.20}$$

其中，$\hat{b}_\gamma\triangleq\max\limits_{l\in\mathcal{L}}\max\limits_{i\in\mathcal{M}}\gamma_{l,i}\tilde{f}_i$，式中，$\tilde{f}_i=\dfrac{\partial f_i(\xi_i)}{\partial\xi_i}\Big|_{\xi_i=0}$ 和 $\hat{c}_\gamma\triangleq\max\limits_{l\in\mathcal{L}}\sum_{i=1}^{M}(1-\gamma_{l,i})\,c_i$。从另一角度看，在给定性能需求 ϱ 时，若最小化防御资源 $\mathbf{1}^{\mathrm{T}}\boldsymbol{\xi}^*$ 仍大于可用资源 Ω，说明期望性能无法实现。

13.3.2　保护服务单元数目受限情况

保护单元数目越多，控制系统的整体系统性能越容易实现，因此，本节研究保护服务单元受限时的优化问题。

用二进制变量 $\theta_i \in \{0,1\}$ 表示服务单元 i 是否被保护，在不同情况下得到的收益函数在表 13.1 中给出。在此情况下考虑下列优化问题。

表 13.1 防御者收益

	防御 $\theta_i = 1$	无防御 $\theta_i = 0$
攻击 $\gamma_i = 1$	$f_i(\xi_i)$	0
无攻击 $\gamma_i = 0$	c_i	c_i

问题 13.2 基于问题式(13.19)，求解防御者的最优策略$(\boldsymbol{\xi}^*, \boldsymbol{\theta}^*)$：

$$\begin{aligned}&\min_{\xi\in \boldsymbol{A}_d,\theta\in \boldsymbol{A}_\theta} \mathbf{1}^{\mathrm{T}}\boldsymbol{\xi}\\&\text{s.t.}\overline{\boldsymbol{\mathcal{F}}}(\boldsymbol{\xi},\boldsymbol{\theta})+\boldsymbol{\mathcal{B}}\geqslant \varrho\mathbf{1},\quad \mathbf{1}^{\mathrm{T}}\boldsymbol{\theta}\leqslant \varTheta\end{aligned} \tag{13.21}$$

其中，$\bar{\boldsymbol{\mathcal{F}}}(\boldsymbol{\xi},\boldsymbol{\theta})=[\bar{\mathcal{F}}_1(\boldsymbol{\xi},\boldsymbol{\theta}),\cdots,\bar{\mathcal{F}}_L(\boldsymbol{\xi},\boldsymbol{\theta})]^{\mathrm{T}}$，式中，$\bar{\mathcal{F}}_l(\boldsymbol{\xi},\boldsymbol{\theta})=\sum_{i=1}^{M}\gamma_{l,i}\theta_i f_i(\xi_i)$，$\boldsymbol{\theta}=[\theta_1,\theta_2,\cdots,\theta_M]^{\mathrm{T}}$，$\boldsymbol{A}_\theta \triangleq \{0,1\}^M$。最优攻击策略 $\boldsymbol{\gamma}^*$ 满足

$$\mathcal{U}_a(\boldsymbol{\xi}^*,\boldsymbol{\theta}^*,\boldsymbol{\gamma}^*)\geqslant \mathcal{U}_a(\boldsymbol{\xi}^*,\boldsymbol{\theta}^*,\boldsymbol{\gamma}),\quad \forall \boldsymbol{\gamma}\in \boldsymbol{A}_a$$

其中，$\mathcal{U}_a(\boldsymbol{\xi},\boldsymbol{\theta},\boldsymbol{\gamma})=-\bar{\boldsymbol{\mathcal{F}}}(\boldsymbol{\xi},\boldsymbol{\theta})-\boldsymbol{\mathcal{B}}$。

通过下列命题验证问题式(13.21)的凸性[206]。

命题 13.2 问题式(13.21)在满足下列描述，因此是凸的混合整数规划问题：

① $\boldsymbol{A}_d$ 为 $\mathbb{R}^M$ 的非空凸紧集，$\boldsymbol{A}_\theta$ 为有限整数集；

②对于所有 $i\in\mathcal{M}$，松弛 θ_i 为区间[0,1]内的变量。显然，$f^{\mathrm{obj}}(\boldsymbol{\xi})\triangleq \mathbf{1}^{\mathrm{T}}\boldsymbol{\xi}$ 为变量 $\boldsymbol{\xi}$ 的凸函数，$g_2^{\mathrm{con}}(\boldsymbol{\theta})\triangleq \mathbf{1}^{\mathrm{T}}\boldsymbol{\theta}-\varTheta$ 为变量 $\boldsymbol{\theta}$ 的凸函数。问题式(13.21)的第一个约束可分成 L 个约束，分别给定为

$$g_{1,l}^{\mathrm{con}}(\boldsymbol{\xi},\boldsymbol{\theta})\triangleq \varrho-\sum_{i=1}^{M}(\gamma_{l,i}\theta_i f_i(\xi_i)+(1-\gamma_{l,i})c_i)$$

式中，$l\in\mathcal{L}$，$g_{1,l}^{\mathrm{con}}(\boldsymbol{\xi},\boldsymbol{\theta})$ 的 Hessian 矩阵为 $H_l=\mathrm{diag}\{c_1 b_1^2 \mathrm{e}^{-b_1\xi_1},\cdots,c_M b_M^2 \mathrm{e}^{-b_M\xi_M},0,\cdots,0\}$ 是半正定的，可以得出所有 $l\in\mathcal{L}$，$g_{1,l}^{\mathrm{con}}(\boldsymbol{\xi},\boldsymbol{\theta})$ 是变量 $\boldsymbol{\xi}$ 和 $\boldsymbol{\theta}$ 的凸函数。

问题 13.2 为 MINLP 问题，可用广义 Benders 分解方法求解。基于广义 Benders 分解方法，优化问题式(13.21)转化为求解下列主问题：

$$\begin{aligned}&\min_{\theta\in\{0,1\}^M,\underline{B}\in\mathbb{R}} \underline{B}\\&\text{s.t.}\quad L(\boldsymbol{\xi},\boldsymbol{\lambda})\leqslant \underline{B},\\&\boldsymbol{u}^{\mathrm{T}}(\mathbf{1}^{\mathrm{T}}\boldsymbol{\theta}-\varTheta)\leqslant 0\end{aligned} \tag{13.22}$$

次问题：

$$\begin{aligned}&\min_{\xi\in \boldsymbol{A}_d} \mathbf{1}^{\mathrm{T}}\boldsymbol{\xi}\\&\text{s.t.}\quad \bar{\boldsymbol{\mathcal{F}}}(\boldsymbol{\xi})+\boldsymbol{\mathcal{B}}\geqslant \varrho\mathbf{1}\end{aligned} \tag{13.23}$$

和可行性检测问题：

$$\begin{aligned}&\min_{\xi\in A_{d},\vartheta\in\mathbb{R}^{+}}\vartheta\\&\text{s.t.}\ \vartheta\mathbf{1}\geqslant\varrho\mathbf{1}-\bar{\boldsymbol{\mathcal{F}}}(\xi)-\boldsymbol{\mathcal{B}}\end{aligned}\tag{13.24}$$

其中，

$$L(\xi,\theta,\lambda)=\mathbf{1}^{\mathrm{T}}\xi+\lambda^{\mathrm{T}}(\varrho\mathbf{1}-\bar{\boldsymbol{\mathcal{F}}}(\xi)-\boldsymbol{\mathcal{B}})\tag{13.25}$$

是问题式(13.21)的拉格朗日函数。λ为求解问题式(13.24)时的拉格朗日乘子。

在给定整数变量情况下，MINLP 问题可简化为求解次问题式(13.23)得到连续变量的解。主问题式(13.22)为整数规划问题，问题中将整数变量看作待求的变量且仅考虑问题中的整数约束。建立可行解检测问题式(13.24)的目的是当次问题式(13.23)不可行时更新主问题式(13.22)的约束。广义 Benders 分解法的迭代过程如流程图 13.2 所示，图中$\aleph$为足够大的常数，ϵ为足够小的常数，表示迭代精度。$\mathbb{I}^{(k)}$和$\mathbb{J}^{(k)}$分别为迭代步数的集合。

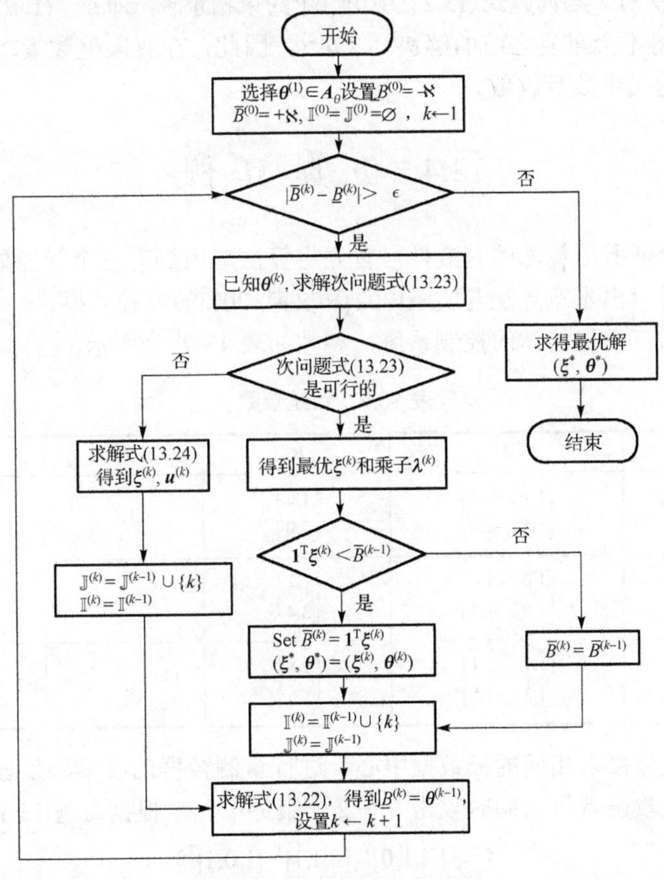

图 13.2　安全方案执行流程

定理 13.2　如图 13.2 所示的安全资源分配流程在有限迭代步数后收敛到最优解 $(\boldsymbol{\xi}^*,\boldsymbol{\theta}^*)$。

证明　记 ℓ^* 为优化问题式(13.21)中 $\mathbf{1}^{\mathrm{T}}\boldsymbol{\xi}$ 的最优值。根据图 13.2 可知对于任意 $k\geqslant 1$ 有 $\underline{B}^{(k-1)}\leqslant \underline{B}^{(k)}\leqslant \ell^*\leqslant \overline{B}^{(k)}\leqslant \overline{B}^{(k-1)}$。如果算法在第 k 步停止迭代，则 $\overline{B}^{(k)}=\ell^*=\underline{B}^{(k)}$，问题式(13.21)的最优解为 $(\boldsymbol{\xi}^*,\boldsymbol{\theta}^*)$。算法收敛性的证明可以通过间接验证当算法不在第 k 步终止迭代，则第 $\boldsymbol{\theta}^{(k+1)}$ 步的解不再重复之前的解 $\boldsymbol{\theta}^{(1)},\cdots,\boldsymbol{\theta}^{(k)}$ 说明。通过反证法从下列两方面进行证明：①对于 $1\leqslant l\leqslant k$，如果次问题式(13.23)是可行的，则 $l\in\mathbb{I}^k$，因为 $(\boldsymbol{\xi}^{(l)},\boldsymbol{\lambda}^{(l)})$ 为次问题在已知 $\boldsymbol{\theta}^{(l)}$ 下的原问题解-对偶问题解，KKT(Karush-Kuhn-Tucker) 条件给出 $\boldsymbol{\lambda}^{(l)\mathrm{T}}(\varrho\mathbf{1}-\overline{\boldsymbol{\mathcal{F}}}(\boldsymbol{\xi})-\boldsymbol{\mathcal{B}})=0$，则 $L(\boldsymbol{\xi}^{(l)},\boldsymbol{\theta}^{(l)},\boldsymbol{\lambda}^{(l)})=\mathbf{1}^{\mathrm{T}}\boldsymbol{\xi}^{(l)}\geqslant\overline{B}^{(l)}\geqslant\overline{B}^{(k)}>\underline{B}^{(k)}$；如果最优解 $\boldsymbol{\theta}^{(k+1)}=\boldsymbol{\theta}^{(l)}$，则主问题式(13.22)的第一个约束条件变为 $\underline{B}^{(k)}\geqslant L(\boldsymbol{\xi}^{(l)},\boldsymbol{\theta}^{(l)},\boldsymbol{\lambda}^{(l)})$ 与式(13.26)相矛盾；②此外，如果次问题式(13.23)是不可行的，$l\in\mathbb{J}^k$；因为问题式(13.22)的最优值 $\vartheta^{(l)}$ 为正的，则对偶问题 $\vartheta^{(l)}=\boldsymbol{u}^{(l)\mathrm{T}}(\mathbf{1}^{\mathrm{T}}\boldsymbol{\theta}^{(l)}-\Theta^{(l)})$，与问题式(13.22)中第二个约束相矛盾，即 $\boldsymbol{u}^{(l)\mathrm{T}}(\mathbf{1}^{\mathrm{T}}\boldsymbol{\theta}^{(l)}-\Theta^{(l)})\leqslant 0$，因此，$\boldsymbol{\theta}^{(k+1)}$ 将不会重复之前的解 $\boldsymbol{\theta}^{(1)},\cdots,\boldsymbol{\theta}^{(k)}$，因此，在有限整数策略集 $\boldsymbol{A}_\theta$ 下，算法将在有限迭代步数后收敛。

13.4　仿 真 算 例

本节将验证所提算法的有效性，首先将算法应用到有三个智能体接入的控制系统中，同时给出本章算法与文献[202]和文献[207]的比较结果。

考虑包括三个智能体的控制系统，参数如表 13.2[208]所示。

表 13.2　系统参数

参数	$\boldsymbol{A}_i$	$\boldsymbol{B}_i$	b_i	c_i
被控对象 1	$\begin{bmatrix}1.7 & -1.3\\ 1.6 & -1.8\end{bmatrix}$	$\begin{bmatrix}1.0\\ 2.0\end{bmatrix}$	1.8	0.98
被控对象 2	$\begin{bmatrix}1.8 & -1.4\\ 1.8 & -1.9\end{bmatrix}$	$\begin{bmatrix}1.7\\ 3.4\end{bmatrix}$	1.9	0.93
被控对象 3	$\begin{bmatrix}1.4 & -1.1\\ 1.3 & -1.5\end{bmatrix}$	$\begin{bmatrix}0.8\\ 1.6\end{bmatrix}$	1.6	1

三个智能体接入相同的云数据中心，进行量测数据的收集、处理和控制指令的计算。假设攻击者可以同时攻击 $R_0=2$ 个服务单元，根据命题 13.1，可知

$$\boldsymbol{A}_a=\{[1,1,0]^{\mathrm{T}},[0,1,1]^{\mathrm{T}},[1,0,1]^{\mathrm{T}}\}$$

假设智能体 i 的收益为 $f_i(\xi_i)=c_i(1-\mathrm{e}^{-b_i\xi_i}),\forall i\in\{1,2,3\}$。函数 $f_i(\cdot),i\in\{1,2,3\}$ 中的系数在表 13.1 中给出，设定 $\xi_1^{\max}=\xi_2^{\max}=\xi_3^{\max}=3$。

图 13.3 表示防御者防御资源投入与参数 β 和 b 的关系，假设 $b=b_1=b_2=b_3$。在图 13.3 中，当 β 较大，b 较小时，防御资源投入接近 0，说明在花费较高、收益较低时，防御者不愿进行防御资源的投入。相反，当 β 较小、b 较大时，不需要较大的投入即可得到较高的效用，因此投入降低。

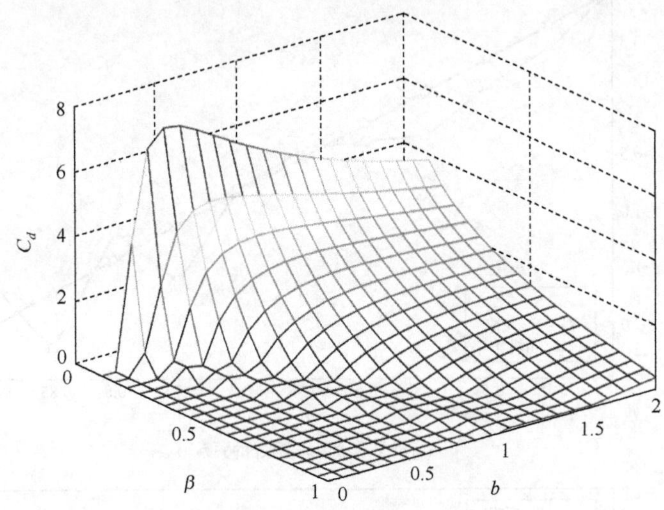

图 13.3 防御者资源投入与效用函数中参数 β、b 的关系

为了研究保护单元数目对系统性能的影响，假设控制系统中有 5 个智能体，攻击者可以同时攻击 4 个服务单元，攻击者有 C_5^4 种策略，即

$$\boldsymbol{A}_a=\{[1,1,1,1,0]^{\mathrm{T}},[1,1,1,0,1]^{\mathrm{T}},[1,1,0,1,1]^{\mathrm{T}},[1,0,1,1,1]^{\mathrm{T}},[0,1,1,1,1]^{\mathrm{T}}\}$$

函数 $f_i,\forall i\in\{1,2,3,4,5\}$ 中的系数给定为 $b_1=1.8,b_2=1.9,b_3=1.6,b_4=1.5,b_5=1.6$ 和 $c_1=0.95,c_2=0.9,c_3=0.98,c_4=0.93,c_5=1$。

表 13.2 给出在不同保护方案 Θ 和期望性能 ϱ 下的最优防御策略投入。从表 13.3 中可以看出，随着保护单元数目的增多，以较小的投入即可得到期望的系统性能。

表 13.3 防御资源投入

	$\Theta=5$	$\Theta=4$	$\Theta=3$	$\Theta=2$	$\Theta=1$
$\varrho=1$	0.0619	0.0619	0.0619	0.0621	0.0659
$\varrho=2$	0.9677	1.0561	1.3414	n/a	n/a
$\varrho=3$	2.3168	2.8997	n/a	n/a	n/a
$\varrho=4$	4.8348	n/a	n/a	n/a	n/a

本节设置三种对比方案，包括本章设计的 SE 策略、NE 策略[207]和随机策略。比较结果在图 13.4 中给出，可以看出 SE 策略可以使防御者和攻击者得到较高的效用，因此研究控制系统中基于领导者-追随者的安全框架具有重要意义。

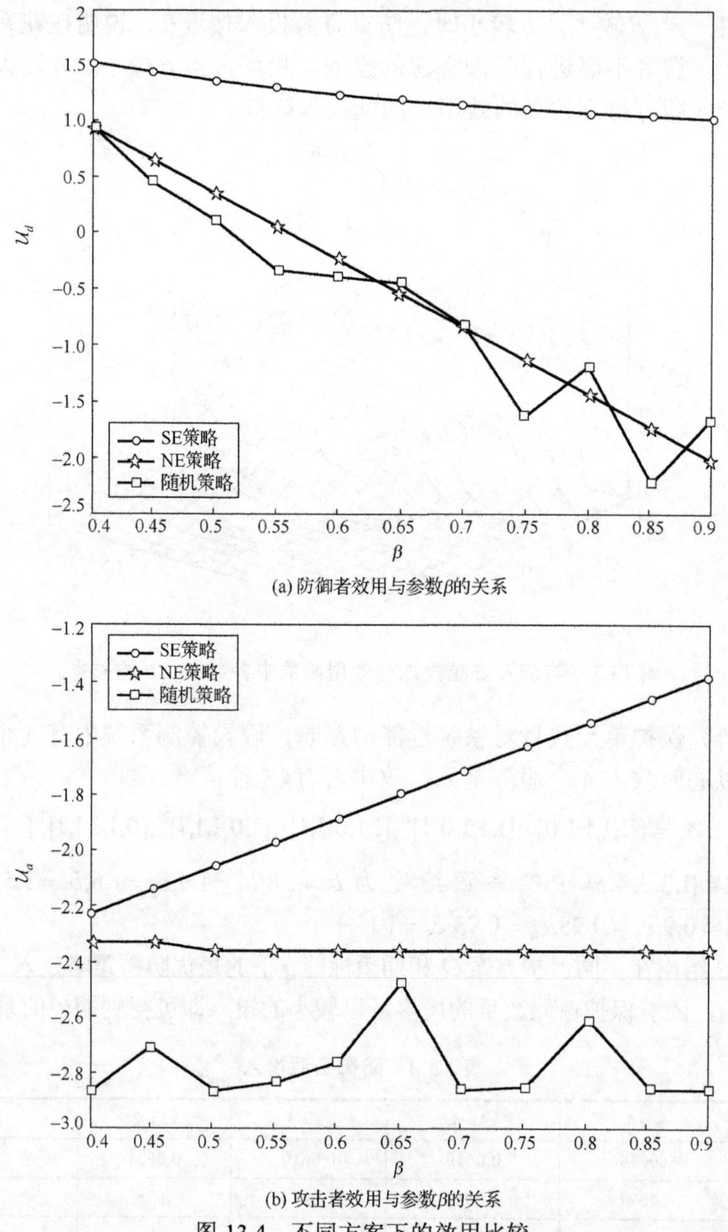

图 13.4　不同方案下的效用比较

在随机时延影响下，分别使用本章设计的最优控制器式(13.4)和文献[202]中的控制器(21)对控制系统中的被控对象进行控制，比较结果如图 13.5 所示，对所有 $i \in \mathcal{M}$ 设定时延上界 $d_i = 3$。图 13.5 给出控制系统中智能体 1 的状态曲线，从图

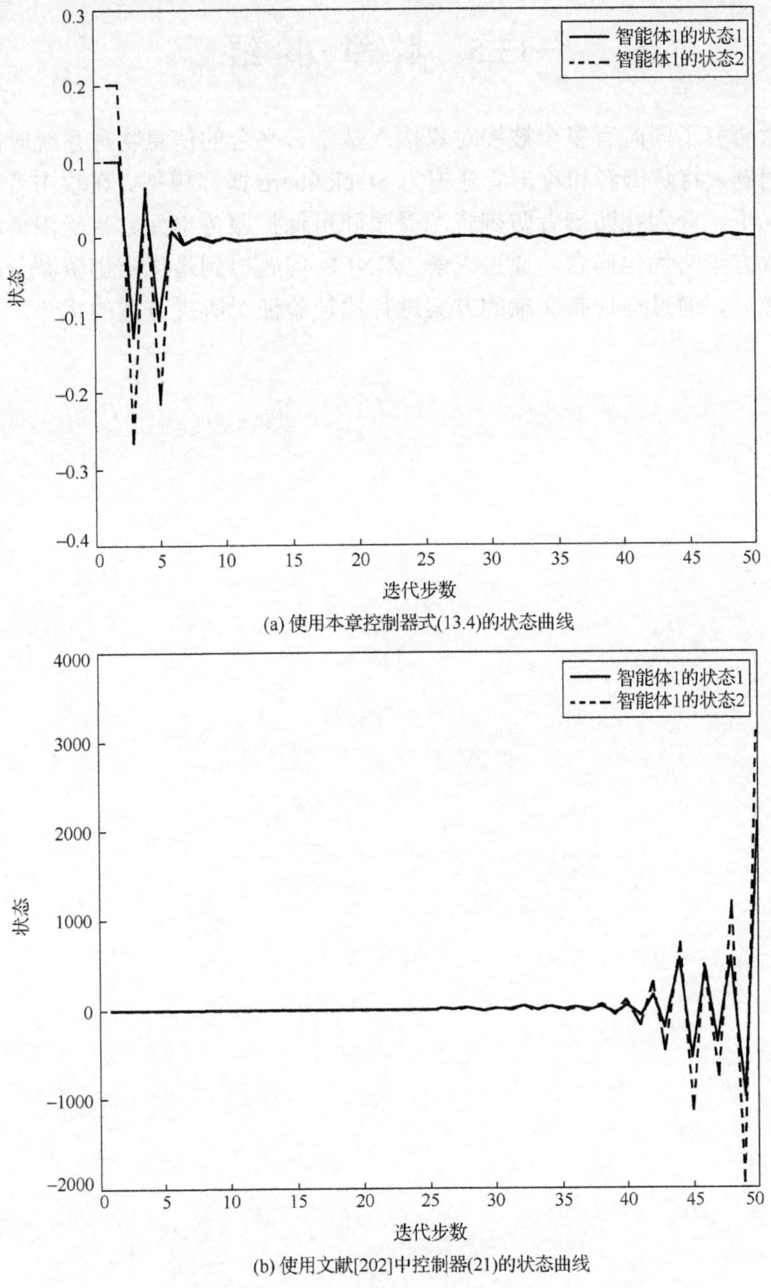

(a) 使用本章控制器式(13.4)的状态曲线

(b) 使用文献[202]中控制器(21)的状态曲线

图 13.5　随机传输时延下的性能比较

中可以看出本章所设计的控制器使系统具有较好的性能，且设计控制系统被控对象的控制器时，如果不考虑时延影响，系统可能发散。

13.5 本章小结

本章研究了同时有多个被控对象接入基于云平台的信息物理系统时的防御资源分配问题。将防御者和攻击者建模为 Stackelberg 博弈模型。在攻击者攻击资源受限情况下，分别在防御者防御资源受限和可保护服务单元数目受限情况下，研究攻防双方策略优化问题。通过求解 MINLP 问题得到最优防御资源分配和攻击策略。最后，通过与现有文献的方案进行比较验证了所提方案的优势。

第 14 章　网络攻击下基于动态定价机制的控制系统弹性策略设计方法

14.1　研究背景与意义

近年来，为了满足分布式且规模不断增加的复杂应用系统的需求，综合计算、通信和控制技术、IoT 和 CPS 等概念先后出现。这些系统中安装了大量的用来监测系统运行状态的分布式传感器，根据监测数据进一步设计有效的控制器。此外，随着感知技术的快速发展，传感器以越来越高的频率实时监测系统的输出信息。大量的量测数据需要处理、分析、综合并被利用以满足系统的任务需求。控制系统中大量分布式安装的设备通过无线网络连接，具有灵活性高和成本低等特点。控制系统网络信息传输和外置处理任务的方案使其具有高度开放性，如何保证系统的信息安全至关重要。与前面章节类似，远程控制方案的网络传输过程易受到 DoS 攻击。DoS 攻击者通过发送干扰信号影响有用信号的传输。博弈论方法是描述被攻击系统中攻防双方相互作用的有效方案[12,193]。前面章节中假设攻防双方同时实施行为策略，攻防双方是理性的且已知对方的模型参数，将双方建模为零和博弈模型，求得双方的 NE。假设攻击者具有智能性能观测到传输者的策略，Yang 等在文献[12]中将攻防双方建模 Stackelberg 博弈，研究双方功率传输策略和多信道情况下的信道分配策略。本章考虑攻防双方先后实施行为策略，设计一种最坏情况方案，将攻防双方建模为 Stackelberg 博弈模型。在现有文献的博弈问题研究中假设参与者已知其他参与者的模型参数，这往往是基于历史数据分析得到的，可能与真实参数有一定的偏差。因此，参与者对其他参与者参数未知情况下的博弈问题亟待解决。文献[193]假设参与者的信道增益和传输代价满足一定的概率分布，研究基于 Bayesian Stackelberg 博弈的抗干扰攻击的功率传输策略。文献[62]在移动感知用户模型未知的情况下，利用深度强化学习方法研究移动感知安全博弈问题。在上一章中，我们考虑了传输网络的变化情况，设计 Markov 信道模型下的功率传输策略，现有工作主要基于信道变化模型线下设计弹性的安全传输策略，无法实现在线补偿和对攻击者非理性策略的防御。本章进一步研究网络环境动态变化情况，无须已知信道增益变化的分布，设计一种线上弹性功率传输策略。

本章建立基于 SINR 的攻防 Stackelberg 博弈模型，通过最优响应策略方法讨论参与者的 Stackelberg 均衡点(Stackelberg equilibrium，SE)；分析复杂控制系统中时延产生的动态因素，在攻击诱导丢包影响下，通过切换方法补偿控制系统中时延的影响并分析系统的性能，通过求解一系列非线性矩阵 H_∞ 不等式得到估计器和预测控制器增益；设计一种新型的辅助动态反馈定价机制，通过调节传输者的功率传输策略，使控制系统在攻击者非理性、攻击者信息难以获得和时变网络环境下仍能满足一定的干扰抑制性能，并给出该方法的执行过程。

14.2 网络攻击环境中控制系统模型

如图 14.1 给出 DoS 攻击下复杂控制系统的闭环控制示意图，其中，传感器与估计器、控制器与执行器之间分别通过无线网络连接。

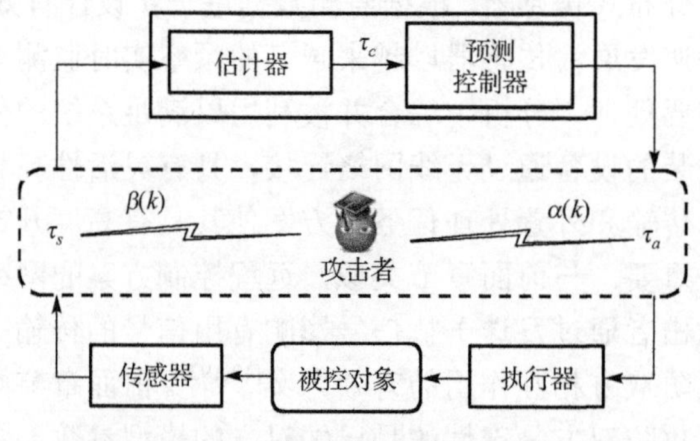

图 14.1 复杂控制系统闭环控制示意图

14.2.1 DoS 攻击下通信模型

在 DoS 攻击下，控制系统中的接收者，包括估计器和执行器，接收到的 SINR 可以表示为

$$\Gamma = \frac{L_0 \eta T}{\xi J + N_0} \tag{14.1}$$

其中，T 为安装在传感器和控制器上的传输者的传输功率，J 为攻击者发射的干扰功率，η 为被控对象和服务器间的传输增益，ξ 为攻击者和接收者间的干扰增益，参数 L_0 为无线通信网络的传输增益，N_0 为背景噪声的功率谱密度。

基于数字通信理论知识，信号的递包率和 SINR 之间的关系为

$$\overline{\beta} = 2Q\left(\sqrt{\kappa \Gamma}\right)$$

其中，

$$Q(x) \triangleq \frac{1}{\sqrt{2\pi}} \int_0^x \exp(-\tau^2/2) \mathrm{d}\tau$$

参数 $\kappa > 0$ 为给定的常数。

传输者和攻击者是能量受限的参与者。与文献[12]中将传输者的 SINR 设定为收益函数不同，本章选取传输者 SINR 的对数函数作为收益函数，该函数可以看作是信号传输速率的比例。传输者的效用函数为

$$U_T(T,J) = \ln(1+\varGamma) - ET \tag{14.2}$$

攻击者的效用函数为

$$U_A(T,J) = -\ln(1+\varGamma) - CJ \tag{14.3}$$

其中，参数 E 和 C 用来量化传输者和攻击者单位功率投入带来的花费，也用来表示单位功率投入与整体收益的效率比。

14.2.2 DoS 攻击下控制系统时延补偿模型

用下列离散时间状态空间模型描述控制系统中的某个被控对象：

$$\begin{aligned} \boldsymbol{x}(k+1) &= \boldsymbol{A}\boldsymbol{x}(k) + \alpha(k)\boldsymbol{B}\boldsymbol{u}(k) + \boldsymbol{D}\boldsymbol{\omega}(k) \\ \boldsymbol{y}(k) &= \beta(k)(\boldsymbol{H}\boldsymbol{x}(k) + \boldsymbol{G}\boldsymbol{\omega}(k)) \\ \boldsymbol{z}(k) &= \boldsymbol{M}\boldsymbol{x}(k) \end{aligned} \tag{14.4}$$

其中，$\boldsymbol{x}(k) \in \mathbb{R}^{n_x}$，$\boldsymbol{u}(k) \in \mathbb{R}^{n_u}$，$\boldsymbol{y}(k) \in \mathbb{R}^{n_y}$ 分别为系统状态、控制输入和量测输出；$\boldsymbol{\omega}(k) \in \mathbb{R}^{n_\omega}$ 是满足 $\mathcal{L}_2(0,+\infty)$ 的扰动；$\boldsymbol{z}(k) \in \mathbb{R}^{n_z}$ 为被调节的输出量；$\boldsymbol{A},\boldsymbol{B},\boldsymbol{D},\boldsymbol{H},\boldsymbol{G}$ 和 $\boldsymbol{M}$ 是具有适当维数的已知矩阵。假设 $(\boldsymbol{A},\boldsymbol{B})$ 是可控的，$(\boldsymbol{A},\boldsymbol{H})$ 是可观的。

控制系统的信号在通过网络传输时会产生通信时延，传感器与控制器的时延表示为 τ_s，控制器与执行器间的时延表示为 τ_a，所设计的弹性控制算法的执行时间表示为 τ_c。为了监测系统时延，在量测信号和控制信号传输过程中同时传输时间戳。控制系统各阶段的时延受网络资源和计算资源的影响是时变的，前向通道、反馈通道和控制器的时延上界分别给定为 N_a、N_s、N_c，即 $\tau_a \in \{0,1,\cdots,N_a\}$、$\tau_s \in \{0,1,\cdots,N_s\}$、$\tau_c \in \{0,1,\cdots,N_c\}$。

在被控对象和控制器之间，DoS 攻击者通过发射干扰信号干扰量测信号和控制信号的传输。采用二进制随机过程 $\alpha(k)$ 和 $\beta(k)$ 来描述攻击对信号的影响，$\alpha(k)=1$ 表示控制信号正确传输，$\beta(k)=1$ 表示量测信号正确传输，否则 $\alpha(k)=0$，$\beta(k)=0$，两个随机变量满足

$$\begin{aligned} &\Pr\{\alpha(k)=1\} = \bar{\alpha}, \quad \Pr\{\alpha(k)=0\} = 1-\bar{\alpha} \\ &\Pr\{\beta(k)=1\} = \bar{\beta}, \quad \Pr\{\beta(k)=0\} = 1-\bar{\beta} \end{aligned}$$

在系统方程(14.4)中，不是所有的状态都可以直接获得，首先设计状态估

计器：

$$\hat{\boldsymbol{x}}(k+1)=\boldsymbol{A}\hat{\boldsymbol{x}}(k)+\overline{\alpha}\boldsymbol{B}\boldsymbol{u}(k)+\boldsymbol{L}(\boldsymbol{y}(k)-\overline{\beta}\boldsymbol{C}\hat{\boldsymbol{x}}(k)) \tag{14.5}$$

其中，$\hat{\boldsymbol{x}}(k)$为被观测的状态，$\boldsymbol{L}$为待设计的估计器增益，在不考虑时延情况下，设计状态反馈控制策略：

$$\boldsymbol{u}(k)=\boldsymbol{K}_0\hat{\boldsymbol{x}}(k) \tag{14.6}$$

其中，$\boldsymbol{K}_0$为待设计的控制器增益。考虑时延的影响，预测状态反馈控制器给定为

$$\boldsymbol{u}(k\mid k-l)=\boldsymbol{K}_l\hat{\boldsymbol{x}}(k-l),\quad l\in\boldsymbol{\tau} \tag{14.7}$$

其中，$\boldsymbol{\tau}\triangleq\{0,1,\cdots,N\}$，$N=N_s+N_c+N_a$。估计器式(14.5)可进一步写为

$$\begin{aligned}\hat{\boldsymbol{x}}(k+1)=&(\boldsymbol{A}-\overline{\beta}\boldsymbol{L}\boldsymbol{H})\hat{\boldsymbol{x}}(k)+\overline{\alpha}\boldsymbol{B}\boldsymbol{K}_l\hat{\boldsymbol{x}}(k-l)\\&+\beta(k)\boldsymbol{L}\boldsymbol{H}\boldsymbol{x}(k)+\beta(k)\boldsymbol{L}\boldsymbol{G}\boldsymbol{\omega}(k)\end{aligned} \tag{14.8}$$

因此，闭环控制系统式(14.4)可以写为

$$\boldsymbol{x}(k+1)=\boldsymbol{A}\boldsymbol{x}(k)+\alpha(k)\boldsymbol{B}\boldsymbol{K}_l\hat{\boldsymbol{x}}(k-l)+\boldsymbol{D}\boldsymbol{\omega}(k),\quad l\in\boldsymbol{\tau} \tag{14.9}$$

联立方程(14.8)和方程(14.9)，得到扩张的切换系统：

$$\left.\begin{aligned}\overline{\boldsymbol{x}}(k+1)&=\mathcal{A}_l\overline{\boldsymbol{x}}(k)+\mathcal{D}\boldsymbol{\omega}(k)\\\boldsymbol{y}(k)&=\beta(k)(\mathcal{H}\overline{\boldsymbol{x}}(k)+\boldsymbol{G}\boldsymbol{\omega}(k))\\\boldsymbol{z}(k)&=\mathcal{M}\overline{\boldsymbol{x}}(k)\end{aligned}\right\} \tag{14.10}$$

其中，

$$\overline{\boldsymbol{x}}(k)=[\boldsymbol{x}^{\mathrm{T}}(k),\boldsymbol{x}^{\mathrm{T}}(k-1),\cdots,\boldsymbol{x}^{\mathrm{T}}(k-N),\hat{\boldsymbol{x}}^{\mathrm{T}}(k),\hat{\boldsymbol{x}}^{\mathrm{T}}(k-1),\cdots,\hat{\boldsymbol{x}}^{\mathrm{T}}(k-N)]^{\mathrm{T}}$$

$$\mathcal{A}_l=\begin{bmatrix}\mathcal{A}_l^{1,1} & \mathcal{A}_l^{1,2}\\ \mathcal{A}_l^{2,1} & \mathcal{A}_l^{2,2}\end{bmatrix},\quad \mathcal{D}=\begin{bmatrix}\boldsymbol{D}\\ \boldsymbol{0}_{Nn_x\times n_\omega}\\ \beta(k)\boldsymbol{L}\boldsymbol{G}\\ \boldsymbol{0}_{Nn_x\times n_\omega}\end{bmatrix},\quad \mathcal{H}=[\boldsymbol{H}\quad \boldsymbol{0}_{n_y\times(2N+1)n_x}] \tag{14.11}$$

$$\mathcal{M}=\begin{bmatrix}\boldsymbol{M} & \boldsymbol{0}_{n_z\times(2N+1)n_x}\end{bmatrix}$$

式中，

$$\mathcal{A}_l^{1,1}=\begin{bmatrix}\boldsymbol{A} & \boldsymbol{0}_{n_x\times Nn_x}\\ \boldsymbol{I}_{Nn_x} & \boldsymbol{0}_{Nn_x\times n_x}\end{bmatrix},\quad \mathcal{A}_l^{1,2}=\begin{bmatrix}\boldsymbol{0}_{n_x\times ln_x} & \alpha(k)\boldsymbol{B}\boldsymbol{K}_l & \boldsymbol{0}_{n_x\times(N-l)n_x}\\ & \boldsymbol{0}_{Nn_x\times(N+1)n_x} & \end{bmatrix}$$

$$\mathcal{A}_l^{2,1}=\begin{bmatrix}\beta(k)\boldsymbol{L}\boldsymbol{H} & \boldsymbol{0}_{n_x\times Nn_x}\\ \boldsymbol{0}_{Nn_x\times(N+1)n_x} & \end{bmatrix},\quad \mathcal{A}_l^{2,2}=\begin{bmatrix}\boldsymbol{A}-\overline{\beta}\boldsymbol{L}\boldsymbol{H} & \boldsymbol{0}_{n_x\times(l-1)n_x} & \overline{\alpha}\boldsymbol{B}\boldsymbol{K}_l & \boldsymbol{0}_{n_x\times(N-l)n_x}\\ & \boldsymbol{I}_{Nn_x} & & \boldsymbol{0}_{Nn_x\times n_x}\end{bmatrix}$$

k时刻到达执行器时延为l的控制序列记为

$$\boldsymbol{U}(k-l)=\begin{bmatrix}\boldsymbol{u}(k-l\mid k-l)\\ \boldsymbol{u}(k-l+1\mid k-l)\\ \vdots\\ \boldsymbol{u}(k-l+N\mid k-l)\end{bmatrix} \tag{14.12}$$

时变时延情况下，k 时刻可能到达执行器的控制序列为

$$\boldsymbol{U}(k-N),\boldsymbol{U}(k-N+1),\cdots,\boldsymbol{U}(k) \tag{14.13}$$

可选控制输入为

$$\boldsymbol{u}(k\mid k-N),\boldsymbol{u}(k\mid k-N+1),\cdots,\boldsymbol{u}(k\mid k) \tag{14.14}$$

序列式(14.14)中的每一个输入都可以补偿时延，控制输入式(14.7)为其中的一种情况。

注释 14.1 本章利用二进制随机过程描述攻击对量测数据和控制信号传输的影响，在传统 NCS 中二进制随机过程也是一种描述网络诱导因素对系统影响的建模方式。但与传统 NCS 中的数据丢包相比，攻击诱导的丢包概率更大，且受防御者和攻击者行为的影响。攻击诱导丢包使系统信息在网络中的传输受到严重的堵塞，而不仅仅是偶然的信息丢失，因此研究网络攻击下系统的弹性控制是非常重要的课题。

14.2.3 博弈模型构建

在本章中，假设攻击者是智能的，可以学习传输者的策略进一步调整自己的干扰功率。假设传输者和智能攻击者已知通信网络的信道状态信息。智能攻击者在选择策略 J 之前可以观测到传输者的策略 T，这对传输者是一种最坏情况。攻击者可通过监听位置信息和利用物理载波感知技术获取上述信息。当攻击者不具备上述能力时，传输者基于最坏情况设计的策略也对攻击者的攻击策略具有弹性，可以保证系统的性能。在传输者考虑最坏情况时，可以计算攻击者的策略，进一步采取相应策略预防攻击的影响。基于上述分析可知，传输者和攻击者以先后顺序做出决策，因此，在智能攻击者的影响下将网络中的功率控制问题建模为 Stackelberg 博弈模型，其中，传输者作为领导者，攻击者作为追随者。

在上述博弈问题中，传输者和攻击者的最优策略以 SE 给出。参与者的 SE 定义如下。

定义 14.1 将传输者和攻击者的 Stackelberg 博弈记作 $\boldsymbol{G}_s$。如果

$$U_T(T^*,\mathcal{S}(T^*))\geqslant U_T(T,\mathcal{S}(T)),\quad \forall T\geqslant 0 \tag{14.15}$$

其中，$\mathcal{S}(T)$ 为攻击者的最优响应满足

$$\mathcal{S}(T)=\{J^*\geqslant 0\,|\,U_A(T,J^*)\geqslant U_A(T,J),\forall J\geqslant 0\} \tag{14.16}$$

则 T^* 为传输者的最优策略。攻击者的最优策略可通过 $J^*=\mathcal{S}(T^*)$ 计算得到。(T^*,J^*) 即为 $\boldsymbol{G}_s$ 的 SE。

控制系统中，量测输出和控制信号在无线网络传输过程中，接收者接收到的信号受传输者和攻击者传输功率的影响，用 SINR 量化攻防双方相互的综合影响。综合 SINR 和传输功率花费的效用函数式(14.2)和式(14.3)反映了系统性能和能量消耗，效用函数选取是合理的。

上述讨论明确了网络中安全问题的设计目标。接下来给出控制系统中被控对象的设计目标即在通信时延和网络攻击影响下最小化最坏系统性能代价函数：

$$Y_\mu^K=\sup_{\bar{x}(0),\omega(k)}\frac{\mathbb{E}\left\{\sum_{k=0}^{K}\boldsymbol{z}^{\mathrm{T}}(k)\boldsymbol{z}(k)\right\}^{\frac{1}{2}}}{\mathbb{E}\left\{\bar{\boldsymbol{x}}^{\mathrm{T}}(0)\boldsymbol{S}\bar{\boldsymbol{x}}(0)+\sum_{k=0}^{K}\boldsymbol{\omega}^{\mathrm{T}}(k)\boldsymbol{\omega}(k)\right\}^{\frac{1}{2}}} \tag{14.17}$$

其中，$\boldsymbol{S}>0$ 为给定矩阵。在给定的扰动抑制参数 $\gamma>0$ 下，系统式(14.4)的设计目标可以重新表示为

$$\mathbb{E}\left\{\sum_{k=0}^{K}\boldsymbol{z}^{\mathrm{T}}(k)\boldsymbol{z}(k)\right\}<\gamma^2\bar{\boldsymbol{x}}^{\mathrm{T}}(0)\boldsymbol{S}\bar{\boldsymbol{x}}(0)+\gamma^2\mathbb{E}\left\{\sum_{k=0}^{K}\boldsymbol{\omega}^{\mathrm{T}}(k)\boldsymbol{\omega}(k)\right\} \tag{14.18}$$

14.3　博弈策略的设计

考虑参与双方的关系，求解传输者和攻击者的 SE。传输者先行动，攻击者观察传输者的行为，采取最优干扰策略。因此本节中，在给定传输策略的情况下，计算攻击者的最优响应策略。进一步，在传输者已知攻击者最优响应策略下计算最优功率传输策略。

14.3.1　智能攻击者的最优响应策略

在传输者策略 T 给定情况下，智能攻击者的最优响应策略可通过求解下列优化问题得到，并给出下列引理。

$$\max\nolimits_{J\geqslant 0}U_A(T,J)=-\ln\left(1+\frac{L_0\eta T}{\xi J+N_0}\right)-CJ$$

引理 14.1　T 为给定的传输者的策略，攻击者的最优策略为

$$\mathcal{S}(T)=\begin{cases}0, & \xi/C<N_0\\ 0, & \xi/C\geqslant N_0,\quad T<T_1\\ \dfrac{1}{2\xi}\left(-2N_0-L_0\eta T+\sqrt{L_0^2\eta^2T^2+4\dfrac{L_0\eta\xi}{C}T}\right), & \xi/C\geqslant N_0,T\geqslant T_1\end{cases} \tag{14.19}$$

其中，$T_1=\dfrac{1}{L_0\eta}\dfrac{N_0^2}{\xi/C-N_0}$。

证明　上述结论可以通过求解 $U_A(T,J)$ 关于 J 的一阶导数，并在约束条件 $T\geqslant 0$ 和 $J\geqslant 0$ 下得到。

14.3.2 传输者的最优响应策略

传输者作为领导者首先选取行为策略，且已知智能攻击者的存在，即传输者已知攻击者将选取最大化其效用函数的最优响应策略。在考虑攻击者采用引理 14.1 中的最优响应策略时，传输者的优化问题给定为

$$\max_{T\geqslant 0}U_T(T,\mathcal{S}(T))=\ln\left(1+\frac{L_0\eta T}{\xi\mathcal{S}(T)+N_0}\right)-ET \tag{14.20}$$

其中，$\mathcal{S}(T)$ 为式(14.19)中给定的攻击者的最优响应策略。

将式(14.19)代入方程(14.20)中，传输者的效用函数可以给定为下列情况。

(1)当系统参数满足 $\xi/C<N_0$ 或条件 $\xi/C\geqslant N_0,T<T_1$ 时，即攻击者的最优策略为 $\mathcal{S}(T)=0$ 时，传输者的优化问题给定为

$$U_T^{(1)}(T,\mathcal{S}(T))=\ln\left(1+\frac{L_0\eta T}{N_0}\right)-ET \tag{14.21}$$

(2)若条件 $\xi/C\geqslant N_0$ 和 $T\geqslant T_1$ 成立，传输者的优化问题给定为

$$U_T^{(2)}(T,\mathcal{S}(T))=\ln\left(1+\frac{2L_0\eta T}{-L_0\eta T+\sqrt{L_0^2\eta^2T^2+\dfrac{4L_0\eta\xi T}{C}}}\right)-ET \tag{14.22}$$

先给出下列关于参数 E 的标记，再给出参与者的最优响应策略引理。

$$E_0=\sqrt{\frac{L_0^2\eta^2}{\left(\dfrac{N_0^2}{\xi/C-N_0}\right)^2+4\dfrac{\xi}{C}\dfrac{N_0^2}{\dfrac{\xi}{C}-N_0}}},E_1=\frac{L_0\eta}{\dfrac{N_0^2}{\xi/C-N_0}+N_0},E_2=\frac{L_0\eta}{N_0}$$

引理 14.2 若参数满足$\xi / C < N_0$，传输者的最优策略为

$$T^{SE} = \begin{cases} 0, & E > E_2 \\ \dfrac{1}{E} - \dfrac{N_0}{L_0 \eta}, & E \leqslant E_2 \end{cases} \tag{14.23}$$

否则，传输者的最优响应策略为

$$T^{SE} = \begin{cases} 0, & E > E_2 \\ \dfrac{1}{E} - \dfrac{N_0}{L_0 \eta}, & E_1 \leqslant E \leqslant E_2 \\ \dfrac{1}{L_0 \eta} \dfrac{N_0^2}{\xi / C - N_0}, & E_0 < E < E_1 \\ \dfrac{-2\dfrac{\xi}{C} + \sqrt{\left(2\dfrac{\xi}{C}\right)^2 + \dfrac{L_0^2 \eta^2}{E^2}}}{L_0 \eta}, & E \leqslant E_0 \end{cases} \tag{14.24}$$

证明 通过验证二阶导数为负，可知式(14.21)和式(14.22)中给出的效用函数$U_T^{(1)}(T, \mathcal{S}(T))$是变量$T$的凹函数。在式(14.21)和式(14.22)两种情况下，通过令效用函数的一阶导数为零求解传输者的最优策略分别为

$$T_1^{SE} = \frac{1}{E} - \frac{N_0}{L_0 \eta}, \quad T_2^{SE} = \frac{-2\dfrac{\xi}{C} + \sqrt{\left(2\dfrac{\xi}{C}\right)^2 + \dfrac{L_0^2 \eta^2}{E^2}}}{L_0 \eta}$$

比较参数T_1^{SE}，T_2^{SE}和T_1的关系，传输者的效用函数和参数E的关系如图 14.2 所示，其中，黑色圆点表示参数E在不同取值范围下的最优功率传输策略，即方程(14.23)和方程(14.24)。

基于引理 14.1 和引理 14.2，参与者的平衡点给定为如下定理。

定理 14.1 Stackelberg 博弈$\boldsymbol{G}_s$的 SE(T^{SE}, J^{SE})为

情况 1：$\xi / C < N_0$，

$$(T^{SE}, J^{SE}) = \begin{cases} (0,0), & E > E_2 \\ \left(\dfrac{1}{E} - \dfrac{N_0}{L_0 \eta}, 0\right), & E_1 \leqslant E \leqslant E_2 \end{cases}$$

情况 2：$\xi / C \geqslant N_0$，

$$
(T^{SE},J^{SE})=\begin{cases}(0,0), & E>E_2\\ \left(\dfrac{1}{E}-\dfrac{N_0}{L_0\eta},0\right), & E_1\leqslant E\leqslant E_2\\ \left(\dfrac{1}{L_0\eta}\dfrac{N_0^2}{\xi/C-N_0},0\right), & E_0<E<E_1\\ \left(\dfrac{-2\dfrac{\xi}{C}+\sqrt{\left(2\dfrac{\xi}{C}\right)^2+\dfrac{L_0^2\eta^2}{E^2}}}{L_0\eta},J_0\right), & E\leqslant E_0\end{cases}
$$

其中，

$$
J_0=\frac{1}{2\xi}\left(-2N_0+2\frac{\xi}{C}-\sqrt{4\frac{\xi^2}{C^2}+\frac{L_0^2\eta^2}{E^2}}+\frac{L_0\eta}{E}\right)
$$

证明　上述结果可通过将式(14.23)和式(14.24)代入到方程(14.19)中得到。

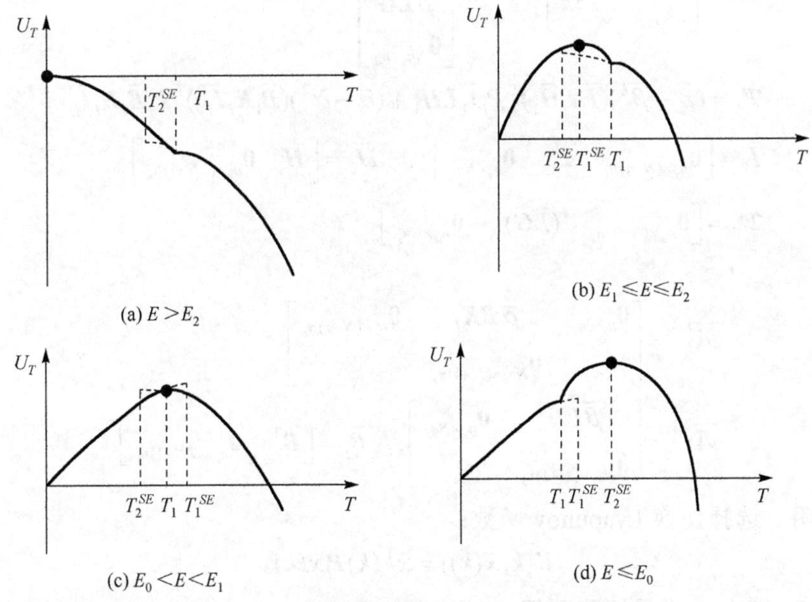

图 14.2　传输者效用函数 U_T 与参数 E 的关系

在参与双方都采取理性策略时，接收者的递包率为

$$
\overline{\beta}=2Q\left(\sqrt{\kappa\frac{L_0\eta T^{SE}}{\xi J^{SE}+N_0}}\right)
$$

14.3.3 控制器设计

考虑系统的 H_∞ 性能，设计估计器和控制器。估计器和控制器增益通过求解非线性矩阵不等式得到。

本节分析扩张系统式(14.19)的 H_∞ 性能。

定理 14.2 给定常数 $\gamma>0$，如果存在矩阵 $\boldsymbol{P}_l, l\in\tau$ 对于任意的 $l, j\in\tau$ 满足不等式：

$$\boldsymbol{\Sigma}_{1l}=\begin{bmatrix}\overline{\mathcal{A}}_l^{\mathrm{T}}\boldsymbol{P}_j\overline{\mathcal{A}}_l-\boldsymbol{P}_l+\boldsymbol{\Psi}_1+\mathcal{M}^{\mathrm{T}}\mathcal{M} & * \\ \overline{\mathcal{D}}^{\mathrm{T}}\boldsymbol{P}_j\overline{\mathcal{A}}_l+(\bar{\beta}-\bar{\beta}^2)\mathcal{D}_0^{\mathrm{T}}\boldsymbol{P}_j\bar{\boldsymbol{I}}_1 L\bar{\boldsymbol{H}}_1 & \overline{\mathcal{D}}^{\mathrm{T}}\boldsymbol{P}_j\overline{\mathcal{D}}+(\bar{\beta}-\bar{\beta}^2)\mathcal{D}_0^{\mathrm{T}}\boldsymbol{P}_j\mathcal{D}_0-\gamma^2\boldsymbol{I}_{n_\omega}\end{bmatrix}<0 \tag{14.25}$$

$$\boldsymbol{P}_l<\gamma^2\boldsymbol{S} \tag{14.26}$$

系统式(14.4)为均方渐近稳定的，其中，

$$\overline{\mathcal{A}}_l=\begin{bmatrix}\mathcal{A}_l^{1,1} & \overline{\mathcal{A}}_l^{1,2}\\ \overline{\mathcal{A}}_l^{2,1} & \mathcal{A}_l^{2,2}\end{bmatrix},\quad \overline{\mathcal{D}}=\begin{bmatrix}\boldsymbol{D}\\ \boldsymbol{0}_{Nn_x\times n_\omega}\\ \bar{\beta}\boldsymbol{LG}\\ \boldsymbol{0}_{Nn_x\times n_\omega}\end{bmatrix}$$

$$\boldsymbol{\Psi}_1=(\bar{\beta}-\bar{\beta}^2)(\bar{\boldsymbol{I}}_1\boldsymbol{L}\bar{\boldsymbol{H}}_1)^{\mathrm{T}}\boldsymbol{P}_j\bar{\boldsymbol{I}}_1\boldsymbol{L}\bar{\boldsymbol{H}}_1+(\bar{\alpha}-\bar{\alpha}^2)(\bar{\boldsymbol{B}}_1\boldsymbol{K}_l\bar{\boldsymbol{I}}_1^{\mathrm{T}})^{\mathrm{T}}\boldsymbol{P}_j\bar{\boldsymbol{B}}_1\boldsymbol{K}_l\bar{\boldsymbol{I}}_1^{\mathrm{T}}$$

$$\bar{\boldsymbol{I}}_1=\begin{bmatrix}\boldsymbol{0}_{n_x\times(N+1)n_x} & \boldsymbol{I}_{n_x} & \boldsymbol{0}_{n_x\times Nn_x}\end{bmatrix}^{\mathrm{T}},\quad \bar{\boldsymbol{H}}_1=\begin{bmatrix}\boldsymbol{H} & \boldsymbol{0}_{n_y\times(2N+1)n_x}\end{bmatrix}$$

$$\mathcal{D}_0=\begin{bmatrix}\boldsymbol{0}_{n_\omega\times(N+1)n_x} & (\boldsymbol{LG})^{\mathrm{T}} & \boldsymbol{0}_{n_\omega\times Nn_x}\end{bmatrix}^{\mathrm{T}}$$

式中，

$$\overline{\mathcal{A}}_l^{1,2}=\begin{bmatrix}\boldsymbol{0}_{n_x\times ln_x} & \bar{\alpha}\boldsymbol{BK}_l & \boldsymbol{0}_{n_x\times(N-l)n_x}\\ & \boldsymbol{0}_{Nn_x\times(N+1)n_x} & \end{bmatrix}$$

$$\overline{\mathcal{A}}_l^{2,1}=\begin{bmatrix}\bar{\beta}\boldsymbol{LH} & \boldsymbol{0}_{n_x\times Nn_x}\\ \boldsymbol{0}_{Nn_x\times(N+1)n_x} & \end{bmatrix},\quad \bar{\boldsymbol{B}}_1=\begin{bmatrix}\boldsymbol{B}^{\mathrm{T}} & \boldsymbol{0}_{n_u\times(2N+1)n_x}\end{bmatrix}^{\mathrm{T}}$$

证明 选择切换 Lyapunov 函数：

$$V(k,\bar{\boldsymbol{x}}(k))=\bar{\boldsymbol{x}}^{\mathrm{T}}(k)\boldsymbol{P}_l\bar{\boldsymbol{x}}(k)$$

其中，$\boldsymbol{P}_l>0, l\in\tau$ 满足矩阵不等式(14.25)。记

$$\boldsymbol{\zeta}(k)=\begin{bmatrix}\bar{\boldsymbol{x}}(k)\\ \boldsymbol{\omega}(k)\end{bmatrix},\widetilde{\mathcal{D}}=\begin{bmatrix}\boldsymbol{0}_{(N+1)n_x\times n_\omega}\\ (\beta(k)-\bar{\beta})\boldsymbol{LG}\\ \boldsymbol{0}_{Nn_x\times n_\omega}\end{bmatrix},\widetilde{\mathcal{A}}_l=\begin{bmatrix}\boldsymbol{0}_{n_x\times(N+l+1)n_x} & (\alpha(k)-\bar{\alpha})\boldsymbol{BK}_l & \boldsymbol{0}_{n_x\times(N-l)n_x}\\ \boldsymbol{0}_{Nn_x\times(2N+2)n_x} & & \\ (\beta(k)-\bar{\beta})\boldsymbol{LH} & \boldsymbol{0}_{n_x\times(2N+1)n_x} & \\ \boldsymbol{0}_{Nn_x\times(2N+2)n_x} & & \end{bmatrix}$$

函数 $V(k,\bar{\boldsymbol{x}}(k))$ 差分的期望可计算为

$$\begin{aligned}\mathbb{E}\{\Delta V(k)\} &= \mathbb{E}\{\bar{\boldsymbol{x}}^{\mathrm{T}}(k+1)\boldsymbol{P}_j\bar{\boldsymbol{x}}(k+1)-\bar{\boldsymbol{x}}^{\mathrm{T}}(k)\boldsymbol{P}_l\bar{\boldsymbol{x}}(k)\}\\ &= \bar{\boldsymbol{x}}^{\mathrm{T}}(k)\overline{\boldsymbol{\mathcal{A}}}_l^{\mathrm{T}}\boldsymbol{P}_j\overline{\boldsymbol{\mathcal{A}}}_l\bar{\boldsymbol{x}}(k)+2\bar{\boldsymbol{x}}^{\mathrm{T}}(k)\overline{\boldsymbol{\mathcal{A}}}_l^{\mathrm{T}}\boldsymbol{P}_j\overline{\boldsymbol{\mathcal{D}}}\boldsymbol{\omega}(k)\\ &\quad+\boldsymbol{\omega}^{\mathrm{T}}(k)\overline{\boldsymbol{\mathcal{D}}}^{\mathrm{T}}\boldsymbol{P}_j\overline{\boldsymbol{\mathcal{D}}}\boldsymbol{\omega}(k)+\bar{\boldsymbol{x}}^{\mathrm{T}}(k)\mathbb{E}\{\widetilde{\boldsymbol{\mathcal{A}}}_l^{\mathrm{T}}\boldsymbol{P}_j\widetilde{\boldsymbol{\mathcal{A}}}_l\}\bar{\boldsymbol{x}}(k)\\ &\quad+2\bar{\boldsymbol{x}}^{\mathrm{T}}(k)\mathbb{E}\{\widetilde{\boldsymbol{\mathcal{A}}}_l^{\mathrm{T}}\boldsymbol{P}_j\widetilde{\boldsymbol{\mathcal{D}}}\}\boldsymbol{\omega}(k)+\boldsymbol{\omega}^{\mathrm{T}}(k)\mathbb{E}\{\widetilde{\boldsymbol{\mathcal{D}}}^{\mathrm{T}}\boldsymbol{P}_j\widetilde{\boldsymbol{\mathcal{D}}}\}\boldsymbol{\omega}(k)-\bar{\boldsymbol{x}}^{\mathrm{T}}(k)\boldsymbol{P}_l\bar{\boldsymbol{x}}(k)\end{aligned}$$

上式包含了任意切换规则，因此有

$$\mathbb{E}\{\Delta V(k)\}+\mathbb{E}\{\boldsymbol{z}^{\mathrm{T}}(k)\boldsymbol{z}(k)\}-\gamma^2\boldsymbol{\omega}^{\mathrm{T}}(k)\boldsymbol{\omega}(k)=\boldsymbol{\zeta}^{\mathrm{T}}(k)\boldsymbol{\Sigma}_{1l}\boldsymbol{\zeta}(k) \tag{14.27}$$

当 $\omega(k)=0$ 时，根据不等式(14.25)，可得 $\mathbb{E}\{\Delta V(k)\}<0$，即闭环系统式(14.9)在切换条件下是均方渐近稳定的。

对方程(14.27)两侧求累加和可知不等式(14.18)成立，即 H_∞ 干扰抑制水平小于给定值 γ。证毕。

定理 14.2 给出了控制系统在传输时延、计算时延和网络攻击影响下满足 H_∞ 控制性能的充分条件。接下来，通过求解满足不等式约束问题的解得到待设计的状态估计增益和控制器增益。

定理 14.3　如果存在矩阵 $\boldsymbol{P}_l, l\in\tau$ 对任意 $l,j\in\tau$ 满足不等式：

$$\boldsymbol{\Sigma}_{2l}=\begin{bmatrix}-\boldsymbol{P}_l+\boldsymbol{\mathcal{M}}^{\mathrm{T}}\boldsymbol{\mathcal{M}} & * & * & * & *\\ 0 & -\gamma^2\boldsymbol{I}_{n_\omega} & * & * & *\\ \overline{\boldsymbol{\mathcal{A}}}_l & \overline{\boldsymbol{\mathcal{D}}} & -\boldsymbol{P}_j^{-1} & * & *\\ \sqrt{\bar{\beta}-\bar{\beta}^2}\,\bar{\boldsymbol{I}}_1\boldsymbol{L}\bar{\boldsymbol{H}}_1 & \sqrt{\bar{\beta}-\bar{\beta}^2}\,\overline{\boldsymbol{\mathcal{D}}}_0 & 0 & -\boldsymbol{P}_j^{-1} & *\\ \sqrt{\bar{\alpha}-\bar{\alpha}^2}\,\bar{\boldsymbol{B}}_1\boldsymbol{K}_l\bar{\boldsymbol{I}}_1^{\mathrm{T}} & 0 & 0 & 0 & -\boldsymbol{P}_j^{-1}\end{bmatrix}<0 \tag{14.28}$$

则系统式(14.9)是均方渐近稳定的且满足 H_∞ 干扰抑制性能 γ。

证明　根据 Schur 补引理，$\boldsymbol{\Sigma}_{1l}<0$ 等价于 $\boldsymbol{\Sigma}_{2l}<0$。

注意到不等式(14.28)是非线性的，利用锥补线性化方法求解该问题。通过设计迭代算法可以得到次优的干扰抑制性能 γ。用未知矩阵 $\boldsymbol{W}_j$ 替换矩阵 $\boldsymbol{\Sigma}_{2l}$ 中的 $\boldsymbol{P}_j^{-1}$，可以得到下列不等式：

$$\boldsymbol{\Sigma}_{3l}=\begin{bmatrix}-\boldsymbol{P}_l+\boldsymbol{\mathcal{M}}^{\mathrm{T}}\boldsymbol{\mathcal{M}} & * & * & * & *\\ 0 & -\gamma^2\boldsymbol{I}_{n_\omega} & * & * & *\\ \overline{\boldsymbol{\mathcal{A}}}_l & \overline{\boldsymbol{\mathcal{D}}} & -\boldsymbol{W}_j & * & *\\ \sqrt{\bar{\beta}-\bar{\beta}^2}\,\bar{\boldsymbol{I}}_1\boldsymbol{L}\bar{\boldsymbol{H}}_1 & \sqrt{\bar{\beta}-\bar{\beta}^2}\,\overline{\boldsymbol{\mathcal{D}}}_0 & 0 & -\boldsymbol{W}_j & *\\ \sqrt{\bar{\alpha}-\bar{\alpha}^2}\,\bar{\boldsymbol{B}}_1\boldsymbol{K}_l\bar{\boldsymbol{I}}_1^{\mathrm{T}} & 0 & 0 & 0 & -\boldsymbol{W}_j\end{bmatrix}<0 \tag{14.29}$$

求解非线性矩阵不等式 $\boldsymbol{\Sigma}_{2l}<0$ 转化为求解优化问题：

$$\begin{aligned}&\min \operatorname{tr}(\boldsymbol{P}_j\boldsymbol{W}_j)\\&\text{s.t.}\quad \text{不等式(14.29)}\\&\begin{bmatrix}\boldsymbol{P}_j & \boldsymbol{I}\\ \boldsymbol{I} & \boldsymbol{W}_j\end{bmatrix}\geqslant 0,\quad j\in\tau\end{aligned}\tag{14.30}$$

算法 14.1 给出求解式(14.17)的最小化问题的步骤，$\boldsymbol{\Sigma}_{2l}<0$ 为迭代终止条件，次优干扰抑制性能 γ 可在一定迭代步数后得到。

算法 14.1 特定 $\bar{\alpha}$ 值对应的干扰抑制性能。

①获取系统矩阵 $\boldsymbol{A},\boldsymbol{B},\boldsymbol{D},\boldsymbol{H},\boldsymbol{G},\boldsymbol{M}$，假设 $\bar{\alpha}=\bar{\beta}$，对于某个递包率取值 $\bar{\alpha}$，初始化足够大的干扰抑制性能 γ，选取足够小的标量 $\Delta\gamma$。

②While $\gamma>0$。

③取一组满足线性矩阵不等式(14.26)和式(14.29)的解 $[\boldsymbol{P}(j),\boldsymbol{W}(j),\boldsymbol{K}(l),\boldsymbol{L}]$，$l,j\in\tau$。设定 $k=0,\boldsymbol{P}^0(l)=\boldsymbol{P}(l),\boldsymbol{W}^0(l)=\boldsymbol{W}(l),\forall l\in\tau$。

④求解线性矩阵不等式优化问题：

$$\begin{aligned}&\min\sum_{j=0}^{N}\boldsymbol{P}_j^k\boldsymbol{W}_j+\boldsymbol{P}_j\boldsymbol{W}_j^k\\&\text{s.t.}\quad \boldsymbol{\Sigma}_{3l}<0,\ \begin{bmatrix}\boldsymbol{P}_j & \boldsymbol{I}\\ \boldsymbol{I} & \boldsymbol{W}_j\end{bmatrix}\geqslant 0\end{aligned}\tag{14.31}$$

⑤If 条件式(14.26)和式(14.28)成立。

⑥$\gamma\leftarrow\gamma-\Delta\gamma$。

⑦Elseif $k<K$。

⑧ $k\leftarrow k+1$。

⑨$\boldsymbol{P}_j^{k+1}=\boldsymbol{P}_j$，$\boldsymbol{W}_j^{k+1}=\boldsymbol{W}_j$，转到步骤④。

⑩Else。

⑪结束循环并输出 $\hat{\gamma}$。

⑫Endif。

⑬Endwhile。

14.3.4 跨层弹性定价机制设计

14.3.1 节的推导是基于参与双方理性且传输者已知攻击者的参数得到的静态解。在实际中，攻击者的参数 C 和 ξ 可能难以获得。传输者如何在信息受限和时变网络情况下保证物理系统的性能？本节引入一种新颖的辅助动态定价机制来解决该问题。不失一般性，假设作为传输者的传感器和控制器具有相同的传输功率，前向通道和反馈通道的递包率为 $\bar{\alpha}$ 。

传输者的 SINR 与价格参数有关且受代价函数梯度的影响。基于梯度算法，SINR 的迭代式给定为

$$\begin{aligned}\Gamma(n+1) &= \Gamma(n)+h\left(\frac{\partial U_T(\Gamma(n))}{\partial T(\Gamma(n))} * \frac{\partial T(\Gamma(n))}{\partial \Gamma(n)}\right) \\ &= \Gamma(n)+h(\mathcal{F}(\Gamma(n))-E(n)\varpi(n))\end{aligned} \tag{14.32}$$

其中， h 为迭代周期， $\varpi(n)=\dfrac{\xi J+N_0}{L_0\eta}$ ，

$$\mathcal{F}(\Gamma(n))=\begin{cases}\dfrac{1}{\Gamma(n)+\dfrac{N_0}{\xi J+N_0}}, & \xi / C<N_0\text{或者}\xi / C \geqslant N_0, \Gamma(n)<\Gamma_1 \\ \dfrac{1}{\Gamma(n)\sqrt{1+\dfrac{4\xi}{C\Gamma(n)(\xi J+N_0)}}}, & \xi / C \geqslant N_0, \Gamma(n) \geqslant \Gamma_1\end{cases}$$

式中， $\Gamma_1=\dfrac{N_0^2}{(\xi / C-N_0)(\xi J+N_0)}$ 。

定理 14.4　对于系统式(14.32)，如果采用定价机制：

$$E(n)=-\mathcal{U}(n)=-(k_e s(n)-\widehat{\mathcal{Z}}(n) / b) \tag{14.33}$$

其中，

$$\begin{aligned}&\hat{\Gamma}(n+1)=\hat{\Gamma}(n)+h\widehat{\mathcal{Z}}(n)-\beta_{01}(\hat{\Gamma}(n)-\Gamma(n))+hb\mathcal{U}(n) \\ &\widehat{\mathcal{Z}}(n+1)=\widehat{\mathcal{Z}}(n)-\beta_{02}(\hat{\Gamma}(n)-\Gamma(n))\end{aligned} \tag{14.34}$$

且 $s(n)=\Gamma^*-\hat{\Gamma}(n)$ ，式中， k_e 、 β_{01} 、 β_{02} 为可调参数，SINR $\Gamma(n)$ 以误差 ϵ 趋近于目标值 Γ^* ，其中，

$$\begin{aligned}\epsilon= & \sqrt{\tau(\|\boldsymbol{e}(0)\|, n)+\varphi(\|\boldsymbol{\varepsilon}(n)\|_{\infty})} \\ & +\sqrt{\varsigma(\boldsymbol{s}(0), n)+\psi\left(\sup _{0 \leqslant l \leqslant n} \sqrt{\tau(\|\boldsymbol{e}(0)\|, l)+\varphi(\|\boldsymbol{\varepsilon}(l)\|_{\infty})}\right)}\end{aligned}$$

证明　迭代过程式(14.32)可进一步写为

$$\Gamma(n+1)=\Gamma(n)+h\mathcal{Z}(n)+hb\mathcal{U}(n) \tag{14.35}$$

其中，

$$\mathcal{Z}(n)=\mathcal{F}(\Gamma(n))+\mathcal{U}(n)\varpi(n)-b\mathcal{U}(n)$$

记 $e_1(n)=\hat{\Gamma}(n)-\Gamma(n)$，$e_2(n)=\widehat{\mathcal{Z}}(n)-\mathcal{Z}(n)$，基于式(14.34)和式(14.35)，可以得到

$$\boldsymbol{e}(n+1)=\begin{bmatrix} e_1(n) \\ e_2(n) \end{bmatrix}=\boldsymbol{\mathcal{A}}\boldsymbol{e}(n)+\boldsymbol{\varepsilon}(n) \tag{14.36}$$

式中，

$$\boldsymbol{\mathcal{A}}=\begin{bmatrix} 1-\beta_{01} & h \\ -\beta_{02} & 1 \end{bmatrix},\boldsymbol{\varepsilon}(n)=\begin{bmatrix} 0 \\ \mathcal{Z}(n)-\mathcal{Z}(n+1) \end{bmatrix}$$

选取 Lyapunov 函数：

$$\mathcal{V}_e(n)=\boldsymbol{e}^{\mathrm{T}}(n)\boldsymbol{\mathcal{P}}_e\boldsymbol{e}(n)$$

有不等式：

$$\lambda_{\min}\{\boldsymbol{\mathcal{P}}_e\}\|\boldsymbol{e}(n)\|^2 \leqslant \mathcal{V}_e(n) \leqslant \lambda_{\max}\{\boldsymbol{\mathcal{P}}_e\}\|\boldsymbol{e}(n)\|^2 \tag{14.37}$$

成立，且 $\boldsymbol{\mathcal{P}}_e>0$。Lyapunov 函数的差分为

$$\begin{aligned}\Delta\mathcal{V}_e(n)&=\boldsymbol{e}^{\mathrm{T}}(n+1)\boldsymbol{\mathcal{P}}_e\boldsymbol{e}(n+1)-\boldsymbol{e}^{\mathrm{T}}(n)\boldsymbol{\mathcal{P}}_e\boldsymbol{e}(n)\\&=\boldsymbol{e}^{\mathrm{T}}(n)(\boldsymbol{\mathcal{A}}^{\mathrm{T}}\boldsymbol{\mathcal{P}}_e\boldsymbol{\mathcal{A}}-\boldsymbol{\mathcal{P}}_e)\boldsymbol{e}(n)+2\boldsymbol{\varepsilon}^{\mathrm{T}}(n)\boldsymbol{\mathcal{P}}_e\boldsymbol{\mathcal{A}}\boldsymbol{e}(n)+\boldsymbol{\varepsilon}^{\mathrm{T}}(n)\boldsymbol{\mathcal{P}}_e\boldsymbol{\varepsilon}(n)\end{aligned}$$

如果存在矩阵 $\boldsymbol{\mathcal{Q}}>0$ 满足

$$\boldsymbol{\mathcal{A}}^{\mathrm{T}}\boldsymbol{\mathcal{P}}_e\boldsymbol{\mathcal{A}}-\boldsymbol{\mathcal{P}}_e=-\boldsymbol{\mathcal{Q}} \tag{14.38}$$

利用不等式：

$$2\boldsymbol{\varepsilon}^{\mathrm{T}}(n)\boldsymbol{\mathcal{P}}_e\boldsymbol{\mathcal{A}}\boldsymbol{e}(n)\leqslant a\boldsymbol{e}^{\mathrm{T}}(n)\boldsymbol{\mathcal{Q}}\boldsymbol{e}(n)+\frac{1}{a}\boldsymbol{\varepsilon}^{\mathrm{T}}(n)\boldsymbol{\mathcal{P}}_e\boldsymbol{\mathcal{A}}\boldsymbol{\mathcal{Q}}^{-1}\boldsymbol{\mathcal{A}}^{\mathrm{T}}\boldsymbol{\mathcal{P}}_e\boldsymbol{\varepsilon}(n)$$

式中 $a>0$，可以得到

$$\Delta\mathcal{V}_e(n)\leqslant(a\lambda_{\max}\{\boldsymbol{\mathcal{Q}}\}-\lambda_{\min}\{\boldsymbol{\mathcal{Q}}\})\|\boldsymbol{e}(n)\|^2+\lambda_{\max}\left\{\boldsymbol{\mathcal{P}}_e+\frac{1}{a}\boldsymbol{\mathcal{P}}_e\boldsymbol{\mathcal{A}}\boldsymbol{\mathcal{Q}}^{-1}\boldsymbol{\mathcal{A}}^{\mathrm{T}}\boldsymbol{\mathcal{P}}_e\right\}\|\boldsymbol{\varepsilon}(n)\|^2$$

将式(14.37)代入上式，即有

$$\begin{aligned}&\lambda_{\min}\{\boldsymbol{\mathcal{P}}_e\}\|\boldsymbol{e}(n)\|^2-\lambda_{\max}\{\boldsymbol{\mathcal{P}}_e\}\|\boldsymbol{e}(n-1)\|^2\\&\leqslant(a\lambda_{\max}\{\boldsymbol{\mathcal{Q}}\}-\lambda_{\min}\{\boldsymbol{\mathcal{Q}}\})\|\boldsymbol{e}(n-1)\|^2+\lambda_{\max}\left\{\boldsymbol{\mathcal{P}}_e+\frac{1}{a}\boldsymbol{\mathcal{P}}_e\boldsymbol{\mathcal{A}}\boldsymbol{\mathcal{Q}}^{-1}\boldsymbol{\mathcal{A}}^{\mathrm{T}}\boldsymbol{\mathcal{P}}_e\right\}\|\boldsymbol{\varepsilon}(n-1)\|^2\end{aligned}$$

如果存在

$$\max\left\{0,\frac{\lambda_{\min}\{\boldsymbol{\mathcal{Q}}\}-\lambda_{\max}\{\boldsymbol{\mathcal{P}}_e\}}{\lambda_{\max}\{\boldsymbol{\mathcal{Q}}\}}\right\}\leqslant a\leqslant\frac{\lambda_{\min}\{\boldsymbol{\mathcal{P}}_e\}+\lambda_{\min}\{\boldsymbol{\mathcal{Q}}\}-\lambda_{\max}\{\boldsymbol{\mathcal{P}}_e\}}{\lambda_{\max}\{\boldsymbol{\mathcal{Q}}\}} \tag{14.39}$$

可以得到

$$\|e(n)\|^2 \leqslant \tau(\|e(0)\|, n) + \varphi(\|\varepsilon(n)\|_\infty)$$

式中，

$$\tau(\|e(0)\|, n) = \left(\frac{\lambda_{\max}\{\mathcal{P}_e\} + a\lambda_{\max}\{\mathcal{Q}\} - \lambda_{\min}\{\mathcal{Q}\}}{\lambda_{\min}\{\mathcal{P}_e\}} \right)^n \|e(0)\|^2$$

$$\varphi(\|\varepsilon(n)\|) = \frac{\lambda_{\max}\left\{\mathcal{P}_e + \dfrac{1}{a}\mathcal{P}_e\mathcal{A}\mathcal{Q}^{-1}\mathcal{A}^{\mathrm{T}}\mathcal{P}_e\right\}}{\lambda_{\min}\{\mathcal{P}_e\} + \lambda_{\min}\{\mathcal{Q}\} - a\lambda_{\max}\{\mathcal{Q}\} - \lambda_{\max}\{\mathcal{P}_e\}} \| \varepsilon(n) \|_\infty^2$$

且 $\tau(\cdot,\cdot)$，$\varphi(\cdot)$ 分别为 $\mathcal{KL}$ 函数和 $\mathcal{K}_\infty$ 函数。误差系统式(14.36)是输入-状态稳定性(input-to-state stability，ISS)的。

根据式

$$s(n) = \Gamma^* - \hat{\Gamma}(n) \tag{14.40}$$

可以得到

$$s(n+1) = (1 - hk_e b)s(n) + \beta_{01}e_1(n)$$

采用与上面类似的推导，选择 Lyapunov 函数 $\mathcal{V}_s(n) = s^2(n)$，求函数的差分得到

$$\Delta\mathcal{V}_s(n) \leqslant -(1-c)qs^2(n) + \beta_{01}^2\left(1 + \frac{(1-hk_e b)^2}{cq}\right)e_1^2(n)$$

式中，$q > 0$，

$$k_e^2 h^2 b^2 - 2k_e hb = -q \tag{14.41}$$

$$\max\{0, (q-1)/q\} < c < 1 \tag{14.42}$$

进一步得到

$$s^2(n) \leqslant \varsigma(s(0), n) + \psi(\|e(n)\|_\infty)$$

其中，

$$\begin{aligned}\varsigma(s(0), n) &= (1 - q + cq)^n s^2(0), \psi(\|e(n)\|_\infty) \\ &= \beta_{01}^2 \frac{cq + (1-hk_e b)^2}{cq^2(1-c)} \|e(n)\|_\infty^2\end{aligned}$$

可以得到系统式(14.40)也是 ISS 的。SINR 以一定误差趋于目标值 Γ^*，误差满足

$$\Gamma^* - \Gamma(n) |\leqslant| s(n)| + \|e(n)\| \leqslant \epsilon$$

证毕。

满足一定递包率所需的 SINR Γ^* 可通过下列不等式：

$$\bar{\alpha}^* \leqslant 2Q(\kappa(\Gamma^* - \epsilon)) \tag{14.43}$$

计算得到。

注释 14.2 理 14.4 中 $\mathcal{F}(\Gamma(n))$ 的参数信息不需要预先知道，在参数有波动/变化时，系统可以通过式(14.34)对参数进行在线观测，进一步通过设计的定价机制进行补偿。传输者可以在较少的信息下通过实时观测的方法对 SINR 进行调整，使系统达到预定的性能。值得提出的是，本章设计的价格机制受到自抗扰控制中扩张状态观测器设计思路的启发[146]，并根据 ISS 理论证明了系统的收敛性能。

在控制系统中执行的弹性定价策略总结为算法 14.2。

算法 14.2 动态定价算法执行过程。

①初始化网络通信参数 L_0,η,ξ,N_0,κ 和价格参数 E,C。

②选取参数 $k_e,\beta_{01},\beta_{02},h$。验证是否存在 $\mathcal{Q}>0$，$\mathcal{P}_e>0$，$q>0$ 和标量 a,c 满足式(14.38)、式(14.39)、式(14.41)和式(14.42)。若不存在，重新选择参数，若存在执行下一步。

③设定干扰抑制性能 γ_d。通过算法 14.1 得到与其对应的递包率 $\bar{\alpha}^*$。

④根据不等式(14.43)计算所需的 SINR Γ^*。

⑤基于式(14.34)得到 $\Gamma(n)$ 的估计。

⑥通过式(14.33)计算价格策略。

⑦控制器将功率传输策略发送给传输者，控制系统根据信息调整传输者的策略，使系统调整到预定的干扰抑制性能。

注释 14.3 上述定理证明了动态定价系统式(14.32)是 ISS 的，即 SINR 以一定误差趋于目标值。因此若保证设定的干扰抑制性能满足，SINR 需满足不等式(14.43)。该不等式使设计的弹性策略具有一定保守性。可以通过调整参数 a、c、k_e、β_{01} 和 β_{02} 降低误差的上界 ϵ，进一步减小系统的保守性。

14.4 仿真算例

本节为了验证算法的有效性，将本章所提出的时延补偿控制器设计算法和动态定价方法用在 IEEE 4-总线模型上，系统结构和模型中各参数如下。在扰动 $\boldsymbol{\omega}(t)$ 影响下，系统的状态方程和输出方程给定为

$$\begin{aligned} \dot{\boldsymbol{x}}(t) &= \boldsymbol{A}_c\boldsymbol{x}(t) + \boldsymbol{B}_c\boldsymbol{u}(t) + \boldsymbol{D}_c\boldsymbol{\omega}(t) \\ \bar{\boldsymbol{y}}(t) &= \boldsymbol{H}_c\boldsymbol{x}(t) + \boldsymbol{G}_c\boldsymbol{\omega}(t) \end{aligned} \tag{14.44}$$

状态方程中系统矩阵参数给定为

$$\boldsymbol{A}_c = \begin{bmatrix} 175.9 & 176.8 & 511 & 1036 \\ -350 & 0 & 0 & 0 \\ -544.2 & -474.8 & -408.8 & -828.8 \\ -119.7 & -554.6 & -968.8 & -1077.5 \end{bmatrix}$$

$$\boldsymbol{B}_c = \begin{bmatrix} 0.8 & 334.2 & 525.17 & -103.6 \\ -350 & 0 & 0 & 0 \\ -69.3 & -66.1 & -420.1 & -828.8 \\ -434.9 & -414.2 & -108.7 & -1077.5 \end{bmatrix}$$

$$\boldsymbol{D}_c = [1 \quad 0 \quad 1 \quad 0]^{\mathrm{T}}$$

量测矩阵

$$\boldsymbol{H}_c = \begin{bmatrix} 1 & 1 & 0 & 0 \\ 0 & 0 & 1 & 0 \\ 0 & 1 & 0 & 1 \\ 0 & 0 & 0 & 1 \end{bmatrix}, \quad \boldsymbol{G}_c = [1 \quad 0 \quad 0 \quad 0]^{\mathrm{T}}$$

为了保证电网系统的稳定运行，将量测信息发送到控制器端，通过算法 14.1 计算估计器增益和控制器增益，控制信号传至电网系统对电网进行控制。采样周期设置为 $T_s = 0.002\mathrm{s}$，时延为 0.004s，即 $N = 2$。假设在攻击影响下，系统的递包率为 $\bar{\alpha} = 0.9$。干扰抑制参数设定为 $\gamma = 0.1$。有界噪声 $\boldsymbol{\omega}(k)$ 给定为 $\sin(k)/k$。

通过计算得到估计和控制增益为

$$\boldsymbol{L} = \begin{bmatrix} 0.6443 & 0.1983 & -0.4944 & 0.3886 \\ 0.1983 & -0.2471 & 0.5217 & -0.3681 \\ -0.4944 & 0.5217 & 0.1034 & -0.6559 \\ 0.3886 & -0.3681 & -0.6559 & 0.8300 \end{bmatrix}$$

$$\boldsymbol{K}_1 = \begin{bmatrix} -0.0071 & 0.5179 & -0.3625 & 0.0822 \\ 0.5179 & -0.5711 & 0.3489 & -0.1159 \\ -0.3625 & 0.3489 & 0.0040 & 0.1405 \\ 0.0822 & -0.1159 & 0.1405 & -0.1460 \end{bmatrix}$$

$$\boldsymbol{K}_2 = \begin{bmatrix} -0.2968 & 0.3854 & -0.4062 & -0.0174 \\ 0.3854 & -0.6629 & 0.2878 & -0.1291 \\ -0.4062 & 0.2878 & -0.3059 & 0.1668 \\ -0.0174 & -0.1291 & 0.1668 & -0.0977 \end{bmatrix}$$

$$
\boldsymbol{K}_3 = \begin{bmatrix} -0.2709 & 0.1944 & -0.1925 & -0.0346 \\ 0.1944 & -0.2651 & 0.0868 & -0.0446 \\ -0.1925 & 0.0868 & -0.2161 & 0.0517 \\ -0.0346 & -0.0446 & 0.0517 & 0.0030 \end{bmatrix}
$$

系统状态的收敛过程如图 14.3 所示。

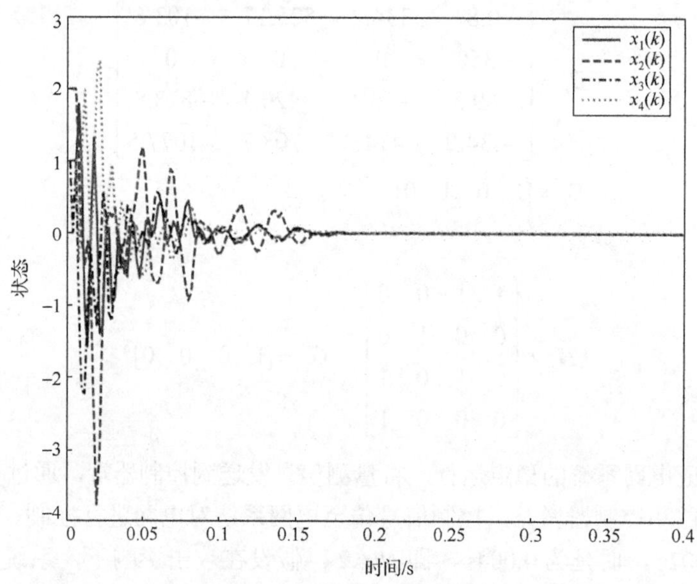

图 14.3 系统状态收敛过程

方程(14.2)和方程(14.3)中的网络参数给定为 $L_0=6$、$\eta=0.85$、$\xi=0.25$，$N_0=0.1$。参与者的价格参数分别为 $E=2$、$C=0.5$。根据定理 14.3 求得 $(T^*,J^*)=(0.3410,1.2219)$，SINR 为 $\Gamma^*=4.2891$。给定标量 $\kappa=0.1$，根据算法 14.1 计算得到干扰抑制性能 $\hat{\gamma}=0.0914$。假设目标干扰抑制性能为 $\gamma_d=0.09$。基于方程(14.43)，求得丢包率和目标 SINR 分别为 0.3460 和 4.44。选取参数 $h=0.01$、$k_e=1.5$、$\beta_{01}=0.15$、$\beta_{02}=7$，通过利用如图 14.4 所示的辅助动态定价机制式(14.33)，得到系统的 SINR 如图 14.5 所示和干扰抑制性能如图 14.6 所示，可以看出干扰抑制性能达到了期望值。

下面对电网系统中实施弹性策略的过程进行描述。控制器端收集大量的系统运行数据通过系统辨识或强化学习方法得到系统参数和通信参数。估计器和控制器增益通过迭代求解优化问题式(14.30)得到，基于电压传感器的量测值，预测控制序列，根据时间戳选择合适的控制指令使节点电压稳定到参考值。除此之外，在干扰抑制性能不能达到目标值 γ_d 时，执行算法 14.1 得到目标 SINR Γ^*。根据实时 SINR 和目标 SINR Γ^* 计算得到辅助定价策略式(14.33)。再根据价格策略 $E(n)$ 计算传输者的功率传输策略，将此信息传至传感器和控制器，从而增加或降低传输者的传输功率。该动态定价机制的调整时间与系统的运行时间和定价机制中的参数 k_e、β_{01} 和 β_{02} 有关。从图 14.4 可以看出，动态机制在该电网系统中的调整时间大约为 2 分钟，即 0.2s×600。

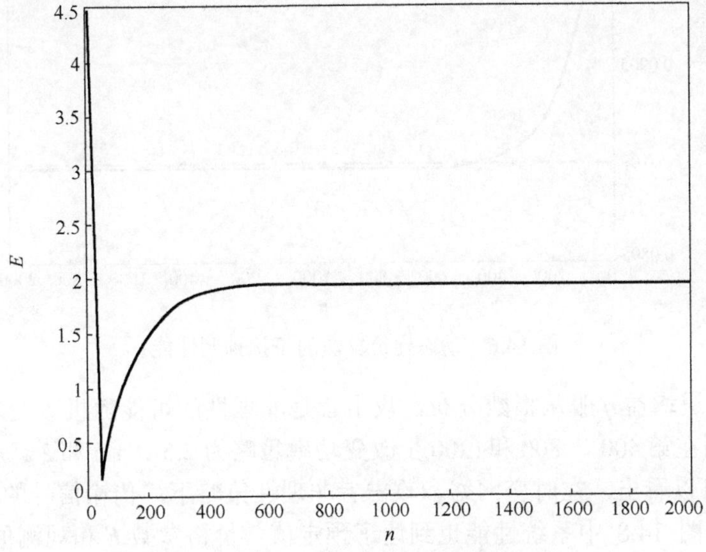

图 14.4　动态定价算法的辅助价格策略

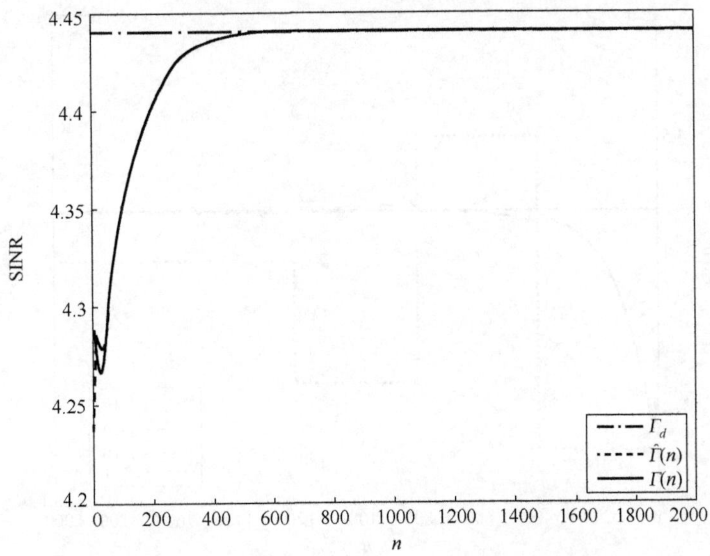

图 14.5　动态定价算法中的 SINR 及其观测值

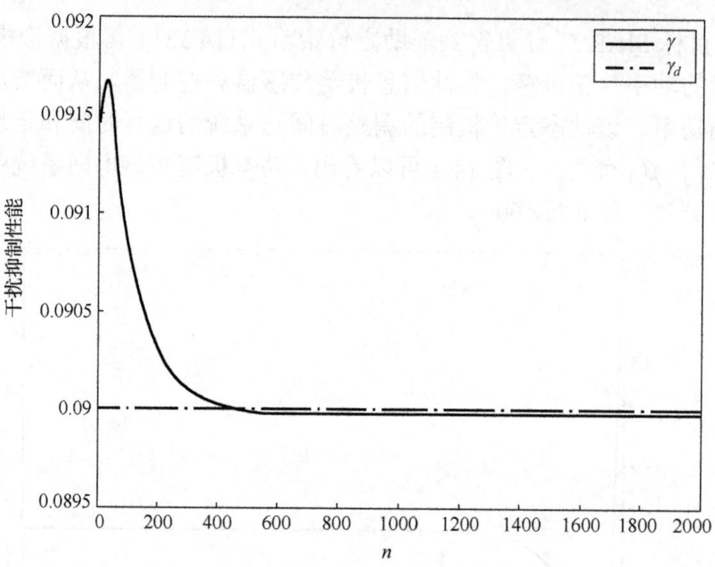

图 14.6　动态定价算法的干扰抑制性能

假设信道增益η服从指数分布，攻击者是非理性的可能随机改变功率策略，如$J(n)$分别在第400、800和1200步改变功率策略为2.5、1.5和2。从仿真结果图14.7中可以看出，在时变网络和攻击者非理性策略下，传输信号的SINR可调整到4.44。图14.8中系统性能也到达了预定值。价格参数E和观测值$\widehat{z}(n)$的变化过程如图14.9和图14.10所示。

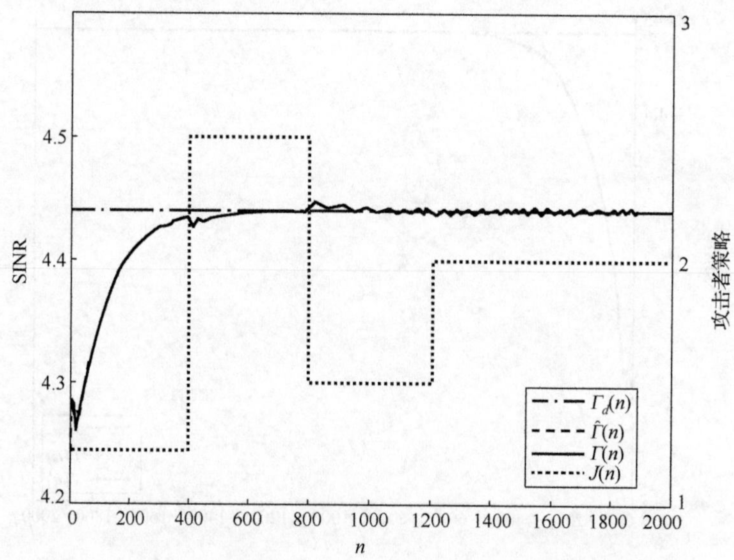

图 14.7　时变环境、攻击者非理性策略下的SINR

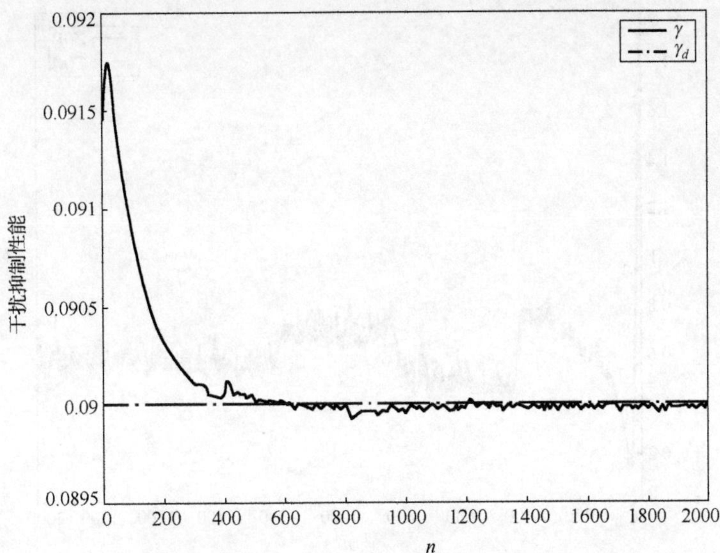

图 14.8　时变环境、攻击者非理性策略下的干扰抑制性能

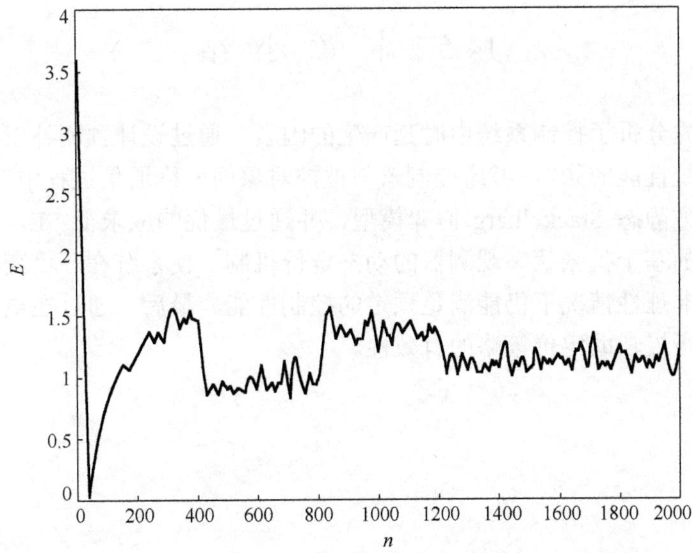

图 14.9　时变环境、攻击者非理性策略下的价格策略

图 14.7～图 14.10 给出了网络环境变化和攻击者非理性策略情况下动态定价参数的调整结果，说明设计的动态定价机制可以对外界环境变化进行有效的观测，同时通过辅助定价策略进行调整，使系统在攻击下满足预定的性能，具有一定的弹性。

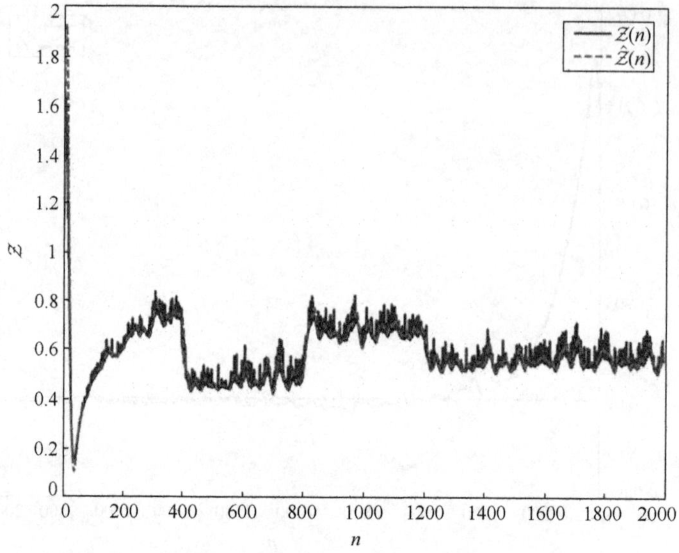

图 14.10 时变环境、攻击者非理性策略下的耦合项及其估计

14.5 本 章 小 结

本章首先分析了控制系统中时延产生的因素，通过设计预测补偿控制序列补偿时延对系统性能的影响。考虑控制器与被控对象间网络通信过程中存在的攻击，建立攻防双方静态 Stackelberg 博弈模型，并通过最优响应求得 SE。同时，设计了一种新颖的基于扩张状态观测器的动态定价机制，使系统在环境变化、信息受限、攻击者非理性情况下仍能满足预定的控制性能。最后，通过在电网系统中验证，证明了所提辅助定价策略的有效性。

参 考 文 献

[1] 岳东, 彭晨, Han Q L. 网络控制系统的分析与综合[M]. 北京：科学出版社, 2007.

[2] 罗俊海，肖志辉，仲昌平. 信息物理系统的发展趋势分析[J]. 电信科学，2012，28(2)：127-132.

[3] 许少伦，严正，张良，等. 信息物理融合系统的特性、架构及研究挑战[J]. 计算机应用，2013, 33(S2)：1-5,45.

[4] 郭雷. 不确定性动态系统的估计，控制与博弈[J]. 中国科学：信息科学，2020，50(9)：1327-1344.

[5] Zhang R, Guo L. Controllability of Nash equilibrium in game-based control systems[J]. IEEE Transactions on Automatic Control, 2019, 64(10)：4180-4187.

[6] Zhang R, Guo L. Controllability of stochastic game-based control systems[J]. SIAM Journal on Control and Optimization, 2019, 57(6)：3799-3826.

[7] Zhang R, Wang F, Guo L. On game-based control systems and beyond[J]. National Science Review, 2020, 7(7):1116-1117.

[8] 蒲石，陈周国，祝世雄. 震网病毒分析与防范[J]. 信息网络安全, 2012, (2)：40-43.

[9] Langner R. Stuxnet: Dissecting a cyber warfare weapon[J]. Security & Privacy, 2011, 9(3)：49-51.

[10] Zhu Q Y, Basar T. A dynamic game-theoretic approach to resilient control system design for cascading failures[C]//Proceedings of the 1st International Conference on High Confidence Networked Systems. ACM, 2012: 41-46.

[11] 童舜海，吴登峰. 云计算环境下网络安全面临的威胁及防范[J]. 电子技术与软件工程，2016, 24: 206.

[12] Yang D, Xue G, Zhang J, et al. Coping with a smart jammer in wireless networks: A Stackelberg game approach[J]. IEEE Transactions on Wireless Communications, 2013, 12(8)：4038-4047.

[13] Zou Y, Zhu J, Wang X, et al. Improving physical-layer security in wireless communications using diversity techniques[J]. IEEE Networks, 2015: 42-48.

[14] 朱疆成，冯冬芹，许超，等. 面向状态估计器的信息物理安全研究进展[C]//Proceedings of the 34th Chinese Control Conference. IEEE, 2015: 6517-6524.

[15] Pang Z H, Liu G P. Design and implementation of secure networked predictive control

systems under deception attacks[J]. IEEE Transactions on Control Systems Technology, 2012, 20(5): 1334-1342.

[16] 彭勇，江长青，谢丰，等. 工业控制信息安全研究进展[J]. 清华大学学报(自然科学版)，2012, 52(10): 13-29.

[17] Amin S, Litrico X, Sastry S S, et al. Cyber security of water SCADA systems-part I: Analysis and experimentation of stealthy deception attacks[J]. IEEE Transactions on Control Systems Technology, 2013, 21(5): 1963-1970.

[18] 王正才，杨世平. 抗重放攻击认证协议的设计原则和方法研究[J]. 计算机工程与设计，2008, 29(20): 5163-5165.

[19] Mo Y L, Sinopoli B. Secure control against replay attacks[C]//Proceedings of 47th Annual Allerton Conference on Communication, Control, and Computing. IEEE, 2009: 911-918.

[20] Yuan Y, Zhu Q Y, Sun F C, et al. Resilient control of cyber-physical systems against Denial-of-Service attacks[C]//Proceedings of 6th International Symposium on Resilient Control Systems. IEEE, 2013: 54-59.

[21] Hug G, Giampapa J A. Vulnerability assessment of AC state estimation with respect to false data injection cyber-attacks[J]. IEEE Transactions on Smart Grid, 2012, 3(3): 1362-1370.

[22] Yuan Y, Sun F. Data fusion-based resilient control system under DoS attacks: A game theoretic approach[J]. International Journal of Control Automation and Systems, 2015, 13(3): 513-520.

[23] He W, Yan Z, Sun Y, et al. Neural-learning-based control for a constrained robotic manipulator with flexible joints[J]. IEEE Transactions on Neural Networks and Learning Systems, 2018, 29(12): 5993-6003.

[24] Yang J, Chen W H, Li S, et al. Disturbance/uncertainty estimation and attenuation techniques in PMSM drives-A survey[J]. IEEE Transactions on Industrial Electronics, 2017, 64(4): 3273-3285.

[25] Yang J, Cui H, Li S, et al. Optimized active disturbance rejection control for DC-DC buck converters with uncertainties using a reduced-order GPI observer[J]. IEEE Transactions on Circuits and Systems I: Regular Papers, 2018, 65(2): 832-841.

[26] Sun H, Li S, J. Yang, et al. Non-linear disturbance observer-based back-stepping control for airbreathing hypersonic vehicles with mismatched disturbances[J]. Institution of Engineering and Technology Control Theory & Applications, 2014, 8(17): 1852-1865.

[27] Ji X, Liu Y, He X, et al. Interactive control paradigm-based robust lateral stability controller design for autonomous automobile path tracking with uncertain disturbance: A dynamic game approach[J]. IEEE Transactions on Vehicular Technology, 2018, 67(8): 6906-6920.

[28] Romano A R, Pavel L. Dynamic NE seeking for multi-integrator networked agents with disturbance rejection[J]. IEEE Transactions on Control of Network Systems, 2020,7(1): 129-139.

[29] Mukaidani H, Xu H, Dragan V. Static output-feedback incentive Stackelberg game for discrete-time Markov jump linear stochastic systems with external disturbance[J]. IEEE Control Systems Letters, 2018, 2(4): 701-706.

[30] Matthias P, Luluwah A F. Recent advances in local energy trading in the smart grid based on game-theoretic approaches[J]. IEEE Transactions on Smart Grid, 2019, 10(2): 1363-1371.

[31] Li S H Q, Ratliff L, Akmee B. Disturbance decoupling for gradient-based multi-agent learning with quadratic costs[J]. IEEE Control Systems Letters, 2021, 5(1): 223-228.

[32] Sharma R, Gopal M. A Markov game-adaptive fuzzy controller for robot manipulators[J]. IEEE Transactions on Fuzzy Systems, 2008, 16(1): 171-186.

[33] Colombino M, Smith R S, Summers T H. Mutually quadratically invariant information structures in two-team stochastic dynamic games[J]. IEEE Transactions on Automatic Control, 2018, 63(7): 2256-2263.

[34] Chen W H. Disturbance observer based control for nonlinear systems[J]. IEEE/ASME Transactions on Mechatronics, 2004, 9(4): 706-710.

[35] Nekouei E, Nair G N, Alpcan T, et al. Sample complexity of solving non-cooperative games[J]. IEEE Transactions on Information Theory, 2020, 66(2): 1261-1280.

[36] Johnson C D. Accommodation of external disturbances in linear regulator and servomechanism problems[J]. IEEE Transactions on Automatic Control, 1971, 16(6): 635-644.

[37] Sira-Ramirez H, Oliver-Salazar M A. On the robust control of buck-converter DC-motor combinations[J]. IEEE Transactions on Power Electronics, 2013, 28(8): 3912-3922.

[38] Yao X, Park J H, Wu L, et al. Disturbance-observer-based composite hierarchical antidisturbance control for singular Markovian jump systems[J]. IEEE Transactions on Automatic Control, 2019, 64(7): 2875-2882.

[39] Zhao Z, Guo B. A novel extended state observer for output tracking of MIMO systems with mismatched uncertainty[J]. IEEE Transactions on Automatic Control, 2018, 63(1): 211-218.

[40] Apaza-Perez W, Moreno J, Fridman L. Global sliding mode observers for some uncertain mechanical systems[J]. IEEE Transactions on Automatic Control, 2020,65(3): 1348-1355.

[41] Yao X, Guo L. Composite disturbance-observer-based output feedback control and passive control for Markovian jump systems with multiple disturbances[J]. Institution of Engineering and Technology Control Theory & Applications, 2014, 8(10): 873-881.

[42] Yuan Y, Yuan H, Guo L, et al. Resilient control of networked control system under DoS attacks: A unified game approach[J]. IEEE Transactions on Industrial Informatics, 2016, 12(5): 1786-1794.

[43] Gupta A, Langbort C, Başar T. Optimal control in present of an intelligent jammer with limited actions[C]// In Proceedings of IEEE Conference on Decision and Control, 2010, 1096-1101.

[44] Yuan Y, Yuan H, Ho D W C, et al. Resilient control of wireless networked control system under denial-of-service attacks: A cross-layer design approach[J]. IEEE Transactions on Cybernetics, 2020, 50(1): 48-60.

[45] Li Y, Shi L, Cheng P, et al. Jamming attacks on remote state estimation in cyber physical systems: A game-theoretic approach[J]. IEEE Transactions on Automatic Control, 2015, 60(10): 2831-2836.

[46] Zhang R, Zhu Q. A game-theoretic approach to design secure and resilient distributed support vector machines[J]. IEEE Transactions on Neural Networks and Learning Systems, 2018, 29(11): 5512-5527.

[47] Basar T, Olsder G J. Dynamic Noncooperative Game Theory[M]. Philadelphia: SIAM, 1995.

[48] Jimenez M, Poznyak A. Quasi-equilibrium in LQ differential games with bounded uncertain disturbances: Robust and adaptive strategies with pre-identification via sliding mode technique[J]. International Journal of Systems Science, 2007, 38(7): 585-599.

[49] Alpcan T, Basar T. Network Security: A Decision and Game-Theoretic Approach[M]. Cambridge: Cambridge University Press, 2010.

[50] Yuan Y, Sun F, Zhu Q. Resilient control in the presence of DoS attack: Switched system approach[J]. International Journal of Control, Automation, and Systems, 2015, 13(6): 1423-1435.

[51] Yuan Y, Sun F, Liu H. Resilient control of cyber-physical systems against intelligent attacker: A hierarchal Stackelberg game approach[J]. International Journal of Systems Science, 2016, 47(9): 2067-2077.

[52] Cardenas A A, Amin S, Sastry S. Research challenges for the security of control systems[C]//Proceedings of HotSec, 2008: 50-73.

[53] Pirani M, Taylor J A, Sinopoli B. Attack resilient interconnected second order systems: A game-theoretic approach[C]//2019 IEEE 58th Conference on Decision and Control (CDC). IEEE, 2019: 4391-4396.

[54] Li Y, Quevedo D E, Dey S, et al. A game-theoretic approach to fake-acknowledgment attack on cyber-physical systems[J]. IEEE Transactions on Signal and Information Processing over

Networks, 2016, 3(1): 1-11.

[55] Li Y, Shi D, Chen T. False data injection attacks on networked control systems: A Stackelberg game analysis[J]. IEEE Transactions on Automatic Control, 2018, 63(10): 3503-3509.

[56] Ding K, Li Y, Quevedo D E, et al. A multi-channel transmission schedule for remote state estimation under DoS attacks[J]. Automatica, 2017, 78: 194-201.

[57] Li Y, Shi D, Chen T. Secure analysis of dynamic networks under pinning attacks against synchronization[J]. Automatica, 2020, 111: 108576.

[58] Jiang W, Ma Z, Deng X. An attack-defense game-based reliability analysis approach for wireless sensor networks[J]. International Journal of Distributed Sensor Networks, 2019, 15(4): 1550147719841293.

[59] Hasan S, Dubey A, Karsai G, et al. A game-theoretic approach for power systems defense against dynamic cyber-attacks[J]. International Journal of Electrical Power & Energy Systems, 2020, 115: 105432.

[60] Wang Q, Tai W, Tang Y, et al. A two-layer game theoretical attack-defense model for a false data injection attack against power systems[J]. International Journal of Electrical Power & Energy Systems, 2019, 104: 169-177.

[61] Ma C Y T, Yau D K Y, Lou X, et al. Markov game analysis for attack-defense of power networks under possible misinformation[J]. IEEE Transactions on Power Systems, 2012, 28(2): 1676-1686.

[62] Xiao L, Li Y, Han G, et al. A secure mobile crowdsensing game with deep reinforcement learning[J]. IEEE Transactions on Information Forensics and Security, 2017, 13(1): 35-47.

[63] Yu W, Liu K J R. Secure cooperation in autonomous mobile ad-hoc networks under noise and imperfect monitoring: A game-theoretic approach[J]. IEEE Transactions on Information Forensics and Security, 2008, 3(2): 317-330.

[64] Wang Y, Li J, Meng K, et al. Modeling and security analysis of enterprise network using attack-defense stochastic game Petri nets[J]. Security and Communication Networks, 2013, 6(1): 89-99.

[65] Chen J, Touati C, Zhu Q. A dynamic game approach to strategic design of secure and resilient infrastructure network[J]. IEEE Transactions on Information Forensics and Security, 2019, 15: 462-474.

[66] Li J, Xing R, Su Z, et al. Trust based secure content delivery in vehicular networks: A Bargaining game approach[J]. IEEE Transactions on Vehicular Technology, 2020, 69(3): 3267-3269.

[67] Hu Y, Sanjab A, Saad W. Dynamic psychological game theory for secure Internet of

Battlefield Things (IoBT) systems[J]. IEEE Internet of Things Journal, 2019, 6(2): 3712-3726.

[68] Han Q, Yang B, Wang X, et al. Hierarchical-game-based uplink power control in femtocell networks[J]. IEEE Transactions on Vehicular Technology, 2014, 63(6): 2819-2835.

[69] Francesco A, Mattei M, Pironti A. Guaranteeing cost strategies for linear quadratic differential games under uncertain dynamics[J]. Automatica, 2002, 38(3): 507-515.

[70] Zhu Q, Basar T. Game-theoretic methods for robustness, security and resilience of cyber-physical control systems: Games-in-games principle for optimal cross-layer resilient control systems[J]. IEEE Control System Magazine, 2015, 35(1): 46-65.

[71] Zhang H, Cheng P, Shi L, et al. Optimal DoS attack scheduling in wireless networked control system[J]. IEEE Transactions on Control Systems Technology, 2015, 60(11): 3023-3028.

[72] Xu H, Jagannathan S, Lewis F L. Stochastic optimal control of unknown linear networked control system in the presence of random delays and packet losses[J]. Automatica, 2012, 48(6): 1017-1030.

[73] Cloosterman M B G, Vande W N, Heemels W, et al. Stability of networked control systems with uncertain time-varying delays[J]. IEEE Transactions on Automatic Control, 2009, 54(7): 1575-1580.

[74] Yao X,Guo L. Composite anti-disturbance control for Markovian jump nonlinear systems via disturbance observer[J]. Automatica, 2013, 49(8): 2538-2545.

[75] Wei X, Chen N, Deng C, et al. Composite stratified anti-disturbance control for a class of MIMO discrete-time system with nonlinearity[J]. International Journal of Robust and Nonlinear Control, 2012, 22(3): 453-472.

[76] Mi Y, Fu Y, Wang C, et al. Decentralized sliding mode load frequency control for multi area power systems[J]. IEEE Transactions on Power Systems, 2013, 28(4): 4301-4309.

[77] Tan X, Cruz J B. Adaptive noncooperative N-person games with unknown general quadratic objectives[J]. IEEE Transactions on Control Systems Technology, 2010, 18(5): 1033-1043.

[78] Barmish B, Leitmann G. On ultimate boundedness control of uncertain systems in the absence of matching assumptions[J]. IEEE Transactions on Automatic Control, 1982, 27(1): 153-158.

[79] Yang J, Su J, Li S, et al. High-order mismatched disturbance compensation for motion control systems via a continuous dynamic sliding-mode approach[J]. IEEE Transactions on Industrial Informatics, 2014, 10(1): 604-614.

[80] Xu J, Zhang H, Chai T. Necessary and sufficient condition for two-player Stackelberg strategy[J]. IEEE Transactions on Automatic Control, 2015, 60(5): 1356-1361.

[81] Shen D, Chen G, Cruz J B, et al. A game theoretic data fusion aided path planning approach

for cooperative UAV ISR[C]// Proceedings of IEEE Aerospace Conference, Big Sky, 2008, 45(26): 1-9.

[82] Jiménez-Lizárraga M, Poznyak A. ε-equilibrium in LQ differential games with bounded uncertain disturbances: Robustness of standard strategies and new strategies with adaptation[J]. International Journal of Control, 2007,79(7): 786-797.

[83] Hu J, Wang Z, Gao H, et al. Extended Kalman filtering with stochastic nonlinearities and multiple missing measurements[J]. Automatica, 2012, 48(9): 2007-2015.

[84] Liu Q, Wang Z, He X, et al. Event-based distributed filtering with stochastic measurement fading[J]. IEEE Transactions on Industrial Informatics, 2015, 11(6): 1643-1652.

[85] Zhou C, Huang X, Naixue X, et al. A class of general transient faults propagation analysis for networked control systems[J]. IEEE Transactions on Systems, Man, and Cybernetics: Systems, 2015, 45(4): 647-661.

[86] Yang H, Xu Y, Zhang J. Event-driven control for networked control systems with quantization and Markov packet losses[J]. IEEE Transactions on Cybernetics, 2017, 47(8): 2235-2243.

[87] Jiménez-Lizárraga M, Basin M, Rodriguez V, et al. Open-loop Nash equilibrium in polynomial differential games via state-dependent Riccati equation[J]. Automatica, 2015, 53: 155-163.

[88] Ren Y, Wang A, Wang H. Fault diagnosis and tolerant control for discrete stochastic distribution collaborative control systems[J]. IEEE Transactions on Systems, Man, and Cybernetics: Systems, 2015, 45(3): 462-471.

[89] Peng C,Tang T C. Event-triggered communication and H_∞ control co-design for networked control systems[J]. Automatica, 2013, 49(5): 1326-1332.

[90] Karimi H R, Zapateiro M, Luo N. A linear matrix inequality approach to robust fault detection filter design of linear systems with mixed time-varying delays and nonlinear perturbations[J]. Journal of the Franklin Institute, 2010, 347(6): 957-973.

[91] Wei X J, Wu Z-J, Karimi H R. Disturbance observer-based disturbance attenuation control for a class of stochastic systems[J]. Automatica, 2016, 63: 21-25.

[92] Zou Y, Lam J, Niu Y, et al. Constrained predictive control synthesis for quantized systems with Markovian data loss[J]. Automatica, 2015, 55: 217-225.

[93] Luo Y, Wang Z, Wei G, et al. Robust H_∞ filtering for a class of two-dimensional uncertain fuzzy systems with randomly occurring mixed delays[J]. IEEE Transactions on Fuzzy Systems, 2017, 25(1): 70-83.

[94] Liu Q, Wang Z, He X, et al. Event-based H_∞ consensus control of multi-agent systems with relative output feedback: The finite-horizon case[J]. IEEE Transactions on Automatic Control, 2015, 60(9): 2553-2558.

[95] Ding D, Wang Z, Wei G, et al. Event-based security control for discrete-time stochastic systems[J]. IET Control Theory & Applications, 2016, 10(15): 1808-1815.

[96] Guo L,Cao S Y. Anti-Disturbance Control for Systems with Multiple Disturbances[M]. Boca Raton: CRC, 2013.

[97] Xu J, Zhang H. Sufficient and necessary open-loop Stackelberg strategy for two-player game with time delay[J]. IEEE Transactions on Cybernetics, 2016, 46(2): 438-449.

[98] Zhang H, Wei Q, Liu D. An iterative adaptive dynamic programming method for solving a class of nonlinear zero-sum differential games[J]. Automatica, 2011, 47(1): 207-214.

[99] Hui Q, Zhang H. Optimal balanced coordinated network resource allocation using swarm optimization[J]. IEEE Transactions on Systems, Man, and Cybernetics: Systems, 2015, 45(5): 770-787.

[100] Jiang Y, Jiang J C. Diffusion in social networks: A multiagent perspective[J]. IEEE Transactions on Systems, Man, and Cybernetics: Systems, 2015, 45(2): 198-213.

[101] Clarke F H, Ledyaev Y S. Mean value inequalities[J]. Proceedings of the American Mathematical Society, 1994, 122(4): 1075-1083.

[102] Xu W, Cao J, Xiao M, et al. A new framework for analysis on stability and bifurcation in a class of neural networks with discrete and distributed delays[J]. IEEE Transactions on Cybernetics, 2015, 45(10): 2224-2236.

[103] Basin M, Shi P, Calderon-Alvarez D. Central suboptimal H_∞ filter design for linear time-varying systems with state and measurement delays[J]. International Journal of System Science, 2010, 41(4): 411-421.

[104] Wang Z, Wang X, Liu L. Stochastic optimal linear control of wireless networked control systems with delays and packet losses[J]. Institute of Electronics and Telecommunications Control Theory & Applications, 2016, 10(7): 742-751.

[105] Zhu Q, Tembine H, Basar T. Heterogeneous learning in zero-sum stochastic games with incomplete information[C]//Proceedings of IEEE Conference on Decision and Control, 2010: 219-224.

[106] Dasgupta S, Aroor A, Shen F, et al. SMARTSPACE: Multiagent based distributed platform for semantic service discovery[J]. IEEE Transactions on Systems, Man, and Cybernetics: Systems, 2014, 44(7): 805-821.

[107] Wang Z, Dong H, Shen B, et al. Finite-horizon H_∞ filtering with missing measurements and quantization effects[J]. IEEE Transactions on Automatic Control,2013, 58(7): 1707-1718.

[108] Canbaz B, Yannou B, Yvars P-A. Resolving design conflicts and evaluating solidarity in distributed design[J]. IEEE Transactions on Systems, Man, and Cybernetics: Systems, 2014,

44(8): 1044-1055.

[109] Wei Q, Zhang H. A new approach to solve a class of continuous time nonlinear quadratic zero-sum game using ADP[C]//Proceedings of IEEE International Conference of Networks, Sensoring Control, 2008: 507-512.

[110] Caballero-Aguila R, Hermoso-Carazo A, Linares-Perez J. Optimal state estimation for networked systems with random parameter matrices, correlated noises and delayed measurements[J]. International Journal of General Systems, 2015, 44(2): 142-154.

[111] Chen H, Ye R, Lu R. Differential games-based load frequency control of interconnected power system[C]//Proceedings of IEEE PES Asia-Pacific Power and Energy Engineering Conference, Hong Kong, 2013: 1-5.

[112] Ding D, Wang Z, Shen B, et al. Event-triggered consensus control for discrete-time stochastic multi-agent systems: The input-to-state stability in probability[J]. Automatica, 2015, 62(1): 284-291.

[113] Johnson M, Kamalapurkar R, Bhasin S, et al. Approximate N-player nonzero-sum game solution for an uncertain continuous nonlinear system[J]. IEEE Transactions on Neural Networks and Learning Systems, 2015, 26(8): 1645-1658.

[114] Simon D. A game theory approach to constrained minimax state estimation[J]. IEEE Transactions on Signal Processing, 2006, 54(2): 405-412.

[115] Zhang W, Zhang H, Chen B. Stochastic H_2/H_∞ control with (x; u; v)-dependent noise: Finite horizon case[J]. Automatica, 2006, 42: 1-6.

[116] Manshaei M H, Zhu Q, Alpcan T, et al. Game theory meets network security and privacy[J]. Association for Computing Machinery Computing Surveys, 2013, 45: 533-545.

[117] Jun M, Basar T. Control over TCP-like lossy networks: A dynamic game approach[C]// Proceedings of the 2013 American Control Conference, 2013: 1578-1583.

[118] Yan Z, Zhang G, Wang J. Infinite horizon H_2/H_∞ control for descriptor systems: Nash game approach[J]. Journal of control theory and applications, 2012,10: 159-165.

[119] Chen B, Zhang W. Stochastic H_2/H_∞ control with state-dependent noise[J]. IEEE Transactions on Automatic Control, 2014, 49(1): 45-57.

[120]Yang H, Xia Y, Shi P, et al. Analysis and Synthesis of Delta Operator Systems[M]. New York: Springer, 2012.

[121] Imura Y, Naidu D S. Unified approach for open-loop optimal control[J]. Optimal Control Applications and Methods, 2007, 28: 59-75.

[122] Middleton R H, Goodwin G C. Improved finite word length characteristics in digital control using Delta operators[J]. IEEE Transactions on Automatic Control,1986, 31(11): 1015-1021.

[123] Xia Y, Fu M, Liu G. Robust sliding-mode control for uncertain time-delay systems based on Delta operator[J]. IEEE Transactions on Industrial Electronics, 2009, 56(9): 3646-3655.

[124] Qiu J, Xia Y, Yang H, et al. Robust stabilisation for a class of discrete-time systems with time-varying delays via Delta operators[J]. Institution of Engineering and Technology Control Theory & Applications, 2008,2(1): 87-93.

[125] Liu H, Guo L, Zhang Y. An anti-disturbance PD control scheme for attitude control and stabilization of flexible spacecrafts[J]. Nonlinear Dynamics, 2012, 67(3): 2081-2088.

[126] Ogawa H, Ono M, Masukake Y, et al. Two stage control method based on an optimal control system[C]//Proceedings of 2009 International Conference on Computer and Automation Engineering, 2009: 12-15.

[127] Chen W. Nonlinear disturbance observer-enhanced dynamic inversion control of missiles[J], Journal of Guidance, Control, and Dynamics, 2003, 26(1): 161-166.

[128] Shen H, Zhu Y, Zhang L, et al. Extended dissipative state estimation for Markov jump neural networks with unreliable link[J]. IEEE Transactions on Neural Networks and Learning Systems, 2016, 28(2): 346-358.

[129] Shen H, Wu Z, Park J H. Reliable mixed passive and H_∞ filtering for semi-Markov jump systems with randomly occurring uncertainties and sensor failures[J]. International Journal of Robust and Nonlinear Control, 2015, 25(17): 3231-3251.

[130] Hall C E, Shtessel Y B. Sliding mode disturbance observer-based control for a reusable launch vehicle[J]. Journal of Guidance, Control, and Dynamics, 2006, 29(6): 1315-1328.

[131] Chen X, Yang J, Li S, et al. Disturbance observer based multi-variable control of ball mill grinding circuits[J]. Journal of Process Control, 2009,19(7): 1205-1213.

[132] Li S, Liu Z. Adaptive speed control for permanent-magnet synchronous motor system with variations of load inertia[J]. IEEE Transactions on Industrial Electronics, 2009, 56(8): 3050-3059.

[133] Li S, Yang J, Chen W, et al. Disturbance Observer-Based Control: Methods and Applications[M]. Florida: CRC press, 2014.

[134] Coogan S, Ratliff L J, Calderone D, et al. Energy management via pricing in LQ dynamic games[C]// Proceedings of 2013 American Control Conference, 2013, 443-448.

[135] Chistyakov S, Petrosyan L. Strong Strategic Support of Cooperative Solutions in Differential Games[M]//Advances in Dynamic Games. Boston: Birkhäuser Boston, 2013: 99-107.

[136] Abouheaf M, Lewis F, Vamvoudakis K, et al. Multi-agent discrete-time graphical games and reinforcement learning solutions[J]. Automatica, 2014, 50(12): 3038-3053.

[137] Wang Z, Wang X, Liu X, et al. Optimal state feedback control for wireless networked control

systems with decentralized controllers[J]. Institution of Engineering and Technology Control Theory & Applications, 2014, 9(6): 852-862.

[138] Wei X, Chen N, Li W. Composite adaptive disturbance observer-based control for a class of nonlinear systems with multisource disturbance[J]. International Journal of Adaptive Control and Signal Processing, 2013, 27(3): 199-208.

[139] Errouissi R, Ouhrouche M, Chen W H, et al. Robust nonlinear predictive controller for permanent-magnet synchronous motors with an optimized cost function[J]. 2012, 59(7): 2849-2858.

[140] Sandberg H. Linear Time-Varying Systems: Modeling and Reduction[D]. Lund: Lund Institute of Technology, 2002.

[141] Cao S, Guo L. Multi-objective robust initial alignment algorithm for inertial navigation system with multiple disturbances[J]. Aerospace Science and Technology, 2012, 21(1): 1-6.

[142] Yang H, Zolotas A, Michail W H, et al. Robust control of nonlinear MAGLEV suspension system with mismatched uncertainties via DOBC approach[J]. Instrument Society of America Transactions, 2011, 50(3): 389-396.

[143] Wang C Y, Zuo Z Y, Sun J Y, et al. Consensus disturbance rejection for Lipschitz nonlinear multi-agent systems with input delay: A DOBC approach[J]. Journal of the Franklin Institute, 2017, 354(1): 298-315.

[144] Natori K, Ohnishi K. A design method of communication disturbance observer for time-delay compensation, taking the dynamic property of network disturbance into account[J]. IEEE Transactions on Industrial Electronics, 2008, 55(5): 2152-2168.

[145] Bae J, Zhang W L, et al. Compensation of packet loss for a network-based rehabilitation system[C]//IEEE International Conference on Robotics and Automation, 2012: 2413-2418.

[146] Han J Q. From PID to active disturbance rejection control[J]. IEEE Transactions on Industrial Electronics, 2009, 56(3): 900-906.

[147] Han J Q. A class of extended state observers for uncertain systems[J]. Control and Decision, 1995, 10(1): 85-88.

[148] Guo B Z, Zhao Z L. On the convergence of an extended state observer for nonlinear systems with uncertainty[J]. Systems & Control Letters, 2011, 60(6): 420-430.

[149] Zhao Z L, Guo B Z. Extended state observer for uncertain lower triangular nonlinear systems[J]. Systems & Control Letters, 2015, 85: 100-108.

[150] Angelo A, Zaccarian L. Stubborn state observers for linear time-invariant systems[J]. Automatica, 2018, 88: 1-9.

[151] Talole S E, Kolhe J P, Phadke S B. Extended-state-observer-based control of flexible-joint

system with experimental validation[J]. IEEE Transactions on Industrial Electronics, 2009, 57(4): 1411-1419.

[152] Yao J Y, Jiao Z X, Ma D W. Adaptive robust control of DC motors with extended state observer[J]. IEEE Transactions on Industrial Electronics, 2013, 61(7): 3630-3637.

[153] Liu J X, Vazquez S, Wu L, et al. Extended state observer-based sliding-mode control for three-phase power converters[J]. IEEE Transactions on Industrial Electronics, 2016, 64(1): 22-31.

[154] Flam S D. Equilibrium, evolutionary stability and gradient dynamics[J]. International Game Theory Review, 2002, 4(4): 357-370.

[155] Lian F, Chakrabortty A, Duel-Hallen A. Game-theoretic multi-agent control and network cost allocation under communication constraints[J]. IEEE Journal on Selected Areas in Communications, 2017, 35(2): 330-340.

[156] Wan H, Wong K P, Chung C Y. Multi-agent application in protection coordination of power system with distributed generations[C]// Conference: Power and Energy Society General Meeting-Conversion and Delivery of Electrical Energy, 2008.

[157] Li Z L, Chen D W. A game theoretical model of multi-agents in area coordination and optimization of traffic signals[J]. Journal of Highway Transportation Research Development, 2004.

[158] Bieniawski S R, Kroo I M. Discrete, continuous, and constrained optimization using collectives[C]// Multidisciplinary Analysis and Optimization Conference,2004.

[159] Frihauf P, Krstic M, Basar T. Nash equilibrium seeking for games with non-quadratic payoffs[C]//IEEE Conference on Decision Control, 2011: 881-886.

[160] Guo L, Liu Z, Chen Z. A leader-based cooperation-prompt protocol for the prisoner's dilemma game in multi-agent systems[C]// Chinese Control Conference, 2017: 11233-11237.

[161] Fazelnia G, Madani R, Kalbat A, et al. Convex relaxation for optimal distributed control problems[J]. IEEE Transactions on Automatic Control, 2016, 62(1): 206-221.

[162] Yuan Y, Wang Z, Guo L. Event-triggered strategy design for discrete-time nonlinear quadratic games with disturbance compensations: The noncooperative case[J]. IEEE Transactions on Systems, Man, and Cybernetics, 2018, 48(11): 1885-1896.

[163] Chen W H, Yang J, Guo L, et al. Disturbance-observer-based control and related methods-An overview[J]. IEEE Transactions on Industrial Electronics,2015, 63(2): 1083-1095.

[164] Scutari G, Facchinei F, Pang J S, et al. Real and complex monotone communication games[J]. IEEE Transactions on Information Theory, 2012, 60(7): 4197-4231.

[165] Alpcan T, Başar T, Srikant R, et al. CDMA uplink power control as a noncooperative game[J].

Wireless Networks, 2002, 8(6): 659-670.

[166] Khichar S, Inaniya P K. Inter-satellite optical wireless communication system design using diversity technique with filter and amplifier[C]//2018 International Conference on Communication and Signal Processing (ICCSP), 2018, 74(89): 481-484.

[167] 游科友, 谢立华. 网络控制系统的最新研究综述[J]. 自动化学报, 2013, 39(2): 97-114.

[168] Wang Z W, Wang X D. Optimal distributed control for networked control systems with delays[J]. Computer Science, 2013.

[169] Basar T, Zhu Q Y. Prices of anarchy, information, and cooperation in differential games[J]. Dynamic Games and Applications, 2011, 1(1): 50-73.

[170] Zhu Q Y, Basar T. Price of anarchy and price of information in N-person linear-quadratic differential games[C]// Proceedings of American Control Conference, 2010: 762-767.

[171] Bai C Z, Gupta V. On Kalman filtering in the presence of a compromised sensor: Fundamental performance bounds[C]// Proceedings of American Control Conference, 2014: 3029-3034.

[172] Pasqualetti F, Dorfler F, Bullo F. Cyber-physical security via geometric control: Distributed monitoring and malicious attacks[C]//Proceedings of 51st Annual Conference on Decision and Control, 2012: 3418-3425.

[173] Zhu Q Y, Basar T. Dynamic policy-based IDS configuration[C]// Proceedings of the 48th IEEE Conference on Decision and Control, 2009: 8600-8605.

[174] 蒋建春, 马恒太, 任党, 等. 网络安全入侵检测: 研究综述[J]. 软件学报, 2000, 11(11): 1460-1466.

[175] Alpcan T, Basar T. A game theoretic approach to decision and analysis in network intrusion detection[C]// Proceedings of 42nd IEEE Conference on Decision and Control, 2003: 2595-2600.

[176] Amin S, Cardenas A, Sastry S. Safe and secure networked control systems under denial-of-service attacks[J]. Proceedings of Hybrid Systems: Computation and Control. Springer, 2009: 31-45.

[177] Imer O C, Yuksel S, Basar T. Optimal control of LTI systems over unreliable communication links[J]. Automatica, 2006, 42(9): 1429-1439.

[178] Amin S, Schwartz G A, Sastry S S. On the interdependence of reliability and security in networked control systems[C]// Proceedings of 50th IEEE Conference on Decision and Control and European Control Conference, 2011: 4078-4083.

[179] 刘志新, 李亮, 马错, 等. 基于非合作博弈的 femtocell 双层网络分布式功率控制[J]. 控制与决策, 2014, 29(4): 639-644.

[180] 聂雪媛, 王恒. 网络控制系统补偿器设计及稳定性分析[J]. 控制理论与应用, 2008, 25(2): 217-222.

[181] Long M, Wu C H, Hung J Y. Denial of service attacks on network-based control systems: Impact and mitigation[J]. IEEE Transactions on Industrial Informatics, 2005,1(2): 85-96.

[182] Zhu Q Y, Basar T. Robust and resilient control design for cyber-physical systems with an application to power systems[C]// Proceedings of 50th Decision and Control and European Control Conference, 2011: 4066-4071.

[183] Shapley L S. Stochastic games[J]. Proceedings of the National Academy of Sciences of the United States of America, 1953, 39(10): 1095-1110.

[184] Kim K D, Kumar P. Cyber-physical systems: A perspective at the centennial[J]. Proceeding of the IEEE, 2012, 100(13): 1287-1308.

[185] Hu J L, Wellman M P. Nash Q-learning for general-sum stochastic games[J]. The Journal of Machine Learning Research, 2003, 4: 1039-1069.

[186] Zakai M S. On the ultimate boundedness of moments associated with solutions of stochastic differential equations[J]. SIAM Journal on Control, 1967, 5(4): 588-593.

[187] Xu W Y, Trappe W, Zhang Y Y, et al. The feasibility of launching and detecting jamming attacks in wireless networks[J]. Proceedings of the 6th ACM International Symposium on Mobile ad Hoc Networking and Computing, 2005: 46-57.

[188] Zhang L, Gao H, Kaynak O. Network-induced constraints in networked control systems-A survey[J]. IEEE Transactions on Industrial Informatics, 2012, 9(1): 403-416.

[189] Giraldo J, Sarkar E, Cardenas A A, et al. Security and privacy in cyber-physical systems: A survey of surveys[J]. IEEE Design & Test, 2017, 34(4): 7-17.

[190] Jiang L, Yao W, Wu Q H, et al. Delay-dependent stability for load frequency control with constant and time-varying delays[J]. IEEE Transactions on Power Systems, 2012, 27(2): 932-941.

[191] Gong S, Wang P, Y Liu, et al. Robust power control with distribution uncertainty in cognitive radio networks[J]. IEEE Journal on Selected Areas in Communications, 2013, 31(11): 2397-2408.

[192] Liu H. SINR-based multi-channel power schedule under DoS attacks: A Stackelberg game approach with incomplete information[J]. Automatica, 2019, 100: 274-280.

[193] Jia L, Yao F, Sun Y, et al. Bayesian Stackelberg game for antijamming transmission with incomplete information[J]. IEEE Communications Letters, 2016, 20(10): 1991-1994.

[194] Li Y, Quevedo D E, Dey S, et al. SINR-based DoS attack on remote state estimation: A game theoretic approach[J]. IEEE Transactions on Control of Network Systems, 2016, 4(3): 632-642.

[195] Hu S, Yue D, Xie X, et al. Resilient event-triggered controller synthesis of networked control systems under periodic DoS jamming attacks[J]. IEEE Transactions on Cybernetics, 2018, 49(12): 4271-4281.

[196] 孙洪涛. 拒绝服务攻击下的网络化系统安全控制研究[D]. 上海: 上海大学, 2019.

[197] Proakis J, Salehi M. Digital Communications[M]. New York: McGraw Hill, 2007.

[198] Littman M L. Markov games as a framework for multi-agent reinforcement learning[C]//Machine Learning Proceedings, Morgan Kaufmann,1994: 157-163.

[199] Su Z, Xu Q, Luo J, et al. A secure content caching scheme for disaster backup in fog computing enabled mobile social networks[J]. IEEE Transactions on Industrial Informatics, 2018, 14(10): 4579-4589.

[200] Tankard C. Advanced persistent threats and how to monitor and deter them[J]. Network Security, 2011, (8): 16-19.

[201] van DiJk M, Juels A, Oprea A, et al. FlipIt: The game of "stealthy takeover"[J]. Journal of Cryptology, 2013, 26(4): 655-713.

[202] Chen J, Zhu Q, Security as a service for cloud-enabled internet of controlled things under advanced persistent threats: A contract design approach[J]. IEEE Transactions on Information Forensics and Security, 2017, 12(11): 2736-2750.

[203] Xu Z, Zhu Q. Secure and resilient control design for cloud enabled networked control systems[C]//Proceedings of the First ACM Workshop on Cyber-Physical Systems-Security and/or Privacy, 2015: 31-42.

[204] Zhang H, Li L, Xu J, et al. Linear quadratic regulation and stabilization of discrete-time systems with delay and multiplicative noise[J]. IEEE Transactions on Automatic Control, 2015, 60(10): 2599-2613.

[205] Min M, Xiao L, Xie C, et al. Defense against advanced persistent threats in dynamic cloud storage: A colonel blotto game approach[J]. IEEE Internet of Things Journal, 2018, 5(6): 4250-4261.

[206] Zhang H, Jiang C, Mao X, et al. Interference-limited resource optimization in cognitive femtocells with fairness and imperfect spectrum sensing[J]. IEEE Transactions on Vehicular Technology, 2015, 65(3): 1761-1771.

[207] Shukla P, Chakrabortty A, Duel-Hallen A. A cyber-security investment game for networked control systems[C]//American Control Conference (ACC), IEEE, 2019: 2297-2302.

[208] Liu G P. Predictive control of networked multiagent systems via cloud computing[J]. IEEE Transactions on Cybernetics, 2017, 47(8): 1852-1859.